U0223652

国 家 出 版 基 金 资 助 项 目
“十四五”时期国家重点出版物出版专项规划项目
现 代 土 木 工 程 精 品 系 列 图 书

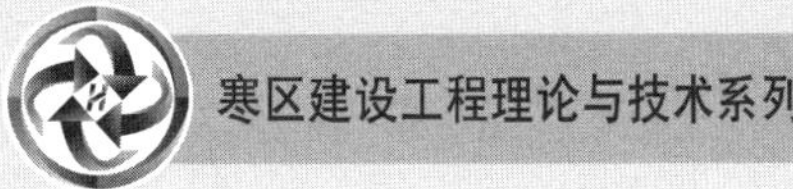

寒地城市人群与户外公共空间热环境评价

People,outdoor public space and thermal environment evaluation in cold climate city,China

席天宇 著

内 容 简 介

本书主要介绍作者所在研究团队多年来在严寒地区城市热舒适评价领域的研究成果，主要包括5个层面的内容：多维评价指标和体系的建立、寒地城市外地游客与本地人群的热舒适差异化比较、综合指标考量下的寒地城市户外公共空间热环境设计与评价、特定人群与大众调研结果的差异性对比、严寒地区户外游园规划对热舒适体验的影响评价。本书最后一章介绍了城市户外空间评价探索性研究，包括中文室外热舒适性多维语义评价研究和机器学习在严寒地区室外热舒适评价中的应用研究。

本书内容较为专业，适合建筑技术科学领域的研究人员，以及对该领域感兴趣的建筑学、城市规划学、环境学、景观设计学专业的高年级本科生和相关人员阅读。

图书在版编目(CIP)数据

寒地城市人群与户外公共空间热环境评价/席天宇著.— 哈尔滨:哈尔滨工业大学出版社，2024.9

(现代土木工程精品系列图书. 寒区建设工程理论与技术系列)

ISBN 978-7-5767-1309-1

Ⅰ.①寒… Ⅱ.①席… Ⅲ.①寒冷地区-城市环境-热环境-研究 Ⅳ.①X21

中国国家版本馆 CIP 数据核字(2024)第 063668 号

策划编辑　王桂芝　陈雪巍
责任编辑　宗　敏　王　雪　林均豫
出版发行　哈尔滨工业大学出版社
社　　址　哈尔滨市南岗区复华四道街 10 号　邮编 150006
传　　真　0451-86414749
网　　址　http://hitpress.hit.edu.cn
印　　刷　辽宁新华印务有限公司
开　　本　720 mm×1 000 mm　1/16　印张 26　字数 480 千字
版　　次　2024 年 9 月第 1 版　2024 年 9 月第 1 次印刷
书　　号　ISBN 978-7-5767-1309-1
定　　价　149.00 元

国家出版基金资助项目

寒区建设工程理论与技术系列

总　序

寒区具有独特的气候特征，冬季寒冷漫长，且存在冻土层，因此寒区建设面临着极大的挑战。首先，严寒气候对人居环境及建筑用能产生很大影响；其次，低温环境下，材料的物理性能会发生显著变化，施工难度加大；另外，冻土层的存在使地基处理变得复杂，冻融循环可能导致地面沉降，影响建（构）筑物及其他公共设施的安全和耐久性。因此，寒区建设不仅需要考虑常规的建设理念和技术，还必须针对极端气候和特殊地质条件进行专门研究。这无疑增加了工程施工的难度和成本，也对工程技术人员的专业知识和经验提出了更高的要求。“寒区建设工程理论与技术系列”图书正是在这样的背景下撰写的。该系列图书基于作者多年理论研究和工程实践，不仅系统阐述了寒区的环境特点、冻土的物理特性以及它们对工程建设的影响，还深入探讨了寒区城市气候适应性规划与建筑设计、材料选择、施工技术和维护管理等方面的前沿理论和技术，为读者全面了解和掌握寒区建设相关技术提供帮助。

该系列图书的内容和特点可概括为以下几方面：

(1)以绿色节能和气候适应性作为寒区城市规划和建筑设计的驱动。

如何在营造舒适人居环境的同时，实现节能低碳和生态环保，是寒区建设必须面对的挑战。该系列图书从寒区城市气候适应性规划、城市公共空间微气候调节及城市人群与户外公共空间热环境、基于微气候与能耗的城市住区形态优化设计、建筑形态自组织适寒设计、超低能耗建筑热舒适环境营造技术、城市智慧供热理论及关键技术等方面，提出了一系列创新思路和技术路径。这些内容可帮助工程师和研究人员设计出更加适应寒区气候环境的低能耗建筑，实现低碳环保的建设目标。

(2)以特色耐寒材料和耐寒结构作为寒区工程建设的支撑。

选择和使用适合低温环境的建筑材料与耐寒结构，可以提高寒区建筑的耐久性和舒适性。该系列图书从负温混凝土学、高抗冻耐久性水泥混凝土、箍筋约束混凝土柱受力性能及其设计方法等方面，对结构材料的耐寒性、耐久性及受力特点进行了深入研究，为寒区建设材料的选择提供了科学依据。此外，冰雪作为寒区天然产物，既是建筑结构设计中需要着重考虑的一种荷载形式，也可以作为一种特殊的建筑材料，营造出独特的建筑效果。该系列图书不仅从低矮房屋雪荷载及干扰效应、寒区结构冰荷载等方面探讨了冰雪荷载的形成机理和抗冰雪设计方法，还介绍了冰雪景观建筑和大跨度冰结构的设计理论与建造方法，为在寒区建设中充分利用冰雪资源、传播冰雪文化提供了新途径。

(3)以市政设施的稳定性和耐久性作为寒区高效运行的保障。

在寒区，输水管道可能因冻融循环而破裂，干扰供水系统的正常运行；路面可能因覆有冰雪而不易通行，有时还会发生断裂和沉降。针对此类问题，该系列图书从寒区地热能融雪性能、大型输水渠道冻融致灾机理及防控关键技术、富水环境地铁站建造关键岩土技术、极端气候分布特征及其对道路结构的影响、道路建设交通组织与优化技术等方面，分析相应的灾害机理，以及保温和防冻融灾害措施，有助于保障寒区交通系统、供水系统等的正常运行，提高其稳定性和耐久性。

综上，“寒区建设工程理论与技术系列”图书不仅是对现阶段寒区建设领域科研成果的凝练，更是推动寒区建设可持续发展的重要参考。期待该系列图书激发更多研究者和工程师的创新思维，共同推动寒区建设实现更高标准、更绿色、更可持续的发展。

沈世钊

中国工程院院士

2023 年 12 月

前　言

城市作为人类活动的重要场所，其气候环境对人们的生活、健康和舒适度具有重要影响。随着城市化进程的加快，城市气候问题日益突出，城市居民对气候环境的需求也日益增加。热舒适性和城市热环境改善设计是城市气候问题研究的重要内容，其不仅关乎城市居民的生活质量和健康，也涉及城市的可持续发展和居民的气候适应能力。如何有效地优化城市热环境，提高城市居民的生活质量，构建宜居、健康、可持续的城市环境，是当今城市建设中亟须解决的重要问题。

作者在博士阶段追随日本东北大学持田灯教授从事城市气候的制控性研究，并在此领域取得了一定的研究成果。2012 年回国后，作者将研究方向聚焦在热舒适性和严寒地区城市热环境改善设计方面。随着研究的不断深入，作者意识到热舒适评价领域存在着许多需要深入探讨和解决的问题。在一系列纵向科研项目的支持下，作者及其研究团队在热舒适评价领域展开了深入的研究，积累了丰富的经验和数据。本书以此为基础，旨在探讨寒地城市人群在户外公共空间中的热环境感知与适应情况，为解决寒冷气候下城市居民的热舒适问题提供科学依据和实践指导。

本书汇集了研究团队多年来在严寒地区城市热舒适评价领域的研究成果，涵盖了多维评价指标和体系的建立、寒地城市外地游客与本地人群的热舒适差异化比较、综合指标考量下的寒地城市户外公共空间热环境设计与评价、特定人群与大众调研结果的差异性对比、严寒地区户外游园规划对热舒适体验的影响评价及中文室外热舒适性多维语义评价研究和基于机器学习在严寒地区室外热舒适评价中的应用研究等内容。研究成果在热舒适评价领域具备国际领先性，其中关于中文室外热舒适性多维语义评价的研究开创了中文热舒适性多维语义评价的先河。本书主要内容由研究团队成员共同合作完成，其中，第 1 章由研究团队全体成员共同完成，第 2 章由雷永生完成，第 3 章由王翘楚完成，第 4 章由秦欢完成，第 5 章由王澍完成，第 6 章由王勇、王浩舜完成，第 7 章由王明完成。曹恩嘉、王明、李瑾、卢乐平、张幸宇、杨暖暖、刘昕禹、马梦婷等完成本书的整理、修改工作。

作者 2000 年考入哈尔滨工业大学建筑学院（现建筑与设计学院）建筑学专业，2008 年于哈尔滨工业大学建筑学院攻读硕士学位，修习建筑技术科学专业，随后前往日本东北大学建筑系深造学习，攻读博士学位，回国后成为一名大学教师。作者踏上学术研究的道路，要感谢硕士研究生导师哈尔滨工业大学建筑技术科学学科带头人金虹教授和博士研究生导师日本东北大学持田灯教授，他们的治学和为人都使作者受益良多，在科研的道路上作者会一直不断地向自己的两位导师学习，努力做一名严谨的科研人和一名合格的教师。

本书是作者对一段时间内部分科研工作的总结，也是为自己科研工作提交的一份答卷。由于时间和水平有限，书中难免存在不足之处，恳请读者批评指正。

作　者

2024 年 7 月

目 录

第1章

城市物理环境相关研究及理论

可持续城市理念已被全世界广泛认同，创造健康、宜居城市已经成为规划师、建筑师、景观设计师的重要使命。如何评价和营造良好的城市公共空间热环境成为相关领域研究的热门课题，从热环境评价指标研究的迭代更新到各种实验方法及模拟方法的不断进步，从街道到公园，从住区到江畔，研究范畴涵盖了众多领域。本章对城市物理环境研究及世界范围内常用的热舒适指标进行介绍。

1.1　城市物理环境研究概况

1.1.1　城市室外热环境研究概况

城市化是人口不断向城市聚集，城市数量增加和城市规模不断扩大的现象，也是社会经济发展到一定阶段的必然产物，其使更广阔的地域与更多人口的生活融入城市的生产生活系统中。当前，世界城市化水平已超过 50%，有一半以上的人口居住在城市。随着社会经济的发展，我国城市化水平不断提高。2013 年末至 2022 年末我国常住人口城镇化率从 54.49%增长至 65.22%(图 1.1)，截至 2022 年末，我国城镇人口数达到 9.2 亿人。同时，城市空间形态和市民的社会生活也在转变，新的空间利用方式改变原有的土地形态，影响城市生活的各类建筑相继集中出现，城市中心区密度不断增大，促使新的建筑物与基础设施向城市边缘延伸，城市规模不断扩大；此外，经济、科技和城市形态的持续变革塑造着市民的集体意识与共同记忆，使其具有很大的不确定性，当代人更喜欢灵活、开放和多样的生活方式。然而，交通拥堵、环境污染、能源消耗加剧、室外公共空间不适宜停留等问题伴随着城市规模的不断扩大和城市人口数量的持续增长相继出现，如何提高城市宜居性、创造舒适的城市空间成为人们关注的重点问题。

另外，就能源消耗方面而言，建筑能耗作为民生能耗之一，占比一直较大，主要包括照明、供暖、制冷、动力等。我国作为发展中国家，建筑能耗在社会总能耗中的占比逐年攀升，中国建筑节能协会建筑能耗与碳排放数据专业委员会发布的《2022 中国城乡建设领域碳排放系列研究报告》中的子报告《2022 中国建筑能耗与碳排放研究报告》指出，2020 年全国建筑与建造能耗总量为 22.7 亿 tce(吨标准煤当量)，占全国能源消费总量比重为 45.5%。巨大的建筑能耗，不仅增加了社会负担，还使环境恶化。而室外热环境的质量直接影响人们在室外的停留时间和室外空间的利用率。因此，提高室外空间的舒适性不仅能延长人们的室外活动时间，减少室内能耗，还能够提高人们的生活质量，增加城市的宜居性与

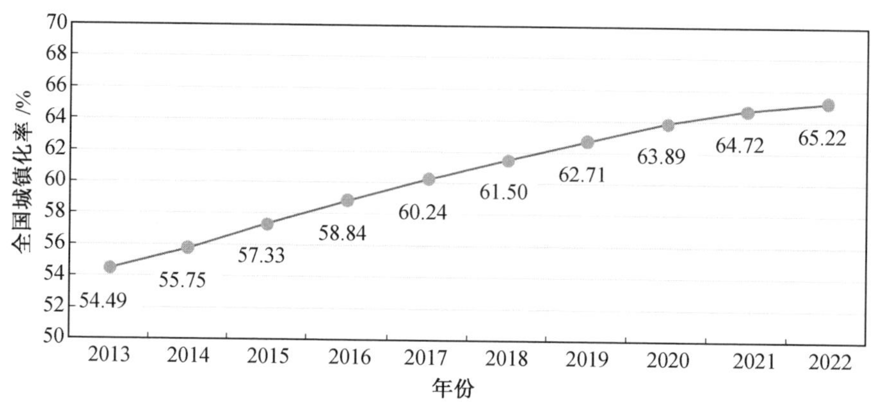

图 1.1　2013—2022 年全国城镇化率

（数据来源：https://www.stats.gov.cn/sj/ndsj/2023/indexch.htm）

活力。

随着生活水平的提高，人们的生活方式更加多元化，人们在室外进行的活动类型不断增多，如户外锻炼、郊游、购物等，在室外的停留时间也在不断增加，因此人们对舒适环境的渴求愈加强烈。目前诸多城市室外空间，如城市公园、居住区广场、城市广场、露天体育场和商业步行街等的设计，缺乏定性或定量的热环境舒适性评价标准提供科学性指导，未考虑当地气候状况和人们在室外的热舒适情况，过度追求视觉效果，忽视室外空间的热环境质量，极大程度地降低了人们的室外热体验。评价人的热感觉和热舒适性是一个城市热环境的直接评估途径，通过对室外热环境的研究可为室外空间规划和设计，以及提高人们生活质量提供参考。

美国采暖、制冷和空调工程师协会制定的 ASHRAE Standard 55—2013（《热舒适度标准》）定义热舒适性为“Thermal comfort is the condition of mind that expresses satisfaction with the thermal environment and is assessed by subjective evaluation.”（描述人体对热环境满意的一种意识状态），即不需要人体进行自我热平衡调节。人体热舒适是一个动态过程，受气候状况、适应性、生理状况、心理期望、衣着情况和行为调整等多种因素的综合影响，其评价体系应涵盖物理、生理、心理和行为 4 个层面的相关内容。既往多数的室外热环境研究结果主要在室外微气候实测数据的基础上推导得出，并未涉及使用者的实际热感受和舒适状态，往往能较准确地反映局地热环境的现实状况，但无法与不同状态下人体真实的舒适度和热感觉状态建立联系，不能从人体感受角度直观反映物理环境的舒适程度。随着热舒适研究的发展，综合以上多种影响因素的热舒适

指标相继出现，且多数被用于温带气候条件下的室外热舒适研究。我国关于室外热舒适的研究相对成熟，诸多基于热带和温带地区的室外热舒适研究业已完成，但鲜有学者就严寒地区人群的室外热舒适状况进行探讨。

与此同时，随着人们生活水平与健康意识的提升，越来越多的市民渴望走出家门，参与户外活动。其中，户外锻炼是人们当今生活中不可缺少的重要组成部分，尤其是老年人，为了改善自身的身体机能，逐渐成为户外锻炼的重要组成人群。Zhou P. 等人的调研数据显示：我国 45% 的老年人口达到世界卫生组织（WHO）建议的每周 150 min 的中、高强度体育锻炼。T. Takano 等人的一项研究表明，居住在有户外步行空间的城市老年人，其寿命会有所延长。此外，亲近自然是少年儿童的天性，户外玩乐在孩子们的成长过程中具有良好的生理、心理效益。户外活动可以促进儿童间的交流，同时对智力发展、情绪稳定、创造力、想象力、自信自立等素质培养有诸多优势并被纳入儿童玩乐价值体系。对于青年人来说，缺乏锻炼或久坐不动会增加患病风险，而相比于室内活动，户外活动更有利于缓解压力、改善情绪并促进个人身心健康。研究发现，室外热舒适与地区，气候，人的生理、心理、年龄有较大的关系。Lai D. 等人在一项研究中发现中国天津地区的人群比欧洲和中国台湾地区的人群更容易适应低温。儿童更容易感觉到温暖，因为他们有着很大的活动量，尽管老年人身着厚重的衣物来抵御寒冷，他们仍然感觉偏冷，所以年龄是一个重要的因素，它影响着人们的室外热舒适，气候亦是如此。

舒适的城市户外空间有益于提升广大市民的幸福生活指数。在“极速”城市化的发展背景下，城市热岛效应逐步加剧，致使居民滞留室内，长期依赖建筑暖通设备满足其舒适性要求，这不仅进一步加剧了能耗需求，还使居民产生一系列的健康问题。生态绿化是公认的可有效降低夏季室外环境高温的重要手段，很多城市将发展绿化作为应对气候问题的首选举措，包括道路绿化、公园绿化、垂直绿化以及屋顶绿化等措施。为了解决城市热岛效应带来的不利影响与城市居民日益增长的户外活动需求之间的矛盾，有必要采取一系列有效措施改善当前城市户外的环境，建设人性化的开放公园、高质量的活动场地。

为了给不断增多的城市居民提供优质的户外活动场所，保障人民的健康、幸福等基本福祉，我国各地建设了大量的城市公园，且公园的种类目前也在随着市民的多样化需求而不断增加。2010 年，云南省昆明市制定《昆明市公园条例》，条例规定：儿童公园、动物园、游乐公园绿地面积不得小于总用地面积的 70%；其他公园的绿地面积不得小于总用地面积的 80%。同时，《昆明城市绿地系统规划（2010—2020 年）实施意见》明确了绿地系统重点建设项目：到 2015 年，昆明在中心城区重点新建、扩建全市性公园 20 个，区域性公园 26 个以及专类公园 7 个。2018 年，河北省衡水市人民政府新闻办公室召开新闻发布会称：衡水市区公园绿地面积达到 573.31 hm^2（1 hm^2＝0.01 km^2），新增公园绿地面积 126.31 ha，人均公园绿地面积达到 11.86 m^2。2018 年，成都市成华区人民政府决定筹建北湖生态公园、莲花公园、海滨公园二期等 9 个累计 2 500 亩（1 亩＝666.67 m^2）的市政公园。

以我国《城市绿地分类标准》(CJJ/T 85—2017)为依据，公园绿地可以划分为 4 个中类及多个小类：①综合公园：内容丰富，适合开展各类户外活动，具有完善的游憩和配套管理服务设施的绿地，规模宜大于 10 hm^2；②社区公园：用地独立，具有基本的游憩和服务设施，主要为一定社区范围内居民就近开展日常休闲活动服务的绿地，规模宜大于 1 hm^2；③专类公园：具有特定内容或形式，有相应的游憩和服务设施的绿地，可细分为动物园、植物园、历史名园、遗址公园、游乐公园和其他专类公园；④游园：除了以上各种公园绿地，用地独立，规模较小或形状多样，方便居民就近进入，具有一定游憩功能的绿地，其中带状游园的宽度宜大于 12 m，绿化占地比例应大于或等于 65％。

公园作为城市主要室外活动空间的城市绿地，是城市生态系统和城市景观系统的重要组成部分，有助于缓解城市热岛效应、改善生态环境和提升城市形象。有效地发挥城市中公园的“冷岛效应”，是改善城市户外环境的重要途径。马椿栋等通过分析植物园与广场不同坡向的地形断面小气候物理环境、热舒适和热感觉，指出可以通过地形改变局地气流，从而有效改善人的热舒适；魏冬雪、刘滨谊指出公园绿化的蒸腾作用可以消耗周围空气中的热量以达到对周围环境降温的作用；李单、薛凯华、李凌舒和陈荻等研究了树冠、树的种植密度及树种组合对小气候热舒适的影响，为公园绿化树种的选择、种植提供了理论依据；张琳等研究了沥青、混凝土、浅色石材、干土、草坪等不同类型铺装材料和地面覆盖材料，分析了不同材料对户外地表温度的影响；张丝雨调研了公园景观构筑物、探究了不同遮阴环境物质空间特征对热舒适的影响，为公园小品设施的材料选择及空间形式设计提供了依据。

具备独特自然水资源的城市滨水公园集合了绿地、水体、生物多样性等多重优势，关于如何合理设计城市滨水公园、发挥其自然资源优势来营造宜人的城市小气候环境是学者们关注的重点问题之一。吕鸣杨等对公园内下垫面进行实测，发现水体能够发挥降温、增湿、提高风速的小气候效应；蒋志祥等指出建立合理的“乔—灌—草”复层群落种植结构可以有效增加降温效果；刘滨谊、林俊对比了水体不同驳岸断面形式对物理环境的作用规律，发现台地形、台阶形、坡地形

等驳岸形式中，台地形对公园小气候降温、增湿以及导风方面具有更显著的影响。李鹍等在其研究中指出，水体还具有城市“风道”的功能，可以降低城市温度，缓解城市热岛效应的影响。

我国从 20 世纪后期就对城市建设中的滨水区开发予以重视，各地充分挖掘水资源的潜在价值，开发了诸多滨水公园。我国部分城市沿江公园的建设概况见表 1.1。

表 1.1　我国部分城市沿江公园的建设概况

城市	沿江公园名称	长度/m	宽度/m	面积/hm^2	建设时间
哈尔滨	斯大林公园	1 750	50	10.5	1953 年建成
宜昌	滨江公园	10 500	65	35	1983 年动工
福州	江滨公园	2 600	8～20	28	1985 年建成
上海	外滩滨江风景带	1 050	—	188.8	1995 年动工
长沙	湘江风光带（东岸湘江路风光带中心景区区段）	12 000	40～120	—	1995 年动工
上海	浦东滨江大道绿地	1 000	50	5	1997 年建成
珠江	情侣路	17 000	22	36.6	1999 年建成
南京	秦淮河公园绿地	2 600	33	135.7	2000 年动工
重庆	南滨公园	6 800	—	22	2005 年建成
杭州	千岛湖滨水景观带	1 600	—	60	2010 年动工
厦门	环杏林湾带状公园	2 600	20～80	100	2010 年建成
芜湖	滨江公园	9 500	100～200	—	—
牡丹江	江南带状公园	4 900	70～280	50	2011 年动工
福州	闽江公园北岸	5 500	100	47.5	—
福州	闽江公园南岸	7 000	100	67	—
杭州	滨江风情大道	6 600	两侧各 50	66	—
重庆	金海湾滨江公园	17 000	—	321.7	2018 年初步建成
抚州	活力湾公园	1 100	—	10	2021 年建成

注：本表参考史美佳《北方城市滨水带状公园规划设计研究》绘制而成。

重庆市从 90 年代初期开始重视两江沿线的开发，在渝中区完成了长江左岸、嘉陵江右岸总计 9.6 km 岸线的综合整治，重庆主城区由此掀起了滨江建设的热潮。① 上海市作为国际著名的滨江旅游城市之一，黄浦江两岸的滨水旅游资源丰富，其中仅滨水自然旅游资源就有 8 处。武汉市大堤口江滩公园长约 1 100 m，面积约 4 万 m^2，大部分地段都修建成滨水步行道。② 长沙市湘江风光带依据既有的建成设定目标，形成滨江广场景观带、滨江休闲景观带、滨江园林景观带三大滨江景观区域，长 4.5 km。③ 江西赣江新区核心起步区的儒乐湖滨江公园长约 6 000 m，贯通串联近 20 条规划街道，将成为该新城区未来重要的水岸空间。④ 渭南市西海公园总面积 121 hm^2，是城市主要的生态休闲区，是城市生态框架的核心区，承担着城市生态涵养、景观塑造、功能整合、文化传承的重要功能。太原市汾河公园一期工程全长 6 km，宽 500 m，占地 300 hm^2，以锦绣水岸为主题建设亲水公园，获得"中国人居环境最佳范例奖"和"2002 联合国迪拜国际改善人居环境最佳范例称号奖"，汾河公园二期建成之后，该项目于 2010 年被国家旅游局(现文化和旅游部)授予"国家 AAAA 级旅游景区"称号。临汾市汾河公园于 2011 年开放，该公园充分发挥了"城市绿肺"的功能——为城市增加 12 km^2 的生态绿地，有效改善了当地的生态环境并提高了当地居民的生活质量。

城市滨水公园作为城市的重要组成部分，为城市居民提供了活动场所，引导了城市的有序发展和人们的行为，塑造了城市景观形象，具有维持和改善生态环境等功能，这些均构建了城市滨水公园在城市中独特的意义。

公园数量的增多使广大市民有了更多的室外活动场所，但当下城市滨水公园的设计质量还有待完善。针对这一情况，学者们展开了对公园使用实况的现场调查研究。

乔文静对中山市岐江公园调研发现：公园设计因地制宜，亲水性的步道允许人近距离与自然接触，植被的搭配营造出了具有亲切尺度的空间，吸引游客长期停留。但公园缺少供游客休息的座椅，且由于整个园区几乎没有娱乐设施，因此

---

① 秦趣，杨琴，冯维波.重庆都市区两江四岸滨水旅游资源定量评价初探[J].国土与自然资源研究，2011(3)：59-61.

② 杨璐.武汉市滨江公共空间使用状况研究[D].武汉：华中科技大学，2005.

③ 乔文静.城市滨江亲水性休憩设施设计研究[D].长沙：中南林业科技大学，2017.

④ 张楚晗.赣江"S 湾"活水岸公园：自然驱动的河流景观生态修复实践[J].景观设计学，2020，8(3)：114-129.

无法满足使用人群的多层次需求。

李雪丹对珠江公园调研发现：作为“第四届中国国际园林花卉博览会”选址，珠江公园环境优美，景色宜人，享有“南国绿明珠”的美誉。但由于公园面向公众免费开放，每逢周末、节假日大量人流涌入，园内拥挤的空间直接影响游人的体验感。道路两侧座椅数量不足，缺乏休憩空间，同时又存在部分空间使用率低的情况。

孙岩对哈尔滨斯大林公园调研发现：公园水质清澈，风光秀丽，吸引大量人群在此活动休闲。但公园景观小品种类较少，过于单调，游乐设施也较为单一，因此公园活动主要以自发性活动为主，如放风筝、钓鱼等。他还针对哈尔滨斯大林公园的游人使用情况展开调查：公园夏季温度较高，由于缺乏遮阴设施，致使很多游客坐在围栏上，存在较大的安全隐患，而游客为了到树荫下乘凉而践踏草坪的事件时有发生。

侯非对兰州银滩湿地公园调查研究发现：公园位置交通便利但游客较少。究其原委，公园呈长条带状，道路景观比较单一，缺乏具有特色的景观节点，同时该场地又没有足够的休闲娱乐场所，因此难以吸引游客。

李伟选择株洲市湘江风光带滨水公园作为调研对象，对公园使用人群进行问卷调查，结论显示：湘江风光带滨水公园的各项基础设施均未能完全满足居民的日常生活需求（近 1/3 的居民对景观设计不满意），公共服务方面缺乏休闲活动空间，且公园环境商业气息较重，居民游憩活动相配套的锻炼、休闲、娱乐设施缺乏。

除了以上关于公园本身“游憩”功能不同程度上的考虑欠缺，公园热环境的不足也是影响公园游人数量和活力的重要因素。例如，公园座椅的设计是否拥有遮阴设施被视为评估公园空间质量的重要内容。

杨璐对武昌大堤口江滩公园夏季游人活动情况的调研发现：由于公园内部没有充足的遮阴空间，因此人们的活动时间主要集中于清晨和傍晚。上午 08:00 以后，太阳辐射影响逐渐变强，公园游人数量开始急剧下降，由 417 人下降到 147 人。直到傍晚太阳辐射减弱，公园人数才开始回升。近 58%的受访者提议应该在园内增加遮阴设施。

王姝琪对绥滨县沿江公园的交往空间营造进行调研发现，大部分人员对该公园环境比较满意，在此停留的时长为 1～2 h，甚至部分人员在此停留 3～4 h。但公园使用的活跃时间段为清晨和傍晚。这是由于夏季白天公园空气温度较高，人们的主要使用空间又缺乏绿化种植，因此公园应为活动人群提供阴凉和舒适的空间。

沈啸以丽水江滨公园为例对该公园的游憩适应性进行研究评价，发现该公园的绿化覆盖率不高，究其原因主要是园内有过多广场、步道、建筑等较为集中的硬质铺装或场所，因此公园的整体绿化较差，园内的微气候环境舒适度有待提升。

此外，随着城市化不断推进，公众的生活水平逐渐提升，人们对生活质量的要求也随之提高，旅游业因能够满足人们日益增长的精神和文化需要而在近年来呈现多元化的持续增长态势。旅游业是世界上经济增长最快、最具活力、规模最大的产业之一，它能够推动所在地区的社会生产力发展并且是许多国家收入和就业机会的主要来源，因此有必要从促进旅游业发展的各个方面对城市户外空间进行深入讨论。

气候条件是影响旅游业的主要自然因素之一。首先地域性气候特征对于旅游目的地的选择具有一定的影响，相比于本地的气候，人们往往更偏好于体验其他地区不同的气候特色；其次不同季节的气候状况均会影响游客的出行安排，良好的气候环境可以增加游客的数量，而恶劣的气候环境会降低相应的旅行需求，因此旅游景点的气候信息成为游客在做旅行规划时关注的重要问题之一。

另外，由于旅游景点是城市环境的重要组成部分，城市规划者需要通过不同的空间规划设计，选用不同的材料来创造一个舒适宜人的景点热环境氛围，然而随着全球气候的不断变暖、景点用地规模的不断扩张、游客人数的不断增长以及景点商业性开发模式的不断发展，原有景区的物质和能量平衡被极大地改变，由此产生一系列的环境问题，这些问题对游客游览景点时的体验产生了严重的影响，因此有必要通过地域性的气候信息来指导景区的规划。

纵观我国几个比较有创新创意的城市，比如杭州和成都，有其象征性的文化代表，并且形成一条完整的产业链和宣传性的文化传播品牌（如一想起杭州就想到西湖，一想起成都就想到大熊猫）。这是因为旅游业的发展会融合各大商业板块，形成一整条特色经济链：不仅能够促进传统产业的升级，还能形成新的特色产业体系；不仅能促进市场体系的换代，还能将消费目标群体具体化，突破原有资源的限制，树立新的、紧跟时代发展的城市特色文化品牌，为城市带来独一无二的竞争力及文化氛围，有助于城市的特色化、地方化的发展。在城市化高速推进的今天，各大城市都在寻求转型以适应如今的城市发展，对旅游业来说，这显

然是一条正确的道路。虽然人们总是希望体验当地的典型特色气候，但是极端恶劣的气候状况是会大大减少人们出行的欲望以及给旅行带来不好的体验和感受的，所以气候特征是人们在出行选择上考虑的重要因素之一，以免身处的气候环境变化给自己带来不适感。热舒适作为与人的直接感受紧密联系的物理量，是人们判断旅游景点可游玩性的重要考量因素之一。良好的热舒适体验能够给游客带来良好的游玩感觉、延长游客在景区的游玩时间，而游客拥有较好的游玩体验并且在景区的停留时间增加，都可以提高游客消费的可能性，这对游客和景区来说，可谓双赢。

1.1.2　哈尔滨室外热环境与热舒适研究

哈尔滨地处中国东北地区、黑龙江省南部，冬季漫长而寒冷、盛行西南风，风速较小。据国家气象科学数据中心数据统计，哈尔滨 1 月平均最低气温在 −24 ℃左右，曾出现过极端最低气温 −38 ℃；降水少，气候干燥，有时会出现暴雪天气。[①] 哈尔滨享有“文化之都”“音乐之都”“冰城夏都”的美誉，是欧亚大陆桥上的明珠。这座城市融合了中西风情，美丽的风景引人入胜。哈尔滨作为中国省会城市中面积最大的城市，旅游产品种类繁多，冬季冰雪旅游最具特色，是哈尔滨独特的“冰城”文化的产物，已成为经济发展的重要动力。旅游业在哈尔滨经济和社会发展中具有重要作用。哈尔滨的旅游服务已由被动向主动演变，最终使哈尔滨从单一的旅游目的地向具备综合旅游功能的城市转变，城市休闲功能日益增强，因此本书以中国北方城市哈尔滨为例，对室外热环境与热舒适进行综合性研究：基于综合性热舒适指标探讨严寒地区城市居民的室外热舒适状况具备实用价值和创新性，并期望为相同领域研究提供借鉴，也为设计者改善严寒地区室外热舒适状况和提高人们的生活质量提供参考和依据，同时建立寒地室外热舒适数据库、完善热舒适评价体系以增强评价的可操作性与直观性，并对严寒地区冬季高校校园指标的适用性进行评价，从而为严寒地区建筑外环境设计提供理论支持。此外，本书还对哈尔滨室外旅游热环境与热舒适进行综合性探究：基于综合性热舒适指标对哈尔滨城市景点中本地与外地游客的多维度主观热舒适感受进行对比性分析，对不同来源地游客的热舒适性进行综合评价，为严寒地区城市景点室外环境设计提供理论支持；对斯大林公园进行微气候实验并

① http://data.cma.cn/data/weatherBk.html.

整合公园场地调研信息，小气候物理环境实测参数，公园游人热舒适、疲劳度、愉悦度等指标参数，分析公园使用人群的体验感变化，研究结果可为公园休闲步道配套的景观节点设计和游憩设施建设提供参考依据，也可作为沿江公园休闲步道设计的有益补充；将哈尔滨冰雪大世界作为实验地点，整合物理气候实测，游客热舒适、热感觉、游玩意愿等指标，分析游客在游玩过程中的即时体验变化，研究结果可以为户外游园的规划设计提供参考依据，也可以作为户外游园设计的有益补充。

(1)人是环境的使用主体，受技术发展限制，早期的室外热环境研究多侧重物理参数实测，未建立人体的真实热感觉与复杂热环境之间的相关性，人们根据测量结果无法直观判断热舒适状况。此外，由于人体热舒适受诸多因素的综合影响，基于单一评价指标(如风速、温度等)根本无法排除其他因素的作用结果，因此测量结果只能反映在其他气象参数为定值的理想环境下该指标对热舒适的影响程度，而面对多种因素为变量并相互影响的现实环境，其评价结果往往具有片面性和模糊性，无法反映环境的真实舒适情况。室外热舒适指标将多个环境参数和人体参数的综合作用结果呈现为单一变量，目的在于以单一变量代表综合因素影响下的热环境与人体热舒适建立关系，使环境的热舒适程度能直观呈现，即热舒适指标值即为当前环境所有因素综合作用下的热舒适程度的表达，因此基于综合性热舒适指标对室外热环境进行的评价结果，更具备科学性和准确性。

近年来国内外学者在热带和亚热带地区已开展了诸多室外热舒适的研究工作，但在严寒地区该类研究基本处于起步阶段，使得基于室外热舒适的严寒地区建筑外环境设计评价缺乏理论和技术支持。本书基于综合性热舒适指标，通过微气候参数实测和主观问卷调查的方法，量化人体热舒适与指标之间的关系，使设计者和使用者对寒地室外热舒适的动态变化趋势能够有直观的判断；筛选出3个主观评价指标(热感觉、热舒适、热满意度)作为定量化标准，建立严寒地区城市多维度室外热舒适预测模型和评价体系，使人们能够综合把握严寒地区室外热舒适状况，为寒地室外热环境的设计和改善工作提供参考依据。

(2)一方面，目前国内绝大多数室外热舒适评价指标均是建立在温带气候基础之上的，受不同气候、不同文化等因素的影响，这些热舒适评价指标的适用性如何，其能否直接应用于哈尔滨地区冬季严寒天气的室外热环境评价？关于这方面的研究目前相对较少。另一方面，人们尤其是青年人对室外热环境的诉求又是什么样的，青年人与老年人以及儿童又有着什么样的区别与联系，而身为青年人的高校学生对严寒地区热环境的需求是否有着其自身的特点？将高校学生的热舒适与热感觉的关系同大众样本进行分析和对比，得出他们的热舒适特性，为以后相关的深入研究提供参考依据。

(3)室外热环境的质量和个人的舒适度可以通过小的设计细节来改变。当人的心情处于愉悦状态时，人们对改善热环境的需求便会减少。本书以持续在户外公园休闲步道散步的人群热舒适指标变化情况为依据，沿途合理布置可改善游人舒适度的设施，对公园步道热环境进行优化。当人暴露在舒适度欠佳的热环境中，他们可根据自身热状态的需求，选择暴露在阳光下或转移到阴凉处等多种手段来满足其自身舒适性。另外根据本书实验结果得出的热舒适、疲劳度、愉悦度各项指标间的相互关系，对园林设计的要素——功能建筑、景观配置、广场分布、休息设施、空间特质进行优化，可使在步道散步的人群的热舒适状态、体能状态和情绪状态得以改善，为其提供健康舒适的游园条件及轻松愉悦的游园体验，同时有助于增加公园游客的数量，保障公园多边效益的最大化。

城市规划设计以提倡步行为宗旨，创造良好和宜居的城市户外步行空间，需要将“生机”“健康”“安全”“可持续”等空间品质贯彻到步道的设计之中。小气候是影响户外步行空间质量的一个关键因素。P. Höppe 认为：当城市的几何布局被精心设计而不超过某个“限值”时，就有可能使人避免不佳的热感觉。基于以上结论，本书对夏季室外步行人群的热舒适、疲劳度、愉悦度等指标进行监测，以受试者的感受“阈值”为基准，总结人在不同类型空间步道行进的时间“限值”。城市规划者可以以本书得出的行人获得最舒适感受的步行距离为参考，与适应居民便捷生活的步行距离相结合来指导城市建筑、公共空间、道路和绿化等的规划与设计。

(4)建筑业是能源消耗最多的行业之一。与建筑相关的能耗占据全球不可再生能源的 40%，二氧化碳排放量超过 30%，在总能耗中所占的比例高于工业和交通能耗，其中，在建筑能耗的组成比中，暖通空调能耗占据了近 50% 的比例。① 公园绿地作为城市“冷岛”，可改善由热岛效应导致的城市温度升高、气候变暖等一系列问题，提高室外空间舒适性，有效延长人们的室外活动时间，减少

---

①　COSTA A，KEANE M M，TORRENS J I，et al. Building operation and energy performance：Monitoring，analysis and optimisation toolkit[J]. Applied Energy，2013(101)：310-316.

建筑室内暖通空调能耗，降低碳排放量。同时，人性化设计的公园也可能成为城市的一张名片，吸引众多游客，汇集人流，产生经济效益，提升整个城市的宜居性与活力。创造良好的城市空间，需要在规划设计阶段贯彻健康、安全、可持续的理念。本书基于已有研究，选定热舒适指标，并添加“游玩意愿”指标作为心理层面的反馈：当人们有继续游玩的倾向时（即身心愉悦时），其对环境方面的“热需求”就会弱化；以户外游玩人群热体验及游玩意愿为依据，结合游客在游玩过程中的时间线，设定适用于特定时间节点的休息空间，以优化户外大型游园的规划设计。城市规划者可以参照本书来指导城市户外游园的规划与设计。

（5）目前的旅游景点研究着重于评价全部游客的室外热舒适感受，然而外地游客只是在较短的时间内暴露于一个陌生的出行环境下，他们对热环境的主观判断结果与有着长期地域性生活经验的本地游客不尽相同，这些以全部游客作为调研对象的评价结果往往具有模糊性，无法反映景点热环境中不同来源地游客的真实舒适情况，因此在旅游景点热舒适研究中应分别给出本地及外地游客的热舒适信息；此外，由于本地及外地游客的心理性需求及出行目的各异，他们在景点热环境中有着不同的着装情况以及行为模式，这些热适应性因素在一定程度上影响了人群的热舒适性感受，因此有必要从主观热舒适感受及适应性行为两方面综合分析本地及外地游客在旅游景点中的热舒适状况并探究其相互作用的机制。

在进行人群热舒适评价时参考单一评价指标（如温度、风速等）的研究结论难以剔除综合性因素作用的结果，而热舒适指标值为当前环境所有因素综合作用下的舒适程度的表达，能够将环境的热舒适程度直观地呈现出来，基于此的评价结果更具备科学性和准确性。另外，人们在室外热环境中的感受是多样的，基于单一角度（如热舒适度）的评价无法全面表征热环境带给人们的多方面热舒适性感受，所以应从多个方面全面剖析室外热环境对游客室外热舒适性的影响。

本书通过将本地及外地游客的热偏好、服装热阻、活动水平与客观参数及主观热舒适感受间建立相关性，量化游客的热适应行为与主客观因素之间的关系，使设计者和使用者对本地及外地游客各自的环境适应过程做出直观的判断；筛选出3个主观评价指标（热感觉、热舒适、热满意度）作为定量化标准，分析并对比本地及外地游客的主观评价指标相互影响的机制，建立综合性热舒适指标的预测模型，通过室外热舒适模型的动态变化趋势及多维度感受范围的界定综合评价本地及外地游客在景点热环境中的热舒适状态，为严寒地区旅游景点游客

的出行，以及景区热环境的设计和评价工作提供参考依据。

1.1.3　热舒适指标研究概况

迄今为止学者对城市热环境的研究已有百余年的历史，早在 1818 年，L. Howard 根据对伦敦城市温度场的观察与分析发现，城区温度高于郊区，提出“城市热岛”的概念并出版了《伦敦气候》一书。1935 年，E. Gold 首次确立热舒适与热环境之间的关系，用多个室外气候参数对热感觉进行评判，随后室外热舒适的研究在世界多个地区陆续开展。

20 世纪 40 年代，Siple 和 Passel 基于南极洲的实验数据分析提出“风寒指数”的概念，将其定义为皮肤温度为 33 ℃时，皮肤表面的冷却速率。美国、加拿大等国家将该指标广泛应用到天气预报中。到 20 世纪 60 年代，人们在实验室环境下开展对热舒适的研究并提出相对湿度、空气温度、风速、平均辐射温度、服装热阻和代谢率是热舒适的重要影响因素。在此基础上，Fanger 通过实验将环境参数与人体服装热阻、新陈代谢水平等个体参数联系起来，建立了处于热环境中的人体稳态平衡模型，推导出热舒适方程。之后 Fanger 根据荷兰和美国共计 1 396 名受试者的冷、热感觉，采用回归分析法将个体的热感觉和热负荷的关系作为热环境的评价指标，即预测平均投票数(predicted mean vote，PMV)，1984 年国际标准化组织(ISO)根据该研究成果制定了 ISO 7730 标准。

Penwarden 于 1973 年以遮阳和非遮阳环境作为相互参照条件，探讨不同着装情况下，风速和温度对热舒适的影响，并基于此提出了相关热平衡模型。1979 年，Steadman 基于多数人的主观感受进行统计归纳，引入生理学和服装材料学的相关理论，并考虑了衣着情况和运动量大小，研究人体热感觉与湿度之间的相关性，进而构建出主要针对夏季酷热环境的实感温度模型。该模型没有考虑影响人体热交换机制的呼吸散热、皮肤蒸发等因素对热舒适情况的综合影响，具有较大的应用局限性，后来 Steadman 参考风寒指数对该模型进行了延伸，使其在寒冷环境中也有较好适用性。此外，20 世纪 80 年代丹麦的扬·盖尔在他的《交往与空间》一书中指出，改善室外的微气候环境能够提高人们在室外活动的频率，但他并没有研究它们之间的量化关系。同时期伯克利的研究人员提出以体温调节数学模型为依据评价室外热舒适水平的评价方法，并根据该方法着重研究了旧金山的城市微气候状况，提出了太阳遮挡和防风的措施等一系列微气候环境改善策略。

1985 年，Richard de Dear 在澳大利亚对两座城市分别在使用空调和自然通风两种环境下的中性温度进行对比，发现前者比后者低 1.3 ℃，该结论与 N. A. Oseland 的研究结果相吻合，他发现夏季和冬季自然通风环境的舒适温度范围比空调环境分别宽 2.4 ℃和 2.6 ℃。这些研究虽然基于室内环境，但均证明稳态和动态环境下，人们的热感觉和热适应存在较大差异。Bosselmann 等人通过在旧金山两个不同的室外环境进行环境参数实测和问卷调查发现，人体的舒适性状况与测点的微气候环境关系密切，但这不适用于更广的室外环境，为更准确地了解舒适水平，他们引入了人体主观参数。

1997 年，Nikolopoulou 等人在剑桥市市中心的一些广场、街道和公园进行热环境实测与热舒适调研，结果证明预测平均投票数（PMV）与室外主观热感觉投票（TSV）之间存在较大偏差，TSV 的分布频率更集中，实际不满意率（APD）同样小于预测不满意率（PPD），而且热接受范围更广。同年，Noguchi 和 Givoni 深入研究了室外环境参数对人们热舒适和热感觉的影响机制。研究结果表明环境参数是人体热感觉的重要影响因素，最后推导出了实际热感觉与空气温度、风速、相对湿度、太阳辐射和地表温度的关系式。

21 世纪，室外热舒适的相关研究进入迅猛发展的阶段。Nikolopoulou 等学者于 2001 年以剑桥市城市室外公共空间为依托，综合考虑室外环境参数和受访者的性别、年龄、着装等个体因素，研究了剑桥市城市室外热舒适状况，通过将 1 431 名受访者的实际热感觉投票（ASV）与热舒适预测指标 PMV 建立联系，发现 PMV 的预测结果与 ASV 存在较大出入，因此他们认为单纯的环境因素无法准确地反映人们在室外的热舒适情况。于是在后续的研究中，Nikolopoulou 和 Steemers 提出包含物理适应、生理适应和心理适应三方面因素的热适应理论。他们在研究中发现，物理适应和生理适应只能够解释大约 50%的热舒适评价结果，其他现象可以用心理适应来解释，如人们在接触室外环境之前，对室外环境状况已经有所了解并做好了相应的心理准备，这种心理活动很大程度上会影响人们对室外热环境的评价。他们将心理适应归纳为感知控制、暴露时间、环境刺激、自然性、热经历（短期和长期）和热期望 6 个方面。2002 年，S. Thorsson 等人在瑞典哥德堡的一个广场进行了关于热环境条件与广场中人的行为模式之间关系的研究。研究发现，广场中人数与平均辐射温度呈正相关，且人们会通过增减衣物和改变活动场所的方式适应过冷或过热的环境；热期望和瞬时的热体验会极大程度地影响热环境的舒适性评价结果。但心理适应性因素对热舒适的影响

机制过于复杂，目前仍没有学者建立它们的相互作用模型。

2003 年，Ahmed 在孟加拉国首都达卡研究了热带地区夏季的室外热舒适情况。研究结果表明，当室外空气介于 28.5 ℃和 32 ℃之间、相对湿度为 70%时，热环境达到最舒适的状态，此时风速的变化对舒适温度影响较小，但对相对湿度的可接受范围影响较大。与此同时，Spagnolo 等人对亚热带地区的开放和半开放空间的热舒适性进行了研究，对比在不同温度指标下不同季节的热中性温度和期望温度发现，室外热中性温度和舒适性偏好存在季节性差异，但这 2 个指标的室内外研究结果差异不大，并将其归因于悉尼的温和气候特征。

Stathopoulos 等人在蒙特利尔研究了春、秋两季室外广场的热舒适情况，调查了 466 位受访者的热感觉与热舒适状态，研究结果表明，环境变量中空气温度是影响热舒适的最重要因素，然后依次是风速、太阳辐射和湿度。其中，舒适状态与风速和湿度呈负相关，与空气温度呈正相关；低温状态下风速对舒适状态的影响程度比高温状态下要高。Walton 等人对地处温和地区的新西兰开展了为期 9 个月的室外热舒适调研，其调研结果与 Stathopoulos 的结论不同。调研结果显示，空气温度是影响热舒适的次要因素，而风速则是最主要的影响因素，他认为这可能和新西兰地处温和地区长年气温波动范围较小的特点有关。2007 年，Nikolopoulou 和 Lykoudis 在雅典就室外环境因素对室外空间的使用影响进行了研究，基于 1 503 位受访者的热舒适调查结果，他们发现空气温度和太阳辐射是影响热舒适的最主要因素，而风速与湿度的影响则很弱。

2006 年，Knez 和 Thorsson 在空气温度处于 18～23 ℃之间时，分别对日本和瑞典的 2 个公园的热舒适状况进行了研究，结果显示，在相似的气象环境中，与日本居民相比，瑞典居民对热环境的敏感程度更高，即使在相同生理等效温度(PET)的环境下，瑞典居民的吹风感和冷感更强烈，他们认为是不同地区的文化背景和对待环境的态度改变了人们对热环境的感知。同时期 Katzschner 在德国卡塞尔市的研究表明，人的行为除了受室外环境条件的影响，也受心理期望的影响，如人们为获得阳光和新鲜空气会选择在 PET 偏离中性条件的室外活动。① Nikolopoulou 等人对欧洲 5 国 7 个城市进行的室外热环境实测和热舒适调查(发放 9 189 份问卷)结果表明，室外热舒适状态与微气候因素存在较强的相关性，其中辐射温度和空气温度对热舒适的影响程度最高，且不同地域的热中性

① L. Katzschner 于 2006 年参加第 23 届被动低能耗建筑会议(PLEA)的发言。

PET 值存在较大差异。

Thorsson 等人于 2007 年在日本松户市的 2 个距离较近的广场和公园，就室外热舒适性与人的行为活动之间的关系开展了为期 20 d 的研究，在对 7 304 名受访者进行调查之后发现，当室外热舒适状态处于可接受范围内时，人们的停留时间为 19～21 min，否则其停留时间较短（约 11 min），且空间使用率和热环境的相关性较弱；公园和广场同时间的 PET 值存在差异，且公园的热舒适性优于广场。Oliveira 于同年分别在春季温和及夏季较热的一天内采用实测和问卷调查的方法对里斯本的室外热环境进行了研究，研究结果表明，公众对温度的感知较弱，对风速的感知较强，且风速会给舒适感带来负面影响，当受访者觉得温度低时，会认为风速较大，反之则会认为风速适中。

2001 年，钱炜等人基于 PMV 指标，综合考虑空气温度、风速、相对湿度和辐射温度等环境参数，构建了热舒适度评价模型，提出热环境舒适度评价指标，该指标与 PMV 指标吻合度较高。朱能等人于 2004 年以高校学生为主要受试人群，在实验室环境下得出 80%满意率的新有效温度（ET*）的范围为 22.1～27.5 ℃。

张磊等人收集了 2008 年广州夏季的气象参数，并通过多元回归方法得出了湿黑球温度与空气温度、辐射温度、相对湿度的线性关系，在此基础上简化了湿黑球温度的计算方法，但是没有构建人体主观感受与客观环境参数之间的相关联系。次年，T. P. Lin 在中国台湾地区的一个城市广场采取物理测量和问卷调查的方法来评估受试者冷热季节的热舒适性，研究表明受试者的热舒适范围和中性温度高于温带地区人群，此外，当地的受试者更喜欢凉爽的温度和微弱的阳光，并通过寻找遮阳区域适应户外热环境，随着温度的上升，广场人数逐渐减少。实验结果与温带地区的研究结果对比表明，人体能量平衡模型不能完全解释气候对公共空间使用的影响，心理和行为因素在室外热舒适感受中也起着重要的作用。同时，Lin 还发现与温带地区的居民相比，中国台湾地区居民的热舒适范围及中性温度均较高且更期望温度及太阳辐射的降低，该区域性对比结果同样说明适应性会造成客观舒适度评价与主观热舒适感受间的差异。由于心理适应性因素对热舒适性的影响过于复杂，目前仍无法建立起它们之间的相关性，当前的室外热舒适评价研究普遍都会将其作为着重考量的方面之一。

2011 年，Makaremi 等人在马来西亚一所高校校园的室外阴凉空间进行了热环境研究，研究发现，人体处于绿荫下时所获得的舒适时间最长。2012 年，Nasir 等人在马来西亚的一个湖边公园通过对人们的热感觉调查发现，性别是影响热

舒适评价的最主要个体因素，其次是年龄。另外，这 2 项研究均发现马来西亚人比欧洲人更能适应热环境。

2012 年，席天宇等人在亚热带城市的校园研究了不同空间元素对室外热环境的影响，并采用问卷调查的方式分析了青年学生对亚热带城市室外热环境的热感觉与热舒适性感受。研究结果表明：夏季亚热带城市的室外热环境中，青年学生的中性标准有效温度（SET*）约为 24 ℃；白天长短波反射和长波辐射使得校园广场出现了高温情况，而夜间教学区地面与广场草坪地之间存在 0.9 ℃的温差，他们把原因归结为不同地面材料的热容量及区域性的天空开阔度不同。同年，赖达袆以天津作为寒冷地区的代表城市研究了其不同季节的室外热舒适性，评价了不同热舒适评价指标［PMV、UTCI（通用热气候指数）、PET］在天津地区的适用性并确定 UTCI 为各季节的优选热舒适评价指标。2013 年，胡孝俊对重庆地区夏季的局部热湿环境开展了地域性热舒适研究，建立了重庆地区夏季室外人体热感觉、湿感觉和吹风感的预测模型，并得到重庆地区室外热中性温度、可接受温度、相对湿度和风速范围。

2013 年，Yang W. 等人对 13 个不同户外空间的 2 036 名受访者的热舒适状况进行了问卷调查，采用工作温度这一温度指标对室外热环境进行评价，结果表明与室内和半室外环境相比，在室外时人们的热中性温度更高、热接受温度范围更宽，即热带地区人在室外环境对热应力的容忍度要高于室内，且发现太阳辐射是影响室外人体热感觉最主要的因素。2013 年，Nasir 等人的研究也表明太阳辐射是影响人体热舒适的关键因素；而 M. A. Ruiz 在门多萨分析不同气象参数和热感觉投票关系时发现，空气温度对热感的影响显著。2015 年，Chen L. 等人在上海一个城市公园调查了热舒适在影响人们的行为活动和对户外空间的评价中所起的作用。结果显示：受访者的总体舒适度在很大程度上受主观热感觉投票（TSV）的影响；冬季气温和太阳辐射与 TSV 呈很强的正相关关系，都是影响室外空间利用的重要因素；上海的中性 PET 值范围为 15～29 ℃；居住时间会影响人们对上海气候的适应能力。

2016 年，Liu W. 等人在长沙地区 6 个典型的公共空间中进行了长期（近 2 年）的热舒适研究，共收集 7 851 份有效问卷，通过分析小气候参数对室外热感觉和中性温度的影响发现，空气温度对人们户外活动时的热感觉起着重要的作用，并发现了室外中性温度的季节性和区域性差异，以及不同的微气候状况下人们的热舒适性要求不同。同年，Li K. 等人基于 1 005 位受访者的真实热感觉和热舒适状态，建立了 PET 指标与热感觉、热舒适和可接受范围之间的关系，发现不同季节的热经历与热期望确实存在并影响人们对热环境的感知，居民在不同季节通过调整服装、活动空间和活动时间适应户外气候环境，并得出广州地区 90% 可接受范围的 PET 范围为 18.1～31.1 ℃。此外，他们还发现，室外空间的使用人数在夏季与 PET 呈正相关，在冬季呈负相关，并提出设计者在创造空间时应考虑夏季的遮阳和冬季接受更多的阳光，使居民有更多与不同季节的环境互动的机会，从而提高空间的热舒适性和使用率。刘思琪也于同年探讨了严寒地区不同季节的步行街热舒适与热环境之间的关系，通过对比不同朝向和宽度的街道热环境参数值，得到不同朝向和宽度的街道热环境参数差异值所导致的热舒适差异，最后提出了严寒地区步行街优化策略，但未对严寒地区城市室外热舒适状况进行分析评价，因而人们无法根据其研究结论直观判断室外热舒适状况。

2017 年，陈昕的研究表明，严寒地区室外人体热感觉和热舒适变化具有明显的季节特征，热感觉与热舒适的关系也存在季节性差异；春、秋两季和冬季热感觉与空气温度和辐射偏相关关系显著，夏季热感觉与空气温度、相对湿度和辐射偏相关关系显著；基于热舒适评价指标 PET 和 SET* 的室外热环境评价结果发现，受心理适应性因素影响，严寒地区冬季中性 PET 值比其他季节低。通过对严寒地区和亚热带地区的热感觉与 SET* 关系式斜率进行对比发现，室内外环境的温差越大，人群对室外环境越敏感。但该研究受访人群为固定的 31 名高校学生，年龄在 22～29 岁之间，是以高校环境为依托进行的结论分析，因此只能代表严寒地区特定人群的室外热舒适变化情况，不具备普适性。2017 年，Yang B. 等人在瑞典于默奥市的城市公园进行一项研究，探讨了户外环境变量和公园使用率、人的行为之间的关系，他们发现受冬季长期低温的影响，即便热环境偏暖时，瑞典居民仍期望更多的太阳辐射，而低风速和高太阳辐射能明显提高人体热感觉，且于默奥市的居民比非本地人对亚寒带气候的适应性更强。

2020 年，朱正通过对全年各季节的室外物理环境测试结果和大量主观问卷调查数据的总结与数理分析，明确了不同季节室外环境的波动变化趋势、居民对室外环境的感知情况以及气象参数的偏好程度等，为制定寒地商业街区建筑群体形态设计策略提供了准确的数据结论。

2021 年，安乐选取北京、西安和哈密作为中国寒冷气候区典型代表城市开展了室外热舒适研究，采用统一标准的气象测量和问卷调查相结合的方法，在 3 个公园中的 10 处开放空间进行了室外热舒适调查，建立了 3 个地区的预测热投票

模型。

本书内容是工作室历时多年研究工作的积累和总结，由于时间跨度太大，参与人数众多且工作均为独立完成，因此对于热舒适投票的初始设定不同。其中第 2 章设定热不舒适为正值投票(0 设定为热舒适)；第 4 章由于对热舒适程度进行了划分，因此设定 0 为热舒适中性投票；其余章节设定热不舒适为负值投票(0 设定为热舒适)，请读者阅读时注意各章节热舒适投票初始设定内容。

1.2　热环境与人群热舒适性研究概况

1.2.1　热环境适应性行为研究概况

人体对热环境的适应性基本可以分为 3 种不同的类型：物理适应、生理适应和心理适应，其中，物理适应是人体为适应环境所做出的物理应对反应，如改变服装热阻、活动类型、饮食等。不同的人对环境刺激的理解和强度的判断不同，进而直接影响其对热环境的主观评价结果，该过程与人们的心理适应有关，而心理适应的影响因素纷繁复杂，如自然性、热期望、热经历、暴露时间、感知控制和环境刺激等。热环境适应性行为是人群对环境的一种反应，能够从一定程度上调节人体的热舒适水平。

1998 年，Richard de Dear 及 Brager 通过对相同办公空间内的男性及女性的着装情况进行调研发现，相较于男性，女性在夏季时的着装服装热阻值明显较低，而在冬季则更偏好于服装热阻高的服装组合；ET^* 与室内人群服装热阻间存在良好的线性关系，实验表明，在同一室内空间中男性与女性的服装热阻有差异，且大约一半(49%)室内空间中的服装热阻差异是由室外热环境决定的。

C. Morgan 等人于 2003 年对澳大利亚悉尼的郊区购物中心及办公室两种不同室内环境下的人群的着装量与热环境的关系进行了研究，结果显示：在室内温度相对稳定的情况下购物中心内人群日常服装热阻值变化显著，而在有严格制服规定的办公室，员工的服装热阻值受环境温度的影响较小，并以此为依据推导出购物中心日均服装热阻值与平均室外干球温度的线性拟合方程。2007 年，M. D. Carli等人在考虑室外温度的前提下分析了自然通风的室内及有空调的室内人群的着装适应性状态，发现室内的空气温度在早晨似乎不会对人们衣物的选择产生影响，但是如果室内没有统一着装的要求，室内空气温度的改变能够造成一天中人们衣着量的变化，且 0.1 clo(1 clo=0.155 $m^2 \cdot ℃/W$)的服装热阻改变会很大程度上影响人们对室内热舒适性的评价。

2010 年，R. L. Hwang 等人研究了在中国台湾地区居住环境中超过 60 岁老人的行为及热适应性，分析结果表明，老年人适应热环境变化的主要策略是夏季开窗和冬季服装的调整，他们将老年人与非老年群体的室内热舒适性进行了对比，发现热环境需求的差异造成了适应性行为的不同。尽管这一系列研究均在室内进行，但不难发现行为调整是适应热环境变化的重要方式之一。

2001 年，Zacharias 等人探讨了北美城市蒙特利尔的微气候要素对人群行为的影响，发现温度和阳光的变化对人群开放空间中行为转变的影响方差占比为 12%，而活动地点和时间对人群行为状态的影响方差占比分别为 38%和 7%。

2006 年，Katzschner 在德国柏林展开室外热舒适性对户外活动的影响研究，研究发现，从有空调的建筑中出来的人，即使在热感觉高于“适中”时，他们仍然渴望在室外寻找更温暖的环境，该研究表明人的行为不仅取决于室外的热环境，同时也受心理期望的影响。①

2007 年，Eliasson 等人提出在瑞典哥德堡 4 个城市公共区域（如广场、公园、庭院、海滨广场）中，气温、风速和晴空指数对于户外活动人数的影响占比超过 50%的方差，即当地居民会出于对特定环境参数的渴望而选择外出。

2013 年，R. A. Nasir 等人对意大利罗马的圣西尔维斯特罗广场内阴影区域停留人数进行了统计，并调研了人群的热舒适情况，结果显示：广场中的停留人数与阴影的出现与否之间存在显著关系，该研究表明太阳辐射情况对人群的活动模式影响明显。

2015 年，丁勇花以寒冷地区代表城市西安为例，探讨了人们在不同热感觉下的服装热阻调节行为，她发现在不同季节，人们都能够依据环境温度和热感觉调节着装量，并定义了舒适状态下的服装热阻值和热中性环境下的服装热阻值。

2016 年，Huang J. 等人在武汉研究了开敞空间内人们的行为模式，研究发现，随着更新后的广场增加了遮阳棚和绿植，更好的夏季室外热环境吸引了更多人出行，延长了活动人群在景点的停留时间；人们偏好在凉爽的季节进行高强度的运动，而在温热的季节进行较低强度的活动，且不同年龄和性别的人群在对热环境的行为回应方式上存在差异。

既往研究调研了热环境因素与活动人数的关系，一些在温和地区的研究均表明，在全年的室外广场环境中，空气温度或平均辐射温度均与出行人数为线性

① L. Katzschner 参加第 23 届被动低能耗建筑会议（PLEA）的发言。

关系,即随着环境的变暖,会有更多的人来到广场中进行活动。对于夏热冬暖地区的城市,在凉爽的季节,其研究结论与温和地区的相一致,然而在炎热的季节中,随着热环境空气温度或平均辐射温度的上升,较少的人聚集到广场中进行活动。对处于夏热冬暖地区的城市,如武汉来说,当人们在秋季的热感觉为"适中"时,室外环境中的出行人数最多。这些研究表明,受气候适应性的影响,不同气候区的人们会对热环境的变化产生不同的反应。

1.2.2　人群热舒适性差异性研究概况

由于心理、生理等个人因素的影响,有着不同人群特征的子群体在相同物理环境中热舒适性感受存在差异性。2006 年,江燕涛等人通过气象参数的测量,以及对长沙地区 600 多名学生的问卷调查来探究性别与热舒适的关系。结果表明:女性的耐寒能力比男性差;男女对湿感觉的评价无较大差异,但当温度较低时,女性的环境潮湿感更强烈;女性的吹风感比男性强。

2008 年,李文菁等人在长沙市分析了长期生活在湖南省的本地人与北方人在同一非空调环境下的冷热感和湿度感,发现本地人耐寒性与耐湿性更强。

2010 年,蔡强新分别于夏热冬暖地区的深圳和夏热冬冷地区的武汉进行了居住区热舒适调查,发现在夏季,两地居民均渴望室外温度的降低及风速的提高;受深圳相对较高湿度的影响,深圳居民的湿度不接受度较高;总体来讲,武汉居民的热环境可接受范围更大。刘婧于 2011 年基于热舒适评价指标 SET* 对长沙市男性与女性的热舒适性差异展开评价,分析结果表明:女性对风速和温度变化更敏感,但在湿度变化上的感觉相对于男性要弱,总体来说,女性对同一热环境的感觉描述更为相似和准确;女性更偏好偏暖的环境,虽然其抗高温的能力与男性相似,但耐寒能力比男性差;在衣着方面,女性的服装热阻总体低于男性。

2013 年,重庆大学的胡孝俊以重庆市作为夏热冬冷气候区的代表城市,对本地居民夏季的热舒适性展开了调查,调查结果表明,性别和室外停留时间均会影响人体的热舒适性,即在室外停留时间不到半小时的人比在室外停留时间超过半小时的人的热中性温度和可接受温度的上限分别低 0.75 ℃和 0.4 ℃,而男性的热中性温度比女性低 0.68 ℃。

2016 年,刘思琪以哈尔滨中央大街为例探究了年龄、性别、居住时间等个体因素对人群热舒适性产生的影响,研究发现:在冬季男性比女性的舒适度水平要高,而在夏季则刚好相反;在代谢率的影响下,老年人在夏季的热感觉高于年轻人;人们在哈尔滨居住时间越长,其舒适度水平越高。

2016 年,卫渊通过在严寒地区的哈尔滨研究人群的行为适应性发现:与其他群体相比,老年群体的热感觉较高,他认为这与老年人在参与室外活动时衣着较多有关;而当温度达到 30 ℃以上时,温度的升高使得中年人及青年人会进行一些高代谢水平的运动,老年人此时的活动量仍较低,从而导致老年人此时的热感觉低于其他 2 个年龄段的人。S. Amineldar 等人在 2017 年对寒冷季节德黑兰的热舒适状况进行了调研,发现年龄及性别是影响人群热舒适性的重要因素之一,其中,以年龄划分人群,年轻人对寒冷空气温度的敏感程度更高;以性别划分人群,女性群体对寒冷空气温度的敏感程度更高。2018 年,Salata 的研究表明由于性别及年龄的差别,地中海地区的人们在选择服装上存在不同的偏好,女性及年龄稍长的受访者更倾向于选择高热阻值的衣物。

2019 年,金虹、刘思琪等人对严寒地区步行街中男性与女性的热舒适性差异展开研究,结果显示:在相同的热环境中,女性的平均热感觉投票、热中性温度和对环境的接受程度均低于男性,说明女性对冷的耐受力弱于男性;在寒冷季节调节热舒适水平的方式上,女性会穿着较厚的衣物,而男性更偏好于进行高强度的活动。

第2章

城市人群室外热适应的地域性体现

室外热舒适地域性差异包含两方面内容:一方面是受地域气候影响,不同地域人群对热环境体验、感受不同;另一方面是综合性热舒适指标(PET、UTCI、SET*)在不同地域的适用性也存在相应的差异。本章通过在严寒地区城市展开大规模调研,建立严寒地区人群热舒适投票与综合性热舒适指标的回归模型,并将研究结果与其他气候区研究结果展开对比分析。此外,本研究倡导纳入可接受范围、舒适度、容忍度等指标对严寒地区室外热舒适评价展开多维度评价和可视化评价,使严寒地区热舒适评价更为全面、系统、直接。对纳入评价体系的多个指标,在综合性热舒适指标预测准确性上给出了统计分析结果,指出不同季节综合性热舒适指标的预测准确性并不相同,同时各指标在不同季节的预测准确性排序也是变化的。

2.1 人体热舒适基础理论

热舒适是人体在客观环境和心理等因素作用下，对周围热环境的一种主观满意度评价。美国国家标准学会（ANSI）的 AHSRAE Standard 55—2017 标准定义热舒适为"人体对热环境满意的一种意识形态"。P. O. Fanger 认为对环境感觉为不冷不热时（中性热感觉时）可认为达到舒适状态，但其也受到心理等其他因素的影响。而热舒适是皮层下神经末梢受温度刺激时的反应，不是人直接感受到的环境温度，无法直接测量，所以对热舒适的研究应先了解其形成机制和相关平衡理论。

2.1.1 热舒适形成机制

热舒适是多种因素综合作用的结果，其形成机制主要涉及物理、生理、心理 3 个方面。

物理方面主要是基于人体自身热量的得失平衡。人体通过新陈代谢产生能量，并将能量转化为热量和机械功。热量得失主要通过与环境进行对流、辐射和汗液蒸发等途径实现；机械功主要通过活动等方式完成能量消耗。当气候变冷（冬天）人体热损失大于获得时，人会产生"冷"感，此时人们通过增加衣物来减少热损失；反之，人们会减少衣物增加热损失。此外，人们可以通过增加或减少活动量的方式来增减人体代谢产热，或选择待在遮阳或温暖环境来减少或增加得热。

生理方面主要是人体皮肤和下丘脑热传感器对温度变化的应答反应。当人体温度低于正常温度时，皮肤血管扩张，血流量增加，肌肉张力也会增加，并伴随有冷战等反应以产生额外热量；当人体温度高于正常温度时，皮肤血管收缩，血流量减少，并伴随出汗等反应以增加热量散失。而长期受环境变化的规律性刺激，人体的上述生理过程也会形成规律性的调节机制，即生理习服，因此人们不同季节下的生理习服会改变人们对环境的耐受强度，从而影响人的舒适状态。

心理方面主要是受热经历和热期望影响而引起主观反应的改变，进而降低对环境的期望,即心理适应性。受地域气候的影响,人们心理上已经接受了不同季节的热环境状态,基于心理准备的情况,人们会拓宽对环境的接受范围。此外热经历会改变人们的心理期望,如受长期寒冷气候的影响,人们即使达到了适中状态,仍期望更温暖的环境,反之期望更凉爽的环境。

2.1.2 人体热平衡理论

1.热平衡方程

如前文所述,人体代谢产生能量并通过与环境进行对流、辐射和汗液蒸发等途径交换能量及做功消耗能量,而人体要保证机体正常,则必须维持能量得失平衡。将人体看成一个能量交换系统,其能量得失可用热平衡方程计算:

$$M-W=C+R+E_{sk}+C_{res}+E_{res}+S \tag{2.1}$$

式中 M——人体新陈代谢率,由活动强度大小决定,始终为正值,W/m^2;

W——人体所做的机械功,W/m^2;

C——人体与环境的对流换热量,人体表面温度低于环境温度时,会从空气中获得热量,C 取负值,反之,人体散失热量,C 取正值,W/m^2;

R——人体与环境的对流换热量,正负情况与对流换热相同,W/m^2;

E_{sk}——皮肤表面蒸发散失的热量,W/m^2;

C_{res}——呼吸对流散热量,即人呼出空气带走的热量,W/m^2;

E_{res}——呼吸蒸发散热量,即人体呼出的水蒸气会带走相应的汽化潜热,W/m^2;

S——人体蓄热量,W/m^2。

当人体长时间处在一定环境中,体内产热与散热相等时,S 为 0,即人体达到热平衡状态。舒适的状态要求人体蓄热量应在规定范围内。否则,当产热大于散热时,多余热量会在体内积蓄,S 为正值,超出一定范围则出现“热”感;反之,S 为负值,超出一定范围会有“冷”感。

2. Fanger 热舒适方程

Fanger 教授基于热平衡方程通过实验提出了热舒适方程:

$$\begin{aligned}(M-W)=&f_{cl}h_c(t_{cl}-t_a)+3.96\times10^{-8}f_{cl}[(t_{cl}+273)^4-(t_r+273)^4]+\\&3.05[5.733-0.007(M-W)-p_a]+\\&0.42(M-W-58.2)+0.0173M(5.876-p_a)+\\&0.0014M(34-t_a)\end{aligned} \tag{2.2}$$

式中 f_{cl}——服装面积系数,m^2;

h_c——对流换热系数，W/(m^2·℃)；

t_{cl}——服装外表面温度，℃；

t_a——人体周围空气温度，℃；

p_a——人体周围水蒸气分压力，kPa；

t_r——辐射温度，℃。

Fanger 热舒适方程在热平衡方程的基础上引入了“皮肤温度”和“人体排汗蒸发散热量”，并认为“皮肤温度”处于稳态条件下的能量平衡状态，即热平衡方程中蓄热量值为 0，且具有最佳排汗率和热舒适水平的皮肤温度时，人体达到舒适状态。因此，热舒适方程所涉及的所有变量（服装面积系数、对流换热系数、服装外表面温度、人体周围水蒸气压力、辐射温度等）组合起来构成热环境的舒适程度。

3. Gagge 二节点模型

二节点模型最早由 Gagge 等于 20 世纪 70 年代提出，是人体体温调节数学简化模型，至今仍被广泛采用。该模型将人体假设为 2 个同心圆柱层，即核心层和皮肤层。核心层以新陈代谢方式产生能量，并通过皮肤层蒸发、呼吸、与外界对流和热辐射等方式消耗能量；两层之间的热交换通过热传导和血液对流换热的方式实现，二节点传热示意图如图 2.1 所示。

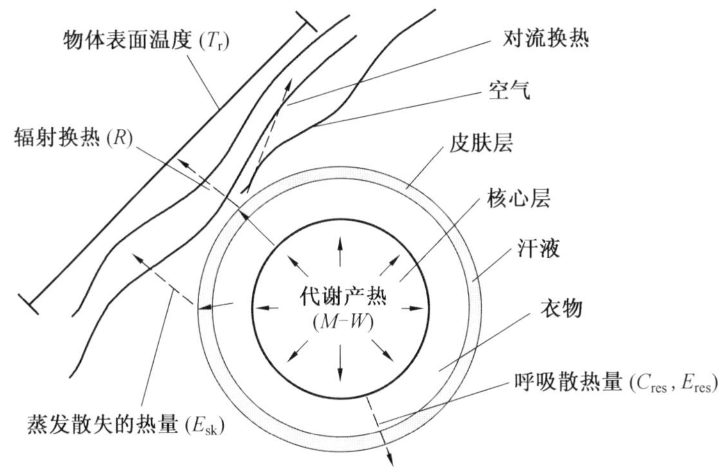

图 2.1　二节点传热示意图

二节点模型认为外界环境参数的改变，影响了人体与环境的热湿交换过程，进而使人体通过自身的热调节机理反应改变生理参数，最终产生不同的热感觉。

人体热交换机制极其复杂，目前的科技根本无法建立与人体热交换机制完全相同的数学模型，因此二节点模型做了如下假设：

(1)核心层与皮肤层每个单元内温度分布均匀，两层之间存在温度梯度；

(2)人体皮肤层间只考虑一维传热，忽略径向传热的影响；

(3)人体做功耗能和通过皮肤与外界蒸发、对流和辐射的耗能均由核心层产生；

(4)考虑服装渗透率因素；

(5)核心层和皮肤层之间的热交换通过热传导和血液对流换热的方式实现。

上述与二节点模型相关的假设，极大地降低了数学模型的复杂性，同时弥补了传统模型只适用于被动研究的缺陷和缺少与调节系统相关分析的缺陷；另外，该模型以核心层和皮肤层为主要研究对象，输出结果为皮肤温度，适用于多学科交叉研究，所以该模型具备较高的认可度。具体方程见式(2.3)和式(2.4)。

$$M+\Delta M-W=C_{\mathrm{res}}+E_{\mathrm{res}}+(K+\rho_{\mathrm{bl}}m_{\mathrm{bl}}c_{\mathrm{bl}})(t_{\mathrm{cr}}-t_{\mathrm{sk}})+m_{\mathrm{cr}}c_{\mathrm{cr}}\frac{\mathrm{d}t_{\mathrm{cr}}}{\mathrm{d}\tau} \tag{2.3}$$

$$(K+\rho_{\mathrm{bl}}m_{\mathrm{bl}}c_{\mathrm{bl}})(t_{\mathrm{cr}}-t_{\mathrm{sk}})=Q_{\mathrm{sk}}+m_{\mathrm{sk}}c_{\mathrm{sk}}\frac{\mathrm{d}t_{\mathrm{cr}}}{\mathrm{d}\tau} \tag{2.4}$$

式中 ΔM——人体代谢率与冷战增加的代谢率，W/m^2；

K——核心层向皮肤层的传热系数，W/(m^2 · ℃)；

ρ_{bl}——血液密度，kg/L；

m_{bl}——皮肤层血流量，L/(m^2 · s)；

m_{cr}，m_{sk}——核心层和皮肤层的质量，kg；

c_{sk}，c_{cr}，c_{bl}——皮肤层、核心层和血液的比热容，J/(kg · ℃)；

τ——时间，s；

t_{sk}，t_{cr}——人体平均皮肤和核心层温度，℃；

Q_{sk}——皮肤散热量，W/m^2。

4. UTCI－Fiala 多节点模型

除前文所述的热舒适方程和二节点模型外，学者们也开发了诸多用于评估热环境的多节点模型，如 Wissler 模型、25 节点模型和 Fiala 多节点模型。UTCI－Fiala 多节点模型是由 23 个国家和地区的 45 位科学家在 Fiala 多节点模型的基础上结合人体热舒适模型所开发的热环境评估模型，其涉及生物气象学、解剖学、医学、传热学等多个领域。

UTCI－Fiala 多节点模型把人体分为 2 个相互关联的体温调节系统，分别是主动控制系统和被动控制系统。其中主动控制系统应考虑冷、热应力条件下的活动水平。主动控制系统用于预测中枢神经系统的多种体温调节反应，如皮肤血流量的抑制（血管收缩）或增加（血管舒张）；寒战产热和排汗。被动控制系统则主要预测人体代谢产热、各层次或节点间的热量传递与转换以及人体与环境之间的热交换。该模型把人体分为具有解剖和生理属性的多段和多个层次，人体被理想化为 12 个球形和圆柱形单元。UTCI－Fiala 多节点模型人体温度调节原理示意图如图 2.2 所示。此外，该模型将人体各构成部分假设为多个同心环形组织层（图 2.2 中 A－A 断面），并将其细分为 63 个传热空间单元。在体内换热数学模型中，每个组织层被离散为一个或多个组织节点，人体总共分为 187 个节点。为减小误差，节点在径向方向上呈现为不均匀分布，越接近外侧温度梯度差别越大，节点分布也越密集（图 2.2 中 A－A 断面）。

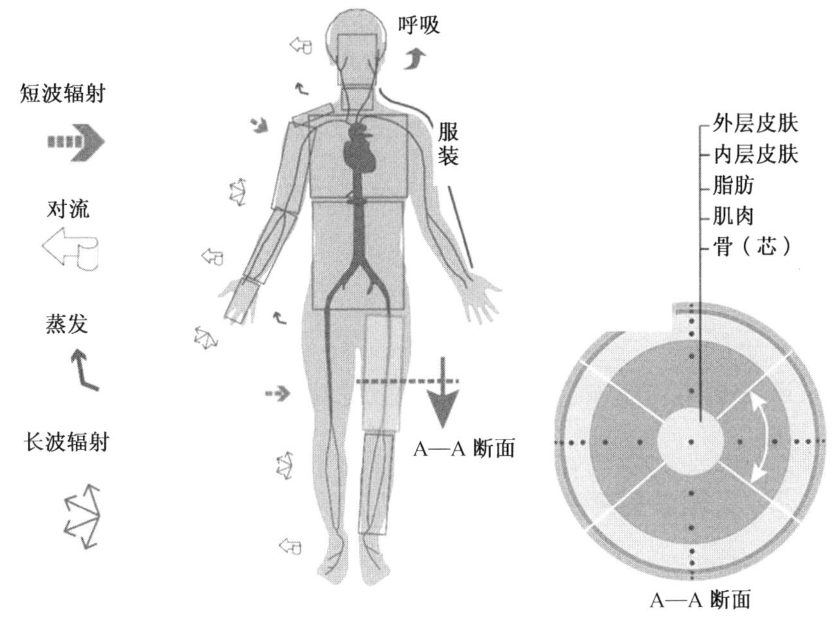

图 2.2　UTCI－Fiala 多节点模型人体温度调节原理示意图

在与环境的热量交换方面，UTCI－Fiala 多节点模型除考虑人体呼吸散热、汗液蒸发和对流、辐射热之外，还考虑了城市居民因气象环境而调整衣物的行为适应性因素，引入了服装模型；此外还考虑了人体不同部位的服装热阻分布和因为风速引起的服装热阻和水蒸气蒸发能力的降低，最终将多种因素的综合影响结果以单一指标 UTCI 的形式呈现，并定义假设当人体代谢率为 2.3 Met(约 135 W・m^2)时，处在现实环境中的人体生理反应与参考环境下相同(10 m 处风速0.5 m/s，空气温度等于平均辐射温度，相对湿度为 50%)，则参考环境的空气温度为现实环境的 UTCI 值，计算过程示意图如图 2.3 所示。

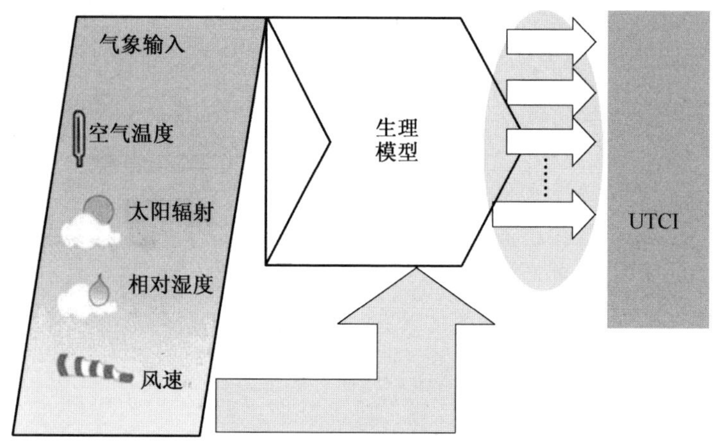

图 2.3　UTCI 值计算过程示意图

2.2　基于"热适应"的哈尔滨市室外热舒适调研

室外热舒适涉及多种因素，与多个领域相关，如生理学、心理学、热工学、医学和建筑学等，针对室外热舒适评价的研究方法主要有 3 种，即生理参数评价、热舒适主观评价和理论模型评价。

2.2.1　生理参数评价

人体需要恒定温度条件维持正常的生理系统，当人体处于动态的环境中或受到环境参数改变的刺激时，人体的体温调节系统会在大脑的控制下进行一系列的热平衡调节反应来维持体内的温度稳定。

由于舒适和不舒适状态下人体生理参数存在差异，因此研究者们试图获取人体生理参数，以降低人们主观性的干扰，来准确判断人体的舒适状态。然而基于人体生理参数的热舒适评价指标多数在实验室条件下获得，其用于室外热舒适评价时的适用情况有待探讨；受实验室条件限制，实验人群数量有限，实验成

果往往也不具备普适性。另外，获取人体生理参数时，由于受访者心理活动受实验器材和实验目的的影响，因此评价结果也与正常室外热环境中的真实水平存在偏差。更重要的是，由于实验结果没有界定人体生理参数与热舒适状态之间的定量关系，因此根据生理参数无法直接判断在一定热环境中人体的热舒适状况，从而使生理参数在热舒适评价方面失去了直观性。

2.2.2 热舒适主观评价

热舒适本身是一种主观满意程度，所以热环境舒适性的主观评价是最直接的评价方式之一，其结果也与人的真实感受吻合程度较高。目前热舒适的主观评价主要以主观问卷调查的方式进行，主要获取在热环境中人们对自身舒适情况的主观判断结果。对热舒适的评价尺度划分，早在 1936 年 Bedford 教授就提出了热舒适的 7 级评价指标，1966 年美国采暖、制冷和空调工程师协会(ASHRAE)标准也开始选择采用 7 级标度来衡量人体的热感觉，从此奠定了热舒适研究的尺度划分基础。之后，随着研究的不断发展，学者们基于不同条件不断提出新的尺度划分标准。

热舒适主观评价研究有人工环境实验室调查和现场调查两种方式。人工环境实验室条件下，人们可以对各环境参数进行精确调控，制定详细的参数变化梯度，并能够准确获得各参数变化对主观舒适情况的影响；但人工环境实验室与构成因素复杂且随机多变的室外环境存在一定的差别，实验室条件下受试人员数量十分有限，不利于大规模研究的开展，因此，该研究方式主要应用于室内热舒适的研究领域，很少在室外热舒适研究中采用。此外，特定的实验室环境在一定程度上会影响人们的心理状态，使得评价结果存在片面性。

现场调查是目前室外热舒适研究领域最常用的方式，多采用问卷调查的方式，然而，问卷调查的方式直接获取受访者的热舒适或热感觉情况的主观判断结果，其准确性很大程度上依赖于受访者的主观意识和当时的心理状态。既往研究证明，愉悦的情绪状态下，受访者一般会降低对环境的要求，更容易获得满足，进而使评价结果往往“低估”当时的热环境；反之，负面的情绪状态下，人们往往更倾向于做出不舒适状态的判断。以上两种结果均不是热环境真实的舒适状态，而是附加了人的情绪后的评价。另外，主观判断也会受人的出行目的的影响，如冬季低温环境下，如果受感受严寒气候的出行目的影响，受访者的评价结果往往“高估”外界热环境的实际水平。上述情况说明，无论是生理还是心理方面的个体差异都不容忽视，加之室外环境变化复杂，往往使得主观投票的离散程度很高，拟合结果不理想，因此，受访人群观念应具备普适性是主观评价研究的重要环节。

既往研究采用主观评价与环境参数直接拟合的方式来完成热舒适域或中性范围的界定，其界定结果一般为受单一环境参数，如空气温度、风速、太阳辐射和相对湿度等影响的结果，而热舒适是受以上参数综合影响的结果，其中一个参数的变化即能引起舒适性的改变，因此环境参数直接拟合的方式，其评价结果不具备综合性。

2.2.3 理论模型评价

综合考虑以上两种评价方法的优缺点，研究者们提出使用理论模型来评价气象要素及部分生理因素对人体的综合热作用。针对热舒适评价的理论模型有很多，如针对寒冷环境的风冷却指数(WCI)模型、针对高热环境的热应力指标湿球黑球温度(WBGT)模型等，针对不同研究目标的不同模型综合的因素不同，因此其适用情况也千差万别，目前国际上广泛使用的主要有 Gagge 提出的二节点模型、Stolwijk 提出的 25 节点模型等。在热平衡方程基础上，Fanger 提出 PMV 模型、人体环境热交换模型(MENEX 模型)、慕尼黑人体热量平衡模型(MEMI 模型)等，用以预测一定的室外环境中人体的热感觉，并与人们的主观热感判定结果建立联系，以构建室外环境的热舒适评价体系。

基于上述模型所提出的评价指标，是综合了个体因素和环境参数后所推导出的用于判断热舒适状况的单一变量值，如生理等效温度(PET)、标准有效温度(SET^*)和通用热气候指数(UTCI)等，均被多个相关领域广泛采用。

2.2.4 研究方案制订

室外热舒适受环境参数和个体因素的影响显著，存在明显的地域性和季节性差异。同一地域的人们对当地气候虽然在全年周期内已经具有一定程度的适应性，但不同季节的气候状况变化也会造成人们对室外热环境的评估结果大相径庭。本小节的中心议题是对哈尔滨市全年的室外热舒适状况进行多方面评价，因此对哈尔滨全年气候和热舒适的动态变化进行调研分析是研究的必要环节。

哈尔滨市全年气候变化周期内共包含 4 个季节，即春、夏、秋、冬，若以传统方法按节气划分四季，则每个季节均有 3 个月，而哈尔滨市冬季低温时间明显长于 3 个月，且其他季节的时长也明显短于 3 个月，所以该划分方法不符合严寒地

区城市的实际特征，为获得能准确代表不同季节实际情况的数据，则必须选择在能够代表不同季节气候特征的适合的月份或时间段进行数据收集，以保证研究成果的准确性和科学性，实现该要求则需要选用合理的方法对严寒地区城市的季节重新进行划分，然后在此划分结果的基础上制定热环境实测的具体时间和频率，且应基于哈尔滨市典型气象年数据进行季节划分。

确定好实测的具体时间和频率之后，则需要确定收集哪些相关数据。根据人体热舒适基础理论可知，影响热舒适的环境因素主要有空气温度、相对湿度、风速和太阳辐射等，个体因素主要有服装热阻、代谢率等。热舒适指标将多种因素的影响结果统一为单一变量，因此应以热舒适指标为基本依据进行研究。另外，由于太阳辐射是室外热舒适重要的影响因素之一，因此在进行实测和问卷调查时需要注意受访者是否处在阴影中，受访者应与仪器所处的状态一致。此外应根据人们的活动时间确定调研的持续时长。

日常生活中居民的活动类型和场所多种多样，不同活动类型和场所中，受心理预期和行为目的的影响，他们的热舒适状态也不尽相同，因此所选测点应具备代表性，能涵盖人们的日常活动，如休闲、游玩等。此外，受访者应包含较宽的年龄跨度，且男女比例应相对均衡。

应根据研究需要设计调查问卷，参考既往研究中问卷所涉及的问题，主观问题的设置应包含热舒适状态、热感觉状态、心理期望以及接受情况等方面，另外，问卷中应对问题有简单介绍，以保证受访者对问题充分理解。

1. 季节划分

季节有多种划分方法，节气法常以农历节气为界限进行季节划分，如以立春、立夏、立秋和立冬为边界划分条件。也有地区采用天文划分法，如以春分、夏至、秋分、冬至作为划分条件。而我国气象部门常以天文划分法将季节划分为：3～5 月为春季，6～8 月为夏季，9～11 月为秋季，上一年 12 月～当年 2 月为冬季，并且常常把 1、4、7、10 月作为冬、春、夏、秋季的代表月份。然而我国地域辽阔，地理差异显著，各地域的冷暖差异甚巨，各自然季节迟早不尽相同，上述方法划分的季节未必完全符合当地的实际情况，如低纬度的海南和高纬度的东北地区，它们的自然季节与天文划分法所界定的四季就存在较大的偏差。

为使季节划分既能够如实反映当地的气候寒暖又符合当地农业生产实际情况，有利于气候预报和人类活动，较为普及的划分方法是以气候寒暖的具体指标为依据的气候学季节划分法。我国广泛使用的是“候平均气温”划分法，即以 30 年的月平均气温为数据基础，以 10 ℃和 22 ℃为边界条件，将四季界定为：随着气温的逐渐上升，候平均气温≥10 ℃时冬季结束，春季开始；候平均气温>22 ℃时春季结束，夏季开始；之后随着气温逐渐下降，候平均气温≤22 ℃时夏季结束，秋季开始；候平均气温<10 ℃时秋季结束，冬季开始。①

然而以“候平均气温”划分法划分四季也有与当地实际情况出入较大的情况，如处于寒潮期的深圳市，日均气温在 10 ℃以下的时间甚至维持十多天，用每月 6 候或者全年 72 候的方法，均会出现人为割裂天气过程的现象。随后钟保粦提出以 5 日滑动平均气温替代候平均气温，打破年月界限，使划分出的季节更好地与自然季节相吻合，并且诸多研究已经证实该方法更符合各地的实际情况。

5 日滑动平均法的起始日确定方法如下（以 10 ℃为例）。以春季日均气温第一次高于 10 ℃之日起，前推 4 日并按日序依次计算出每连续 5 日的平均气温，选择平均气温>10 ℃且其后平均气温均不低于 10 ℃的连续 5 日，其中日均气温≥10 ℃的日期即为起始日，同样的方法以秋季第一次出现日均气温低于 10 ℃之日起，向前推算并得出终止日期。计算公式见式(2.5)。

$$T\overline{M}_j=\frac{t_{j-4}+t_{j-3}+t_{j-2}+t_{j-1}+t_j}{5} \tag{2.5}$$

式中 $T\overline{M}_j$——第 j 天的 5 日滑动平均气温，℃；

t_j——第 j 天的日均气温，℃。

若以“候平均气温”为标准划分黑龙江省的四季，则多数地区为无夏季区域，与当地实际情况不符，因此有学者提出以 3 ℃和 18 ℃为边界条件的划分标准，即 3 ℃≤T_a≤18 ℃为春、秋两季，T_a≥18 ℃为夏季，T_a≤3 ℃为冬季。②

本研究以哈尔滨市典型气象年数据（1971—2003 年气象数据推导而出）为基础，采用 5 日滑动平均法并以 3 ℃和 18 ℃为边界条件对哈尔滨市进行四季划分，结果如图 2.4 所示。冬季持续时间最长，有 5 个多月，从 11 月初一直到次年的 4 月上旬；春、秋两季较短，分别为 4 月上旬至 6 月上旬、9 月上旬至 11 月初；6 月上旬至 9 月上旬为夏季，持续时长约 3 个月。为方便确定测试时间和样本统计，本研究以 2017 年 4 月 10 日至 6 月 10 日为春季、6 月 11 日至 8 月 31 日为夏季、9 月 1 日至 10 月 31 日为秋季、11 月 1 日至 2018 年 4 月 9 日为冬季。

---

① 唐薇. 用 5 日滑动平均气温作四季划分[J]. 绵阳经济技术高等专科学校学报，2000(4)：19-20，25.

② 吴琼，梁桂彦，吴玉影，等. 黑龙江省四季划分及气候特点分析[J]. 林业勘察设计，2009(4)：95-96.

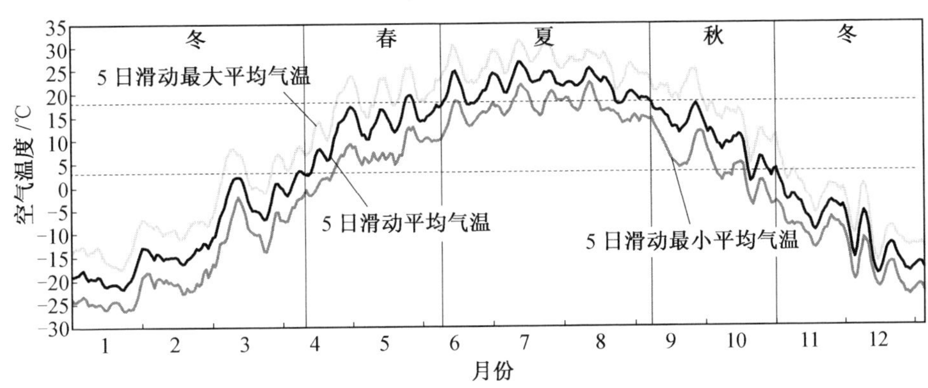

图 2.4　哈尔滨市典型气象年 5 日滑动平均气温图

（数据来源：《中国建筑热环境分析专用气象数据集》）

2. 室外热环境数据采集

（1）研究区域概况。

本研究选择在东北文化名城——哈尔滨市开展。哈尔滨市位于中国东北黑龙江省西南部，地处东经 125°41′～130°13′、北纬 44°03′～46°40′，是黑龙江省的省会，全市土地面积 5.31 万 km^2，市区面积 10 198 km^2，2022 年末户籍总人口 939.5 万人。该地区北靠小兴安岭、南临张广才岭支脉，松花江穿境而过，是东北亚区域重要交通枢纽。

哈尔滨市的气候属于中温带大陆性季风气候，它也是中国纬度较高的大城市，在中国热工分区中属于严寒地区，冬长夏短。根据黑龙江省气象局统计，哈尔滨市年均降雨量为 569.1 mm，降雨期主要集中在每年的 6～9 月，夏季降雨量占年降雨总量的 60%；降雪期主要集中在每年的 11 月至次年 1 月；四季分明，全年最大温差超过 60 ℃。

春季气温回升快且天气多变，易出现春旱和大风现象，月气温波动幅度明显，升、降温可达 10 ℃以上；夏季湿润多雨且气候温热，月温差很小，最高气温可达 38 ℃但持续时间较短，降雨量占年降雨总量的 60%～70%；入秋之后降雨明显减少，气温快速下降，昼夜温差变化较大，每年 10 月份气温趋近 0 ℃；冬季漫长而寒冷，气候干燥，最低气温曾达到－38 ℃，有时会伴随有暴雪天气的出现，零下气温平均每年会持续到 3 月下旬。

（2）测点选择。

室外热舒适受室外空间的微气候环境影响很大，不同形式空间的微气候状况也存在较大差别，本研究选择多个市民经常活动的室外公共空间作为测试和主观调查的区域，以获得具有代表性的调查数据。考虑不同空间人们的活动类型和出行目的不同会对热环境舒适性评价产生影响，因此本研究选取室外测点时遵循多样性、代表性、生活性等原则，以便获得足够多的市民热感觉评价数据，且保证数据具有普适性。步行街、广场、公园、普通街道测点如图 2.5 所示。

1 号测点位于防洪胜利纪念塔广场。防洪胜利纪念塔位于哈尔滨市中央大街尽端，矗立于松花江畔，由苏联设计师巴吉斯·兹耶列夫和哈尔滨工业大学第二代建筑师李光耀共同设计，1958 年 10 月 1 日建成，是哈尔滨这座英雄城市的象征，在这里可以获取不同年龄阶段、不同职业和不同出行目的(旅游、休闲、活动)等各种人群的主观评价数据。

2 号测点位于防洪胜利纪念塔东北侧的斯大林公园内。该公园历史悠久，整体呈长条状，园内有花坛、雕像、草坪、座椅、圆灯、栏杆和苏联风格建筑，选择该测点可以获取散步、静坐、锻炼等多种活动类型人群的舒适性判断数据。

3 号测点位于友谊路与中央大街交叉口西侧的公交站附近。该测点位于城市普通街道旁，由于街道上平时多聚集有工作、休闲、购物人群，因此容易获得路过人群的相关评价数据，结果更能反映市民平时生活的常态。

4 号测点位于中央大街与西头道街交叉口的休闲空间内。哈尔滨市中央大街接近正南北方向，包含商业、休闲、娱乐、旅游等多种功能，北起松花江边防洪胜利纪念塔，南至经纬街，总长约 1 450 m，是哈尔滨最重要的步行街，也是亚洲最大最长的步行街之一，无论平时或休息日人流量均较大，人群多以休闲、购物为目的。

另外本研究还选择大学校园和居住小区作为测试调查区域(图 2.6 和图 2.7)，以获得相应室外活动空间的微气候物理数据，从而获得大学生和当地居民日常生活状态下对室外空间的热舒适评价结果。

(3)仪器选择。

热环境相关参数如空气温度、相对湿度、风速和太阳辐射均采用相关测量仪器自动记录从 8:00—17:00 每分钟的均值，其中以黑球温度代表太阳辐射参数。所有仪器的选择均参照《热环境的人类工效学 物理量测量仪器》(ISO 7726：2001)标准，仪器固定于距地面 1.1 m 高的位置。采用涡轮式小型气象站和标准雾面黑漆球体(直径 7 cm)分别获取每分钟风速和辐射均值，将温、湿度传感器置于高度反光的锡膜包裹的纸盒内并保证水平两侧自然通风顺畅。所有仪器的型号、量程和精度等技术参数见表 2.1。

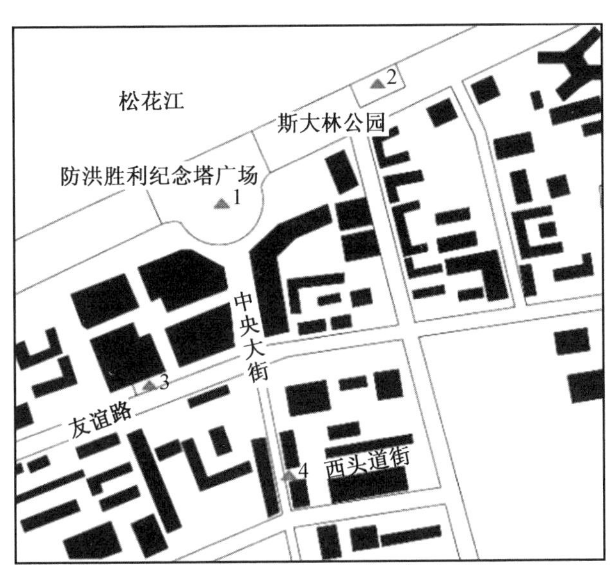

(a) 1 号测点　(b) 2 号测点　(c) 3 号测点　(d) 4 号测点

图 2.5　广场、公园、普通街道、步行街测点

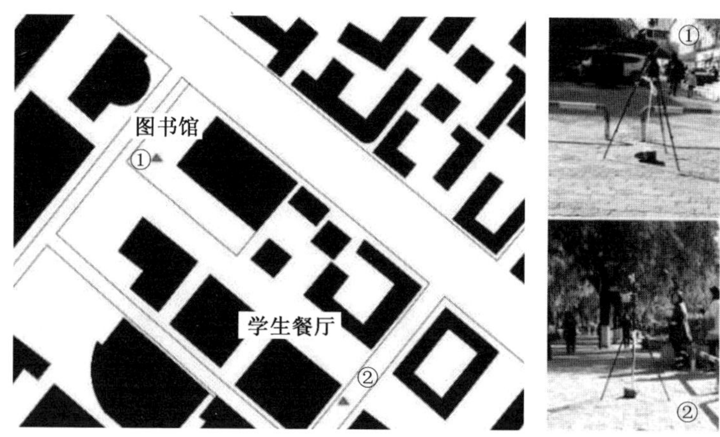

图 2.6 大学校园测点

图 2.7 居住小区测点

表 2.1 仪器技术参数表(一)

气象参数	仪器型号	量程	精度	采样周期
风速(V_a)	Kestrel 手持气象站	0.4～40 m/s	±0.1 m/s	2 s～12 h
空气温度(T_a)	BES－01 温度传感器	－30～50 ℃	±0.5 ℃	10 s～24 h
相对湿度(RH)	BES－02 湿度传感器	0%～99%	±3%	10 s～24 h
黑球温度(T_g)	BES－03 黑球温度传感器	－30～50 ℃	±0.5 ℃	10 s～24 h

(4)测试时间安排。

为获取全年的微气候数据,研究进行了 12 次热环境现场实测,同时进行问卷调研,因为春季周期较短,只有 2 个月,所以进行了 2 次实测,秋季加上补测共进行了 4 次实测,夏季和冬季分别进行了 3 次实测;另外秋季、冬季和夏季,在居住小区各进行 1 次热环境现场补测,作为后期结果验证的基础数据。在大学校园进行了 1 次实测。每次实测均选择在天气状况良好且日温差较大的时间进行,每次测试均保证至少 2 个测点,测试时间为 8:30—17:00,具体时间安排见表 2.2。

表 2.2　测试时间安排

年份	季节	日期	测量时间	
			现场实测	问卷调查
2017	秋	9/29,10/12,10/30,2018/9/9（补测秋季）	8:00—17:00	8:00—17:00
2018	冬	11/26,12/27,2018/1/17	8:00—17:00	8:00—17:00
	春	4/22,5/30	8:00—17:00	8:00—17:00
	夏	6/24,7/14,7/22	8:00—17:00	8:00—17:00

3. 主观问卷调查

主观问卷调查与热环境现场实测同时进行,随机选取测点范围内的人群作为受访者。问卷内容共包含 3 个部分。第一部分是热感觉、热舒适和热接受度尺度判定。为适应于严寒地区冬季的寒冷和夏季的高温气候,本研究将热感觉尺度在 ASHRAE 标准 7 级标度的基础上进行了延伸,增加了“很热(4)”和“很冷(—4)”2 个标度。参照既往的研究,将热舒适尺度设定为 4 级标度,其中把不舒适分为“轻微不舒适(1)”“不舒适(2)”和“很不舒适(3)”3 个强度递进的梯度;调研中发现,受访者在舒适的环境中时,对舒适程度(如“舒适”与“很舒适”)的区分不敏感,因此本研究将舒适设定为 1 个梯度,即“舒适(0)”。另外,热接受尺度设定为 4 个梯度,详情见表 2.3。

表 2.3　热感觉、热舒适和热接受尺度

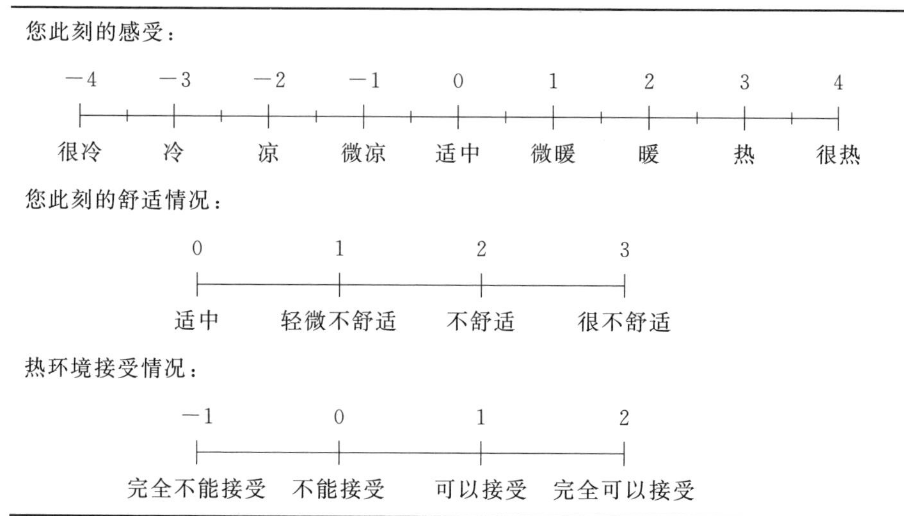

第二部分是热期望调查(表 2.4)和环境参数感觉调查，以了解人们期望的变化和对不同环境参数的感觉判定情况。每个环境参数的期望变化分为 3 个单选变量，即升高(1)、不变(0)和降低(−1)；根据既往研究将环境参数感觉设定为 5 个递进的梯度，详见表 2.5。

表 2.4　热期望调查

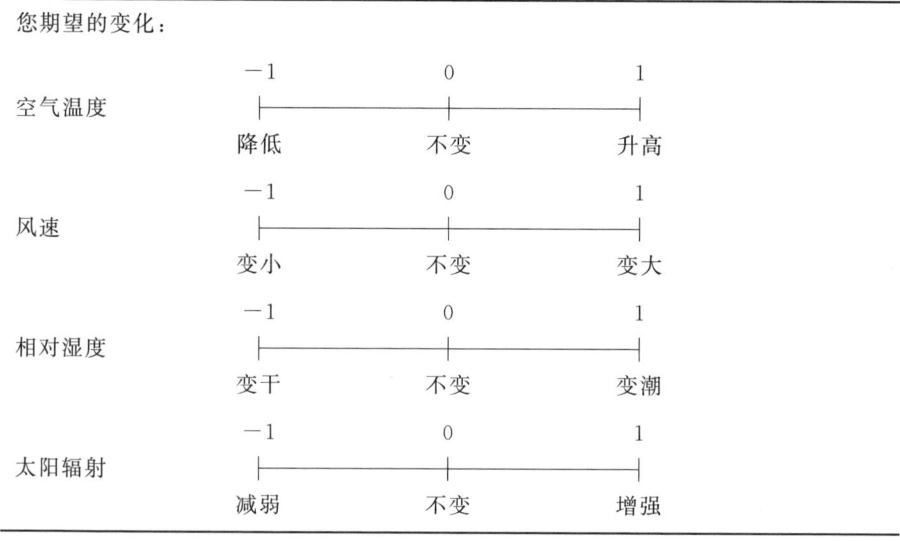

表 2.5　环境参数感觉调查

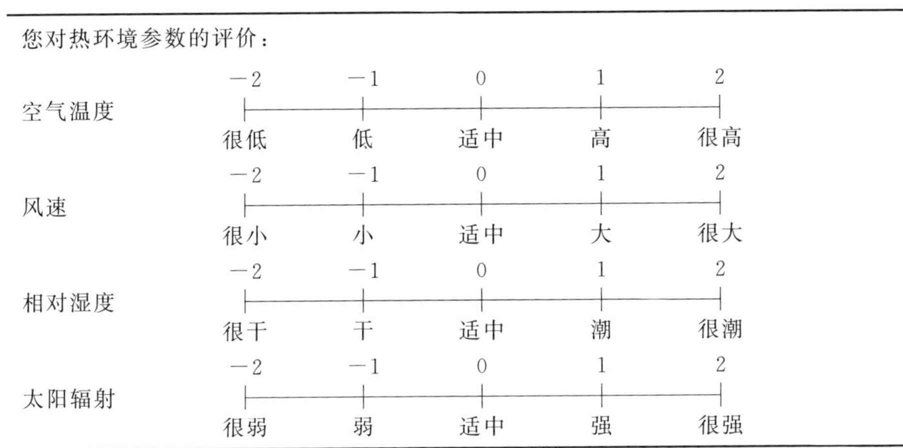

您对热环境参数的评价：

	−2	−1	0	1	2
空气温度	很低	低	适中	高	很高
风速	很小	小	适中	大	很大
相对湿度	很干	干	适中	潮	很潮
太阳辐射	很弱	弱	适中	强	很强

第三部分为(受访者)基本信息调查，包括性别、年龄、人员构成、衣着状况、运动状态和该季节(受访者)平均每天在室外停留时间等。问卷中衣着状况是基于 ANSI 的 ASHRAE Standard 55—2004 和 ISO7730 标准编制的，运动状态是根据哈尔滨市民在室外的常见活动类型设定的，且为了获取准确的代谢水平，运动状态采集的是受访者 20 min 之内的活动类型，具体信息见表 2.6。各季的问卷现场调研情况如图 2.8 所示。

表 2.6　基本信息调查

日期：　　时间：　　测点：　　□阳光　□阴影

性别：□男　□女

年龄：□≤10　□11～20　□21～30　□31～40　□41～50　□51～60　□61～70　□>71

人员构成：□职工　□技术人员　□教师　□学生　□农民　□军人　□退休　□其他

上衣：□外套(薄/厚)　□T 恤　□衬衫　□保暖衣　□连衣裙　□毛衣　□羽绒服　□棉衣　□薄羽绒马夹　□厚羽绒马夹

下装：□短裤/短裙　□长裤/长裙　□保暖裤　□秋裤　□棉裤

鞋：□凉鞋　□运动鞋　□皮鞋　□棉鞋　□布鞋

您前 20 min 的运动状态？

□静坐　□站立　□散步　□运动(轻)　□运动(中)　□运动(重)

该季节您平均每天在室外停留时间？

□<15 min　□16～30 min　□31～60 min　□61～120 min　□121～180 min　□>181 min

(a) 秋季　(b) 冬季　(c) 春季　(d) 夏季

图 2.8　各季的问卷现场调研情况

4. 数据处理方法

(1)平均辐射温度计算。

平均辐射温度(T_{mrt})的定义为:环绕空间的各个表面温度的加权平均值,其与人体间的辐射换热量和人体周围实际非等温围合面与人体间的辐射换热量相等。它包含长波与短波的直射和反射,并随人们的方位角、姿态和服装热阻的改变而改变,是影响人体能量平衡和室外热舒适计算的重要参数之一,既往人们常基于平均辐射温度来研究太阳辐射对热环境的影响。平均辐射温度有多种获得方法,如辐射积分法、角系数法、灰球温度间接测量法和黑球温度间接测量法等,本研究选用黑球温度间接测量法来推导平均辐射温度进而研究太阳辐射对热环境的影响。

黑球温度间接测量法是基于热平衡原理计算平均辐射温度的最常用方法之一,其表示在辐射热环境中,人或物体受对流和辐射热综合作用时以温度表示出来的实际感觉,一般比空气温度高。黑球温度计由一个表面均匀涂抹黑漆的球体和内置温度计组成,温度计的感温装置位于黑球中心。测试时将黑球悬挂于测点处距地面 1.1 m 高度位置,使其与周围环境达到热平衡。黑球温度与周围环境达到稳定状态需要一定时间,因此本研究选取测试开始 15 min 后的黑球温度作为原始计算数据。平均辐射温度的整个计算过程需要引入 3 个参数,分别是黑球温度、风速和空气温度,因此使用该计算方法会引入上述 3 个参数的测量

误差，所以在选择仪器时应充分考虑仪器的精度、量程和在严寒气候下的适用情况。计算公式为

$$T_{\mathrm{mrt}}=\left[(T_{\mathrm{g}}+273.15)^{4}+\frac{1.1\times10^{8}V_{\mathrm{a}}^{0.6}}{\varepsilon D^{0.4}}\times(T_{\mathrm{g}}-T_{\mathrm{a}})\right]^{0.25}-273.15 \quad (2.6)$$

式中　T_{g}——黑球温度，℃；

V_{a}——风速，m/s；

T_{a}——空气温度，℃；

ε——发射率，0.95；

D——黑球直径，0.07 m。

(2)评价指标计算。

本研究采用的所有热舒适评价指标均由雷曼(Rayman)软件计算，需要输入的物理参数包括空气温度、风速、相对湿度和平均辐射温度等，个体参数包括年龄、性别、身高、体重、代谢率和服装热阻等。在做问卷调查时，准确记录每位受访者所处的测点位置和受访的准确时刻，根据每份问卷的时间对应 4 个物理参数、代谢率与服装热阻，即可使用 Rayman 软件计算出生理等效温度(PET)、标准有效温度(SET*)和通用热气候指数(UTCI)。Rayman 软件计算界面如图 2.9所示。

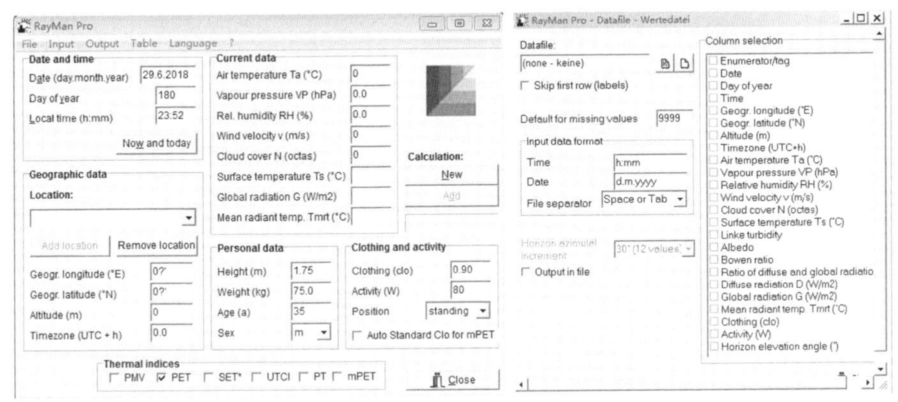

图 2.9　Rayman 软件计算界面

(3)统计学分析方法。

本研究进行了 12 次室外实测和问卷调查，统计归纳每次的热环境参数和问卷信息，构建寒地室外热舒适数据库。后期进行数据处理和分析潜在规律时，主要使用多元回归分析和多因素方差分析等方法。

回归分析是对变量之间的数量伴随关系的一种描述，通过一定的数学表达式量化一个或多个变量变化时对另外一个特定变量的影响程度，即把数据之间的关系以数学表达式的形式呈现。本书进行回归分析时，将被预测的变量定义为因变量，将用于解释或预测或能引起因变量变化的变量定义为自变量。本研究中，室外热环境的热舒适性是需要根据热环境参数和个体参数来预测的，因此热舒适性是因变量，由于热环境参数和个体参数的变化能引起热舒适性的改变进而被定义为自变量。热舒适评价指标是综合上述多种自变量后的单一变量，用于描述室外热舒适状态，但由于评价指标的适用性存在地区差异，因此应建立热舒适性（因变量）与参数（自变量）之间的数学关系式，继而从多个方面分析热舒适性。

在多元回归分析中，因变量受不止一个变量影响，简单相关系数不能直接反映其中某个因素对结果的影响程度，此时需要剔除其他因素的干扰，即暂不考虑其他因素的影响，单独研究 2 个因素之间的相关性和密切程度，此时偏相关分析法是最合适的分析方法。

在分析呈现结果时，p 值用于检验原假设是否成立，一般假设检验的显著性水平为 0.05，即假设两组变量无线性相关关系，如果 p 值小于 0.05，则拒绝原假设，说明两变量之间存在线性相关关系，两组变量之间无线性相关关系的出现概率小于 0.05；如果 p 值大于 0.05，则不可拒绝原假设，一般认为两组变量之间无线性相关关系，相关系数 r 值代表变量之间的相关程度，r 值越大，说明相关程度越高，反之相关程度越低。本研究使用统计产品与服务解决方案软件（SPSS 软件）采用偏相关分析法分析各环境因素（空气温度、相对湿度、风速和太阳辐射）对热感觉和热舒适的影响程度，并总结不同季节情况下各参数对室外热舒适影响的权重。

2.3 哈尔滨市人群室外热适应的地域性体现

哈尔滨地区四季分明，冬季漫长，春、夏和秋季持续时间较短，全年气温波动较大。准确划分四季并以此为基础对该地区不同季节的室外微气候进行调研分析是使研究结果具有科学性和针对性的重要环节。

2.3.1　室外热环境全年动态变化趋势

依据典型气象年数据，哈尔滨市各月及全年日均温度与极端温度动态变化如图 2.10 所示，哈尔滨市月平均温、湿度动态变化如图 2.11 所示。由图 2.10 可知，哈尔滨市年平均日均温度为 5 ℃，全年周期内日均温度波动范围约为 −22.8～27.8 ℃，年平均极端温度高达 32.8 ℃、低至 −28.7 ℃，分别出现在 7 月和 1 月，全年最大温差超过 61 ℃。此外，12 月日均温度变化范围最大（−20.9～3.2 ℃），其次是 11 月（−20.0～3.2 ℃），最小为 2 月（−17.7～−9.8 ℃）。全年周期内月极端温差差异较大，11 月极端温差值最高（24.7 ℃），2 月极端温差值最低（18.9 ℃）。

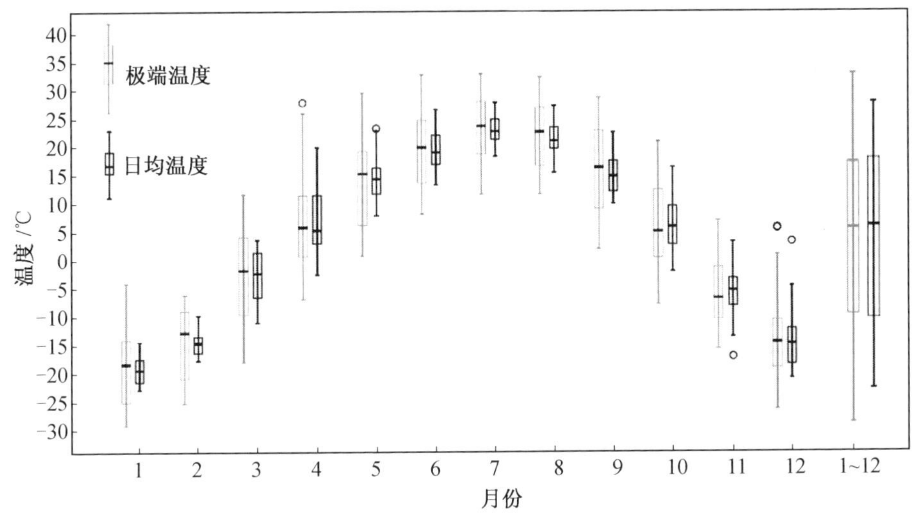

图 2.10　哈尔滨市各月及全年日均温度与极端温度动态变化图

由图 2.11 可知，哈尔滨市全年周期内月平均温度波动范围为 −18.8～22.9 ℃，其中最热月和最冷月分别是 7 月和 1 月，月平均温度、月平均高温和月平均低温在 7 月均达到峰值，分别是 22.9 ℃、27.6 ℃和 18.0 ℃，之后月平均温度呈现逐渐下降的趋势直至最低点（1 月），此时月平均温度为 −18.8 ℃，月平均高温和低温分别为 −13.4 ℃和 −24.0 ℃，之后随着季节由冬转春，气温逐渐回升。全年每月的平均日温差基本稳定在 10 ℃左右，最大平均日温差（12.2 ℃）出现在 5 月，月平均高温和低温分别是 19.8 ℃和 7.6 ℃，最小平均日温差（9 ℃）出现在 11 月和 12 月，11 月月平均高温和低温分别是 −2.3 ℃和 −11.3 ℃，12 月月平均高温和低温分别为－10.3 ℃和－19.3 ℃，全年最热月（7 月）和最冷月（1 月）的平均日温差分别为 9.6 ℃和 10.6 ℃。

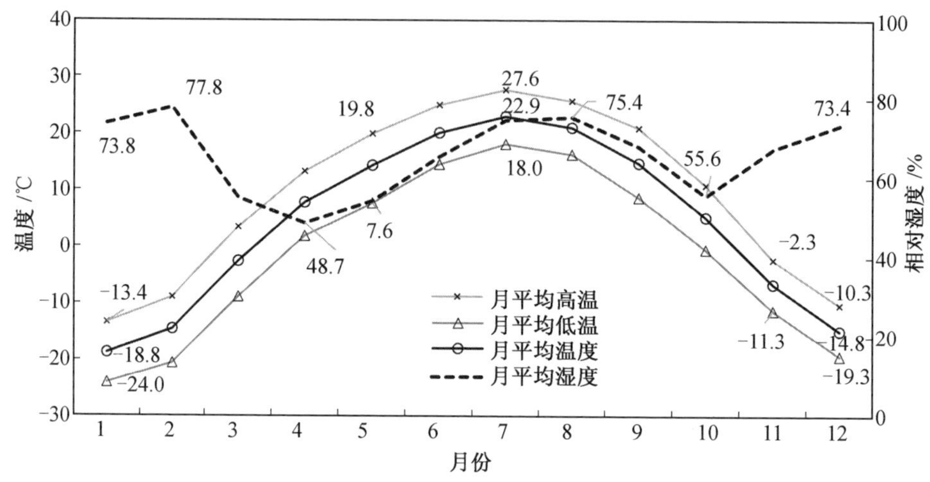

图 2.11　哈尔滨市月平均温、湿度动态变化图

图 2.11 显示哈尔滨市全年周期内月平均湿度波动范围较大，2 月月平均湿度为 77.8%，之后随着月平均温度的升高，月平均湿度逐渐下降，4 月达到最低（48.7%），而随后月平均湿度随着温度升高逐渐上升，8 月达到 75.4%，随后逐渐下降并在 10 月（55.6%）出现拐点，分析原因主要是进入春季后温度逐渐升高，冰雪融化导致空气的绝对湿度增加，此外夏季多雨再次提高了空气的绝对湿度，所以全年内 8 月相对潮湿，4 月和 10 月相对干燥。对不同季节环境参数进行比较可以发现，春季月平均温度（11.0 ℃）稍高于秋季（9.9 ℃）、夏季和冬季平均温度分别为 21.3 ℃和－13.7 ℃；月平均湿度比较结果显示，春季最干燥（51.6%）、秋季次之（61.8%）、夏季相对潮湿（71.8%）、冬季相对干燥（69.5%）。

2.3.2　室外热环境实测结果分析

从 2.3.1 小节的结果可以看出，哈尔滨市全年室外热环境参数波动较大，因此本小节依据各季节的实测数据分析实测期间的室外热环境状况。本研究从 2017 年 9 月至 2018 年 7 月共进行了 14 次室外热环境实测，选择其中问卷调查和实测同时进行的 12 次测量数据进行各季节室外热环境分析。

1. 空气温度与相对湿度

春季和夏季相对湿度与空气温度呈反比，春季实测空气温度明显低于夏季

但明显高于秋季。如图 2.12(a)所示，在测试日，测试期间空气温度呈现逐渐上升然后缓慢下降的趋势，在 15:00 达到峰值(22.3 ℃)。春季实测期间温差为 5.2 ℃，平均温度为 20.5 ℃。夏季空气温度明显高于其他季节，实测期间平均温度和温差分别为 27.7 ℃和 4.9 ℃。如图 2.12(b)所示，在测试日，从测试开始空气温度逐渐上升，在 15:15 达到最大值(29.5 ℃)，然后缓慢下降，在测试结束时下降至 28.7 ℃。

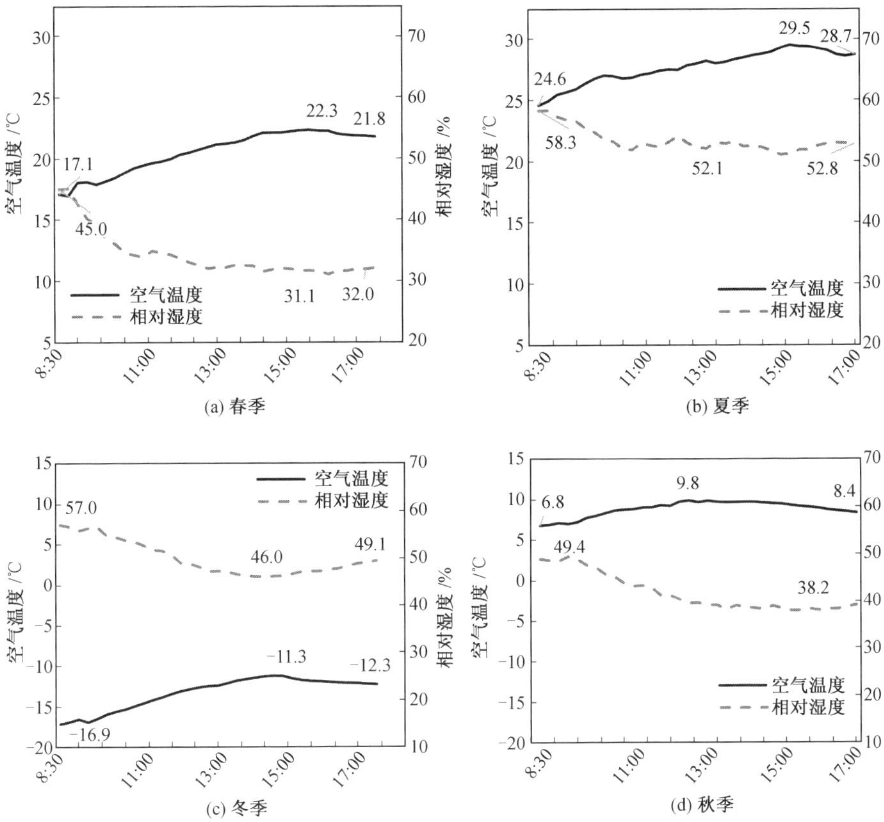

(a) 春季　(b) 夏季　(c) 冬季　(d) 秋季

图 2.12　各季节实测空气温度与相对湿度变化图

各季节的相对湿度与空气温度均呈负相关，其中夏季的平均实测相对湿度最高，冬季稍低于夏季，秋季次之，春季最为干燥，分别为 53.4%、50%、41.6%、34.2%。如图 2.12(a)、(b)所示，春季相对湿度在实测开始时为 45.0%，在 15:30到达波谷(31.1%)，之后呈稳定状态。夏季实测开始时的相对湿度最高(58.3%)，随后逐渐下降但总体波动幅度不大，在 15:30 达到最低(51.1%)，之后也基本呈现稳定状态，测试结束时相对湿度为 52.8%。

实测期间，秋、冬两季相对湿度与空气温度均呈反比，秋季空气温度明显高于冬季，两季最大温差为 26.7 ℃。秋季测试时间段内平均温差为 3.0 ℃，空气温度从测试开始呈现逐渐上升趋势，在 13:00 达到峰值(9.8 ℃)，之后逐渐下降，而冬季测试时间段内平均温差为 5.6 ℃，温度约在 14:30 达到全天中最大值(−11.3 ℃)，然后缓慢下降，分析原因主要是由于测点范围下垫面材质均为混凝土和地砖，受材质蓄热性较高影响，升温和热量散失均较慢。

秋季相对湿度稍低于冬季，并且随温度升高逐渐降低，在 15:30 达到最低(38.2%)，之后近似呈现稳定状态；冬季相对湿度变化趋势与空气温度呈反比，并在 14:30 达到最低(46.0%)，随后缓慢回升。

2. 风速与平均辐射温度

如图 2.13 所示，春、夏、秋三季实测期间风速波动均较大，冬季风速波动相对较小，4 个季节风速最大波动范围分别为 1.0～2.1 m/s、0.9～2.2 m/s、0.7～1.8 m/s 和 0.6～1.2 m/s，春季平均实测风速最大，夏季次之，冬季最小，分别为 1.7 m/s、1.6 m/s 和 1.0 m/s。春季 14:00 时风速最大(2.1 m/s)[图 2.13(a)]，夏季 12:00 时风速达到峰值(2.2m/s)[图 2.13(b)]。

春季实测平均辐射温度波动最剧烈，最大变化范围为 30.6～65.8 ℃，从测试开始迅速升高至 65.8 ℃，之后基本趋于稳定，直至 15:00 开始迅速下降，测试结束时下降至 30.6 ℃。夏季实测平均辐射温度波动比春季稍小(34.8～65.8 ℃)，测试开始时的平均辐射温度(43.3 ℃)高于春季，主要是因为夏季总体气温较高，长、短波辐射较强，其在 10:30 达到 58.0 ℃，之后基本趋于稳定，从 15:00 开始迅速下降，在 17:00 时下降至 34.8 ℃。比较 2 个季节实测期间的平均辐射温度发现，春季最高(53.4 ℃)，夏季次之(49.1 ℃)，这是由春季实测期间风速较大、温度相对较低而夏季则正好相反导致的。

如图 2.13(c)所示，测试时间段内，秋季风速变化频率明显高于冬季，并且测试日白天风速波动较大，最大变化范围是 0.7～1.8 m/s，从 13:30 至 16:00 风速呈逐渐下降趋势，最低风速 0.7 m/s，平均风速约 1.3 m/s；冬季测试日风速波动较小，最大变化范围为 0.6～1.2 m/s，总体风速基本稳定在 1.0 m/s。

测试时间段内，秋季平均辐射温度变化较大，从测试开始逐渐升高，在 11:00 达到峰值(38.5 ℃)，之后逐渐下降，测试结束时下降至 6.1 ℃，平均辐射温度均值约为 22.8 ℃；冬季平均辐射温度明显低于秋季，均值约为−4.4 ℃，从测试开

始逐渐升高，12:00 达到 8.1 ℃，由于冬季测点中有 2 个测点每次测量时均在 13:00 时受建筑阴影遮蔽，因此在 12:00 至 14:00 之间出现波谷，而 14:00 至 15:00 之间平均辐射温度迅速下降，随后趋于平缓（−15.4 ℃）。

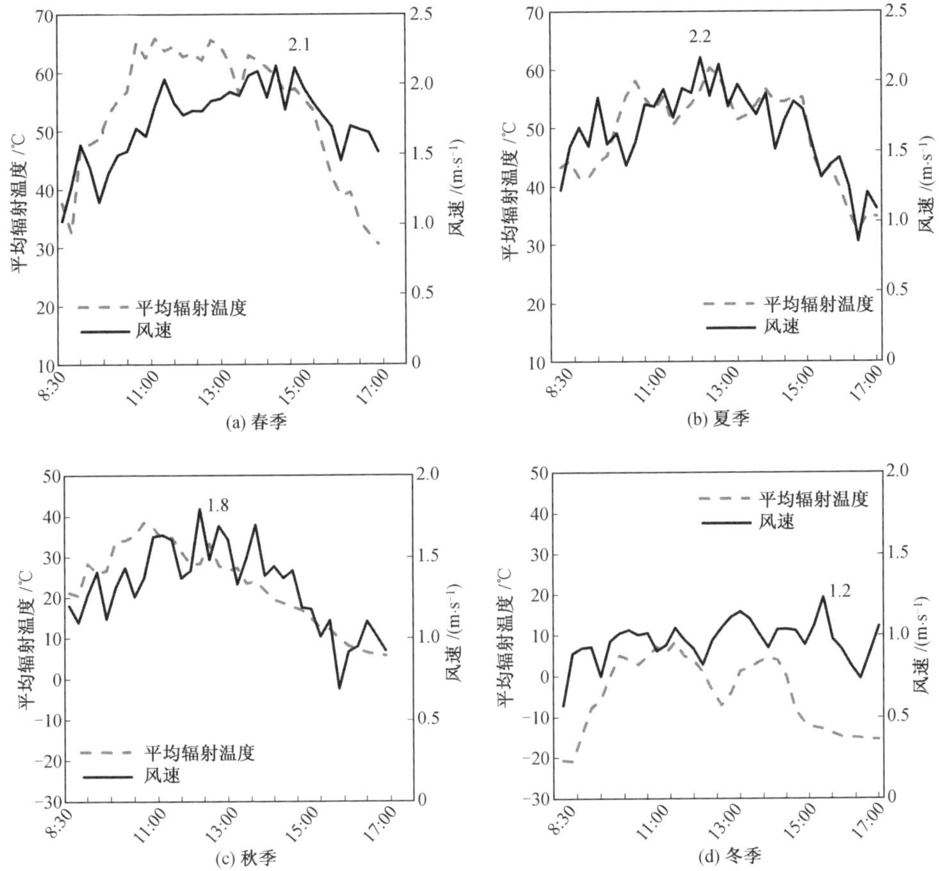

(a) 春季

(b) 夏季

(c) 秋季

(d) 冬季

图 2.13　各季节实测风速与平均辐射温度变化图

2.3.3　各季节气象参数感觉主观投票

参考既往研究，本研究采用 5 级尺度对各季节气象参数感觉进行评估，进而分析不同感觉情况下的气象参数范围。

1. 春季气象参数感觉主观投票统计与分析

图 2.14(a)显示了春季空气温度和温度感觉投票的对应关系。春季人体温度感觉（简称“温感”）在−1～1 之间（低—高），随着温感的提高，其所对应的空气

温度范围上限也在不断变高；人们感觉适中（温感为“0”）的 50％空气温度范围最宽（15.3～24.8 ℃）。图 2.14(b)表示春季相对湿度与湿感觉投票（HSV）之间的对应关系，随着湿感觉值逐渐变大，其所对应的相对湿度范围逐渐缩小，边界值有逐渐降低的趋势，但对各等级对应值进行对比分析发现，其值相差不大，如“干”（HSV＝－1）比“适中”（HSV＝0）高出 4.2％，“适中”比“潮”（HSV＝1）高出9.9％，说明人们对湿度变化并不敏感；当 HSV＝0 时，50％投票的分布区间为28％～39％，处于 ASHRAE 推荐的舒适区的相对湿度范围内（20％～70％）。

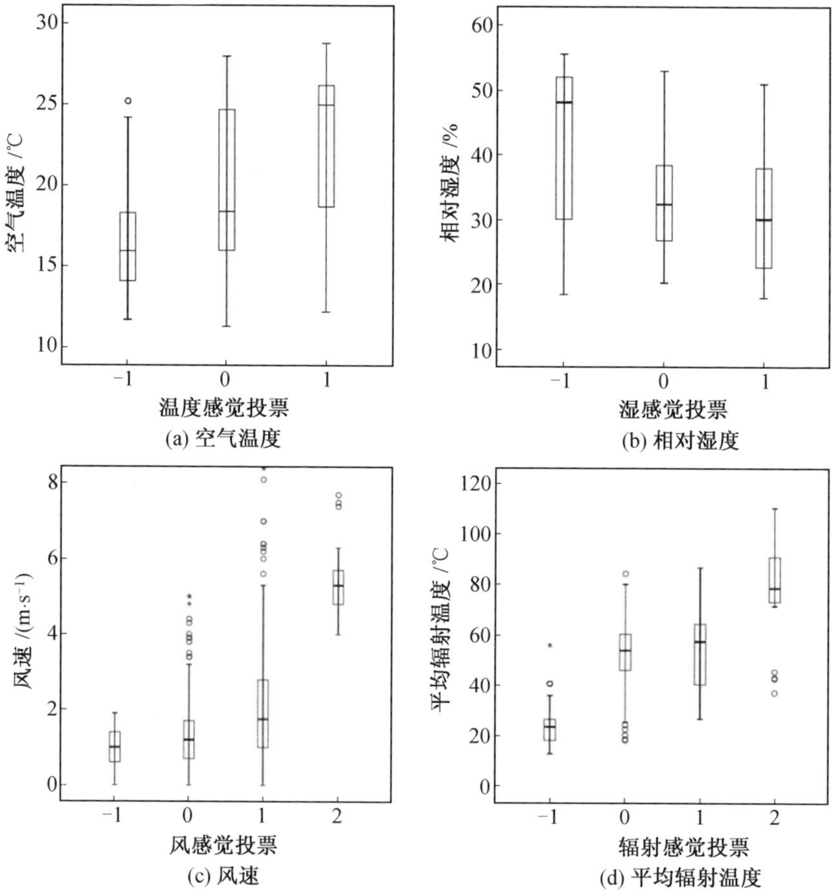

(a) 空气温度

(b) 相对湿度

(c) 风速

(d) 平均辐射温度

图 2.14　春季气象参数与相关感觉投票

从图 2.14(c)可以看出，随着吹风感投票（DSV）值的不断变大，其所对应的风速逐渐变大，人的吹风感“适中”时（DSV＝0），50％的风速范围为 0.8～1.7 m/s，

此范围与吹风感“小”(DSV＝－1)所对应的范围大致相同，说明此范围内人们对风速不敏感。从图 2.14(d)中可以看出，春季平均辐射温度随着辐射感投票(RSV)值的变大而逐渐上升，且平均辐射温度的离散程度较高，极值相差很大，当 RSV＝0 时，50％投票对应的平均辐射温度范围是 45～63 ℃。

2. 夏季气象参数感觉主观投票统计与分析

如图 2.15(a)所示，在夏季随着温感的不断提高，其所对应的空气温度范围下限也不断提高。与其他季节不同，夏季人们对空气温度的感觉在－1～2 之间(低—很高)，各温感尺度所对应的空气温度分布相对集中，人们感觉适中(温感为“0”)的 50％空气温度范围最宽(24.2～26.8 ℃)，其次为温感很高对应的 50％空气温度范围(29.8～32.2 ℃)，最窄是温感为低时的 50％空气温度范围(22.2～23.1 ℃)，各温感指标对应的温度范围均明显高于其他季节，主要原因是夏季人们着衣量减少，对高温的忍耐程度提升了。图 2.15(b)显示夏季随着湿感觉的由干变潮，相对湿度存在较大差异，如湿感觉为“干”时(HSV＝－1)的 50％相对湿度投票范围为 63.9％～66.1％，湿感觉为“适中”时(HSV＝0)的 50％相对湿度范围为 44.5％～48.7％，湿感觉为“潮”时(HSV＝1)的 50％相对湿度范围最宽(38.1％～44.8％)，“很潮”(HSV＝2)的 50％相对湿度范围是 37.0％～39.4％，总体上各相对湿度范围均高于其他季节，该现象与哈尔滨市夏季多雨相对湿度较高有关。

与春、秋季节相比，夏季吹风感变化不大。如图 2.15(c)所示，吹风感为“大”时(DSV＝1)的 50％风速范围最宽(1.7～3.4 m/s)，此时人的吹风感最强；人们感觉吹风感“适中”时(DSV＝0)的 50％风速范围为 0.8～1.8 m/s，吹风感为“小”时(DSV＝－1)的 50％风速范围是 0～1.1 m/s。图 2.15(d)显示夏季辐射感觉在－1～2 之间(弱—很强)，随着辐射感值的变大平均辐射温度逐渐上升，且离散程度较高，极值相差较大，RSV＝0 时(适中)的 50％平均辐射温度范围是 45.2～58.1 ℃，辐射感觉为“弱”时(RSV＝－1)的 50％平均辐射温度范围是 35.2～39.1 ℃，辐射感觉为“强”时(RSV＝1)的 50％平均辐射温度范围最宽(48.5～68.3 ℃)，此时的极大值和极小值分别为 88.8 ℃和 42.2 ℃；RSV＝2 时的平均辐射温度最高，50％平均辐射温度范围是 65.1～77.5 ℃；与其他季节相比，夏季各辐射感觉尺度下的 50％平均辐射温度范围下限均较高，该现象与夏季强烈的太阳辐射拓宽了人们对平均辐射温度的忍受范围有关。

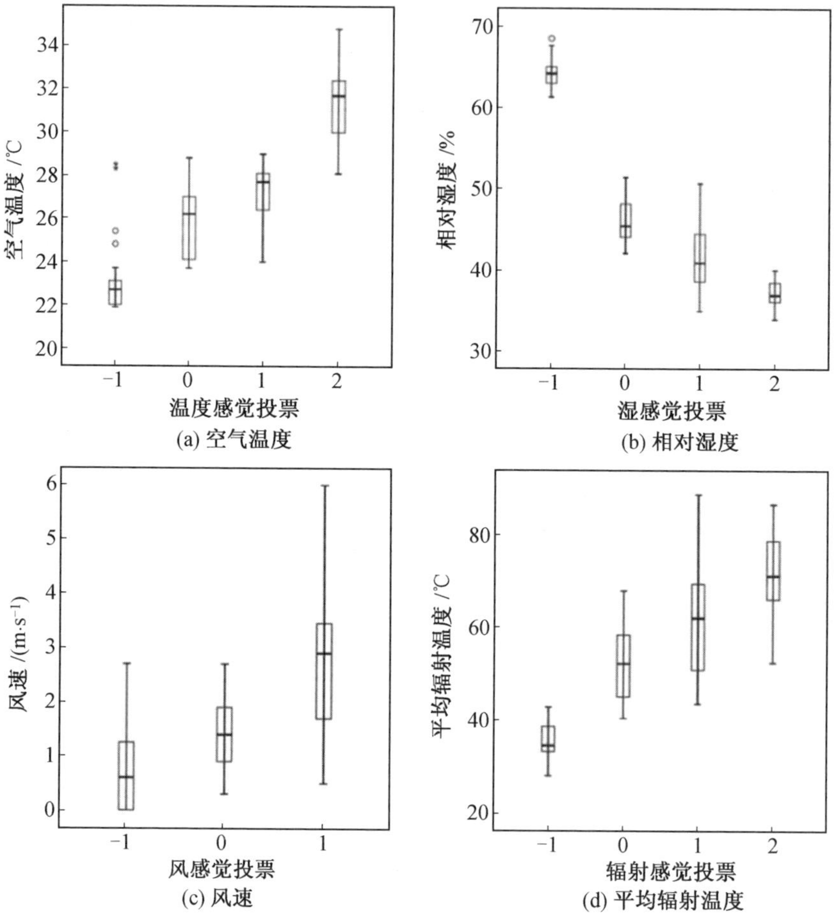
空气温度 /℃
温度感觉投票
(a) 空气温度
相对湿度 /%
湿感觉投票
(b) 相对湿度
风速 /(m·s⁻¹)
风感觉投票
(c) 风速
平均辐射温度 /℃
辐射感觉投票
(d) 平均辐射温度

图 2.15　夏季气象参数与相关感觉投票

3. 秋季气象参数感觉主观投票统计与分析

图 2.16 显示了秋季气象参数与相关感觉投票的关系。图 2.16(a)显示秋季随着温感的提高，其对应的空气温度不断升高，其中温感投票为“－2”(很低)对应的温度范围最宽，50％投票对应的温度范围是 6.8～11.8 ℃，且该等级范围内温度分布较为离散；温感为适中时的 50％投票对应的温度范围为 8.2～11.9 ℃；温感为低时的 50％投票对应的温度范围是 9.5～12.1 ℃，分析原因是由于秋季温度偏低、太阳辐射减弱，而受夏季高温影响人们对温度的评估仍然受到夏季热经历的影响，因此在相近温度范围内出现适中和低 2 个主观感受等级。

图 2.16(b)显示秋季各级湿感觉对应的相对湿度范围存在明显差别，湿感觉为“适中”(HSV＝0)和湿感觉为“潮”(HSV＝1)时，50％相对湿度范围稍高于春季但均低于夏季和冬季，该现象与人们对春、秋季节相对干燥的空气产生了适应性，从而拓宽了对相对湿度的容忍度有关。

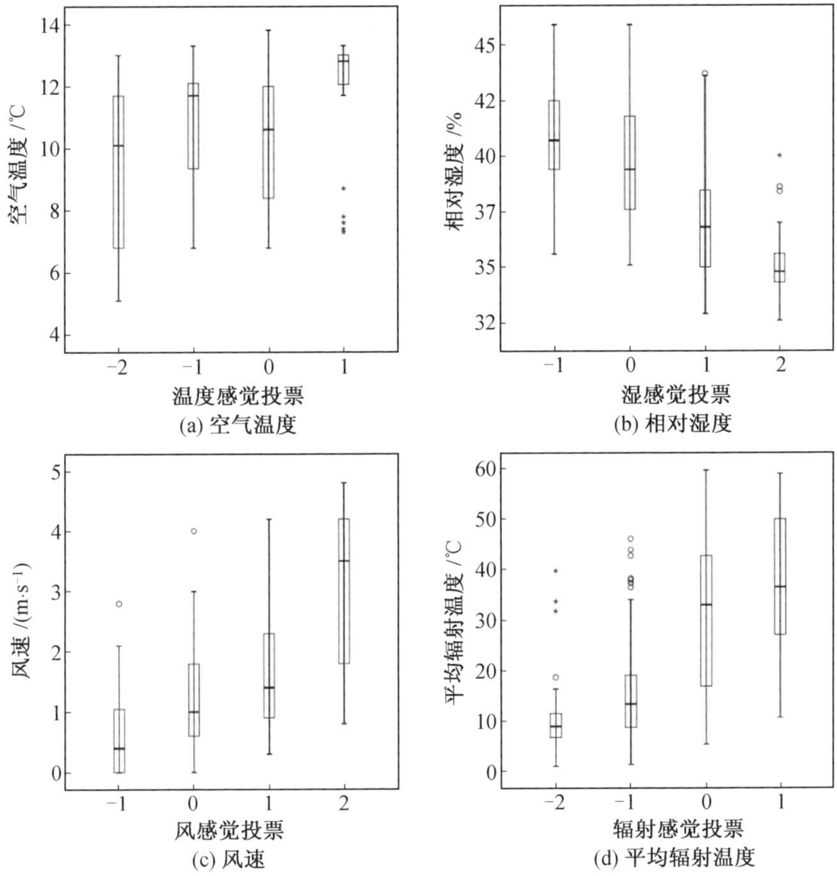

(a) 空气温度

(b) 相对湿度

(c) 风速

(d) 平均辐射温度

图 2.16　秋季气象参数与相关感觉投票

图 2.16(c)显示，受秋季偏低气温的影响，人们对风速的主观感受变化与冬季类似，但秋季总体比冬季温暖，所以秋季各级吹风感对应的风速范围均宽于冬季，秋季吹风感为小、适中和大时的 50％风速范围分别为 0.1～1.1 m/s、0.6～1.8 m/s和 0.8～2.2 m/s。受秋季偏低气温的影响，人们期望有较为温暖的环境，因而对平均辐射温度较为敏感，辐射感觉为“适中”(RSV＝0)对应的平均辐射温度范围最宽(5.8～60.1 ℃)且数据分布均匀，该等级下 50％平均辐射温度

范围是 18～43 ℃，低于 18 ℃时人们的辐射感较弱，如图 2.16(d)所示。

4. 冬季气象参数感觉主观投票统计与分析

图 2.17 显示了冬季气象参数与相关感觉投票的关系。与其他季节相比，冬季各级温度感觉对应的空气温度明显较低，如图 2.17(a)所示，随着温感值的变大，其所对应的空气温度逐渐升高，但范围变窄；温度感觉适中时，50％投票所对应的空气温度范围是－12～3.5 ℃，且温度评价为“高”的问卷较少，这与受访者当时的状态有关，如刚刚剧烈运动且着装较厚的人对温度评价会偏高，属于特殊情况，因此本研究对该情况不做过多讨论。由图 2.17(b)可以看出，各级湿感觉对应的相对湿度值差别很大，当 HSV＝0 时，50％投票对应的相对湿度范围是47％～56.5％。图2.17(c)显示在“适中”状态下(DSV＝0)，50％投票对应的风速

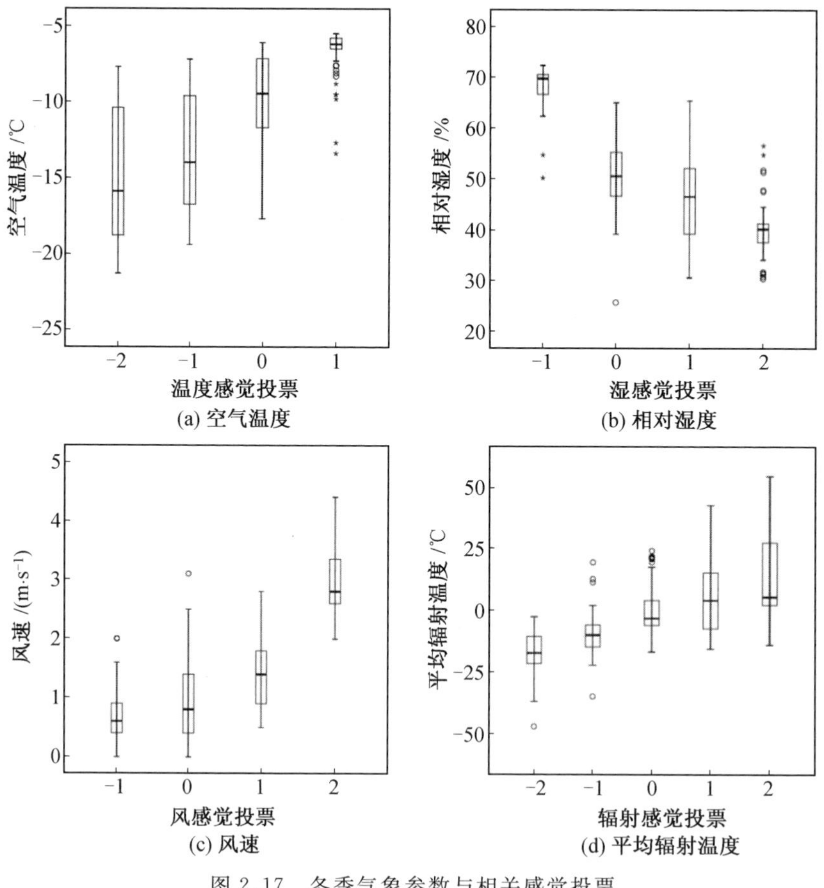

图 2.17　冬季气象参数与相关感觉投票

范围是 0.4～1.3 m/s，而 DSV＝－1 时的平均风速小于 0.5 m/s，此时几乎感受不到吹风感，DSV＝1 时对应的风速稍高于 DSV＝0 时的风速，表明冬季人们对风速变化较为敏感，与冬季气温较低时吹风感会使人们感觉偏冷的状况相契合。图 2.17(d)显示平均辐射温度与人们的辐射感有较好的相关性，人们感觉“适中”(RSV＝0)的平均辐射温度范围是－4.0～6.5 ℃，明显低于其他季节。

2.3.4　热感觉动态变化及分布状态

热感觉是人们在接受室外热环境影响时最直接、最简单的一种反馈，也是热环境评价的重要因素，热感觉除受环境参数影响外，也与个体因素、热适应性因素密不可分。本研究参考既往研究结论并结合哈尔滨市室外热环境的实际情况，在 ASHRAE 标准中 PMV 的 7 级标度基础上将研究的热感觉尺度扩展为 9 级(增加了“很冷”“很热”2 个热感觉等级)，测试周期内平均热感觉动态变化如图 2.18 所示。

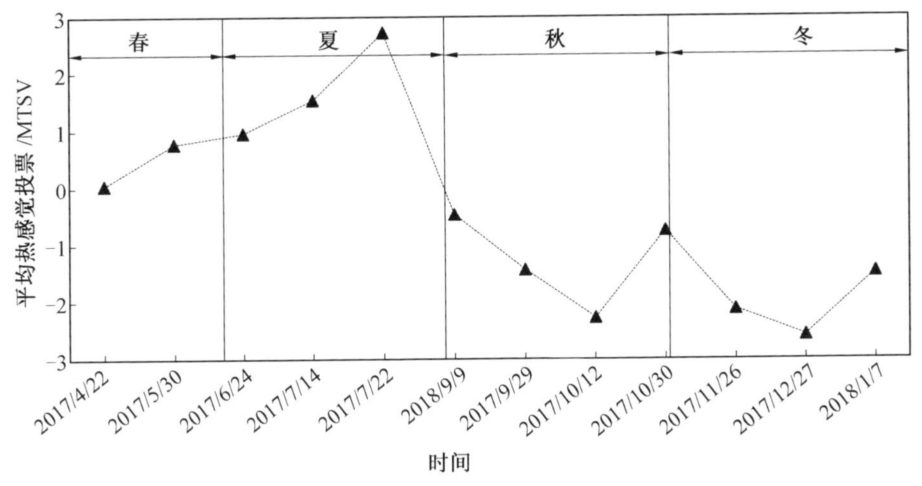

图 2.18　测试周期内平均热感觉动态变化图

将测试日所有的主观热感觉投票进行平均，得到测试日平均热感觉投票(MTSV)，利用 12 次的平均热感觉数据构建测试周期内的热感觉动态变化图，如图 2.18 所示。在测试周期内，测试日平均热感觉在“热”和“冷”之间波动(MTSV 波动范围是 2.60～－2.70)；随着季节由春至冬的逐渐更迭，平均热感值总体呈现先升后降趋势，春季平均热感值从 0.05 增长至 0.8；随后进入夏季，平均热感值持续增长，6 月和 7 月中旬测试日平均热感值分别为 0.96 和 1.54，在 7 月下旬达到峰值 2.74；由夏入秋的过程中，平均热感值急转直下，在 9 月上旬为－0.50，即初入秋体感即为“微凉”，在 9 月末达到－1.44 并在 10 月 12 日达到

－2.28，随后平均热感值出现回升，在10月末达到－0.75；冬季测试日平均热感值在12月末达到最低(－2.60)，随后出现回升趋势，在1月中旬达到－1.48，测试日2018年1月17日为降雪天气，气温出现回升，因此当天的平均热感值偏高。总体而言，春季测试日平均热感值基本趋向于适中(MTSV为0.05～0.80)，夏季基本处于微暖和热之间(MTSV为0.96～2.74)，秋季平均热感值偏低，在适中和冷之间(MTSV为－2.28～－0.50)波动，冬季平均热感值较低，处于适中和冷之间(MTSV为－2.60～－0.75)。

平均热感觉投票频率总体分布如图2.19所示。平均热感觉等级划分采用9级标度，各等级下的投票频率总体呈现对称分布，与总体气温春夏偏暖、秋冬偏凉的实际情况相吻合。平均热感觉为“适中”(MTSV＝0)的投票频率最高(31.9%)，次之为“冷”感(17.5%)，再次之分别为“微凉”(10.6%)和“热”感(10.2%)，“很热”的投票频率最低(2.8%)，“暖”的投票频率(4.0%)与“热”感接近。“凉”“很冷”和“微暖”的投票频率相差不大，分别为8.3%、7.0%、7.8%，均低于“冷”感和“热”感的投票频率。哈尔滨市春、秋两季持续时间均约为2个月，均短于夏季(3个月)和冬季(5个月)，由春入夏，气温回升较快，而由秋入冬，气温亦下降较快，因此室外热感觉除“适中”外，人们对“微凉”“凉”“微暖”和“暖”的感知时间较短，进而相应的投票频率较低，此外，“很热”投票频率低于“很冷”投票频率，与夏季高温持续时间较短的实际情况相吻合。

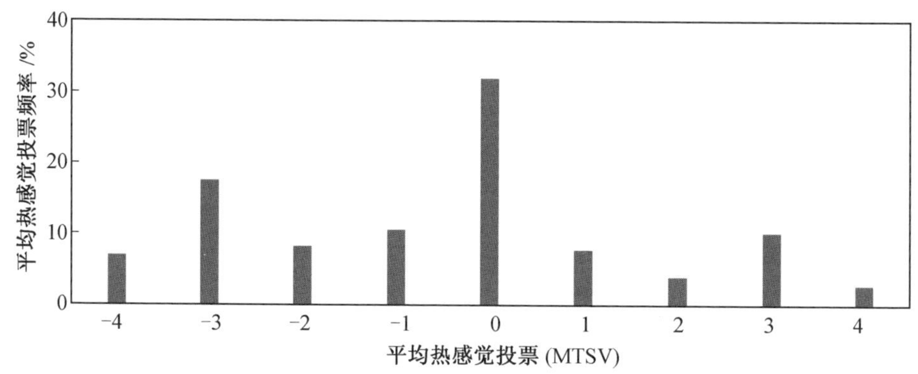

图2.19 平均热感觉投票频率总体分布图

各季节平均热感觉投票频率分布如图2.20所示，总体呈现对称分布，秋、冬总体气温偏凉，其热感觉投票多分布在左侧(MTSV<0)，春、夏总体气温偏暖，其热感觉投票多分布在右侧(MTSV>0)。“适中”感觉的投票比率中春季最高(47.1%)，其次是夏季(38.6%)，再次为秋季(27.5%)，冬季最低(17.7%)。此外，分布图显示，冬季“冷”感觉和夏季“热”感觉投票频率均较高，分别为42.1%和34.6%。

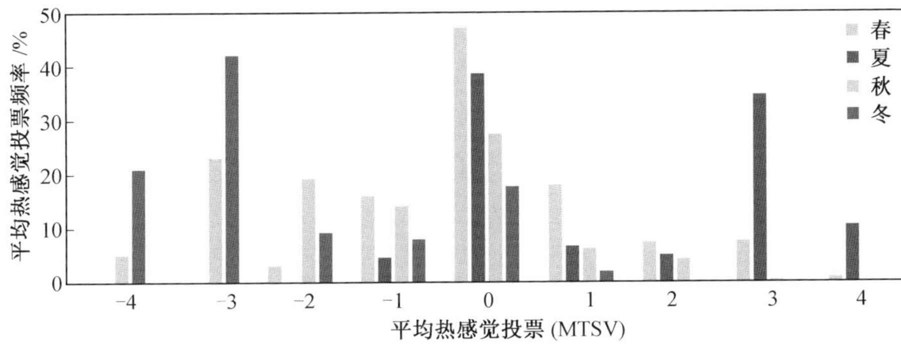

图2.20　各季节平均热感觉投票频率分布图

春季平均热感觉投票频率分布显示，不存在“很冷”和“冷”感觉投票，“适中”感觉投票最高(47.1%)，“微暖”和“微凉”感觉投票相近，分别为18.0%和16.0%，“暖”和“热”感觉投票相近，分别为7.3%和7.6%，“凉”感觉频率为3.1%，“很热”感觉投票频率最低(0.9%)。春季平均热感觉投票值大于0的占比为33.8%，小于0的占比为19.1%，表明春季人们总体感觉温度适中或偏暖。

夏季平均热感觉投票频率分布显示，无“很冷”“冷”和“凉”感觉投票，“适中”感投票频率最高(38.6%)，“热”感觉投票频率(34.6%)仅次于“适中”感，再次为“很热”(10.5%)，“微暖”和“暖”感觉投票频率相近，分别是6.6%和5.0%。此外，夏季平均热感觉投票值大于0的占比为56.7%，表明在夏季环境下，超过一半的受访者热评价为偏热。“微凉”感觉投票频率为4.7%，且分析调查问卷发现，除全天高温时间段(11:00—15:00)外，处于阴影下的部分受访热感觉状态评价为“微凉”(MTSV=−1)。

秋季占比最高的是“适中”感(MTSV=0，27.5%)，次之为“冷”(MTSV=−3，23.1%)，该比例远低于冬季(42.1%)，秋季“凉”感觉投票频率(19.2%)低于“适中”。此外，平均热感觉偏暖(MTSV>0)部分的投票很少(11.0%)，该现象与哈尔滨市秋季气温偏低、人们着装变化相对滞后而导致热感觉偏冷有关。

冬季“冷”感觉占比最高(42.1%)，“很冷”占比次之，为21.0%，而“适中”的比例(17.7%)则高于“微凉”(7.9%)和“凉”(9.2%)的比例，表明在冬季低温状态下，温度变化时人们能清晰地区分“适中”和“冷”的热感觉变化，而对“凉”“微凉”则不敏感。此外，冬季“暖”感觉(MTSV>0)的投票比例仅为1.4%且“很冷”(MTSV=−4)的占比也较低，表明人们对冬季寒冷的室外环境产生了一定的适应性，但通过添加衣物也并不能达到偏暖的状态，因此冬季人们总体热感觉为偏冷。秋、冬两季总体热感觉投票呈现非正态分布，总体投票分布偏冷(MTSV<0)，其中“冷”占比最大(40%)，“适中”次之，为(21.3%)。严寒地区秋季气温偏

低，因此秋季热感值偏小，而冬季超低的气温使 MTSV＜0 的比率增加，所以综合 2 个季节的平均热感觉情况，“冷”感受（MTSV＜0）比例高于“适中”。

2.3.5 各季节热舒适分布情况

见表 2.3，本研究参考既往研究成果，将热舒适分为很不舒适、不舒适、轻微不舒适和舒适 4 个等级[平均热舒适投票（MTCV）分别为 3、2、1、0]，为深入了解热舒适变化规律，以受访者受访时舒适状态的主观判断结果为依据，得出了各测试日的平均热舒适投票（MTCV），测试周期内平均热舒适动态变化如图 2.21 所示。

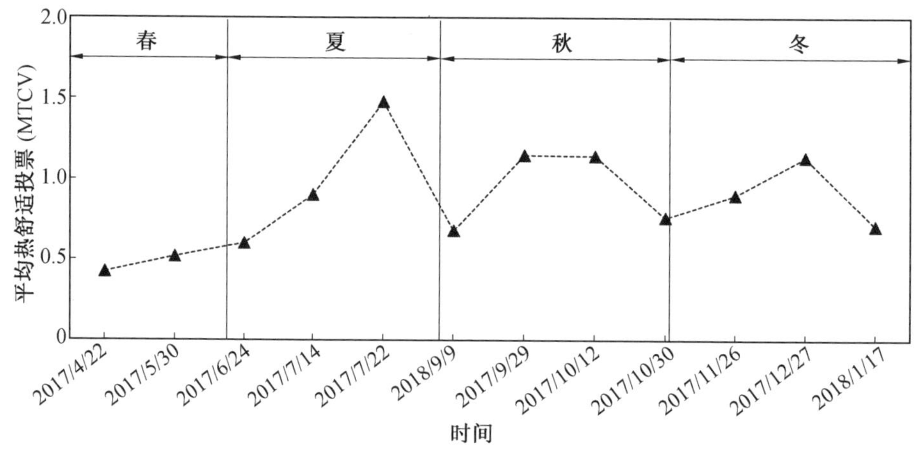

图 2.21　测试周期内平均热舒适动态变化图

测试周期内平均热舒适值在舒适和不舒适之间波动（MTCV 波动范围是 0.4～1.5），总体呈现先升后降趋势。春季平均热舒适值小于 0.5 且波动极小，表明春季室外热环境的热舒适性较好；随后进入夏季，平均热舒适值迅速上升，即人们的不舒适感迅速提高，并在 7 月 22 日达到峰值（MTCV＝1.5），分析原因为由春入夏，气温迅速上升，热感值增大进而使人们的舒适感降低；进入秋季后，平均热舒适值有所下降，在 9 月上旬下降至 0.7，说明此时室外热环境相对舒适，之后舒适感逐渐减弱，在 10 月中旬达到 1.14，该现象主要与人们的热经历有关，历经夏季高温，入秋之后气温迅速降低，此时人们感觉凉爽，因此舒适感较强，而在气温继续降低后，人们感觉偏凉，舒适感出现减弱趋势，随后人们添加衣物御寒，舒适感又稍有增强，所以在 10 月末达到 0.76；冬季平均热舒适值存在波动，平均舒适状态处于“轻微不舒适”水平。

各季节热舒适投票分布如图 2.22 所示。笔者在研究开始前的调研中发现，

人们处于舒适状态时，对于“舒适”和“很舒适”的状态区分并不敏感，而能够对“不舒适”的状态进行清晰的区分，所以本研究将热舒适分为 4 个等级。

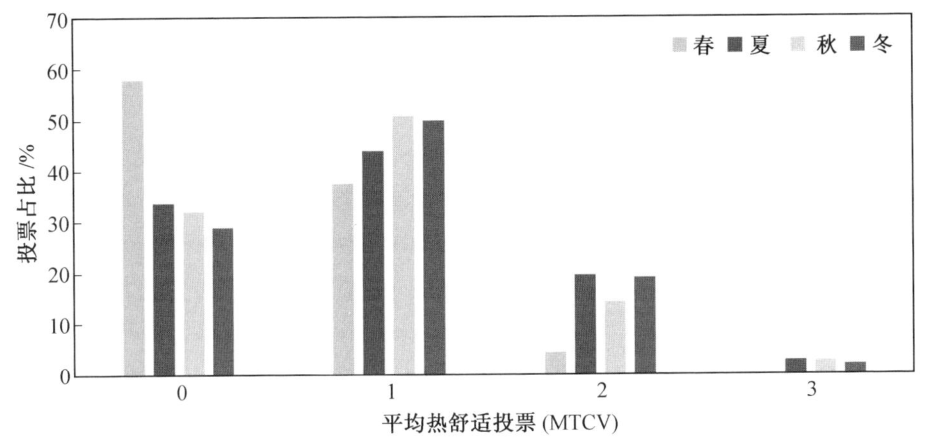

图 2.22　各季节平均热舒适投票频率分布图

春季“舒适”投票占比最高(58%)，次之为“轻微不舒适”(37.6%)，“不舒适”投票占比最少(4.4%)，春季无“很不舒适”投票，表明大多数人认为哈尔滨市春季室外热环境相对舒适。

夏季平均热舒适各等级的投票占比中，“轻微不舒适”占比最高(43.9%)，其次为“舒适”(33.8%)，再次之为“不舒适”的投票占比(19.5%)，“很不舒适”的投票占比最低(2.8%)。“轻微不舒适”占比较高表明，夏季人们在室外热环境中的感受稍微偏离舒适状态，但并未达到不舒适的程度；“很不舒适”占比极低表明，多数受访者判定哈尔滨市夏季室外热环境并未达到难以忍受的状态。

秋季平均热舒适各等级的投票占比与夏季情况类似，“轻微不舒适”占比最高(50.7%)，其次为“舒适”投票占比(32.2%)，“不舒适”投票占比(14.3%)仅次于“适中”状态，“很不舒适”状态投票占比最低(2.8%)。该现象表明多数受访者认为哈尔滨市秋季室外热环境只是轻微偏离舒适水平，但并未达到不舒适的状态。

冬季平均热舒适各等级投票占比与夏、秋两季类似，占比最高的为“轻微不舒适”投票(49.8%)，次之为“舒适”投票占比(29.1%)，“不舒适”投票占比为19.1%，“很不舒适”占比最低(2.1%)。冬季的“舒适”投票占比高于“秋季”，表明冬季人们对寒冷的忍耐度有所增强。

2.3.6　热接受度的季节性差异

人们在不同的热环境中的感受千差万别，进而造成对热环境的接受程度也存在差异，季节更迭，室外热环境也发生较大变化，但不同季节人们的热经历和心理期望不同，也进而影响了人们对室外热环境的接受程度，本研究参考既往研究成果将热环境接受程度划分为 4 个等级，从 −1 至 2 分别对应的是“完全不能接受”“不能接受”“可以接受”和“完全可以接受”。

将测试日的接受度投票进行平均得到平均接受度，测试周期内平均接受度动态变化如图 2.23 所示。测试周期内平均接受度整体呈现先下降后上升的趋势，春季的平均接受度最高，之后进入夏季开始缓慢下降，直至 7 月下旬达到波谷，此时平均接受度(0.70)稍低于“可以接受”，随后进入秋季，平均接受度在 9 月末回升至 0.80，之后维持在稍低于“可以接受”的稳定状态，冬季平均接受度出现小范围波动，11 月下旬平均接受度为 0.86，之后在 12 月下旬稍有下降(0.83)，但在 1 月中旬，平均接受度升高至 0.98，该现象与哈尔滨 1 月较冷的气候不相符，分析原因为测试日为降雪天气，白天平均气温比该月其他时间平均气温稍高，因此该测试日的受访者对热环境的平均接受度偏高。全年的平均接受度值为 0.91，稍低于“可以接受”。

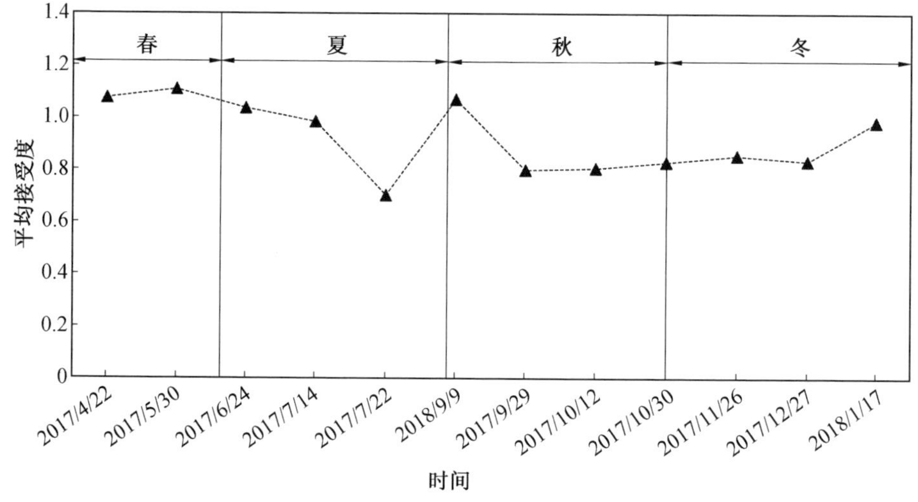

图 2.23　测试周期内平均接受度动态变化图

各季节热接受度主观投票占比分布如图 2.24 所示，各季节“可以接受”的占比均最高，“完全不能接受”的占比秋季最高，冬季次之，再次之为夏季，春季最低。春季“完全可以接受”和“可以接受”占比总和为 98.2%，表明哈尔滨春季人们在室外的热体验状态良好；“完全不能接受”和“不能接受”占比总和夏季为 11.5%，冬季最高(14.9%)，秋季稍低于冬季(13.6%)。冬季人们对寒冷有一定程度的心理准备并采取适应措施(如增加衣物)，秋季虽然气温偏低，但受夏季热经历影响人们的服装更替存在滞后性，进而使人的热感投票值偏低，因此秋季热

接受度稍低于冬季。

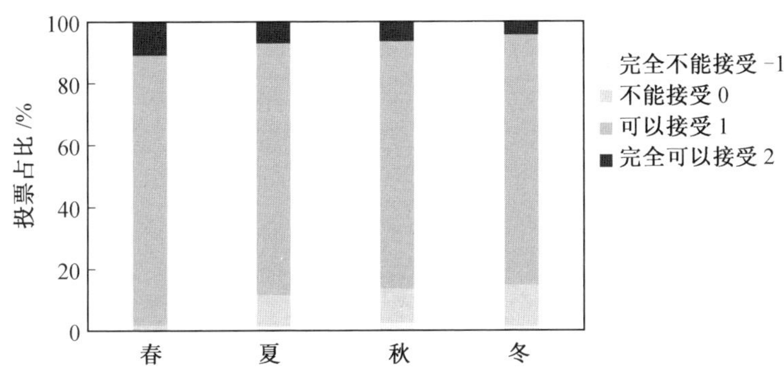

图 2.24　各季节热接受度主观投票占比分布图

2.3.7　各季节热舒适影响因素分析

参考既往研究可知，热舒适影响因素众多，但不同因素的影响权重差别很大，如秋冬季节吹风感增强，会使人感到凉，进而降低其热舒适感，而在夏季则能帮助人体散热，进而增强其热舒适感。本小节主要分析热感觉、气象参数感觉（温度感觉、湿感觉、吹风感和日照感觉）以及代谢率对热舒适的影响。采用偏相关分析法求解各因素的影响权重，在分析某一因素时，其他因素作为控制变量。p 代表显著性系数，当 $p>0.05$ 时，认为相关关系较弱，r 代表相关系数，系数越大表明相关性越强。

表 2.7 为主观因素与热舒适的相关性分析。服装热阻和人们在室外的停留时间存在较大的季节差异性，与行为适应性有关，热感觉受物理适应和心理适应的影响，与气象参数感觉相比，其对热舒适产生间接的影响，因此本小节不考虑这三种因素。

与其他因素相比，各季节热感觉因素与热舒适的相关性较强，其中冬季热感觉与热舒适的相关性最强，次之为夏季，秋季的相关系数稍低于夏季，春季热感觉与热舒适的相关性最弱，此外，除夏季热舒适与热感觉呈负相关性外，其余季节均呈正相关性。春季气象参数感觉和代谢率与热舒适的相关性均很弱，主要是因为春季平均温度适宜，各主观感受变化不会引起热舒适的明显波动；夏季温度感觉、日照感觉、湿感觉和代谢率与热舒适均呈较强的负相关性，即在风速不变时，其余任一气象参数的提高均会造成舒适感的降低；秋季温度感觉、日照感觉、湿感觉、代谢率均与热舒适呈正相关；冬季日照感觉与热舒适的相关性较强，次之为温度感觉，而吹风感与之呈现较强的负相关性。

表 2.7 主观因素与热舒适的相关性分析

	热感觉		温度感觉		湿感觉	
	p	r	p	r	p	r
春季	0.000	0.469	0.033	0.387	0.461	0.005
夏季	0.000	−0.763	0.000	−0.685	0.387	−0.419
秋季	0.000	0.645	0.000	0.434	0.054	0.103
冬季	0.000	0.871	0.000	0.705	0.213	0.035
	吹风感		日照感觉		代谢率	
	p	r	p	r	p	r
春季	0.334	−0.020	0.019	0.010	0.031	0.088
夏季	0.004	0.372	0.000	−0.564	0.285	−0.037
秋季	0.004	−0.152	0.000	0.407	0.870	0.120
冬季	0.000	−0.665	0.000	0.762	0.335	−0.042

从上文的结论分析可知，热感觉与热舒适的相关性最强，其他气象参数感觉直接影响热感觉评价进而影响热舒适判断，因此热感觉是各气象参数感觉综合作用的结果，而各气象参数感觉在不同季节对热感觉的影响权重不同，对各气象参数感觉的影响权重进行分析，能为室外热环境改善提供参考。

分析各气象参数与热感觉的相关性(表 2.8)可知，各气象参数在不同季节与热感觉的相关性程度不同，其中温度在 4 个季节与热感觉的显著性系数 p 均小于 0.05，且相关系数 r 均为正值，表明温度与热感觉存在明显正相关关系，即当控制相对湿度、风速和平均辐射温度不变时，全年热感觉随着温度的上升而变高。

表 2.8 气象参数与热感觉的相关性分析

	温度		相对湿度		风速		平均辐射温度	
	p	r	p	r	p	r	p	r
春季	0.000	0.355	0.012	0.106	0.000	−0.204	0.000	0.149
夏季	0.000	0.488	0.000	0.405	0.000	−0.433	0.004	0.473
秋季	0.000	0.342	0.000	0.231	0.097	−0.069	0.000	0.222
冬季	0.000	0.436	0.005	0.112	0.005	−0.112	0.010	0.468

相对湿度与热感觉的显著性系数在 4 个季节均小于 0.05，但相关系数的季节差异性较大，夏季最高(0.405)，其余季节均较小，表明夏季热感觉与相对湿度存在较强的正相关关系，即在其他 3 个气象参数不变的情况下，夏季热感觉随着相对湿度的升高而升高，分析该现象的原因为夏季高温环境下，相对湿度升高会使人感到湿热进而导致热感觉评价值变大，其余季节的热感觉与相对湿度的相关性较弱。

风速与热感觉的偏相关分析显著性系数除秋季外，其余季节均小于 0.05，表明秋季风速与热感觉的相关关系显著性不强，而其余季节存在较强的相关关系显著性。此外，与其他气象参数不同，风速与各季节的热感觉均存在负相关关系，其中夏季的相关性最高($r=-0.433$)，该现象与风速能缓解夏季高温带来的热感觉并降低湿度进而创造凉爽的感觉有关。

平均辐射温度与热感觉的偏相关分析显著性系数在 4 个季节均小于 0.05，相关系数值均为正值，但季节性差异较大，夏季最高，冬季次之，春季最小，表明夏、冬两季平均辐射温度与热感觉存在较强的相关性，夏季高温环境下，太阳辐射增强会明显增加人们的炎热感，而在冬季较低的气温环境下，太阳辐射的增强能使人感觉温暖，因此太阳辐射在夏、冬两季均能促使热感觉评价值的升高。春、秋季节温度相对适宜，太阳辐射变化不能引起热感觉的明显波动。

横向比较同一季节不同气象参数的相关性分析结果可知，温度是影响春季热感觉的主要因素，而风速则会引起热感觉评价值的降低。夏季除温度外，平均辐射温度对热感觉的影响较大，相对湿度的升高同样能使热感觉评价值变大，而风速因能降温减湿进而使热感觉评价值降低，且根据 2.3.2 节内容可知夏季的平均热感值偏高，因此风速为增加夏季舒适感的有利因素，所以改善夏季热环境应考虑增加遮阳措施并增强通风。与夏季不同，风速的增加能降低秋季热感觉评价值，且秋季平均热感值偏低，因此应降低秋季风速以提高秋季热感觉评价值。温度和平均辐射温度是提高冬季热感的 2 个重要因素，风速则相反，因此为提高冬季热感体验应从增强太阳辐射和降低风速两方面考虑。

生物在重复地暴露于某一刺激下时，对该刺激的敏感性会降低，或会采取一定的行为措施使自身处于更佳的生存状态，这一过程是生物对特定刺激的适应过程。在热舒适研究领域，室外环境复杂多变，因此适应环境就显得尤其重要，从前文的热感觉和热舒适季节性差异结果分析可知，人们对热环境的判定不仅仅是建立在当下热环境与人体之间的热交换基础上，也可能受热适应性因素的影响。人体对热环境的适应性基本可以分为三种不同的种类：物理适应、生理适应和心理适应。本研究主要分析物理适应和心理适应的影响机制。

1. 物理适应

物理适应是人体为适应环境所做出的物理应对反应，分为自身适应和交互适应。自身适应是仅仅针对人体本身所做出的改变行为，如改变服装热阻，变换姿势、位置和改变代谢率(改变活动类型、活动量和饮食等)等；交互适应是指与环境的互动行为，如开窗或使用遮阳伞等。

为探究人体在不同热环境状态下的物理适应过程，本研究以 3 ℃为温度变化区间，取各季节每温度区间的受访人群的服装热阻平均值，建立平均服装热阻与空气温度之间的关系，如图 2.25 所示。

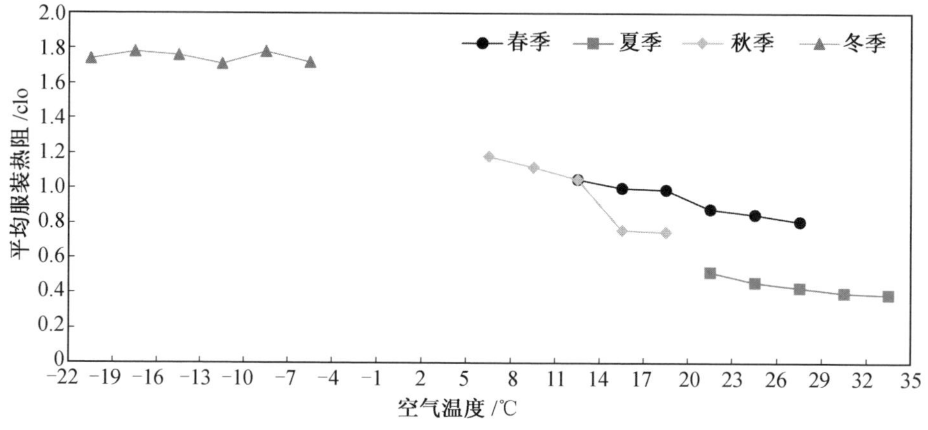

图 2.25　各季节每温度区间平均服装热阻动态变化图

从图 2.25 可知，夏季平均服装热阻最小，冬季则最高，春、秋季节的平均服装热阻随温度升高呈现缓慢下降的趋势。春季平均服装热阻总体稍低于秋季，随温度升高缓慢下降，温度区间为 26～29 ℃时平均服装热阻值为 0.81 clo。夏季在测试温度从 20 ℃升高至 35 ℃的过程中，平均服装热阻虽有下降，但下降幅度很小，平均服装热阻值为 0.43 clo，分析该现象的原因是夏季高温环境下人们已经选择了最轻薄的服装搭配，因此无法再通过减少衣物来改善热舒适水平。秋季平均服装热阻总体稍高于春季，主要是由于秋季测试期间温度较低造成的，此外秋季测试期间温度从 19 ℃降低至 16 ℃，但平均服装热阻仅出现微小波动，分析该现象的原因可能是受访者受夏季高温的热经历影响，服装调整出现滞后现象，进而导致入秋之后的一段时间内服装热阻变化较小，随后温度降低至 7 ℃的过程中，服装热阻明显上升，表明人们已经感觉到体感较凉。冬季平均服装热阻基本维持在稳定状态，平均服装热阻值为 1.76 clo，主要原因是冬季所有测试均在温度较低状态下进行(低于−4 ℃)，受访者已经选择了很厚的服装组合进行御寒，此时人们会选择减少在室外的停留时间来改善热舒适水平，因而冬季平均

服装热阻不会有明显变化。

此外，在不同季节的相同温度区间内，受访者的平均服装热阻也存在差异。如当温度区间为 20～29 ℃时，春季平均服装热阻明显高于夏季，该现象可能与热经历有关，受寒冷且漫长的冬季的影响，人们对衣物产生了依赖心理，入春后随着温度的升高，人们选择慢慢减少衣物；而人们在历经夏季的高温后，更倾向于凉爽的环境，因此在温度降低时不会突然增加衣物。

2. 心理适应

不同的人对环境刺激的理解和强度的判断不同，进而直接影响其对热环境的主观评价结果，该过程与人们的心理适应有关，而心理适应的影响因素较多，如自然性、热期望、热经历、暴露时间、知觉控制和环境刺激等。下面具体分析热期望和热经历因素。

(1)热期望。

各季节不同气象参数热期望投票占比分布如图 2.26 所示。从空气温度期望投票结果可知，春季超过半数的受访者(51%)期望温度不变，大约三分之一的受访者(33%)期望温度升高，也有少数人(16%)期望温度降低；夏季有 59%的受访者期望温度降低，这与夏季高温有关，也存在 38%的人期望温度不变；秋、冬季节期望温度升高的比例均较高，分别是 71%和 59%，且分别有 25%和 34%人渴望温度不变，可能由于秋季测试期间气温偏低，但受夏季高温的热经历影响，人们的服装搭配并未及时调整，使得热感偏凉，进而导致期望温度升高的投票比例较大。

从相对湿度的热期望投票结果可知，各季节人们期望相对湿度不变的投票占比均较高，且该比率的季节差异性较小，表明在全年周期内人们对相对湿度的变化不敏感。春、秋两季分别有 34%和 37%的受访者期望相对湿度变潮，该比率均高于夏季和冬季，表明春、秋两季部分人群认为相对湿度较其他季节偏干。

风速的热期望投票占比显示，春季 57%的受访者期望风速不变，并且期望风速降低的投票占比为 37%，极少数受访者(6%)期望风速变大，该现象与春季温度较为适宜，风速对热舒适水平无增益作用有关；夏季期望风速不变的比率与春季相近，但期望风速变大的占比明显高于春季，主要由于人们在夏季历经高温，进而期望较高风速以增加散热；秋季期望风速降低的占比较高(58%)，次之为期望风速不变的占比(40%)；与秋季不同，冬季期望风速不变的占比最高(60%)，次之为期望风速降低的占比(38%)，分析原因可能是秋季气温偏低，人们的服装热阻较小，因此期望降低风速以提升热感觉水平，而冬季测试期间风速小于秋季[参考图 2.13(b)]且波动不大，另外人们在冬季的着装较厚，风速对人体热感觉并无明显影响，因此冬季期望风速不变的投票占比高于秋季。

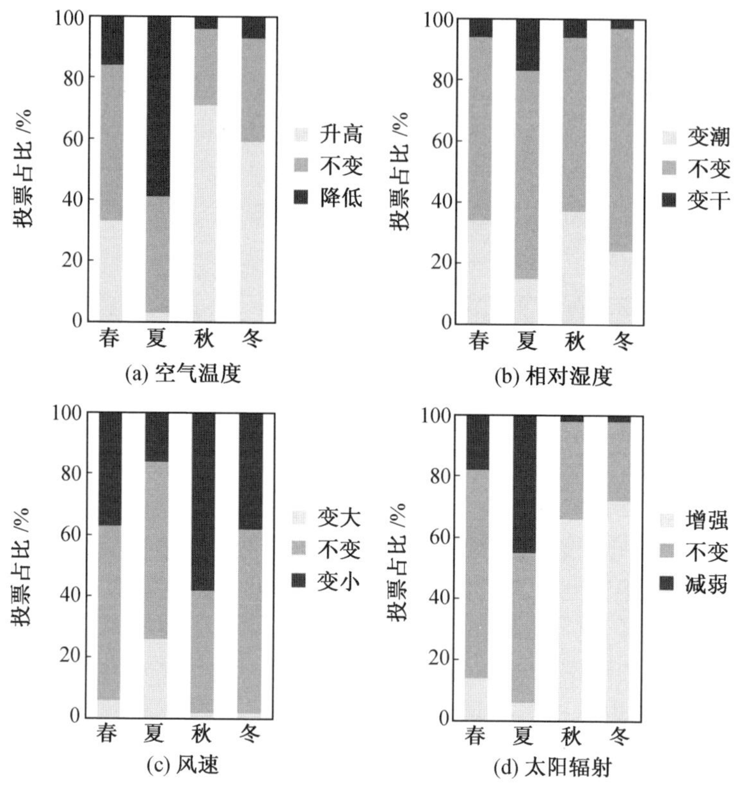

图 2.26　各季节不同气象参数热期望投票占比分布图

太阳辐射的热期望投票结果显示，受访者对太阳辐射的热期望投票季节性差异较大。春季期望太阳辐射不变的投票占比最高(68%)，表明多数受访者认为春季太阳辐射适中；夏季期望太阳辐射不变和减弱的投票占比相近，分别是49%和45%；与春、夏两季不同的是，秋、冬两季的受访者期望太阳辐射增强的投票占比均较高，分别为66%和72%，该现象符合定性分析结果，在偏冷的季节，人们渴望较强的阳光来提升热感觉。

(2)热经历。

既往研究表明，热经历是影响热期望的直接因素，分为短期热经历和长期热经历。短期热经历与人体近期对热环境状态的记忆有关，且关乎每天的热期望判断。长期热经历与人体在经历周期性的环境刺激之后在脑中所建立的规律有关，人们会根据规律提前做出心理预期，进而调整自己的心理期望值，并影响对热环境的容忍度。

本研究对中性热感觉状态下受访者的温度期望进行了统计，各季节热期望投票占比如图 2.27 所示。中性热感觉状态下，春季存在 52%的受访者期望温度不变，但仍有 39%的人期望温度升高，可能由于受冬季漫长的寒冷气候的影响，入春之后虽已经达到温度适中的状态，但人们仍期望更温暖的环境；在夏季，68%的受访者期望温度保持在中性热感觉状态，30%的受访者期望温度降低，原因可能是人们历经夏季高温，短期热经历记忆促使受试者即使处于中性热感觉状态也渴望更凉爽的环境，而大部分人受气候四季更替的影响，形成了长期热经历记忆，认为中性热感觉状态即为夏季应该达到的热环境水平，进而期望温度保持不变；在中性热感觉状态下，秋季期望温度不变的投票占比最高(50%)，次之为期望温度升高的投票，占比(44%)，分析原因为哈尔滨市夏季高温天气很短，人们并未形成深刻的炎热记忆，且秋季测试时气温偏低，人们受短时期的偏凉经历的影响，进而期望温度升高；冬季与夏季的热经历影响机制类似，受试者历经严寒，即使处于中性热感觉状态，渴望更温暖的环境的投票占比仍达 47%，此外，漫长而寒冷的冬季使得部分人已经形成了长期热经历记忆，他们认为适中水平即为冬季应出现的热环境状态，因此 49%的受试者期望温度保持不变。

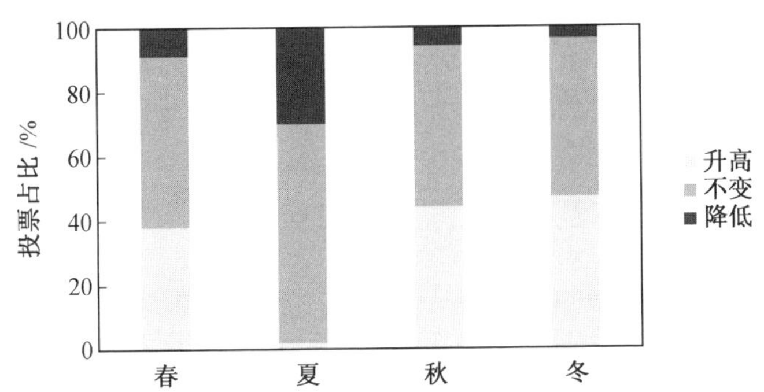

图 2.27　中性热感觉状态下受访者的温度期望投票占比分布图

2.3.8　各季节不同热感觉等级下的热舒适投票分布

图 2.28 所示为各季节不同热感觉等级下的热舒适投票占比分布图，显示了相同热感觉等级下的各级舒适状态投票随着季节的更替而发生变化。春季热感觉为“微凉”“适中”和“微暖”的“舒适”投票占比较高，表明春季较多人感觉舒适的状态是“微凉”至“微暖”之间；与春季不同，夏季均有超过 60%的受访者评价“微凉”和“适中”为舒适状态，表明夏季的高温使受访者渴望凉爽的环境；秋季热感偏暖(TSV＞0)的环境下“舒适”投票占比较多，冬季同样是在热感偏暖

(TSV>0)的环境下，“舒适”投票比例较高，且热感偏凉(TSV<0)的环境下，冬季的“舒适”投票比例均大于同级热感下秋季的“舒适”投票比例，而“不舒适”投票比例则正好相反，表明人们在秋、冬季节均渴望温暖的环境，并且与秋季相比，人们在冬季对寒冷的忍耐力更强。

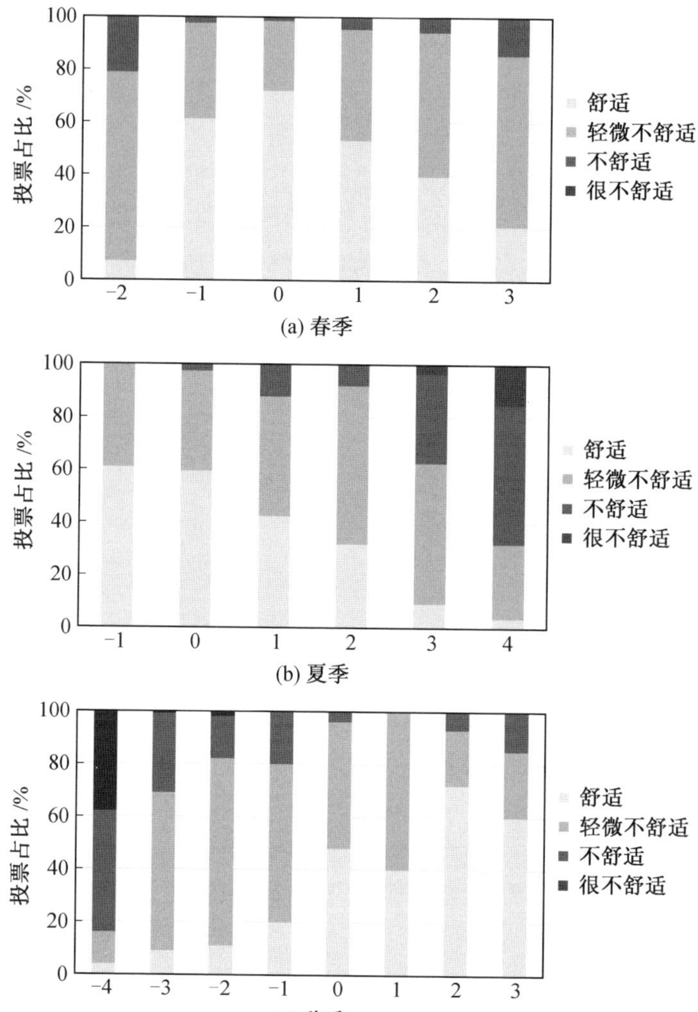

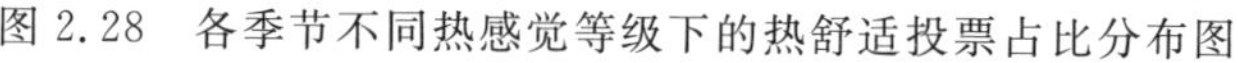
图 2.28　各季节不同热感觉等级下的热舒适投票占比分布图

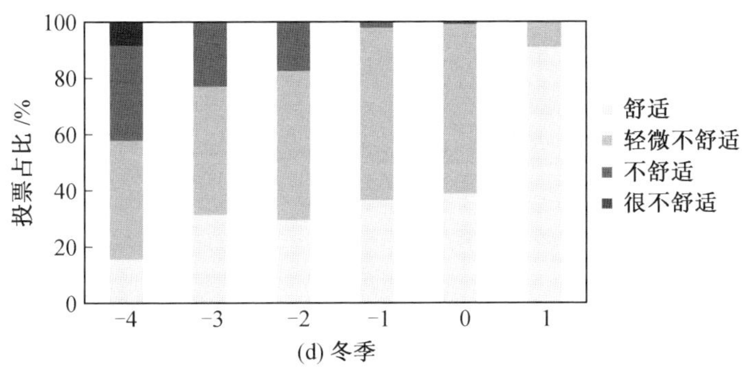

(d) 冬季

图 2.28(续)

2.3.9　热感觉与热舒适的相关性分析

从前文中关于不同热感觉等级下的热舒适投票占比分布研究结果可知，哈尔滨市室外热感觉与热舒适之间并非完全的等价关系，并且随着季节的更迭，舒适状态所对应的热感觉尺度也在不断变化。为准确掌握热舒适与热感觉的动态变化关系，本小节采用回归分析的方法构建平均热舒适投票(TCV)与平均热感觉投票(TSV)之间的数学模型。首先将热舒适投票按照热感觉等级分组并分别计算各组的平均值，作为各级热感下的热舒适投票平均值，然后将其与对应的热感觉等级值进行回归分析并求解拟合方程，得到各季节的平均热感觉与平均热舒适之间的拟合方程为：

春：$$\mathrm{MTCV}=0.11\,\mathrm{MTSV}^2-0.11\mathrm{MTSV}+0.38(R^2=0.840) \tag{2.7}$$

夏：$$\mathrm{MTCV}=0.07\,\mathrm{MTSV}^2+0.06\mathrm{MTSV}+0.4(R^2=0.978) \tag{2.8}$$

秋：$$\mathrm{MTCV}=0.08\,\mathrm{MTSV}^2-0.1\mathrm{MTSV}+0.36(R^2=0.902) \tag{2.9}$$

冬：$$\mathrm{MTCV}=-0.25\mathrm{MTSV}+0.34(R^2=0.981) \tag{2.10}$$

拟合方程中的 R^2(回归方程的方差)均较高，表明所求得的拟合曲线高度符合各季节热感觉和热舒适数据的变化规律。

图 2.29 显示，春、夏季和秋季平均热舒适投票(MTCV)与平均热感觉投票(MTSV)之间均呈现二次函数关系，随着热感值的不断增大，平均热舒适投票值呈现先降后升的趋势，曲线的拐点代表该季节最舒适的状态，其对应的热感值对应该季节最舒适的热感觉状态。受漫长且寒冷的冬季的影响，人们对寒冷产生了记忆，因此入春之后人们仍期待较暖的环境，即使处于“适中”(MTSV=0)热感觉时，受访者仍然认为未达到最满意的舒适状态，所以春季的最舒适热感 MTSV 为 0.5，仍处于“适中”范围内，与 Gagge 和 Fanger 提出的“适中”状态(中

性热感觉）即舒适状态的结论一致；入夏之后，受夏季高温天气的影响，受访者对热产生了短期热经历记忆，即使在“适中”（MTSV＝0）状态下仍未感觉达到最舒适的状态，所以夏季最舒适的热感觉状态是稍低于“适中”的“微凉”状态（MTSV＝－0.6）；与夏季刚好相反，秋季最舒适的热感觉状态是稍高于“适中”的“微暖”状态（MTSV＝0.6），这是由于入秋之后气温迅速下降，人们的热感觉偏凉，因此期待稍暖的环境；冬季气温较低，多数时间人的室外平均热感觉偏凉（MTSV＜0），随着热感值逐渐变大热舒适度也在增加，因此冬季 MTCV 与 MTSV 之间为线性关系，最舒适的热感觉状态为“微暖”状态（MTSV＝1.4），因为长期受严寒气候的影响，人们更加渴望温暖的环境，所以冬季的平均舒适热感值大于春、秋两季。

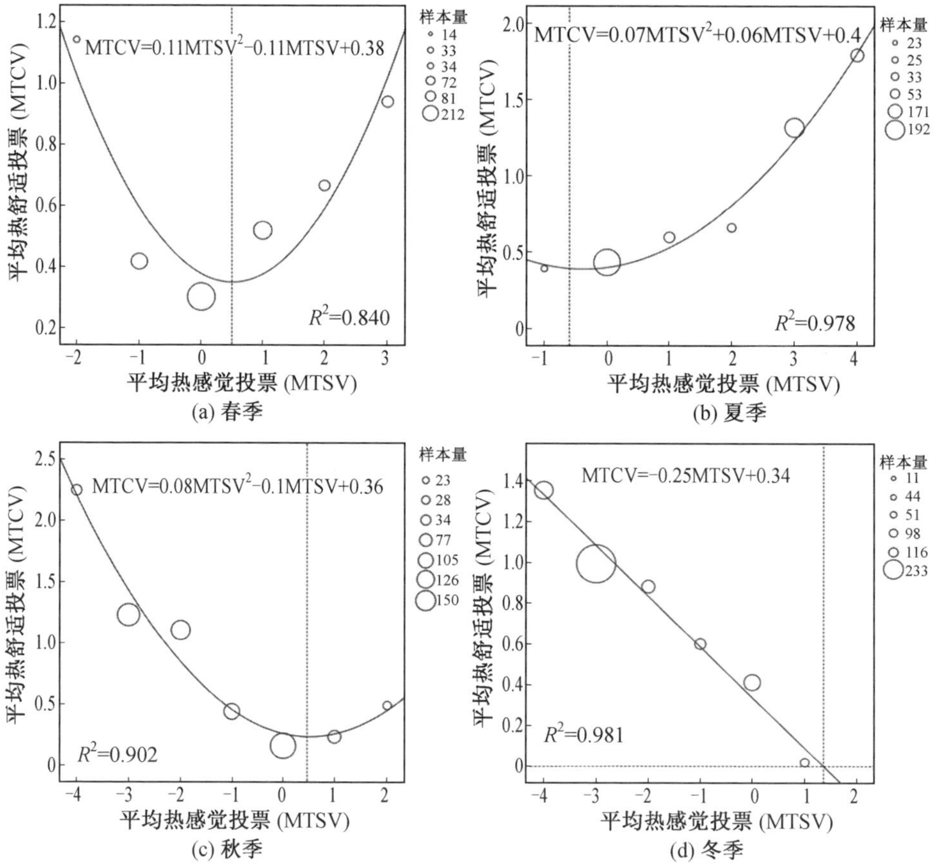

平均热舒适投票 (MTCV)
MTCV=0.11MTSV²−0.11MTSV+0.38
R^2=0.840
样本量 14 33 34 72 81 212
平均热感觉投票 (MTSV)

(a) 春季

平均热舒适投票 (MTCV)
MTCV=0.07MTSV²+0.06MTSV+0.4
R^2=0.978
样本量 23 25 33 53 171 192
平均热感觉投票 (MTSV)

(b) 夏季

平均热舒适投票 (MTCV)
MTCV=0.08MTSV²−0.1MTSV+0.36
R^2=0.902
样本量 23 28 34 77 105 126 150
平均热感觉投票 (MTSV)

(c) 秋季

平均热舒适投票 (MTCV)
MTCV=−0.25MTSV+0.34
R^2=0.981
样本量 11 44 51 98 116 233
平均热感觉投票 (MTSV)

(d) 冬季

图 2.29　各季节平均热舒适与平均热感觉投票的关系

2.4 城市室外热环境多维度评价体系建构

2.4.1 单一气象参数对室外热环境评价的不确定性

关于室外热环境的研究历经多年，其评价指标也纷繁复杂，既往的评价多数仅以气象参数（空气温度、相对湿度、风速、太阳辐射）为评价依据对比分析各参数变化趋势或界定参数的相关范围来表征室外热环境的热舒适水平，但是室外热环境舒适与否是以室外热环境使用人群的综合的主观感受是否舒适为最终印证依据，使用人群的主观舒适感受应当是表征室外热环境热舒适水平的主要指标。因此仅以气象参数为评价依据，所得结论以客观条件为主导，只能揭示物理环境的现状，如空气温度、风速等值的变化，却无法根据其变化情况评价该空气温度或风速下人的主观感受水平，也无法判断随着气象参数的变化主观感受会如何变化，所以既往对气象参数的研究不能准确反映主观感受水平，也无法表征室外热环境的热舒适状态。此外，热舒适是受多种因素影响的综合结果，单一气象参数因不能引起主观状态改变或者只能引起单个方面的主观感受（如温度感觉或吹风感等）变化而无法作为依据推导出热感觉或热舒适是否发生改变。

而将主观感受投票与气象参数建立联系之后[如温度感觉投票（T_aSV）、湿感觉投票（HSV）、吹风感投票（DSV）和辐射感觉投票（RSV）分别与空气温度（T_a）、相对湿度（RH）、风速（V_a）和平均辐射温度（T_{mrt}）相联系]，虽然可以建立主观与客观之间的数学模型，根据主观感受确立不同热感觉等级下的气象参数范围，但是仅靠单一气象参数仍然无法准确且全面地表征人们受多因素综合影响下的热感觉或热舒适水平。本研究以夏季为例，采用回归分析的方法，分别构建了各主观感受与相关气象参数之间的数学模型，夏季气象参数与主观感受的关系如图 2.30 所示。人们在所处的热环境中温度感觉为“适中”（T_aSV＝0）时的温度为中性温度，同理当 HSV/DSV/RSV＝0 时分别对应的是中性湿度/中性风速/中性平均辐射温度。测试期间夏季的 T_aSV、HSV、DSV 和 RSV 值分别为 23.2 ℃、59％、1.7 m/s 和 32 ℃。

整个夏季热感觉为“适中”状态的投票样本量共 192 份，其中空气温度为“适中”时的投票样本量为 28 份，相对湿度、风速和平均辐射温度为“适中”时的投票样本量分别为 12 份、11 份和 10 份。统计 61 份问卷中热感觉、热舒适和热接受的各等级的投票占比见表 2.9。在 61 份问卷中仅有 37％的受访者感受为“适中”，“热”和“很热”占比达到 40％；同样仅有少量（34％）的受访者认为达到了“舒适”的状态；

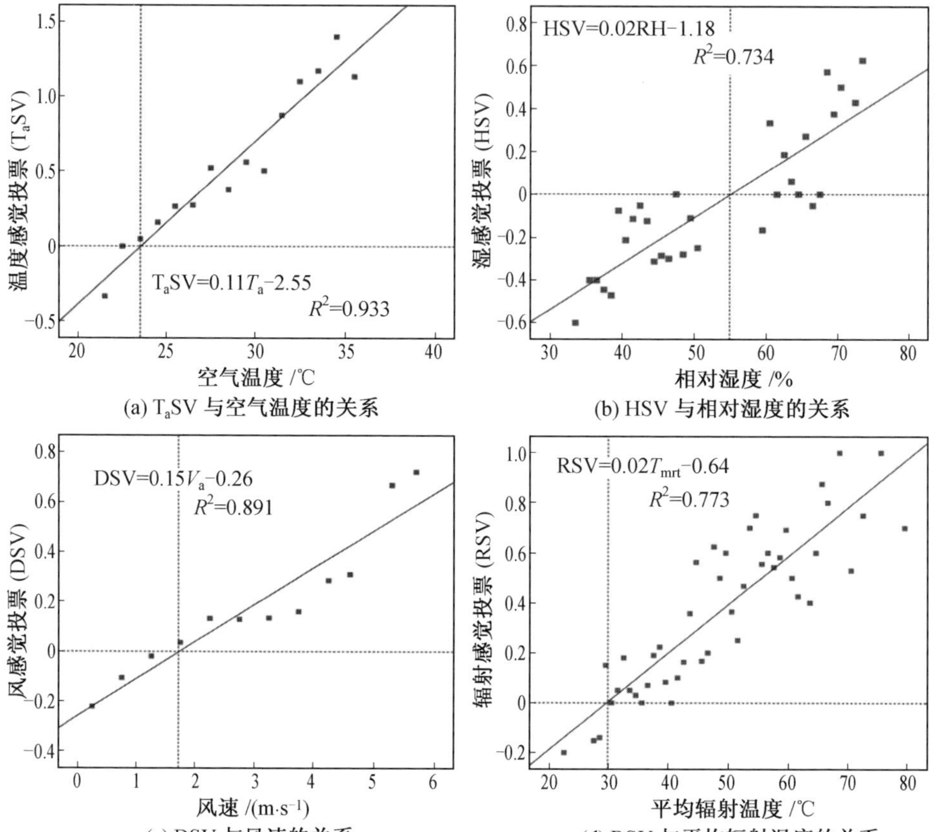

(a) T_aSV 与空气温度的关系

(b) HSV 与相对湿度的关系

(c) DSV 与风速的关系

(d) RSV 与平均辐射温度的关系

图 2.30　夏季气象参数与主观感受的关系

有 8%的人认为当下热环境“不能接受”。以上结果表明单一气象参数对室外热环境热舒适的评价结果存在不确定性，进而使评价结果失去了有效性和准确性。

表 2.9　夏季各气象参数主观感受均为“适中”时各等级的投票占比表

热感觉	占比/%	热舒适	占比/%	热接受	占比/%
很热	15	很不舒适	3	不能接受	8
热	25	不舒适	15	可以接受	92
暖	8	轻微不舒适	48		
微暖	8	舒适	34		
适中	37				
微凉	7				

2.4.2 综合性热舒适指标对室外热环境评价的不直观性

由于单一气象参数对室外热舒适评价的结果与实际情况相差较大，学者们常采用综合性热舒适指标作为表征室外热环境舒适状态的一种依据，以解决单一气象参数评价结论的不可靠性问题。目前常用的综合性热舒适指标主要有生理等效温度（PET）、标准有效温度（SET*）和通用热气候指数（UTCI）。

1. 生理等效温度

生理等效温度（PET）是基于 MEMI 模型推导出的热舒适评价指标，其假定一身高 180 cm、体重 75 kg、服装热阻 0.9 clo、代谢率 80 W 的男性处于某一环境中时，其皮肤温度和核心温度与处于平均辐射温度等于空气温度、蒸汽压力为 1 200 Pa、空气流动速度为 0.1 m/s 的典型房间时相等，则认为典型房间的空气温度即是实际环境的生理等效温度（PET）。

2. 标准有效温度

标准有效温度（SET*）的理论基础是二节点模型，并在有效温度（ET*）的基础上综合考虑了服装热阻和活动量参数，其假定一个身着标准服装热阻为 0.6 clo、代谢量为 1 Met 的人处于某个空气温度等于平均辐射温度、相对湿度为 50%、空气流动速度为 0.125 m/s 的特定环境中时，他的平均皮肤温度和皮肤湿润度与其在实际环境和实际服装热阻条件下相同，那么该假定环境中的空气温度即是上述实际环境的标准有效温度（SET*）。

3. 通用热气候指数

通用热气候指数（UTCI）是基于 UTCI－Fiala 多节点模型推导出的新型综合性指标，其包含服装热阻计算模型，并收录了普通城市人群在不同的实际环境中的服装搭配类型，其假定代谢率为 135 W 的人处于相对湿度为 50%（蒸汽压力不超过 20 hPa）、无风且空气温度等于平均辐射温度的环境中时，所计算出的机体应变指数与在实际环境中相同，则特定环境的空气温度即为实际环境的通用热气候指数（UTCI）。

综合性热舒适指标综合了气象参数（空气温度、风速、相对湿度和平均辐射温度）、活动量和服装热阻等多种因素，将综合结果划归于一个单一变量，虽然解决了单一气象参数评价的弊端，但是也存在不完整性和不直观性。例如，赖达祎得出天津寒冷季节的中性 PET 值是 23.6 ℃，可以判断出该状态为“适中”状态，但既无法得知其他 PET 值时人们的热感情况和人们感觉“适中”时的 PET 范围，也无法得知寒冷季节或者其他季节周期内 PET 变化时人们的热感是否变化，更无法得知人们在室外热环境中感觉“舒适”时的 PET 范围和热环境变化时 PET 是否超出可接受范围。

2.4.3 多维度评价指标的选择

根据上一小节的分析结果可知，综合性热舒适指标只是表征室外热环境综合状态的一种工具，基于该工具划分的中性范围只是从一个方面表征了处于室外热环境中的受访者的状态，而处于室外热环境中时人们的感受是多样的，如在哈尔滨市的夏季进行调研时可以发现，人们虽然感觉“微凉”但却仍然选择处于“舒适”状态，因此从单一角度无法全面地表征或预测热环境会给人们带来何种感受，所以应从主观方面的多个角度出发去评价热环境，以便得出准确的符合受访者感受的热环境评价结果。本研究以综合性热舒适指标为工具确立热感觉尺度、热舒适值和热舒适域、可接受范围为表征室外热环境舒适度的 3 个指标。

1. 热感觉尺度

热感觉是人体处于热环境中的冷热感受，也是影响热舒适的重要的主观因素。由于严寒地区城市人群长期受寒冷气候的影响，适应性和生活习惯有别于其他地区，因此热感觉尺度是评价室外热环境舒适程度的重要指标之一。

2. 热舒适值和热舒适域

热舒适是人处于热环境中的满意的意识形态。鉴于前文中的结论可知，中性状态不等同于“舒适”，因此热舒适值和热舒适域是评价室外热环境舒适程度的另一重要指标。

3. 可接受范围

可接受范围是人们对热环境的一种主观认可度，也是评价室外热环境舒适程度的重要指标。

2.4.4 基于 PET 的热感觉尺度界定与对比分析

为了推导热舒适评价指标和热感觉的数学模型，早在 1936 年 Bedford 教授就采用回归分析的方法对人体热舒适进行了研究，至今该方法仍然是热舒适性研究领域的主要方法之一。但是由于个体之间存在差异，加上心理和生理等因素的影响，即使在同一环境下人们的热感觉也不尽相同，故本研究参考 Lin 等的研究方法，按照 1 ℃的间隔将 PET 区间对应的主观热感值进行平均，然后将得到的平均热感值与其对应的 PET 值进行回归分析并求解拟合方程，以此建立平均热感觉投票(MTSV)与热舒适指标 PET 之间的关系。

各季节每 1 ℃的 PET 区间对应的平均热感觉投票(MTSV)与 PET 的关系如图 2.31 所示。部分 PET 区间对应的样本量很少，主要是该情况下测点附近的人群过少导致的，如夏天较高的 PET 环境和冬天较低的 PET 环境下在室外停留的人群很少，为减小个体差异因素造成的结果偏差，使结果更具代表性，回归分析过程中权衡了所有样本结果并剔除了区间样本量少于 5 个的分组，然后进行线性拟合，4 个季节的 MTSV 与 PET 均呈较好的线性关系，拟合方程如下：

春：$$\mathrm{MTSV}=0.07\mathrm{PET}-1.21\ (R^2=0.905) \tag{2.11}$$

夏：$$\mathrm{MTSV}=0.09\mathrm{PET}-1.8\ (R^2=0.766) \tag{2.12}$$

秋：$$\mathrm{MTSV}=0.13\mathrm{PET}-2.89\ (R^2=0.942) \tag{2.13}$$

冬：$$\mathrm{MTSV}=0.1\mathrm{PET}-1.01\ (R^2=0.799) \tag{2.14}$$

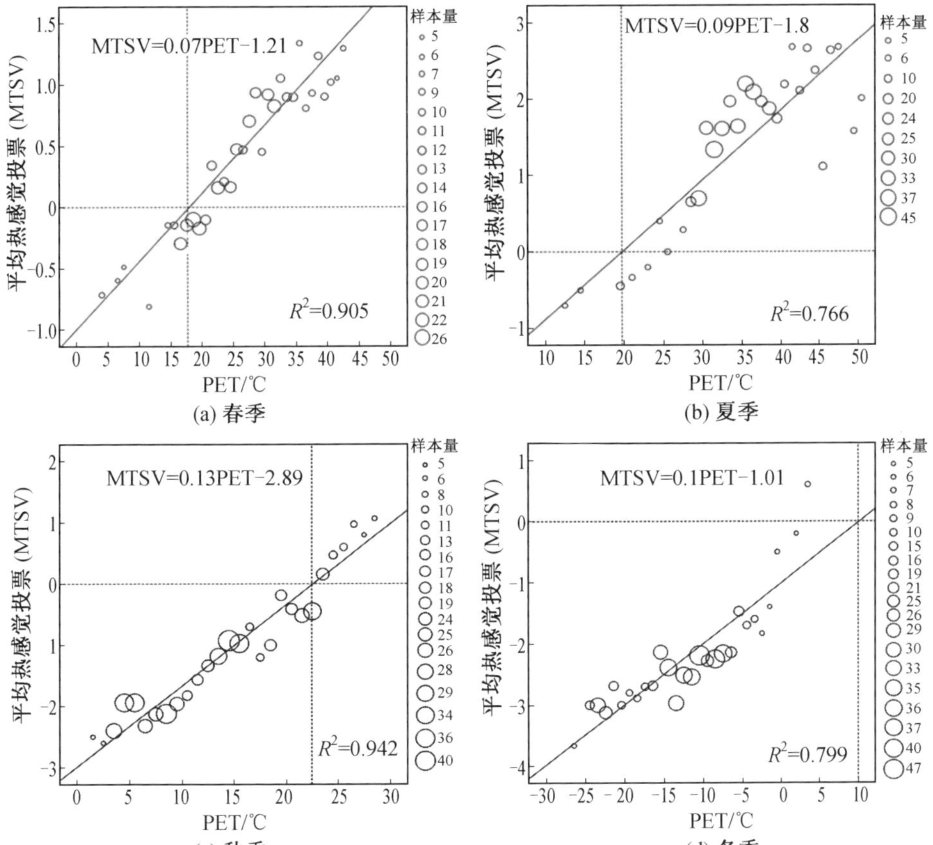

(a) 春季

(b) 夏季

(c) 秋季

(d) 冬季

图 2.31　各季节每 1 ℃的 PET 区间对应的平均热感觉投票(MTSV)与 PET 的关系

1. 基于 PET 的热敏感性分析

春、夏、秋和冬 4 个季节的 MTSV 与 PET 拟合曲线的斜率分别为 0.07、0.09、0.13和 0.1，MTSV 每变化一个等级相应的 PET 改变量分别为 14.3 ℃、11.1 ℃、7.7 ℃和 10 ℃，由此表明 4 个季节的 MTSV 与 PET 均呈正比，即随着 PET 的升高热感值也逐渐变大，但 PET 每变化 1 ℃带来的热感觉变化不尽相同，即各季节的热敏感性存在差异，秋季热敏感性最强，次之为冬季，再次之为夏季，春季的热敏感性最弱。哈尔滨市春季期间气温较为适宜并且波动较小，室外热环境总体感觉比较舒适，因此在春季的 PET 变化范围内，人们的热感觉变化较小，进而使得春季热敏感性最弱；夏季气温逐渐升高并渐渐到达较热的水平，此过程中随着气温的升高人们的热感觉逐渐增强，人们期望凉爽的环境，因而夏季的热敏感性稍高于春季；秋季测试期间气温偏低，人们服装搭配的调整存在滞后性，故秋季人体的热感觉偏凉，在此状态下，PET 值变小时人体会感觉冷感愈加强烈，因此秋季呈现热敏感性最高的状态；冬季气候寒冷且室外气温很低，人体的室外热感觉总体偏冷，而此时若 PET 值变小，人们在室外热环境中的感觉仍然为“较冷”，即热感觉投票仍然偏低，进而使得冬季热感值在“冷”(MTSV＝－2)上下小范围内波动并不会随 PET 改变而产生较大的变化，因此冬季室外热敏感性比秋季弱。

2. 中性 PET 值(NPET)分析

基于上文中的拟合方程，MTSV＝0(热感觉为“适中”)时，求得的 PET 值即为各季节的中性 PET 值(NPET)。哈尔滨春季中性 PET 值为 17.3 ℃，夏季中性 PET 值(20 ℃)稍高于春季，秋季中性 PET 值最高，为 22.2 ℃，冬季中性 PET 值最低，为 10.1 ℃。哈尔滨市冬季持续时间较长且气温很低，寒冷的室外热环境的中性 PET 值较低，该结果符合实际情况；长期受严寒气候的影响，人们对寒冷产生了一定程度的适应性且形成了热记忆，因此入春之后，即使在 PET 不太高的室外热环境中，人们的热感觉依然判定为“适中”，进而导致春季的中性 PET 值比秋季低 4.9 ℃；入夏以后，随着气温逐渐升高，PET 值也不断升高，人们着装逐渐减少且对稍高的气温逐渐适应，因此夏季中性 PET 值稍高于春季；由于人们对夏季高温产生了一定的适应性且形成了短期热经历的热记忆，加之秋季气温偏低，人们因热感觉偏凉而渴望稍暖的环境，因此秋季的中性 PET 值最大。上述中性 PET 值的季节性差异表明，季节更迭时，人们对气象参数的变化产生了适应性，进而影响了室外热感觉评价。

本研究将哈尔滨市的冷热极端季节(冬、夏两季)的中性 PET 值与其他地区进行了比较，见表 2.10。中国哈尔滨市、欧洲和德国卡塞尔等国家和地区的夏季中性 PET 值明显小于中国香港、中国台湾等低纬度地区，该现象主要是因为低纬度地区夏季极高的气温使得当地居民对高温产生了一定程度的适应性，因此

中性 PET 值明显较高。将中国哈尔滨市的冬季中性 PET 值与中国长沙市、德国卡塞尔等国家和地区比较发现,纬度低的地区冬季中性 PET 值也较低。另外,比较“微凉”感中性 PET 范围发现,中国哈尔滨市该热感觉等级的边界值明显低于表中其他国家和地区,表明中国哈尔滨市居民对寒冷的适应性和耐受力均较强。

表 2.10　夏季、冬季中性 PET 值对比表

国家和地区	中性 PET 值/℃	
	夏季	冬季 NPET/“微凉”感 PET 范围
哈尔滨,中国	20	10.1/(>−4.9)
台湾,中国[144]	25.6[a]	23.7[a]/(16.2～21.2)[a]
香港,中国[92]	25[a]	21/(8.1～16.5)[a]
广州,中国[141]	—	15.6/(7.3～12.8)[a]
长沙,中国	23.3[a]	14.9[a]/(5.7～11.8)[a]
卡塞尔,德国[37]	21.5	5/(—)
欧洲[19]	20.5[a]	—/(13～18)

注:a 数据由参考文献中拟合方程计算得到;表中中国台湾、哈尔滨等的数据来源为 LIN T P. Thermal perception, adaptation and attendance in a public square in hot and humid regions[J]. Building and Environment, 2009, 44(10): 2017-2026.

3. 各季节 PET 尺度范围划分

ASHRAE 标准界定各等级热感觉的范围为该热感值±0.5 后的范围,如热中性值为 MTSV=0,热中性范围则为−0.5～0.5。本研究在 7 级热感觉标度的基础上增加了“很冷”和“很热”2 个等级,根据上述热感值±0.5 界定范围的方法,利用各季节的拟合方程求得哈尔滨市各季节各等级热感觉对应的 PET 尺度范围,见表 2.11。春季中性 PET 尺度范围为 10.1～24.4 ℃,夏季中性 PET 尺度范围(14.4～25.6 ℃)下边界值远高于春季但范围比春季缩小很多,秋季中性 PET 尺度范围最小(18.4～26.1 ℃)且下边界值最高,冬季中性 PET 尺度范围(5.1～15.1 ℃)上、下边界值最低。秋季热敏感性最强,当室外热环境改变时秋季的热感觉变化较为剧烈,秋季时由于人们历经了夏季高温且产生了短期热经历的热记忆,因此秋季的中性 PET 尺度范围最小且边界值最大;夏季热敏感性稍高于春季且夏季气温总体较高,所以夏季中性 PET 尺度范围下边界值高于春季;春季热敏感性最弱且受长期热经历形成的规律性意识影响,多数人认为春季室外热环境比较舒适,因此春季中性 PET 尺度范围最广。

除中性 PET 范围外，不同季节相同尺度下的 PET 范围也存在差异，如当 MTSV＜0 时，冬季的各级 MTSV 对应的 PET 范围均比秋季更广且边界值均远小于秋季，表明在冬季人们对寒冷产生了一定程度的适应。此外，哈尔滨春、夏和秋季的中性 PET 范围均比欧洲要宽且该范围下边界值比欧洲小，表明与欧洲相比，而哈尔滨市的居民更适应偏冷的环境，哈尔滨市冬季的热感对应的 PET 范围远小于同热感下的欧洲，表明长期受严寒气温的影响哈尔滨市的居民对寒冷的忍耐力更强。

表 2.11　哈尔滨市各季节 PET 尺度范围与欧洲尺度范围对比表

平均热感觉投票(MTSV)	PET 尺度范围/℃				
	欧洲尺度范围(全年)[19]	哈尔滨市春季	哈尔滨市夏季	哈尔滨市秋季	哈尔滨市冬季
很冷	＜4	—	—	＜−4.7	＜−24.9
冷	4～8	—	—	−4.7～3	−24.9～−14.9
凉	8～13	−18.4～−4.1	—	3～10.7	−14.9～−4.9
微凉	13～18	−4.1～10.1	3～14.1	10.7～18.4	−4.9～5.1
适中	18～23	10.1～24.4	14.4～25.6	18.4～26.1	5.1～15.1
微暖	23～29	24.4～38.7	25.6～36.7	26.1～33.8	15.1～25.1
暖	29～35	38.7～53	36.7～47.8	33.8～41.5	—
热	35～41	—	47.8～58.9	—	—
很热	＞41	—	＞58.9	—	—

注：设定取值范围都不包括右侧的值；欧洲尺度范围数据来源为金虹，吕环宇，林玉洁．植被结构对严寒地区城市居住区冬夏微气候的影响研究[J]．风景园林，2018，25(10)：12-15.

2.4.5　基于 SET* 的热感觉尺度界定与对比分析

标准有效温度(SET*)是在有效温度(ET*)的基础发展而来，其用于评价室外热舒适性方面的稳定性，在亚热带地区已经得到了验证，但鲜有学者将其用于严寒地区城市室外热环境的热舒适性的评价。本研究引入该指标，从不同角度对严寒地区室外热环境进行界定并将其与其他指标进行对比，为人们了解严寒地区室外热环境的热舒适状态提供参考依据。

参考 2.4.4 节中 PET 与 MTSV 相关性的研究方法，将每 1 ℃SET* 区间所对应的主观热感值进行平均，然后将得到的主观平均热感值与其对应的 SET* 值进行回归分析并求解拟合方程，以此建立平均热感觉投票(MTSV)与热舒适指标 SET* 之间的关系。每 1 ℃SET* 区间所对应的问卷量差异较大，一部分区间所对应的问卷量很少，但为使研究结果中 SET* 的跨度足够宽且为减小个体差异

因素造成的结果偏差，使结果更具代表性，本小节研究放宽了样本量组的筛选要求，在回归过程中权衡了所有样本结果并剔除了区间样本量少于 3 个的分组，然后进行回归计算，拟合度最高的曲线（R^2 最大的拟合曲线）作为最后的拟合曲线，各季节的 SET* 与 MTSV 均呈现线性关系，如图 2.32 所示。各季节的拟合方程如下：

春：$$\text{MTSV}=0.07\text{SET}^*-1.42(R^2=0.747) \tag{2.15}$$

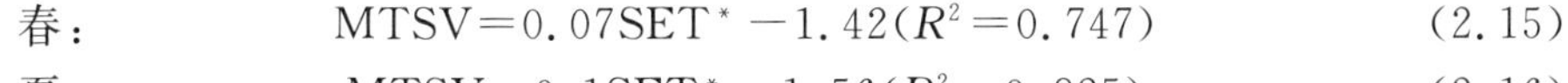

夏：$$\text{MTSV}=0.1\text{SET}^*-1.56(R^2=0.825) \tag{2.16}$$

秋：$$\text{MTSV}=0.13\text{SET}^*-3.28(R^2=0.915) \tag{2.17}$$

冬：$$\text{MTSV}=0.08\text{SET}^*-2.62(R^2=0.776) \tag{2.18}$$

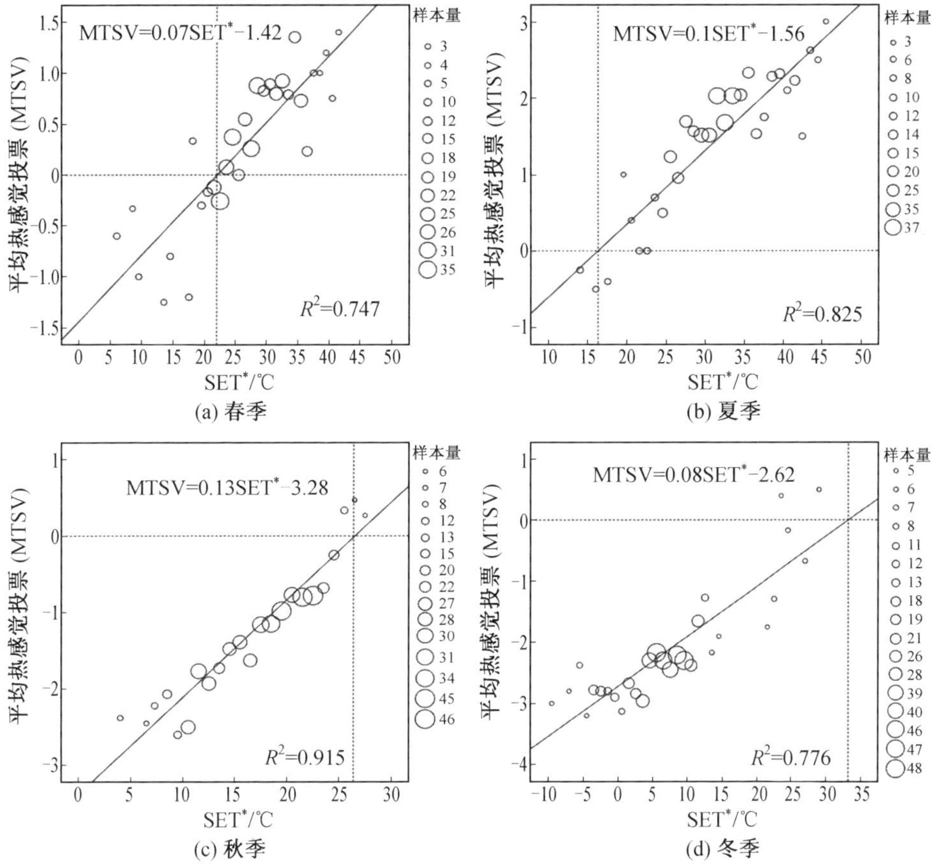

(a) 春季

(b) 夏季

(c) 秋季

(d) 冬季

图 2.32　各季节平均热感觉投票（MTSV）与 SET* 的关系

1. 基于 SET* 的热敏感性分析

基于热舒适指标 SET* 与平均热感觉投票(MTSV)的相关性研究结果可知，春、夏、秋季和冬季的热敏感性与基于 PET 指标的研究结果存在较小的出入，4 个季节的室外热感觉与 SET* 均呈现正相关关系，随着 SET* 值的不断增加，热感觉不断增强，其斜率分别为 0.07、0.1、0.13 和 0.08，即 MTSV 每变化一个等级其相应的 SET* 改变量分别是 14.3 ℃、10 ℃、7.7 ℃和 12.5 ℃，或者可定性认为，不同季节下 SET* 每变化 1 ℃所引起热感觉变化量存在差异，其反映出不同季节的热敏感差异情况，秋季的热敏感性最强，次之为夏季，再次之为冬季，春季热敏感性最弱。该结果与基于 PET 指标的研究结果相同，但是需要指出的是，春季和冬季的室外热敏感性差别很小，与其余两季相比均很弱，这是由于不同热舒适指标在计算过程中的参数权重不同，进而使得结论出现偏差。

2. 中性 SET* 值(NSET*)分析

通过 SET* 与 MTSV 的拟合方程可求得 MTSV 为 0 时的 SET* 值，即中性 SET* 值(NSET*)。哈尔滨市春季中性 SET* 值为 20.3 ℃，夏季中性 SET* 值(15.6 ℃)低于春季，秋季的中性 SET* 值较高，为 25.2 ℃，冬季中性 SET* 值最高，为 32.8 ℃。夏季高温环境下，人们会逐渐对较高气温产生适应，受长期热经历影响，也会提高对夏季室外热环境的心理期望和耐受力，进而导致夏季热舒适指标中性值会升高，但夏季中性 SET* 值却均低于春季和秋季，此外，冬季 SET* 的计算值大部分大于 0，且“微凉”热感(MTSV＝－1)对应的 SET* 高达20.3 ℃，夏季和冬季的结果均与根据实际情况分析的结论不符合，因此研究初步认为 SET* 在哈尔滨地区炎热夏季和寒冷冬季的适用性较差。

3. 各季节 SET* 尺度范围划分

原始 SET* 尺度范围中热感标度与研究的标度不一致，原始 SET* 对应热感标度分别为“很冷”“冷”“凉”“微凉”“适中”“微暖”“暖”“热”和“很热”。哈尔滨市各季节的 SET* 尺度范围与原始 SET* 尺度范围对比结果见表 2.12。4 个季节的 SET* 尺度范围与各季节的热敏感性有关，热敏感性越强 SET* 尺度范围越窄，春季的范围最宽，次之为冬季，再次之为夏季，秋季最窄。与原始 SET* 尺度范围相比，哈尔滨市 4 个季节的 SET* 尺度均较之更宽，表明哈尔滨市居民更加适应多变的室外热环境。

表 2.12　哈尔滨市各季节 SET* 尺度范围与原始尺度范围对比表

平均热感觉投票(MTSV)	SET* 尺度范围/℃				
	原始 SET* 尺度范围	哈尔滨市春季	哈尔滨市夏季	哈尔滨市秋季	哈尔滨市冬季
很冷	<10	—	—	<−1.7	<−11
冷	10～15	—	—	−1.7～6	−11～1.5
凉	15～20	−15.4～−1.1	—	6～13.7	1.5～14
微凉	20～25	−1.1～13.1	0.6～10.6	13.7～21.4	14～26.5
适中	20～25	13.1～27.4	10.6～20.6	21.4～29.1	26.5～39
微暖	25～30	27.4～41.7	20.6～30.6	29.1～36.8	—
暖	30～35	>41.7	30.6～40.6	36.8～44.5	—
热	35～40	—	40.6～50.6	>44.5	—
很热	35～40	—	>50.6	—	—

注：表中设定取值范围都不包括右侧的值；原始 SET* 尺度范围数据来源为 Gagge A P. An effective temperature scale based on a simple model of human physiological regulatory response[J]. ASHRAE Transactions，1971，77(1)：21-36.

2.4.6　基于 UTCI 的热感觉尺度界定与对比分析

通用热气候指数(UTCI)是 21 世纪以来在融合多个前沿学科的专业知识的基础上构建而成的多节点模型，是目前评价室外热舒适性的常用指标之一。本研究引入该指标，从多个角度对严寒地区室外热舒适性进行评价并与其他指标进行对比研究，为人们了解寒地城市室外热舒适状况提供参考。

本小节采用与研究 PET 和 MTSV 之间的相关性时相同的研究方法，探索通用热气候指数(UTCI)与平均热感觉投票(MTSV)之间的相关关系。将每 1 ℃ UTCI 区间所对应的主观热感值进行平均，然后将得到的平均热感值与其对应的 UTCI 值进行线性拟合并求解拟合方程，进而构建平均热感觉投票(MTSV)与热舒适指标 UTCI 之间的关系。为使 UTCI 的跨度足够宽且为减少个体差异因素造成的结果偏差，权衡了所有样本量并剔除区间样本量少于 3 个的分组，然后进行回归计算，最后的回归结果与指标 PET 和 SET* 的结果相似，4 个季节的平均热感觉投票(MTSV)与 UTCI 之间均呈现线性关系，如图 2.33 所示。拟合方程如下：

春：　$$\text{MTSV}=0.05\text{UTCI}-0.7(R^2=0.612) \tag{2.19}$$

夏：　$$\text{MTSV}=0.15\text{UTCI}-3.06(R^2=0.924) \tag{2.20}$$

秋：　$$MTSV=0.09UTCI-2.1(R^2=0.820) \tag{2.21}$$

冬：　$$MTSV=0.05UTCI-1.5(R^2=0.723) \tag{2.22}$$

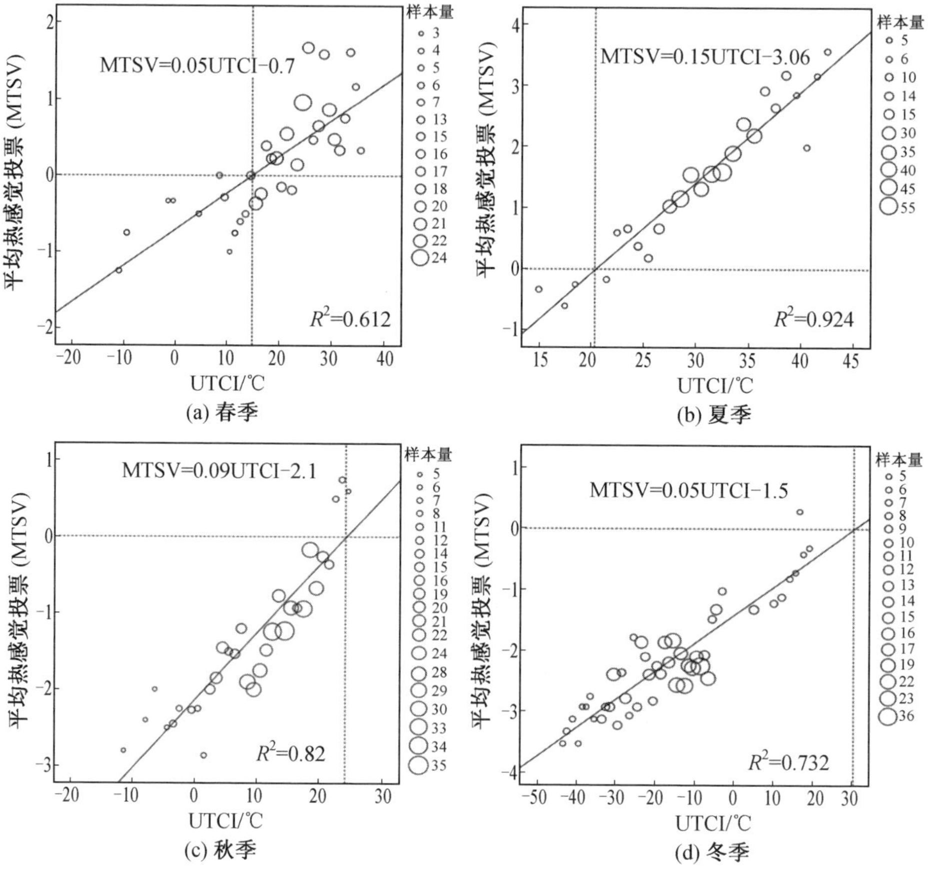

(a) 春季

(b) 夏季

(c) 秋季

(d) 冬季

图 2.33　各季节平均热感觉投票(MTSV)与 UTCI 的关系

1. 基于 UTCI 的热敏感性分析

根据 UTCI 与 MTSV 的回归结果可知，UTCI 与 MTSV 的相关性与其余 2 个指标的研究结果相同，即呈现正相关关系，随着 UTCI 值的变大热感觉不断增强。但各季节的热敏感性结论与研究中其余 2 个指标不同，拟合曲线的斜率分别为 0.05、0.15、0.09 和 0.05(按春、夏、秋和冬的顺序)，表明 MTSV 每变化一个等级时其相应的 UTCI 改变量分别是 20 ℃、6.7 ℃、11.1 ℃和 20 ℃。同时，可判断不同季节 UTCI 每变化 1 ℃所产生的热感变化量不同，即定性分析表明季节不同时，热敏感性也会存在差异。UTCI 的分析结果表明哈尔滨市的夏季热

敏感性最强，次之为秋季，春季和冬季热敏感性相同。结合其余 2 个指标的研究结论总体分析可认为春、冬两季的室外热敏感性相差不大且均较弱，夏、秋两季的室外热敏感性较强且均强于春季和冬季，此外，基于 UTCI 的研究结果可知，秋季的室外热敏感性强于冬季。

2. 中性 UTCI 值(NUTCI)分析

当 MTSV＝0 时，通过 MTSV 与 UTCI 拟合方程可求得中性 UTCI 值(NUTCI)。哈尔滨市基于 UTCI 值的中性研究结果与基于 SET* 值的中性研究结果相似，秋季较高(23.3 ℃)，夏季次之(20.4 ℃)，再次之为春季(14 ℃)，冬季最高(30 ℃)。春季气温适宜，且经历了冬季的寒冷，入春之后虽然气温并不高，但是人的热感觉已经达到了"适中"状态，因此春季中性 UTCI 值也较低；夏季气温较高，人们着装较少，中性 UTCI 值也随之升高；历经夏季高温，人体对相对热的环境产生了适应性且入秋后的着装改变存在滞后性，因此秋季热感觉偏凉，而根据拟合方程计算出的中性 UTCI 值较高；冬季中性 UTCI 值最高，该结果与基于 PET 指标的研究结果不同，由于人们在一定程度上适应了冬季寒冷的环境，冬季热中性 UTCI 值应较低，因此基于此初步认为 UTCI 对严寒地区城市的室外热舒适的预测准确性不高。

3. 各季节 UTCI 尺度划分

通过拟合方程求出哈尔滨市各季节的 UTCI 尺度范围，将其与原始尺度范围进行对比，结果见表 2.13。原始 UTCI 尺度范围中的热感标度与本研究的热感标度不一致。原始 UTCI 尺度范围中共包含 10 个热感觉等级，分别是"极端冷应力""极强冷应力""强冷应力""温和冷应力""微小冷应力""无热应力""温和热应力""强热应力""极强热应力"和"极端热应力"，本研究将"极端冷应力"和"极强冷应力"合并为一个等级，然后与"很冷""冷""凉""微凉""适中""微暖""暖""热"和"很热"一一对应。哈尔滨市春季的 UTCI 各尺度范围比原始 UTCI 尺度范围宽，夏季和秋季的尺度范围则均比原始 UTCI 尺度范围窄。春、夏季多数等级的尺度范围上限值低于原始尺度范围，而下限值却低于原始尺度范围，表明哈尔滨市居民不喜欢较热的环境而倾向于凉爽的环境；秋季各等级尺度边界值均高于原始尺度，分析原因为历经夏季高温天气，人们对较热环境形成了一定的适应性；此外，哈尔滨市冬季的 UTCI 尺度范围与原始尺度范围存在极大偏差，可归因于 UTCI 指标在严寒气候区的冬季适用性不好。

表 2.13　哈尔滨市各季节 UTCI 尺度范围与原始尺度范围对比表

平均热感觉投票(MTSV)	UTCI 尺度范围/℃				
	原始 UTCI 尺度范围	哈尔滨市春季	哈尔滨市夏季	哈尔滨市秋季	哈尔滨市冬季
很冷	<−27	—	—	<−15.6	<−40
冷	−27～−13	—	—	−15.6～−4.4	−40～−20
凉	−13～0	−36～−16	—	−4.4～6.7	−20～0
微凉	0～9	−16～4	10.4～17.1	6.7～17.8	0～20
适中	9～26	4～24	17.1～23.7	17.8～28.9	20～40
微暖	26～32	24～44	23.7～30.4	28.9～40	—
暖	32～38	>44	30.4～37.1	40～51.1	—
热	38～46	—	37.1～43.7	—	—
很热	>46	—	>43.7	—	—

注：表中设定取值范围都不包括右侧的值；原始 SET* 尺度范围数据来源为 Gagge A P. An effective temperature scale based on a simple model of human physiological regulatory response[J]. ASHRAE Transactions，1971，77(1)：21-36.

2.4.7　舒适 PET 值和热舒适域分析

1. 舒适 PET 值

本小节采用与研究中性值时相同的研究方法来探索各季节舒适 PET 值。首先将每 1 ℃ PET 区间所对应的主观热舒适值进行平均，然后把得到的平均热舒适投票(MTCV)和与其对应的 PET 值进行回归运算并求解拟合方程，以此构建主观热舒适与客观热舒适指标之间的相关性模型。为保证 PET 具有足够宽的跨度，同时减少个体差异带来的误差，本研究剔除区间样本量少于 3 个的分组，然后进行回归计算并选取拟合度最高的曲线(R^2 最大的拟合曲线)作为最后的拟合曲线。春季的平均热舒适投票与 PET 之间呈现较好的二次函数关系，其余季节则呈现较强的线性关系，如图 2.34 所示。拟合方程如下：

春：$$\mathrm{MTCV}=0.001\,154\mathrm{PET}^2-0.053\,12\mathrm{PET}+0.965\,58\ (R^2=0.612) \tag{2.23}$$

夏：$$\mathrm{MTCV}=0.04\mathrm{PET}-0.51\ (R^2=0.850) \tag{2.24}$$

秋：$$\mathrm{MTCV}=-0.06\mathrm{PET}+1.46\ (R^2=0.941) \tag{2.25}$$

冬：$$\mathrm{MTCV}=-0.04\mathrm{PET}+0.44\ (R^2=0.742) \tag{2.26}$$

春季属于过渡季节，温度由低逐渐升高，总体气候条件适宜，因此春季的平均热舒适投票与 PET 之间呈现二次函数关系，随着 PET 值的增加热舒适感逐渐增强，在 PET 值为 23 ℃时，热舒适变化趋势出现拐点，此时热舒适值达到最

低，之后随着 PET 值的不断升高，热舒适感逐渐降低，该现象符合实际情况，春季处于冬季和夏季的过渡阶段，初春气温较低，人们体感偏凉进而热舒适感较差，晚春气温较高，人们体感稍热，热舒适感也较差，因此春季热舒适值与 PET 的关系变化动态呈现二次函数关系。夏季随着 PET 值的不断升高，热舒适感逐渐降低，“舒适”状态的 PET 值为 12.8 ℃，该结果符合夏季时逐渐升高的气温使人们的热舒适感降低的实际情况。进入秋季以后哈尔滨市的气温下降较快，而人们的着装仍然较薄，因此秋季热感觉偏凉，舒适程度较差，所以在秋季随着 PET 值的不断增加，热舒适感逐渐增强，当 PET 值为 24.3 ℃时达到最舒适的状态。与秋季类似，冬季的室外热舒适感随着 PET 值的不断增加而逐渐增强，当 PET 为 11 ℃时舒适感最强，“轻微不舒适”（MTCV＝1）对应的 PET 值为－14 ℃，因此冬季超过该值的热环境均可认为接近“舒适”状态。

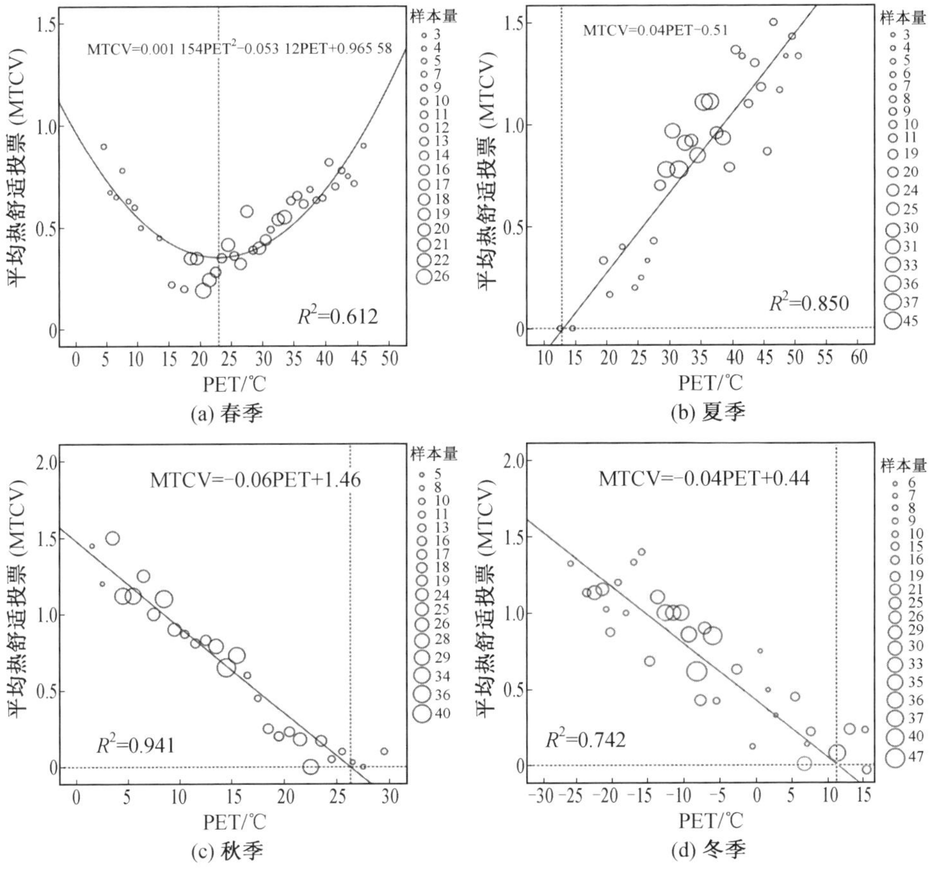

(a) 春季

(b) 夏季

(c) 秋季

(d) 冬季

图 2.34　各季节平均热舒适投票(MTCV)与 PET 的关系

2. 基于 PET 的热舒适域

热舒适域即人们主观判断为舒适状态时的指标值范围。本研究参考既往研究的方法，结合现场的调查结果，通过绘制箱线图的方法确定不同季节的舒适状态下 PET 的范围。

将“舒适”状态下(MTCV＝0)的 PET 数据以箱线图的形式进行分析，如图 2.35 所示。从箱线图结果可知，4 个季节相互比较，夏季“舒适”状态下的 PET 数据相对离散，次之为春季，再次之为冬季，秋季较为集中。与数据的整体分散程度相比，4 个季节的 50%投票数据相对集中，因此本研究基于各季节的 50%投票范围界定热舒适域。基于 PET 指标的各季节热舒适域存在较大差异，夏季边界值较高(18.4～26.6 ℃)，冬季热舒适域边界值最低(－5.5～12.7 ℃)，春季(16.4～26.2 ℃)与秋季相近(18.2～26.8 ℃)。

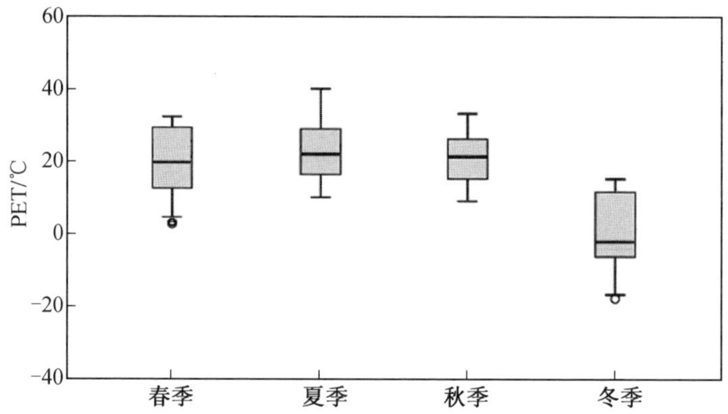

图 2.35 各季节“舒适”状态下(MTCV＝0)的 PET 数据箱线图

与表 2.11 中中性 PET 尺度范围对比可知，热舒适域与其不一致，分析原因可能是热感觉是人们在室外环境中对冷暖的直接体验，受心理等其他因素干扰较小，而热舒适反映的是综合状态，除热感体验外还受期望、适应性、心情等因素的影响，如适应了冬季的寒冷，即使热感觉偏凉时也存在较多受访者平均热舒适投票为“舒适”的情况，此外当热环境状态未达到心中的期望值时，受访者也会做出不舒适的评价，因此热舒适域与中性 PET 尺度范围不一致。

2.4.8 舒适 SET* 值和热舒适域分析

1. 舒适 SET* 值

为保证研究结果的严谨性和科学性，本研究引入了 SET* 指标用于平均热舒适投票(MTCV)和热舒适域的界定。同样采用分区段求平均值的方法，将每1 ℃

SET* 区间所对应的热舒适投票值进行平均，然后构建平均热舒适投票与 SET* 之间的数学模型。与 PET 研究相同，回归分析时剔除区间样本量少于 3 个的分组，然后选取与数据拟合度最高的方程（R^2 最大的拟合曲线方程）作为最后的拟合方程，如图 2.36 所示。与基于 PET 时的回归结果不同，基于 SET* 的回归结果显示，春季和冬季的 MTCV 与 SET* 之间呈现较好的二次函数关系；秋季的线性方程和二次函数方程的拟合度都较高，本研究选择 R^2 较高的二次函数方程作为秋季的拟合方程；夏季 MTCV 与 SET* 之间呈现较好的线性关系，各季的拟合方程为：

春：$$\text{MTCV}=0.002\,35\text{SET}^{*2}-0.107\text{SET}^{*}+1.571\,(R^2=0.782) \tag{2.27}$$

夏：$$\text{MTCV}=0.04\text{SET}^{*}-0.38\,(R^2=0.838) \tag{2.28}$$

秋：$$\text{MTCV}=0.002\,8\text{SET}^{*2}-0.15\text{SET}^{*}+2.32\,(R^2=0.943) \tag{2.29}$$

冬：$$\text{MTCV}=0.001\,29\text{SET}^{*2}-0.028\,6\text{SET}^{*}+0.879\,(R^2=0.749) \tag{2.30}$$

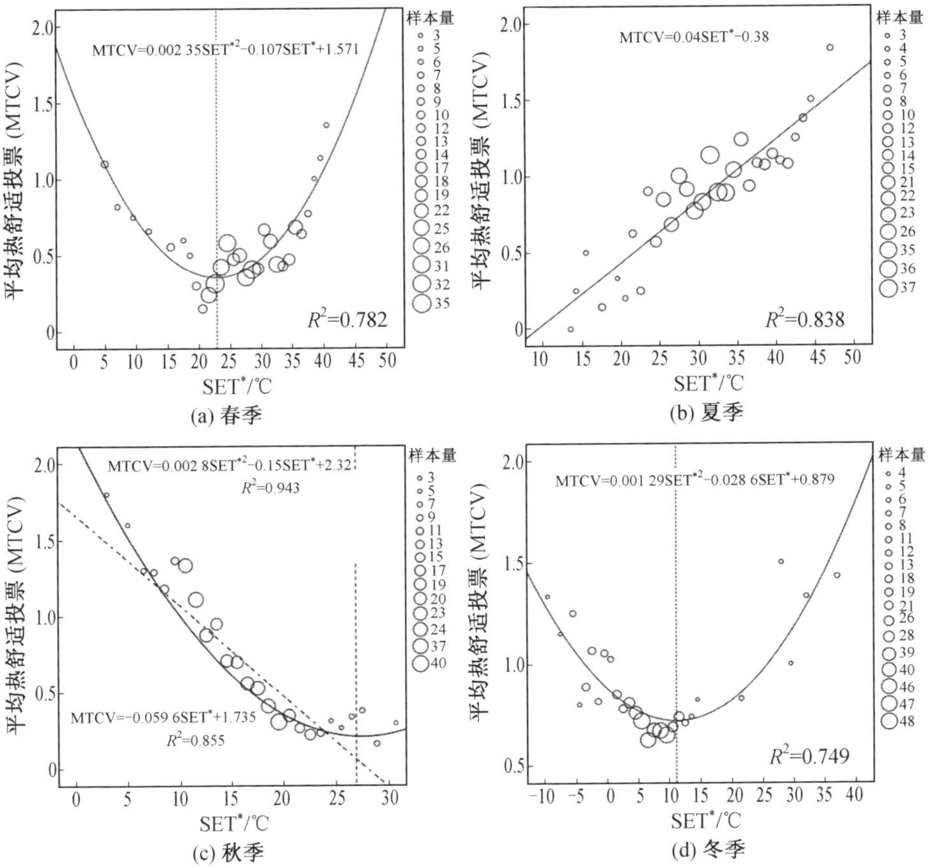

(a) 春季

(b) 夏季

(c) 秋季

(d) 冬季

图 2.36　各季节平均热舒适投票（MTCV）与 SET* 的关系

春季的 MTCV 随着 SET* 值的升高呈现先下降后上升的趋势，在 SET* 值为 22.8 ℃时，MTCV 出现拐点，达到最低值，即舒适程度随着 SET* 值的升高呈现先逐渐加强而后逐渐减弱的趋势，春季最舒适的 SET* 值为 22.8 ℃，呈现该趋势的原因与春季属于过渡季节密切相关，在分析 PET 与 MTCV 的关系成因时已做详述。夏季的平均热舒适投票随着 SET* 值的不断升高而升高，即舒适程度不断降低，“舒适”状态的 SET* 值(9.5 ℃)低于中性 SET* 值且稍低于 SET* 尺度范围的下限值，夏季人们对较高的气温产生了一定程度的适应性，但是受短期热经历的影响，人们期待更凉爽的环境，因此即使是“适中”状态也仍未达到受访者的“舒适”状态时的心理预期，他们认为更凉爽的环境才能达到“舒适”状态。秋季的二次函数方程的拟合程度最高，但由于测试期间气温偏低，因此 SET* 跨度较窄，最舒适的 SET* 值为 26.8 ℃，处于中性 SET* 尺度范围内且高于中性 SET* 值仅 1.6 ℃。与 PET 研究不同，冬季 MTCV 与 SET* 仍呈现二次函数关系，在 SET* 值为 11.1 ℃时达到最舒适的状态，之后随着 SET* 值的升高，舒适程度不断减弱。

2. 基于 SET* 的热舒适域

本小节采用与研究基于 PET 的热舒适域时相同的方法界定基于 SET* 时的热舒适域。用绘制箱线图的方法分析“舒适”状态(MTCV＝0)时的 SET* 数据，并基于各季节 50％投票数据界定该季节的热舒适域，结果如图 2.37 所示，夏季的热舒适域最宽(19.4～29.7 ℃)且数据相对离散，春、秋和冬 3 个季节数据的离散程度相差不大，热舒适域分别为 18.7～24.8 ℃、18.8～27.2 ℃和 9.3～15.7 ℃。

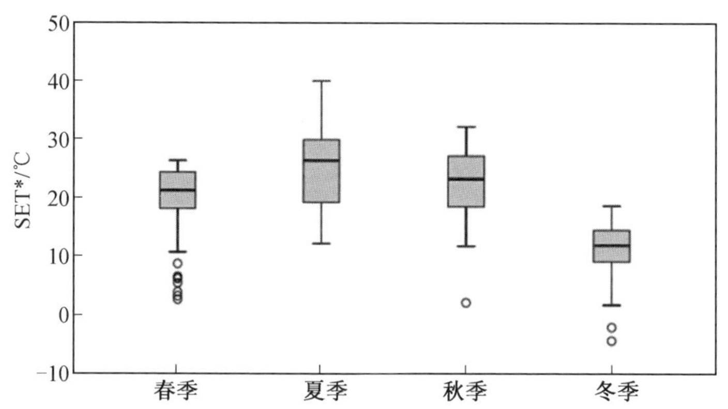

图 2.37　各季节“舒适”状态下(MTCV＝0)的 SET* 箱线图

2.4.9　舒适 UTCI 值和热舒适域分析

1. 舒适 UTCI 值

在界定舒适 UTCI 值和热舒适域时，本研究同样引入了通用热气候指数

(UTCI)。采用分区段求平均值的方法，将 UTCI 值按每 1 ℃区间进行划分，并求出每个区间对应的热舒适投票的平均值，然后将平均热舒适值与其对应的 UTCI 值建立联系，即构建 MTCV 与 UTCI 之间的数学模型。在回归分析时，剔除区间样本量少于 3 个的分组，结果如图 2.38 所示。MTCV 与 UTCI 之间在春季呈现较好的二次函数关系，其余三季均呈较好的线性关系，该结果与基于 PET 时的研究结果类似。各季节的拟合方程如下：

春：$MTCV = 0.001UTCI^2 - 0.025\,4UTCI + 0.512\,3 \quad (R^2 = 0.628)$　　(2.31)

夏：$MTCV = 0.06UTCI - 0.95 \quad (R^2 = 0.840)$　　(2.32)

秋：$MTCV = -0.05UTCI + 1.37 \quad (R^2 = 0.861)$　　(2.33)

冬：$MTCV = -0.02UTCI + 0.61 \quad (R^2 = 0.634)$　　(2.34)

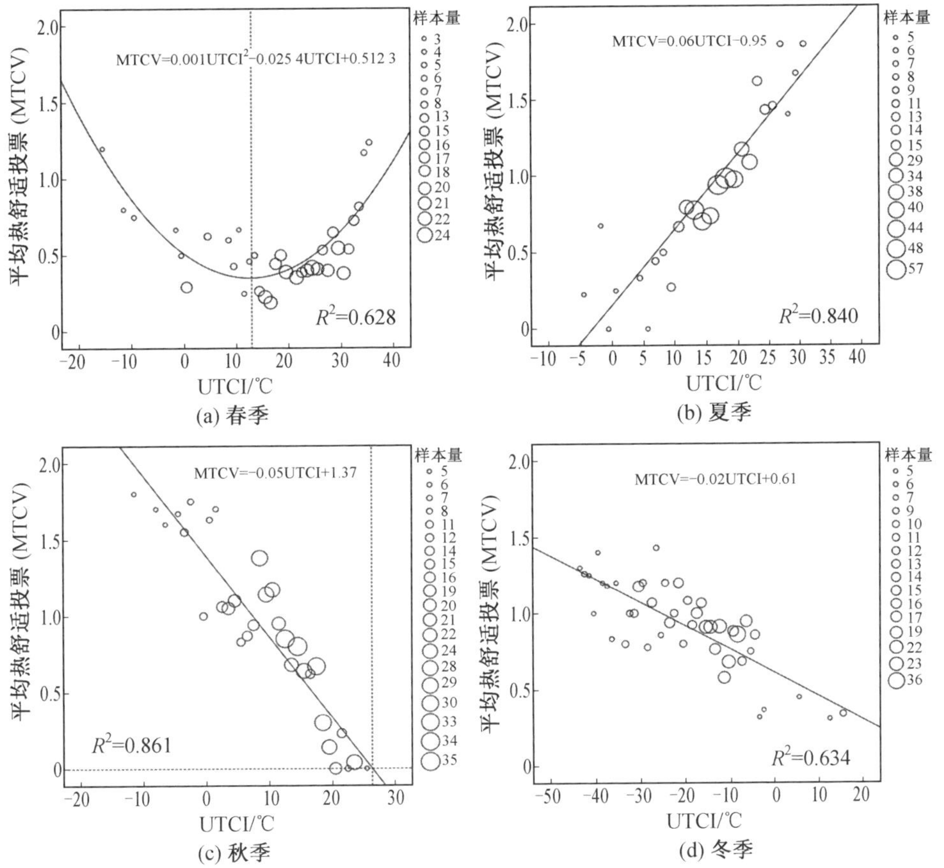

(a) 春季

(b) 夏季

(c) 秋季

(d) 冬季

图 2.38　各季节平均热舒适投票(MTCV)与 UTCI 的关系

春季的室外热舒适程度随着 UTCI 值的升高呈现先增强后减弱的趋势，在 UTCI 值达到 12.7 ℃时，达到最舒适的状态，该舒适值稍低于中性 UTCI 值。夏季的 MTCV 值与 UTCI 值呈现正相关关系，也可认为当下的室外舒适程度与 UTCI 呈现负相关关系，舒适状态 UTCI 值为 15.8 ℃，低于中性 UTCI 值 4.6 ℃。秋、冬两季的室外舒适感均随着 UTCI 值的升高而逐渐增强，舒适状态 UTCI 值分别为 27.4 ℃和 30.5 ℃。

2. 基于 UTCI 的热舒适域

本研究基于“舒适”状态（MTCV＝0）下所对应的 UTCI 数据，采用绘制箱线图的方法进行分析并将 50％投票数据作为各季节热舒适域的界定依据，结果如图 2.39 所示。冬季舒适状态下的 UTCI 数据相对离散且热舒适域最宽（－16.6～2.8 ℃）；春季的热舒适域跨度范围与秋季相当，但边界值均小于秋季，热舒适域分别为 10.7～21.4 ℃和 17.8～26.8 ℃；夏季的热舒适域边界值最高（19.5～27.8 ℃），跨度范围比其余三季窄，分析原因可能与热敏感性有关，根据基于 UTCI 指标进行热敏感性分析时的结论可知，夏季的热敏感性稍高于其余季节，所以夏季 UTCI 值的改变很容易引起热感觉变化进而影响当下的热舒适的评价结果。此外，秋、冬两季的热舒适值远超出其热舒适域，分析原因有二：其一，如前文所述，可能是 UTCI 指标在较冷的气候条件下的适用性不高；其二，在人们认为可以接受的环境条件下，即使实测时已经偏热或偏冷，受其他因素（期望、心理准备、心情等）影响仍存在受访者评价当下状态为舒适的情况，箱线图是在基于这些评价数据的基础上进行分析，其得出的范围必然会在实测的气象参数范围内，而热舒适值是根据拟合方程的外推，因此会存在热舒适值不在热舒适域的情况，所以后续研究应将实测温度范围拓宽至各季节的温差范围，并选取其他热舒适域研究方法与箱线图法进行对比。

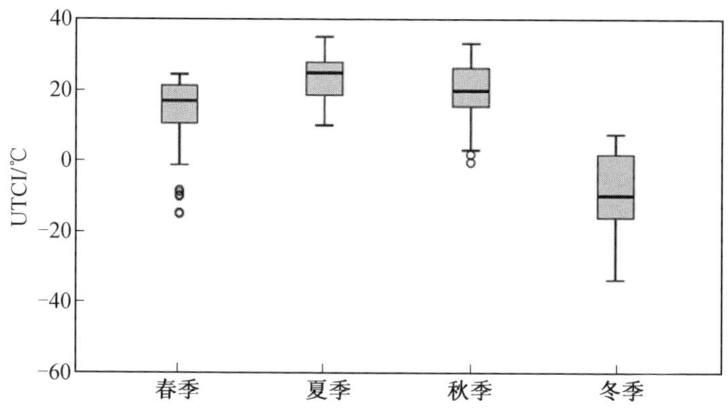

图 2.39　各季节“舒适”状态下（MTCV＝0）的 UTCI 箱线图

2.4.10　可接受范围适用性分析

对室外热环境的接受情况是表征人们对室外环境认可度的重要指标，可接受的室外环境状况是人们使用室外环境的前提，因此如何创造接受情况良好的室外环境是设计者必须考虑的问题。为研究哈尔滨市居民各季节的室外热接受情况，本研究引入 PET、SET* 和 UTCI 3 个热舒适指标，同时采用直接询问的方式来确定受访者对当下环境的接受情况，然后将主观评价结果与客观热舒适指标建立联系，以界定可接受范围，为使用者和设计者判断室外热环境状态提供依据。根据 ASHRAE 标准，在舒适性要求较高的热环境中，接受率应达到 90%（不接受率应不大于 10%），所以本研究选择各季节不接受率（URV）不大于 10% 时所对应的热舒适指标范围为可接受范围。

1. 可接受 PET 范围适用性分析

本研究采用构建不接受率（URV）与 PET 之间的相关性数学模型的方法来界定各季节的可接受 PET 范围。将关于可接受 PET 范围问题的主观问卷结果按每 1 ℃PET 区间进行分组，计算每个区间内的不接受率，为减小个体差异因素对计算结果的影响，统计时剔除了样本量少于 5 个的分组，然后将不接受率和其对应的 PET 值进行回归运算并选取拟合度最高的曲线作为最后的拟合曲线。

各季节不接受率（URV）与 PET 的关系如图 2.40 所示。春、夏和秋季的 URV 与 PET 之间均呈现较好的二次函数关系，冬季则呈现较好的线性关系，拟合方程如下：

春：　$URV=0.001\,2PET^2-0.050\,4PET+0.526(R^2=0.93)$　　(2.35)

夏：　$URV=0.000\,8PET^2-0.038PET+0.333(R^2=0.735)$　　(2.36)

秋：　$URV=0.001\,1PET^2-0.047PET+0.586(R^2=0.791)$　　(2.37)

冬：　$URV=-0.011PET+0.001(R^2=0.805)$　　(2.38)

在春、夏、秋三季，随着 PET 值的不断变大，对应的热环境不接受率呈现先下降后上升的趋势，换言之，即接受率呈现先上升后下降的趋势。春季和秋季属于过渡季节，初春和晚秋的室外热环境偏凉、晚春和初秋的室外热环境则偏热，此时的不接受率均较高，而春、秋两季的中间时间段内气温适宜，不接受率较低，因此不接受率在春、秋两季的中间时间段内出现拐点。入夏之初的室外热环境 PET 值不高，此时人们的服装热阻已经减无可减，但当人们处于阴影下时，加上风引起的对流散热，人的体感偏凉，不接受率也会稍显升高之势，因此夏季不接受率与 PET 也呈二次函数关系。冬季总体气温较低，人们多数情况下的热感觉为“冷”，所以不接受率与 PET 呈正相关关系。

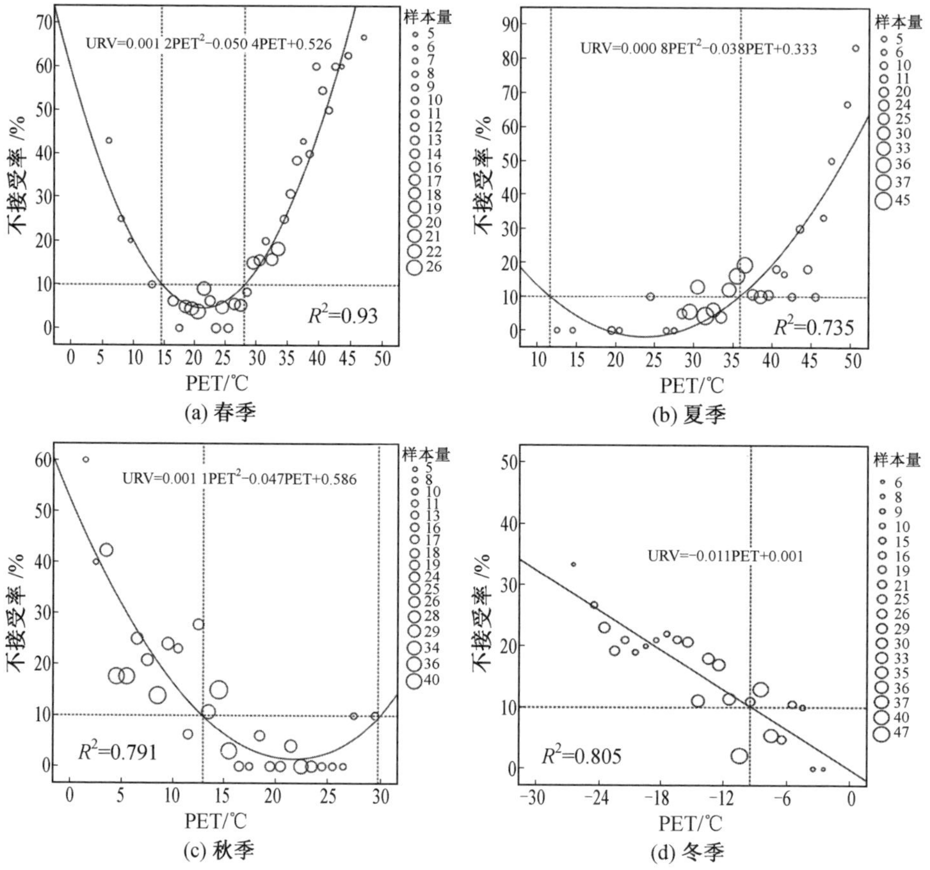

(a) 春季

(b) 夏季

(c) 秋季

(d) 冬季

图 2.40　各季节不接受率(URV)与 PET 的关系

根据前文所述的 ASHRAE 标准要求，哈尔滨市春季的 90%接受率的 PET 范围是 15～27 ℃，夏季的范围是 11.6～35.9 ℃，秋季的范围是 13.0～29.7 ℃，冬季的范围是>−9.2 ℃，除夏季和秋季的可接受 PET 范围下限值稍低于夏季中性 PET 尺度范围外，其余范围的边界值均高于中性 PET 尺度范围。

2. 可接受 SET* 范围适用性分析

关于可接受 SET* 范围的研究，本小节沿用了前文中的方法，将主观投票结果按每 1 ℃ SET* 区间进行分组并求解区间内的不接受率，然后与对应的 SET* 值进行回归分析，结果绘制于图 2.41 中。各季节的不接受率与 SET* 之间的拟合方程如下：

春：　$URV=0.001\,34SET^{*2}-0.051SET^{*}+0.488(R^2=0.891)$　　(2.39)

夏：$URV=0.001\,31SET^{*2}-0.066\,8SET^{*}+0.893(R^2=0.818)$　(2.40)

秋：$URV=0.001\,21SET^{*2}-0.059SET^{*}+0.765(R^2=0.907)$　(2.41)

冬：$URV=0.000\,47SET^{*2}-0.018SET^{*}+0.224(R^2=0.661)$　(2.42)

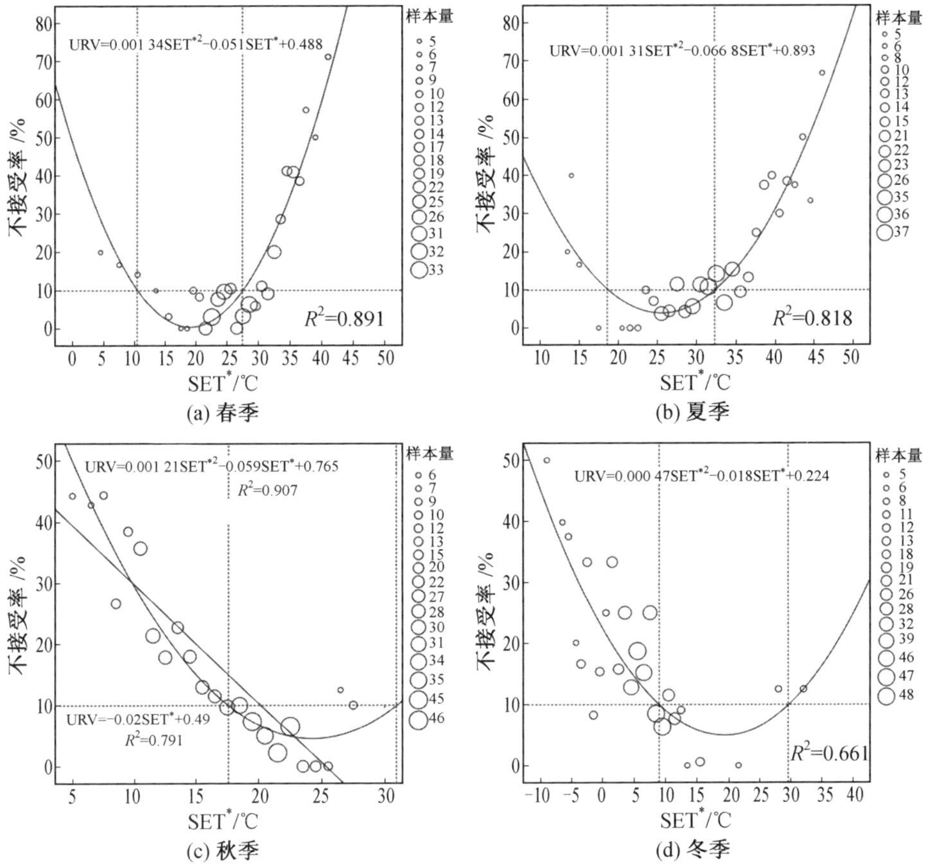

(a) 春季　(b) 夏季

(c) 秋季　(d) 冬季

图 2.41　各季节不接受率(URV)与 SET* 的关系

从图 2.41 可知，4 个季节的室外热环境不接受率与 SET* 之间均呈现二次函数关系，表明各个季节中人们对室外热环境的接受率均呈现先升高后下降的趋势，冬季的 90％接受率的 SET* 范围最宽(9.5～29.5 ℃)，春季次之(10.5～27.5 ℃)，再次之是秋季(17.5～31.7 ℃)，夏季的范围最窄(18.8～32.2 ℃)；通过与 SET* 尺度范围进行对比发现，春、秋两季的该范围与其中性 SET* 尺度范围差别较小且两者的边界值相差不大，而夏、冬两季的可接受 SET* 范围边界值更高，即适中状态下的部分 SET* 值不在接受范围内，分析原因可能是该指标在夏季和冬季的适用性不好导致的。

3. 可接受 UTCI 范围适用性分析

各季节可接受 UTCI 范围的界定方法与前 2 个指标方法一致，将主观投票结果按每 1 ℃ UTCI 区间进行分组，求解区间内的不接受率(URV)，剔除区间样本量少于 5 个的分组，然后将不接受率和其对应的 UTCI 值进行回归分析，结果绘制于图 2.42 中。各季节的拟合方程如下：

春：$URV = 0.000\,81UTCI^2 - 0.024\,6UTCI + 0.215\,4\ (R^2 = 0.826)$ (2.43)

夏：$URV = 0.001\,1UTCI^2 - 0.054\,7UTCI + 0.702\,3\ (R^2 = 0.645)$ (2.44)

秋：$URV = -0.01UTCI + 0.173\ (R^2 = 0.675)$ (2.45)

冬：$URV = 0.000\,3UTCI^2 + 0.005UTCI + 0.08\ (R^2 = 0.555)$ (2.46)

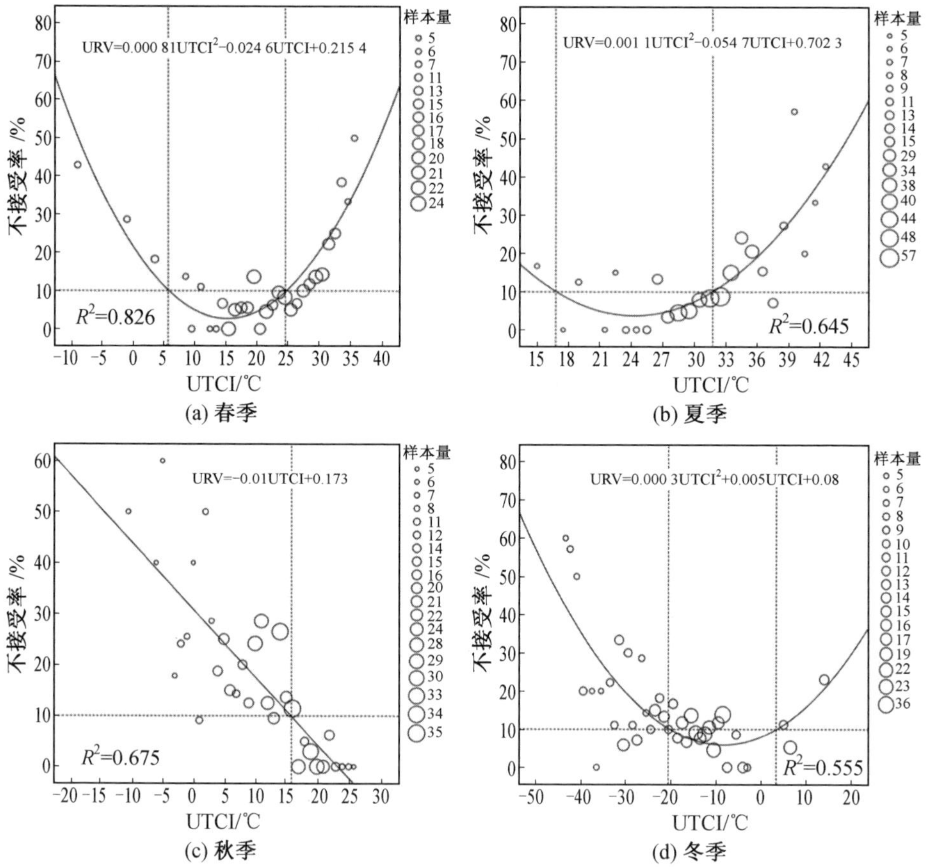

(a) 春季

(b) 夏季

(c) 秋季

(d) 冬季

图 2.42 各季节不接受率(URV)与 UTCI 的关系

图 2.42 显示，秋季的不接受率与 UTCI 之间呈线性的负相关关系，随着 UTCI 值的不断增加，不接受率逐渐降低；其余季节的不接受率与 UTCI 呈现二次函数关系，随着 UTCI 值的逐渐增加，不接受率呈现先下降后上升的趋势。按照 ASHRAE 标准，以 90％的接受率为划分依据，春季的 UITCI 范围是 5.8～24.6 ℃，夏季的范围是 16.5～32.3 ℃，秋季的范围是＞17.3 ℃，冬季的范围是－20～3.3 ℃；与各季节的中性 UTCI 尺度范围对比发现，该范围更宽。人们并非被动接受热环境的变化，相反人们总是积极主动地适应气候的改变，如包括一些心理期望值的调整，比如调查中发现即使在冬季较冷和夏季较热的环境下，受访者仍认为该季节就应该出现这样的气候状况，因此接受率仍然较高，所以对涉及热环境的接受情况，受访者的评判要求比热舒适度和中性值的评判要求更低。

2.4.11　多维度评价指标的确立及评价体系建构

根据前文中各季节的分析结果可知，不同的热舒适指标在预测人们的热感觉时存在不同程度的季节性差异，为建构准确的严寒地区城市室外热舒适多维度评价体系，需要给出不同季节时优选使用的热舒适指标，因此需要对各热舒适指标在不同季节时的适用性程度进行分析。参考既往研究结果，本研究引入预测准确率(η)的概念，用以分析各指标的适用性，η 值越大表示适用性越强，结合 2.3.8 节中主观因素对热舒适的影响权重的研究结论可知，热感觉对热舒适的影响权重最高且热感觉等级划分较为细致，所以本小节采用比较预测热感觉投票准确率的方法分析各指标的适用性程度。各指标的预测准确率计算公式如下：

$$\eta=\frac{Q_{\mathrm{TSV_p}-\mathrm{TSV}}}{Q_{总}}\times 100\% \tag{2.47}$$

式中　$Q_{\mathrm{TSV_p}-\mathrm{TSV}}$——预测热感觉投票与实际热感觉投票相同的投票数量；

$Q_{总}$——总投票数量。

根据 2.3.8 节和 2.3.9 节的研究结果可知，各季节舒适状态的热感觉范围基本处于“微凉”(MTSV＝－1)和“微暖”(MTSV＝1)之间，而从实际调研过程中可知，当受访者的热感觉处于该范围内时，人的舒适感受差异不大，所以在计算预测准确率时，将 MTSV＝－1、0 和 1 合并，该设定与 De Dear 教授提出的中间三点均被认为是人们所接受的范围的观点相符合。

以夏季为例，PET 和 UTCI 的预测热感与实际热感的交叉表分别为表 2.14 和表 2.15。根据公式(2.47)计算得出 $\eta_{\mathrm{PET}}=40.2\%$，$\eta_{\mathrm{UTCI}}=45.3\%$。根据该方法计算出各季节的指标预测准确率结果见表 2.16。

表 2.14　夏季 PET 预测热感与实际热感交叉表

PET		MTSV						合计
		−1	0	1	2	3	4	
个人热感受评价(PTSV)	0	180			0	2	0	261
	1				9	44	26	
	2	3	47	11	15	65	24	165
	3	0	6	1	1	60	3	71
合计		248			25	171	53	497

表 2.15　夏季 UTCI 预测热感与实际热感交叉表

UTCI		MTSV						合计
		−1	0	1	2	3	4	
个人热感受评价(PTSV)	−1	191			0	0	0	247
	0				0	3	0	
	1				7	38	8	
	2	3	31	17	15	52	23	141
	3	0	5	0	3	78	7	93
	4	0	1	0	0	0	15	16
合计		248			25	171	53	497

表 2.16　各季节的指标预测准确率表

季节	热舒适指标	预测准确率/%
春季	PET	88.1
	SET*	87.8
	UTCI	87.4
夏季	PET	53.1
	SET*	52.5
	UTCI	62.3

续表

季节	热舒适指标	预测准确率/%
秋季	PET	68.9
	SET*	61.0
	UTCI	59.1
冬季	PET	61.1
	SET*	47.6
	UTCI	52.0

依据表 2.16 给出的结果可知，春季时 3 个指标的预测准确率均较高，表明其适用性都很好，其中 PET 的预测准确率最高，因此建议预测严寒地区城市春季的室外热舒适情况时优先选用生理等效温度(PET)，其次选用标准有效温度(SET*)，UTCI 可以作为备选指标；夏季预测准确率最高的 UTCI 应作为优选指标，同理可知秋季适用性较高的指标是 PET，次之为 SET*，再次之为 UTCI；在冬季气候条件下，SET* 和 UTCI 的预测准确率均较低且远低于 PET，因此推荐在预测严寒地区城市冬季的室外热舒适时将 PET 作为室外热舒适评价的首选指标。

其余季节的热舒适指标预测准确率表见附录。

本研究依据上述热舒适指标的优选推荐结论并结合热感觉尺度、热舒适值和热舒适域、可接受范围等多个方面的分析成果，构建了严寒地区城市整年周期内的室外热舒适多维度评价体系，见表 2.17。

表 2.17　严寒地区城市整年周期内的室外热舒适多维度评价表

季节	热舒适指标	平均热感觉投票(MTSV)	尺度范围/℃	中性值/℃	中性尺度范围/℃	热舒适值/℃	热舒适域/℃	可接受范围/℃	热感觉预测模型	热舒适预测模型	接受度预测模型
春季	▲PET	MTSV=−1 MTSV=0 MTSV=1	−4.1～10.1 10.1～24.4 24.4～38.7	17.3	10.1～24.4	23	16.4～26.2	15～27	MTSV=0.07 PET−1.21	MTCV=0.001 154 PET^2−0.053 12 PET+0.965 58	URV=0.001 2 PET^2−0.050 4 PET+0.526
	▽SET*	MTSV=−1 MTSV=0 MTSV=1	−1.1～13.1 13.1～27.4 27.4～41.7	20.3	13.1～27.4	22.8	18.7～24.8	9～29.3	MTSV=0.07 SET* −1.42	MTCV=0.002 35 SET^{*2}−0.107 SET* +1.571	URV=0.001 34 SET^{*2}−0.051 SET* +0.488
	△UTCI	MTSV=−1 MTSV=0 MTSV=1	−16～4 4～24 24～44	14	4～24	12.7	10.7～21.4	5.8～24.6	MTSV=0.05 UTCI−0.7	MTCV=0.001 $UTCI^2$−0.025 4 UTCI+0.512 3	URV=0.000 81 $UTCI^2$−0.024 6 UTCI+0.215 4
夏季	▲UTCI	MTSV=−1 MTSV=0 MTSV=1	10.4～17.1 17.1～23.7 23.7～30.4	20.4	17.1～23.7	15.8	19.5～27.8	16.5～32.3	MTSV=0.15 UTCI−3.06	MTCV=0.06 UTCI−0.95	URV=0.001 1 $UTCI^2$−0.054 7 UTCI+0.702 3
	▽PET	MTSV=−1 MTSV=0 MTSV=1	3～14.1 14.4～25.6 25.6～36.7	20	14.4～25.6	12.8	18.4～26.6	11.6～35.9	MTSV=0.09 PET−1.8	MTCV=0.04 PET−0.51	URV=0.000 8 PET^2−0.038 PET+0.333
	△SET*	MTSV=−1 MTSV=0 MTSV=1	0.6～10.6 10.6～20.6 20.6～30.6	15.6	10.6～20.6	9.5	19.4～29.7	18.8～32.2	MTSV=0.1 SET* −1.56	MTCV=0.04 SET* −0.38	URV=0.001 31 SET^{*2}−0.066 8 SET* +0.893

续表

季节	热舒适指标	平均热感觉投票(MTSV)	尺度范围/℃	中性值/℃	中性尺度范围/℃	热舒适值/℃	热舒适域/℃	可接受范围/℃	热感觉预测模型	热舒适预测模型	接受度预测模型
秋季	▲PET	MTSV=−1 MTSV=0 MTSV=1	10.7～18.4 18.4～26.1 26.1～33.8	22.2	18.4～26.1	24.3	18.2～26.8	13～29.7	MTSV=0.13 PET−2.89	MTCV=−0.06 PET+1.46	URV=0.001 1 PET^2−0.047 PET+0.586
	▽SET*	MTSV=−1 MTSV=0 MTSV=1	13.7～21.4 21.4～29.1 29.1～36.8	25.2	21.4～29.1	26.8	18.8～27.2	17.5～31.7	MTSV=0.13 SET* −3.28	MTCV=0.002 8 SET^{*2}−0.15 SET* +2.32	URV=0.001 21 SET^{*2}−0.059 SET* +0.765
	△UTCI	MTSV=−1 MTSV=0 MTSV=1	6.7～17.8 17.8～28.9 28.9～40	23.3	17.8～28.9	27.4	17.8～26.8	>17.3	MTSV=0.09 UTCI−2.1	MTCV=−0.05 UTCI+1.37	URV=−0. 01 UTCI+0.173
冬季	▲PET	MTSV=−1 MTSV=0 MTSV=1	−4.9～5.1 5.1～15.1 15.1～25.1	10.1	5.1～15.1	11.0	−5.5～12.7	>−9.2	MTSV=0.1 PET−1.01	MTCV=−0.04 PET+0.44	URV=−0.011 PET+0.001
	▽UTCI	MTSV=−1 MTSV=0 MTSV=1	0～20 20～40 —	30	20～40	30.5	−16.6～2.8	−20～3.3	MTSV=0.05 UTCI−1.5	MTCV=−0.02 UTCI+0.61	URV=0.000 3 $UTCI^2$−0.005 UTCI+0.08
	△SET*	MTSV=−1 MTSV=0 MTSV=1	14～26.5 26.5～39 —	32.8	26.5～39	11.1	9.3～15.7	9.5～29.5	MTSV=0.08 SET* −2.62	MTCV=0.001 29 SET^{*2}−0.028 6 SET* +0.879	URV=0.000 47 SET^{*2}−0.018 SET* +0.224

注：▲为优选，▽为次选，△为备选；设定取值范围都不包括右侧的值。

第3章

寒地城市外地游客与本地人群的热舒适差异

游客在城市热舒适研究领域有其独特性，首先，他们长期居住在旅游城市以外的气候区，其热舒适体验受到地域适应性影响与本地人群有一定的差异；其次，游客从自己居住的城市到达旅游城市有了不同于居住地气候热环境的短期体验；最后，游客对旅游城市气候和景点存在体验性质的心理期待，以上都有可能对热舒适感受产生影响。本章以典型严寒地区城市哈尔滨为例，开展旅游人群的热舒适评价研究。结果表明，游客在满意度、愉悦度和舒适度上均与本地人群存在显著性差异，与游客相比，本地人群对热环境的满意度和愉悦度较难提升，因此将游客的研究结果作为热环境设计和评价依据更有参考价值和指导性意义。

3.1　热适应基础理论研究

3.1.1　心理适应性因素与热舒适性

尽管热环境参数对人们的室外热环境感受有着重要的影响，但不能完全解释客观舒适度评价与主观热舒适感受间的差异，而心理适应性因素对人群热舒适状况的影响也不容忽视。2003 年，Nikolopoulou 等人提出了 6 种心理适应性因素，分别为自然性、热期望、热经历（短期和长期）、暴露时间、感知控制和环境刺激。

自然性指的是长期生活在特定自然环境中的人们能够容忍居住区域内热环境物理参数的广泛变化，表现为当地居民对室外环境的实际不满意度比例明显低于预测不满意度比例，因此即使在室外天气状况多变的条件下，由于环境变化是自然发生的，本地居民对气候变化的容忍程度仍然较高。

热期望指的是人们意识中对应有环境状态的描述，如本地受访者经常会对室外热环境给出以下评价："相对于往年，今年的天气还不错""我觉得今年的这个时候天气应该再暖和一些""冬天就应该是冷的"。另外，当此时的气候条件与受访者过去经历的不同时，则会引起人们热舒适度感受的变化甚至对热环境产生抱怨，这些均表明热期望在很大程度上影响人们的热舒适性感受。

短期热经历与人的短暂性记忆有关，可以具体到前一天热经历对接下来一天热感觉的影响；长期热经历则指的是人们头脑中构建的意识形态。短期与长期热经历均会影响人群对热环境参数的期望。

暴露时间受两方面内容的影响，一是受试者当前的热感觉，二是受试者的短期热经历，其中对环境的热感觉是影响人们在相应地区停留时间的一个重要参数。通常来说，人们在寒冷环境下的停留时间短于炎热环境。

感知控制是指人们对于不舒适感受或热环境变化的忍耐程度。由于人们可以通过适应性行为的调整来降低自身的不适度，所以人们对环境的接受度往往较高，能够选择的行为种类会影响人群对于环境的感知控制程度，从而造成户外停留时间的差异。在有阴影区域的公共场所，人们在夏季平均可以在室外停留 50 min，在没有阴影区域的地点，人们的平均停留时间则为 16 min。另外，感知控制也受情绪的干预，相比于负面情绪，受访者在愉悦的情绪状态下对环境的舒适水平判断往往较高。

环境刺激指的是一个可变的而非固定的环境对人群热舒适或热感觉主观判断结果的影响，环境刺激是大部分人选择外出活动的主要原因。

Nikolopoulou 等人还指出，6 种心理适应性因素会相互影响，其中，自然性能够作用于其他因素但又不受其他任何因素的影响，因为自然性由空间形式决定，不随人群的改变而发生变化。此外，热期望、暴露时间和环境刺激 3 个因素间也存在相互作用的关系。心理适应性因素之间的关系是复杂的，而非简单的因果关系，如人们对空间热环境的满意程度将不仅与他们长期对特定环境的判断有关，而且也取决于当时人们的意识和状态。

综上所述，在旅游景点热舒适研究中，心理适应性因素的不同方面会对本地及外地游客的热环境状况主观判断产生不同的影响。受自然性因素影响，本地游客对当地热环境变化有较高的容忍度；而对于外地游客而言，体会不同的地域性气候是其选择出行的原因之一，当体会到出行地的气候特征时，他们的心理期望会得到满足。此外，游客的心理适应性因素间会相互作用，如热期望会影响不同来源地游客的体验，从而决定他们在不同情况下的适应性行为。具体来讲，在出行心理的影响下，外地游客会准备相应的服装并采用一定的活动模式来改善自身的热舒适水平或辅助其完成自身的出行安排；而本地游客会根据自身的长期生活经验，通过改变服装搭配、参与活动调节代谢率等来适应季节性气候的变化。

3.1.2 不同来源地游客热舒适差异评价内容及方法

2016 年，Süleyman 基于严寒气候区埃尔祖鲁姆的冬季热舒适性研究结果，提出有必要为当地游客和来自其他地区的游客分别提供各自的热舒适信息。目前围绕该主题的评价研究存在以下几点局限性。

首先，当前的游客热舒适差异评价研究主要着重于比较有着不同热经历的游客在热期望上的不同点。具体来讲，研究者会依据问卷调查结果比较在不同热环境下游客的热环境参数偏好，从而分析不同来源地的游客对热环境的不同心理适应性过程，该类研究结论表明不同来源地游客在对特定热环境参数的心

理预期上存在明显差异，然而由于没有界定热环境参数偏好与其余主客观因素之间的联系，且根据调研结论无法直观判断游客各自的热舒适状况，所以评价结论存在模糊性。

其次，部分研究依据问卷调查结果，采用柱状图的形式统计不同来源地游客的主观感受（热舒适、热满意度等）投票占比，然而由于游客的主观适应性因素随着测试时间段内热环境参数的变化而改变，所以缺少客观数据支撑的主观意识统计结果的说服力欠佳。

再次，部分研究将游客的主观评价与单一环境参数（如空气温度、风速、太阳辐射等）建立回归关系，通过拟合方程的斜率比较本地游客与外地游客对于热环境的敏感性，然而游客的热舒适性是受综合参数影响的结果，单一环境参数的对比性结论使评价结果不具备综合性。

最后，在一些研究中，游客的主观投票与客观变量的拟合结果不理想，分析原因是由于游客不仅来自气候情况各异的地域，其生理及心理方面的个体差异亦不容忽视，而且游客的热舒适判断也受到情绪的干扰，加之室外环境变化复杂，因此足够数量的问卷及具有代表性的受访人群成为研究具有普适性的重要前提。

总而言之，既往研究着重于结合问卷调查和实测调研结果对不同来源地游客的特定方面的热舒适性感受进行对比，然而该类研究调研的主观维度无法全面反映景点热环境主观评价因素间的相互影响机制。此外，在综合性热舒适指标下不同来源地游客的热舒适性差异研究在国内外均处于起步阶段，相关研究无法对本地及外地游客的多维度热舒适感受进行系统的对比分析。

3.1.3　研究目的

本研究选择哈尔滨作为严寒地区的代表城市，选取城市中多个热门的旅游景点进行物理环境实测，在进行参数测量的同时发放问卷，基于综合性热舒适指标，对哈尔滨城市景点中本地与外地游客的多维度主观热舒适感受进行对比性分析，对不同来源地游客的热舒适性进行综合评价，为严寒地区城市景点室外环境设计提供理论支持。具体研究目的如下。

(1)鉴于前期调研以及既往研究，提出景点环境的主观评价指标，即从热感觉、热舒适度、热满意度 3 个方面调研游客对热环境的主观判断结果，并采用回归分析法分析游客热环境主观评价因素间的相互影响机制。

(2)构建综合性热舒适指标与本地及外地游客主观评价指标之间的关系，推导不同来源地游客的热舒适预测模型，界定本地及外地游客的热感觉尺度、热舒适度、热满意度，揭示本地及外地游客在城市景点中的室外热舒适状态并分析产生热舒适感受差异的原因。

(3)确定并比较本地与外地游客在不同热环境下的气象参数偏好、服装适应性行为及活动水平的影响因素，分析本地及外地游客对室外环境的心理及行为适应过程，解构不同来源地游客的热舒适调节机制。

3.2 哈尔滨市中央大街游客热舒适调研

3.2.1 本地游客与外地游客

我国幅员辽阔，经纬度跨度较大，地区性气候状况差异显著，在《民用建筑热工设计规范》(GB 50176—2016)中，我国被分成5个热工设计分区：严寒地区、寒冷地区、夏热冬冷地区、夏热冬暖地区和温和地区。严寒地区的建筑设计必须充分满足冬季保温要求，一般可以不考虑夏季防热。寒冷地区的建筑设计应满足冬季保温要求，部分地区兼顾夏季防热。夏热冬冷地区的建筑设计必须满足夏季防热要求，适当兼顾冬季保温。夏热冬暖地区的建筑设计必须充分满足夏季防热要求，一般可不考虑冬季保温。温和地区的建筑设计原则是部分地区应考虑冬季保温，一般可不考虑夏季防热。基于建筑热工设计分区，本研究将严寒地区的受访者定义为本地游客，将来自寒冷地区、夏热冬冷地区、夏热冬暖地区及温和地区的游客界定为外地游客。

3.2.2 测量地点的选择和室外热环境物理数据的测量

1. 研究区域概况

本研究选择在素有“东方莫斯科”美誉的国家历史文化名城——哈尔滨开展。根据中国气候区划，哈尔滨(地处东经125°41′～130°13′、北纬44°03′～46°40′之间)属于严寒气候区，本研究采用5日滑动平均气温对哈尔滨地区进行四季划分。夏季和冬季时间如下：6月上旬至9月上旬为夏季，持续时长约3个月；冬季持续时长5个多月，从11月初一直到次年的4月上旬。夏季湿润多雨且气候温热，日均气温以6月初为起点逐渐上升，在7月中旬达到峰值(25 ℃)，8月末，日平均气温下降至18 ℃左右；冬季漫长寒冷、气候干燥，日均气温从11月初逐渐下降，在1月中旬达到最低(−24 ℃)，之后呈缓慢上升趋势(3月底日均气温达到5 ℃)。

哈尔滨是中国热点旅游城市之一，其所处的地理位置形成了地域性气候特色。哈尔滨夏、冬两季旅游项目种类繁多，夏季的旅游旺季从6月中旬持续到8月末。太阳岛是一处由大面积景观、民俗文化等资源构成的多功能性景观区；中央大街汇集了文艺复兴、巴洛克、折中主义及新艺术运动等多种风格的建筑；斯大林公园内的花坛、雕像等新颖别致，构成了童话般的美妙世界；圣·索菲亚教堂的民俗景观彰显了俄式文化，体现了北国的欧陆风情。每年的12月至次年1月是哈尔滨一年中最寒冷也是最适于冰雪旅游的季节，游客众多。哈尔滨冰雪大世界被誉为“冬日里的童话世界”；太阳岛雪博会引领了世界雪雕艺术旅游文化；兆麟公园的冰灯游园会创造了冰奇灯巧，玉砌银镶的冰的世界、灯的海洋；亚布力滑雪场无论从滑道的数量、长度、落差还是其他设施来看，都是中国最好的滑雪场之一。这些无疑使哈尔滨成了一个典型的旅游热点城市，且随着哈尔滨国际啤酒节、哈尔滨之夏音乐会等各类多样性文化主题活动的开展，哈尔滨旅游业发展势头迅猛。

2. 测量地点确定

本研究选取城市中心3个典型旅游景点作为调研地点。选择防洪胜利纪念塔广场作为1号测点，防洪胜利纪念塔于1958年为纪念1957年哈尔滨人民战胜特大洪水而建成，它位于哈尔滨中央大街尽端，矗立于松花江畔，由苏联设计师巴吉斯·兹耶列夫和哈尔滨工业大学第二代建筑师李光耀共同设计，是哈尔滨这座英雄城市的象征，2009年哈尔滨防洪胜利纪念塔获中国建筑业最高荣誉奖。

2号测点位于中央大街与西七道街交口的马迭尔冷饮厅前的休闲广场上。中央大街始建于1900年，长1 400 m，体现了哈尔滨独特的建筑文化，被誉为“亚洲第一街”，马迭尔冰棍是中央大街特色冷饮，口感“甜而不腻，冰中带香”，马迭尔冷饮厅前日常游客量较大，无论是炎炎夏日还是寒冷冬季，游客络绎不绝地排队购买马迭尔冰棍，仅在中央大街，马迭尔冰棍每天的销售量就可达1万多根。

3号测点位于斯大林公园内的文化景观广场上。斯大林公园于1953年为了纪念哈尔滨人民战胜两次特大洪水而建，与太阳岛景区隔江相望，它是顺堤傍水建成的带状开放式公园，被誉为松花江畔避暑游览地之一。实测广场位于园内艺术雕塑“天鹅展翅”的东侧，夏季四周环境绿草茵茵、乔木成排，松花江上小船、游轮轻悠荡漾，戏水沙滩上人们欢声笑语，热闹异常；冬季则银装素裹，玉树琼枝，该广场所临近的江边冰橇、滑冰等体验性活动种类繁多，众多游客选择在该广场周边进行夏、冬两季的观赏及娱乐活动。3个测量地点均为哈尔滨市中心的热门景点，分布如图3.1所示。

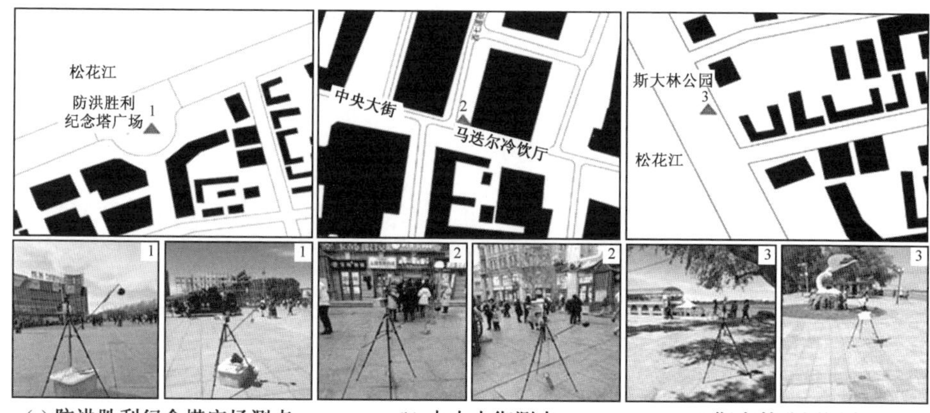

(a) 防洪胜利纪念塔广场测点　(b) 中央大街测点　(c) 斯大林公园测点

图 3.1　测量地点分布图

(1)测试时间安排。

夏、冬两季的物理参数测量从 2017 年 12 月持续到 2019 年 1 月，共计 8 次，测量时间为 8:30—17:00，实测期间天气状况良好，具体时间安排见表 3.1。测试时间的选择原因如下：第一，该时间段处于夏、冬两季的旅游高峰期，大量的游客会在这一时期集中到哈尔滨游玩；第二，较宽的实测物理参数变化范围（如夏季和冬季的温度变化范围分别为 19.46～36.62 ℃和－0.07～－21.52 ℃）能够反映出不同季节的不同热环境下游客的热舒适状况；第三，实地测量期间的天气情况能够代表严寒地区夏、冬两季白天的气候特色。

表 3.1　测试时间安排

年份	季节	日期	时间（物理实测）
2017	冬	12/27	8:30—17:00
2018	夏	6/13,6/24,7/14,7/22	8:30—17:00
2018	冬	12/01,12/19	8:30—17:00
2019	冬	1/1	8:30—17:00

(2)测试仪器选择。

本研究在 3 个受访区域内同时进行物理参数（温度、湿度、风速及黑球温度）的测量，仪器被固定于距地面 1.2 m 高度的位置，采用 Kestrel 4500 手持气象站每 15 s 记录一次风速数据并计算每分钟风速的均值，将 BES 温、湿度传感器水平置于两侧自然通风顺畅且高度反光用锡膜包裹的纸盒内，并将 BES 黑球温度传感器固定在三脚架上，记录时间间隔为 1 min 的温度、湿度及黑球温度数据，所有仪器的型号、量程和精度参数见表 3.2。

表 3.2 仪器技术参数表(二)

气象参数	仪器型号	量程	精度
风速(V_a)	Kestrel 4500 手持气象站	0.4～40 m/s	±0.1 m/s
空气温度(T_a)	BES－01B 温度传感器	－30～50 ℃	±0.01 ℃
相对湿度(RH)	BES－02B 湿度传感器	0～100%	±0.1%
黑球温度(T_g)	BES－05 黑球温度传感器	－50～125 ℃	±0.5 ℃

3.2.3 服装热阻及活动水平的确定

衣物本身的材料和着装量对衣物与环境间的热交换起着较为重要的作用，由于衣物本身材料的织物特性对人体热平衡的影响较为复杂，近年来的研究着重于探索着装量对人群环境适应的影响。国际上通常以服装热阻值定量描述人的着装量。服装热阻的定义为:皮肤与服装间阻碍热气流流动的阻力，即单件服装或服装组合提供的隔热层热阻值，单位为 clo。目前通常采用以下 3 种方式确定服装热阻值。

(1)已有研究依据人体的热平衡方程及相关性试验可以间接预测在不同环境下的服装组合的服装热阻值，然而这一类模型是建立在特定地域环境下的人们有着统一生理特征的基础上的，而实际上由于存在年龄、身高、体重、性别等个体性差异，用这一类模型来预测服装热阻值的方式的适用情况有待探讨。

(2)一些研究参考评价指标对服装热阻进行定义，表 3.3 统计了不同热舒适指标下服装热阻的参考性定义。

(3)服装热阻值可根据相关标准确定。服装热阻评价可供参考的规定、指南及手册有 ASHRAE Standard 55—2010、《美国采暖、制冷和空调工程师协会手册》(ASHRAE Handbook)、ISO 7730、*Ergonomics of the thermal environment—Estimation of thermal insulation and water vapour resistance of a clothing ensemble* (ISO 9920)、VDI 3787(德国关于城市与区域的环境气象城市环境气候图及空气污染图的国家标准编号)，在国际热舒适标准中，寒冷季节的服装热阻值为 1 clo，而炎热季节则为 0.5 clo，标准在评价服装的典型搭配时考虑了身体运动、空气渗透和水蒸气阻力等对服装热阻的影响;2011 年出版的 *Standard Practice for Determining the Physiological Responses of the Wearer to Protective Clothing Ensembles* (ASTM F2668)标准，依据受体实验评价实验室环境中的人体服装热阻的热舒适性能，该标准被普遍应用于服装热阻的评估中，尤其适用于着装者在进行步行或类似性活动的情况，但标准中服装热阻的信息是结合当地的气候条件为适应本地人群的生理调节机制而制定的标准性服装偏好，该评价结果对其他地区的参考意义不大。

表 3.3　不同热舒适指标下服装热阻的参考性定义

评价指标	研究来源
实际热感觉投票(ASV)	M. Tsitoura, T. Tsoutsos, T. Daras(2014)
COMFA 模型	R. D. Brown, R. Gillespie(1995); J. Vanos, J. Warland, T. Gillespie(2012)
热应力指数(HSI)	B. Givoni(2003); D. Pearlmutter, P. Berliner, E. Shaviv(2007)
地中海户外舒适指数(MOCI)	F. Salata, I. Golasi, V. Ciancio(2018)
室外有效温度(OUT-SET*)	R. de Dear, J. Pickup (2000)
生理等效温度(PET)	P. Höppe(1999)
通用热气候指数(UTCI)	G. Jendritzky, R. de Dear, G. Havenith(2012)
湿黑球温度(WBGT)	ISO 7243(2017)

本研究采用第三种方式,根据标准 ASHRAE Standard 55—2010,采用成套服装热阻计算方法统计实测现场的游客着装量。2015 年,清华大学的李敏通过对已有现场实测数据的验证,指出使用成套服装热阻计算方法能够更精确地计算衣物搭配的热阻值,并给出了部分符合中国人群着装习惯的单件服装热阻值。成套服装热阻的具体计算步骤如下:首先依据标准 ASHRAE Standard 55—2010、ISO 7730,以及李敏和丁勇花等的服装热阻值定义研究,确定夏、冬两季成套服装的热阻值(表 3.4 和表 3.5),以及单件服装的服装热阻值(表 3.6);其次将游客的着装状态与表中的服装搭配情况进行对照,如果游客的着装情况与表 3.4 和表 3.5 中的一项相吻合,则该项服装搭配所对应的热阻值即定义为此时游客的着装量;如果游客的着装情况与给定的服装组合存在差别时,则在成套服装热阻值的基础上加或减既定的单件服装的热阻值,完成游客着装状况的调研,计算得到的服装热阻值即可用于定义游客的着装量。

表 3.4　夏季成套服装的热阻值

服装搭配	服装热阻 I_{cl}/clo
短袖 T 恤、短裤、凉鞋	0.32
短袖 T 恤、短裤、运动鞋	0.38
短袖 T 恤、长裤、运动鞋	0.5
长袖 T 恤、长裤、运动鞋	0.57
衬衫、短袖 T 恤、长裤、运动鞋	0.65

表 3.5　冬季成套服装的热阻值

服装搭配	服装热阻 I_{cl}/clo
短羽绒服(厚)、保暖衣裤、秋衣裤、长裤、运动鞋	1.45
厚外套(长)、保暖衣裤、衬衫(普通)、长裤、运动鞋	1.35
棉衣、秋衣裤、毛衣(薄)、打底裤(薄)、短裙(冬)、棉鞋	1.44
长羽绒服、保暖衣裤、秋衣裤、长裤、棉鞋	1.7

表 3.6　单件服装的服装热阻值

	服饰类型	服装热阻 I_{cl}/clo		服饰类型	服装热阻 I_{cl}/clo
上身着装	短袖	0.08	上身着装	厚短款羽绒服	0.55
	长袖	0.12		厚长款羽绒服	0.7
	衬衫(薄)	0.15	下身着装	保暖裤	0.2
	衬衫(厚)	0.25		秋裤	0.1
	短袖连衣裙(薄)	0.29		短裤	0.08
	长袖连衣裙(薄)	0.33		夏季短裙/冬季短裙	0.14/0.25
	长袖连衣裙(厚)	0.47		长裙	0.19
	毛衣(薄)	0.25		丝袜	0.1
	毛衣(厚)	0.36		打底裤(薄)/打底裤(厚)	0.15/0.24
	保暖衣	0.2		夏季长裤/冬季长裤	0.15/0.24
	秋衣	0.15		羽绒裤	0.3
	外套(薄)	0.36		棉裤	0.3
	外套(厚)	0.42	鞋	冬季运动鞋/皮鞋	0.12
	长款薄外套	0.44		夏季运动鞋/皮鞋	0.08
	长款厚外套	0.48		布鞋	0.04
	羽绒马甲	0.3		凉鞋	0.02
	棉衣	0.55		棉鞋	0.15
	轻便(薄)羽绒服	0.45			

活动作为适应热环境的一种方式，在一定程度上能够调节人群的热舒适水平。一般来说，活动水平的高低以代谢率来表示。根据之前调研的哈尔滨游客在城市景点的普遍活动状况，问卷设计了 7 类游客常见活动类型，分别为运动

(轻、中、重)、散步、休息、工作、购物、静坐以及其他活动状态。散步是游客在景点中最常见的活动形式，由于城市景点中的游客以休闲娱乐为出行的主要目的，景区中人群的步行速度普遍较慢，因此本研究将步行速度定义为 0.9 m/s，其对应的代谢率为 115 W/m^2；依据实际调研情况可知，选择其他活动状态的受访者通常进行的活动类型为开车或者做家务，因此其代谢率设定为 100 W/m^2。基于 ASHRAE Standard 55—2010 标准，其余活动状态如运动(轻、中、重)、休息、工作、购物、静坐的代谢率分别为 175 W/m^2、205 W/m^2、235 W/m^2、60 W/m^2、60 W/m^2、70 W/m^2 和 60 W/m^2。

3.2.4 问卷基础信息统计

问卷共分为 3 个部分。第一部分是对游客当前热舒适状态的采集，包括热感觉尺度、热舒适度、热满意度，见表 3.7。为适应寒地冬季严寒的气候和热舒适指标 UTCI 的 11 级热感觉标度，本书将热感觉尺度在 ASHRAE 标准 7 级热感觉标度的基础上进行了延伸，增加了“非常热”“很热”“很冷”“非常冷”4 个标度。由于在前期的调研中本研究发现游客对“舒适”和“很舒适”2 个热舒适标度的区分并不敏感，参照既往的研究，将热舒适度设定为 4 级标度(−3～0 依次定义为很不舒适、不舒适、轻微不舒适、舒适)。热满意度设定为 5 级标度(−3～1 依次定义为很不满意、不满意、一般、满意、很满意)。在进行的 8 次问卷调查中，首次在 2017 年 12 月 27 日对游客的热感觉及热舒适投票进行了采集，在剩余的 7 次问卷调查中调研了游客的热感觉、热舒适度及热满意度。

表 3.7 热感觉尺度、热舒适度和热满意度

1. 您此刻的感受：

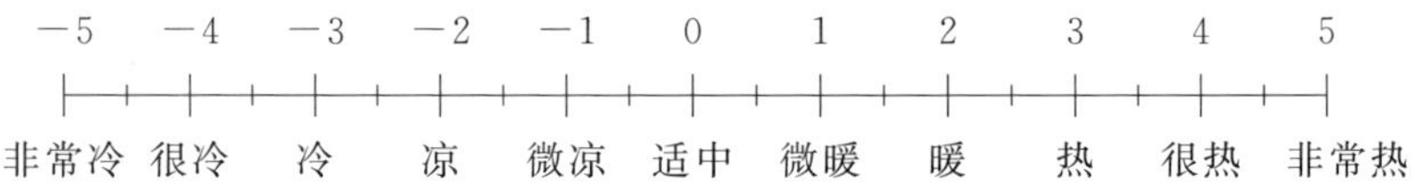

2. 您此刻的舒适情况：

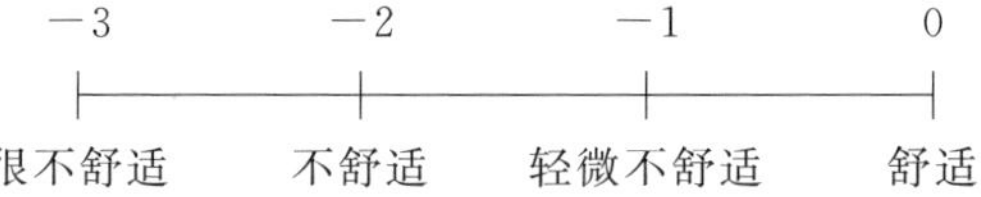

3. 您的热满意度：

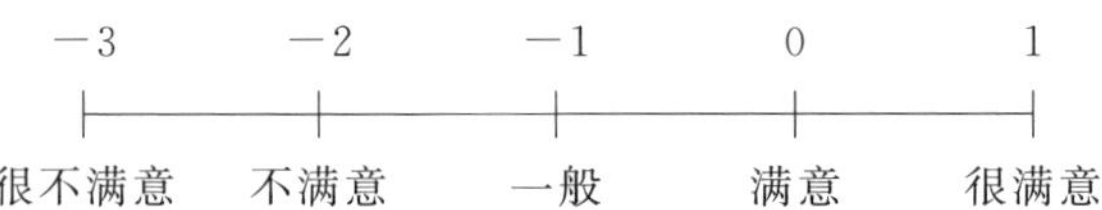

第二部分是环境参数感觉和热期望的调查，以了解游客在夏、冬两季对不同热环境参数的感受以及对于环境参数变化的期望。根据既往研究将环境参数感觉设定为 5 级递进标度，将热期望变化分为 3 个等级（升高、不变和降低），详见表 2.5 和表 2.4。

第三部分对游客的个人信息进行统计，包括来源地、性别、年龄、人员构成、衣着状况和活动水平。基于实际调研情况，以及 ASHRAE Standard 55－2010 和 ISO 7730 标准，问卷中列举了游客的服装种类，为了获得准确的代谢率水平，问卷调研了受访游客前 20 min 的活动状态，问卷第三部分设计见表 3.8。

表 3.8　基本信息调查

项目	内容
日期： 时间： 测点：	□阳光　□阴影
来源地：	性别：□男　□女
年龄：	□<10　□11～20　□21～30　□31～40　□41～50　□51～60　□61～70　□>71
人员构成：	□企业职工　□技术人员　□教师　□学生　□农民　□退休　□军人　□其他
上装：	□外套（薄/厚）　□衬衫　□短袖　□连衣裙　□羽绒马夹　□保暖衣　□秋衣　□棉衣　□羽绒服（厚短款/厚长款）
下装：	□短裤/短裙　□长裤/长裙　□保暖裤　□秋裤　□棉裤　□打底裤（薄/厚）
鞋：	□凉鞋　□运动鞋　□皮鞋　□棉鞋　□布鞋
您前 20 min 的运动状态？	□静坐　□站立　□散步　□购物　□工作　□休息　□运动（轻/中/重）　□其他

本研究共收集 1 740 份有效问卷，其中夏季 844 份，冬季 896 份，夏季问卷中包含 441 名本地游客和 403 名外地游客，冬季问卷中本地游客及外地游客的问卷数量分别为 388 份和 508 份。

夏、冬两季本地及外地游客的个人信息统计结果如图 3.2 所示。在夏季，受访本地游客男性居多，受访外地游客中的女性比例也低于男性；37.64％的受访本地游客年龄在 21～30 岁之间，另外有 20.41％的本地游客年龄区间为31～40 岁，21～30 岁和 31～40 岁的外地游客受访比例分别为 28.78％和21.34％；大多数受访者为学生或企业职工，本地游客中学生的比例（34.67％）高于外地游客（24.21％），受访本地及外地游客中企业职工的比例相似；外地游客来源地分布较广，涵盖了寒冷地区、夏热冬冷地区、夏热冬暖地区和温和地区 4 个气候区，大多数外地游客来自寒冷地区（24.88％），另有 18.96％和 3.55％的游客来自夏热冬冷地区和夏热冬暖地区，还有极少数人（0.36%）来自温和地区，剩余的52.25%的游客为来自严寒地区的本地人。

在冬季，受访本地游客中男性占多数，外地游客中男性的比例（49.61%）则稍低于女性（50.39%）；受访的本地与外地游客年龄段差别较小，受访人群年龄均主要集中在21～30岁，其次为31～40岁，外地游客在该两段年龄区间上的比例稍高于本地游客；在职业方面，本地游客中“学生”的占比明显高于其他职业类型，外地游客中“企业职工”“学生”及“其他”职业的投票占比均较高，分别是24.90%、33.33%和24.31%；外地游客中来自夏热冬冷地区和寒冷地区的占比较高，分别为30.35%和23.44%，此外有少部分来自夏热冬暖地区（1.45%）及温和地区（1.45%）的受访者，而来自严寒地区的本地游客的占比为43.31%。

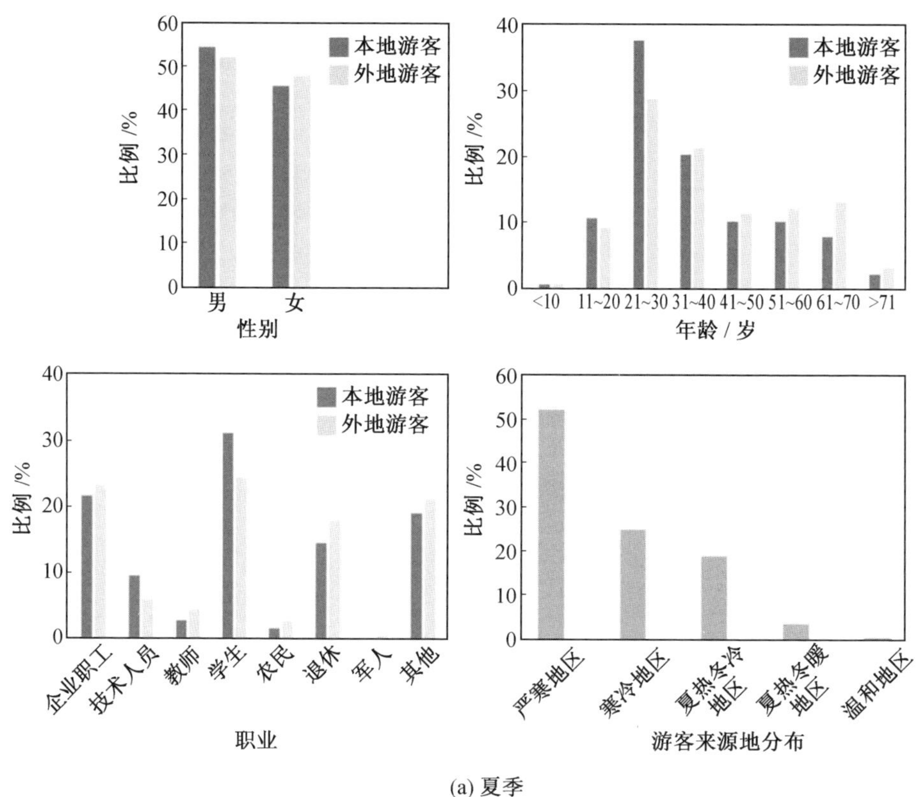

图3.2　夏、冬两季本地及外地游客的个人信息统计结果

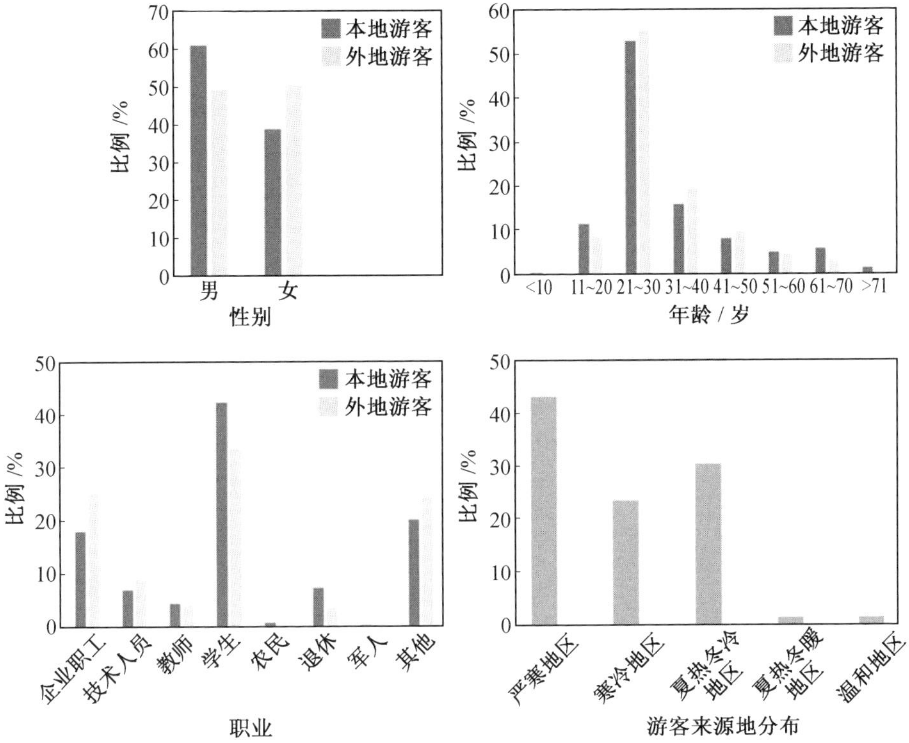

(b) 冬季

图 3.2(续)

3.3　寒地城市本地与外地游客的着装差异性研究

参考既往研究通过归纳得出的影响服装热阻值的因素主要有季节变更、气象参数的变化、个体的活动量、单件服装的自定义热阻值、身体不同部位的着装情况、人体的生理感觉及心理偏好，以及前文中热期望差异化比较得出的结论，基于本地游客和外地游客对出行环境有着不同的心理预期，本节探讨本地及外地游客在夏、冬两季受热环境变化影响的服装适应性行为。

3.3.1 夏、冬季空气温度与平均服装热阻的相关性

1. 夏季空气温度(T_a)与平均服装热阻的相关性

为探究不同来源地游客的服装偏好受热环境变化的影响，本研究以 2 ℃为温度变化区间，取夏季每个温度变化区间的本地及外地游客的平均服装热阻值，由单位温度变化范围内平均服装热阻值的散点图(图 3.3)可知，本地及外地游客的平均服装热阻值在温度为 31 ℃时出现明显的拐点，因此本研究以该温度为临界点，分别构建两段温度变化范围内(19 ℃$\leqslant T_a \leqslant$30 ℃，31 ℃$\leqslant T_a \leqslant$37 ℃)平均服装热阻与空气温度之间的回归关系，方程式如下：

本地游客：

25～31 ℃：　$MI_{CL} = -0.055T_a + 2.06 (R^2 = 0.976)$　(3.1)

31～37 ℃：　$MI_{CL} = -0.008T_a + 0.655 (R^2 = 0.763)$　(3.2)

外地游客：

21～31 ℃：　$MI_{CL} = -0.052T_a + 1.978 (R^2 = 0.986)$　(3.3)

31～37 ℃：　$MI_{CL} = -0.007T_a + 0.631 (R^2 = 0.700)$　(3.4)

如图 3.3 所示，当温度从 21 ℃上升到 27 ℃时，本地游客的平均服装热阻仅出现微小的波动(0.02 clo)，该现象表明在初夏低温的情况下，本地游客的体感仍偏凉，从而导致他们适应温度变化的服装数量上的调整较小，然而，少部分本地游客的着装平均服装热阻值(0.89 clo)在温度区间为 19～21 ℃时较高，说明虽然大多数本地游客能够较早地适应季节的变化并且穿着平均服装热阻值较低的衣物，但有少数本地游客的衣着还受到春季较低气温的影响从而出现了明显的滞后现象。随着温度继续上升至 31 ℃，本地游客的平均服装热阻值开始逐渐下降，说明本地游客感受到了温度的上升并且通过减少衣物的方式来适应夏季的高温天气。对于外地游客来说，当温度区间为 19～21 ℃时，不存在对应的样本量，主要因为该温度条件下夏季的旅游旺季尚未开始，故未采访到该热环境下的外地游客，当温度区间为 21～27 ℃时，外地游客的平均服装热阻明显高于本地游客，究其原因是当外地游客在初夏(6 月)来到哈尔滨时，严寒地区给人的气候印象使得外地游客的着装量多于能够及时适应气候变化的本地游客，而当温度高于 27 ℃时，本地及外地游客的平均服装热阻值变得十分接近；另外，当测试温度从 31 ℃升高至 37 ℃时，本地及外地游客的平均服装热阻虽缓慢下降，但下降幅度很小，主要原因是在高温环境下人们已经选择了较轻薄的服装搭配且几乎无法再通过降低平均服装热阻值来改善热舒适水平。

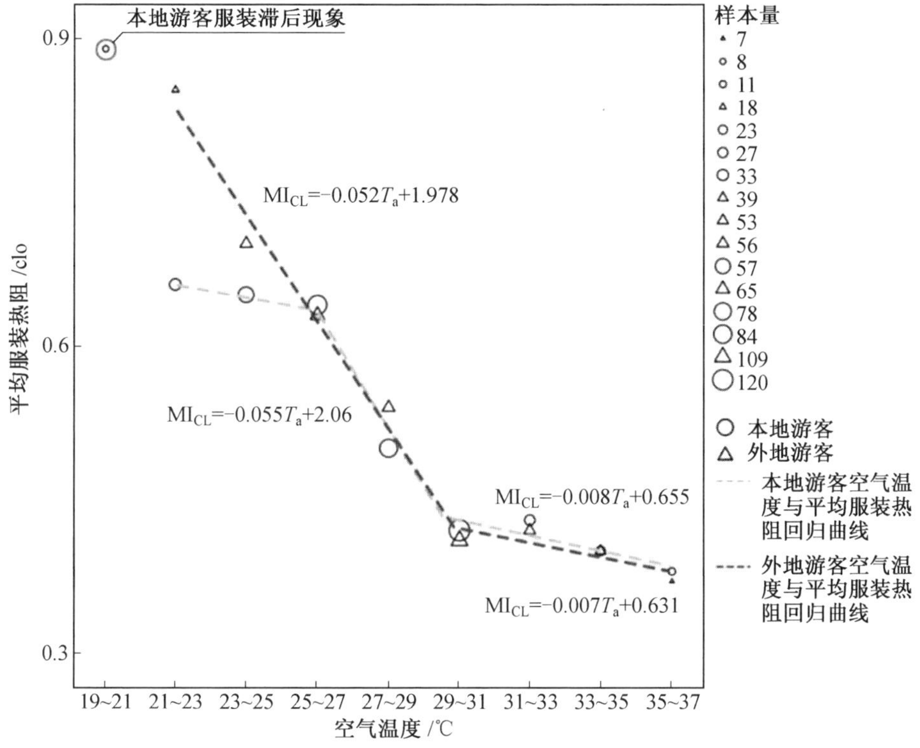

图 3.3　夏季空气温度(T_a)与平均服装热阻(MI_{CL})的关系

2. 冬季空气温度(T_a)与平均服装热阻的相关性

仍然以 2 ℃为温度变化区间，将每个温度区间内冬季不同来源地游客的服装热阻值进行平均，得到本地及外地游客的空气温度与平均服装热阻的线性拟合方程：

本地游客：

$-22\sim0$ ℃：　$MI_{CL}=-0.016T_a+1.55(R^2=0.916)$　(3.5)

外地游客：

$-22\sim0$ ℃：　$MI_{CL}=-0.017T_a+1.573(R^2=0.773)$　(3.6)

如图 3.4 所示，在温度区间为$-22\sim0$ ℃时，本地及外地游客的平均服装热阻值随着温度的递增均线性递减，外地游客的平均服装热阻值波动范围(1.572～1.929 clo)的边界值明显高于本地游客(1.55～1.886 clo)，该现象说明受地域适应性影响，本地游客在寒冷环境中的衣着量较少，大多数外地游客平时生活在温和的气候环境下，出行地的温度较低使其倾向于穿着较厚的衣物进行御寒。

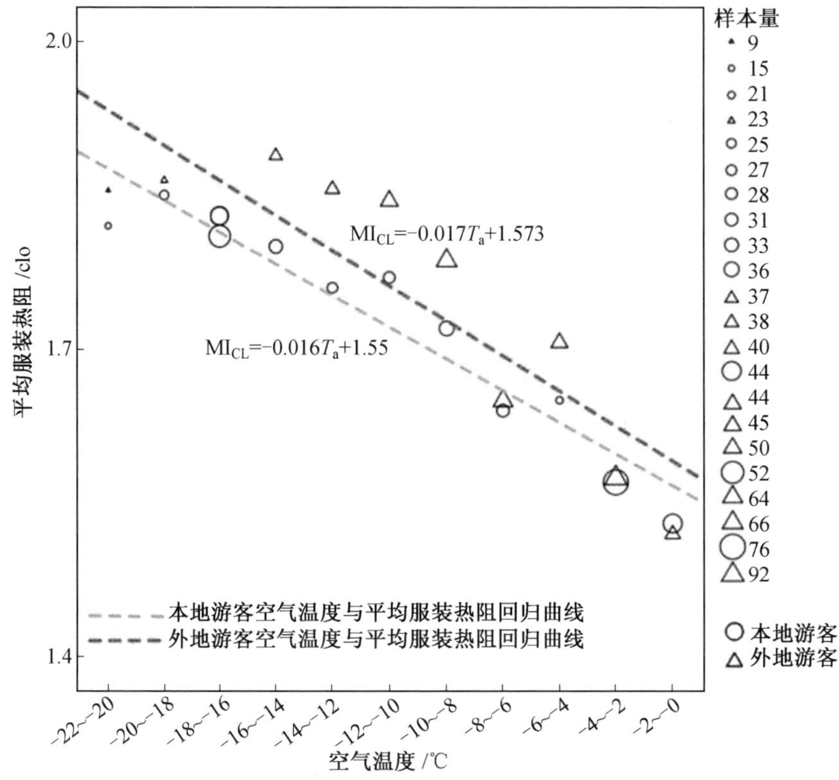

图 3.4　冬季空气温度(T_a)与平均服装热阻(MI_{CL})的关系

3.3.2　夏、冬季空气温度与服装热阻域

1. 夏季空气温度与服装热阻域

对夏季每 2 ℃温度变化区间内的平均服装热阻值以箱线图的形式进行分析，将 50%相对集中的服装热阻数据确定为夏季不同温度下本地及外地游客的服装热阻域。如图 3.5 所示，本地游客的服装热阻域在温度区间为 19～21 ℃时最窄，该现象与地域性偏凉环境下本地游客的服装组合较固定有关，由于较清凉的环境(21 ℃$<T_a<$23 ℃)在外地游客所在的气候区可能很少出现，外地游客适应该温度状况的服装热阻值范围较窄，温度的升高使得本地及外地游客的衣物选择范围变广，但随着环境温度的继续升高($T_a>$27 ℃)，较固定的轻薄服装搭配导致本地及外地游客的服装热阻域再次变窄。当温度区间为 21～25 ℃时，本地游客可选择服装的服装热阻域宽于外地游客，尤其是在温度区间为 21～23 ℃

时，相较于外地游客的服装热阻域(0.81～0.89 clo)，本地游客的服装热阻域(0.5～0.85 clo)明显更宽，该结果表明，外地游客在出行时准备的适应偏凉环境的服装搭配种类相对固定，而本地游客却能够根据环境的变化更加灵活地调节衣物的组合；当温度增加到实测期间的上限时(35～37 ℃)，本地游客的服装热阻域上限值(0.44 clo)比外地游客(0.38 clo)高出 0.06 clo，而下限值相接近，可见由于高温环境偏离了外地游客的出行心理，因此其服装热阻的适应性范围变得更窄；当温度区间为 21～25 ℃时，外地游客的服装热阻域的范围也较宽，中值显著高于本地游客，表明外地游客在初夏到严寒地区时，其着装量较多，该结果与平均服装热阻的分析结论相符。

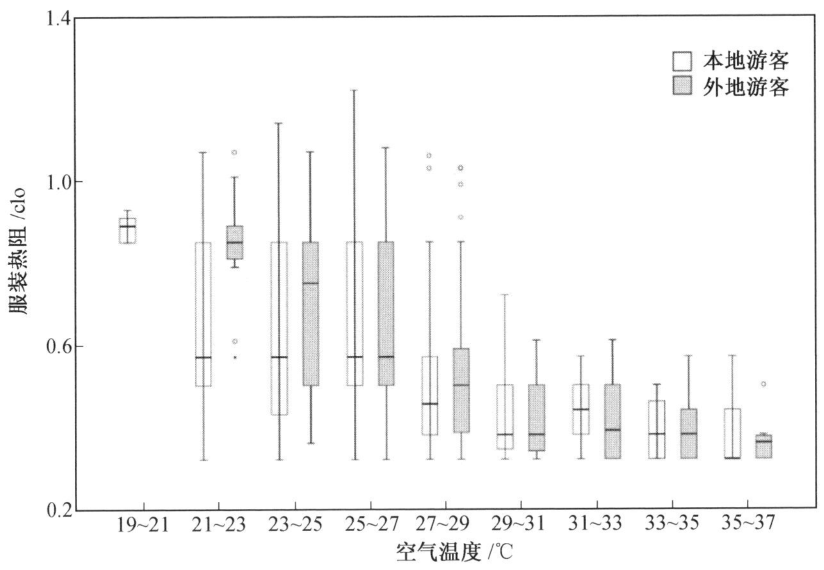

图 3.5　夏季不同空气温度下的服装热阻(I_{CL})箱线图

2. 冬季空气温度与服装热阻域

以 2 ℃为温度变化区间对本地及外地游客在冬季不同温度下的服装热阻域进行分析，图 3.6 为冬季不同空气温度下的服装热阻箱线图，界定时取本地及外地游客 50％相对集中的服装热阻数据作为其服装热阻域。当空气温度较低时，本地及外地游客的服装热阻域较窄，随着温度的升高，游客的服装热阻域普遍变宽，表明低温环境下游客的适应性服装组合较固定，热环境的转暖使游客的可选择服装种类变得多样化。长期的地域性生活经验使本地游客早已熟练掌握适应冬季环境变化的服装搭配方式，故在多数情况下其服装热阻域较窄(温度区间为

－14～－12 ℃和－6～－4 ℃时除外)。而外地游客虽然在出行前对严寒地区的冬季寒冷气候有了一定的心理预期,但并不熟悉不同温度下的衣物御寒模式,因此其携带的适应不同温度的衣物组合相对较多(服装热阻数据相对离散)。此外,外地游客在不同温度下的服装热阻域中值大多高于本地游客(在－20～－18 ℃、－8～－6 ℃和－2～0 ℃时本地及外地游客的数值相近),该结果与平均服装热阻的分析结论相吻合,即冬季外地游客的平均服装热阻值高于本地游客。

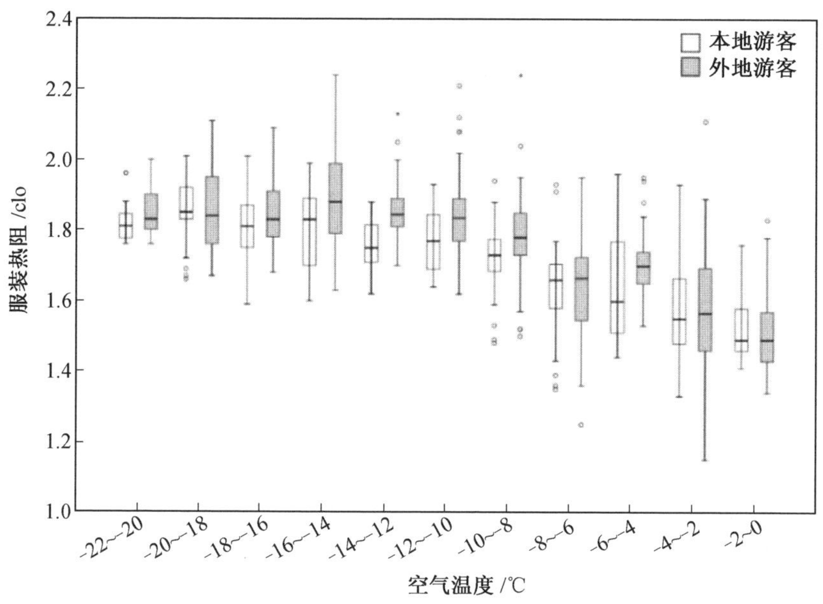

图 3.6　冬季不同空气温度下的服装热阻(I_{CL})箱线图

3.3.3　夏、冬季热感觉与平均服装热阻的相关性

1. 夏季热感觉与平均服装热阻的相关性

将夏季对应同一热感觉投票的服装热阻进行平均,得到热感觉投票与平均服装热阻的拟合曲线,权衡所有样本情况得到本地游客热感觉投票与平均服装热阻的拟合方程如下:

本地游客:　$MI_{CL}=-0.028TSV+0.572(R^2=0.724)$　(3.7)

如图 3.7 所示,本地游客的平均服装热阻与热感觉投票的拟合曲线呈线性关系,该曲线与本地游客平均服装热阻和空气温度间的相关性曲线相吻合。然

而对于外地游客而言，他们的平均服装热阻随着热感觉变化呈现散乱分布的状态，这与其平均服装热阻和空气温度间的线性关系不吻合，该现象可能是由热适应性导致的。具体来讲，外地游客虽然能够根据温度及时调整自己的衣着搭配，但由于他们既往的热经历和较短的寒地出行时间，使他们的热感觉投票与本地游客有明显不同，导致外地游客的服装热阻与热感觉间不存在规律的线性关系。

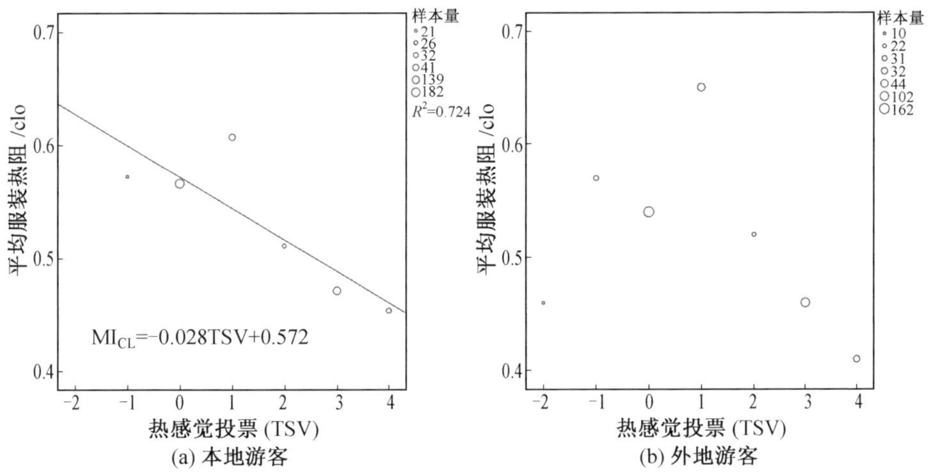

图 3.7　夏季热感觉投票（TSV）与平均服装热阻（MI_{CL}）的关系

2. 冬季热感觉与平均服装热阻的相关性

采用与研究夏季 MI_{CL} 和 TSV 之间相关性时相似的方法，将每个热感觉等级对应的服装热阻值进行平均，然后将得到的平均服装热阻值与其对应的热感觉投票进行线性拟合，拟合方程如下：

本地游客：　$MI_{CL}=-0.022TSV+1.647(R^2=0.953)$　(3.8)

外地游客：　$MI_{CL}=-0.031TSV+1.643(R^2=0.894)$　(3.9)

如图 3.8 所示，当热感觉投票为“适中”时（TSV＝0），本地游客和外地游客的平均服装热阻值相近（1.65 左右），当热感觉投票为“非常冷”（TSV＝－5）时，外地游客的平均服装热阻值（MI_{CL}＝1.794 clo）明显高于本地游客（MI_{CL}＝1.761 clo），该现象表明，当寒地室外热环境变冷时，外地游客的着装量增加较明显，而本地游客长期生活在严寒地区，其平均服装热阻值的上升相对较小。

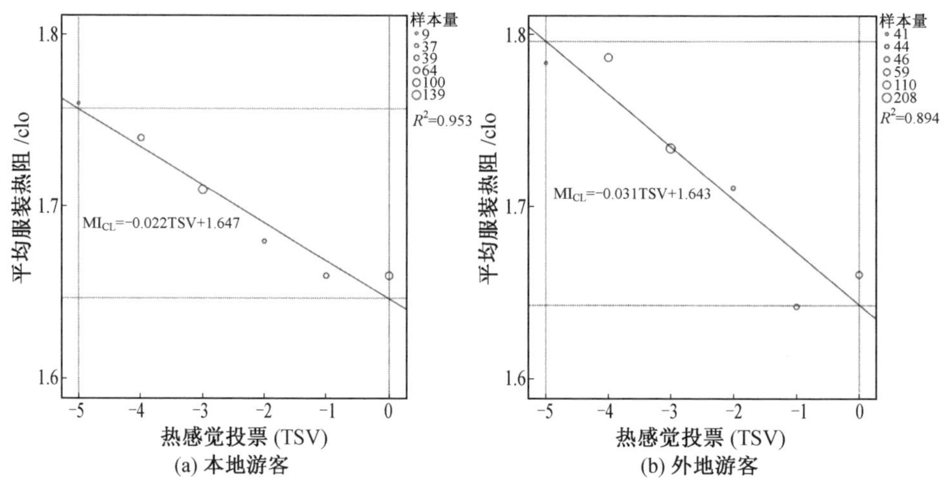

图 3.8　冬季热感觉投票（TSV）与平均服装热阻（MI_{CL}）的关系

3.3.4　夏、冬季热感觉与服装热阻域

1. 夏季热感觉与服装热阻域

用箱线图分析夏季不同热感觉状态（$-2\leqslant TSV\leqslant 4$）下本地及外地游客的服装热阻数据，结果如图 3.9 所示，其中 50%服装热阻数据相对集中，因此本研究基于本地及外地游客的 50%服装热阻数据范围界定其服装热阻域。本地游客的服装热阻域在热感觉投票为“微凉”（TSV＝－1）、“适中”（TSV＝0）和“微暖”（TSV＝1）时相接近且较宽，外地游客的最宽服装热阻域所对应的热感觉为“微暖”（TSV＝1）。造成差异的原因可能与不同来源地游客的长期生活环境有关，受严寒地区气候的影响，本地游客常常将趋近于中性热感觉时（$-1\leqslant TSV\leqslant 1$）的感受认定为接近热舒适状态，因此其会选择最多样的服装种类来使自身趋近于舒适的范围，随着环境的变热（TSV＞1），其适应环境的轻薄服装类型变得较单一；而外地游客的居住区域往往气温偏暖，进而使其将“微暖”（TSV＝1）热感觉下的气候定义为自身的热舒适状态，故外地游客会在该热感觉区间下准备最广泛的服装类型。当热感觉为“很热”（TSV＝4）或低于“适中”（TSV＜0）时，外地游客的服装热阻域相较于本地游客来说更窄一些，究其原因可能是高温或偏凉的热环境不符合外地游客对出行气候的心理预期，使其在该热感觉区间下的可选择服装类型较本地游客更少。此外，外地游客在热感觉为“微凉”（TSV＝－1）及“很热”（TSV＝4）时的服装热阻域中性值显著低于本地游客，表明外地游

客在过冷或过热环境中的着装量少于本地游客。

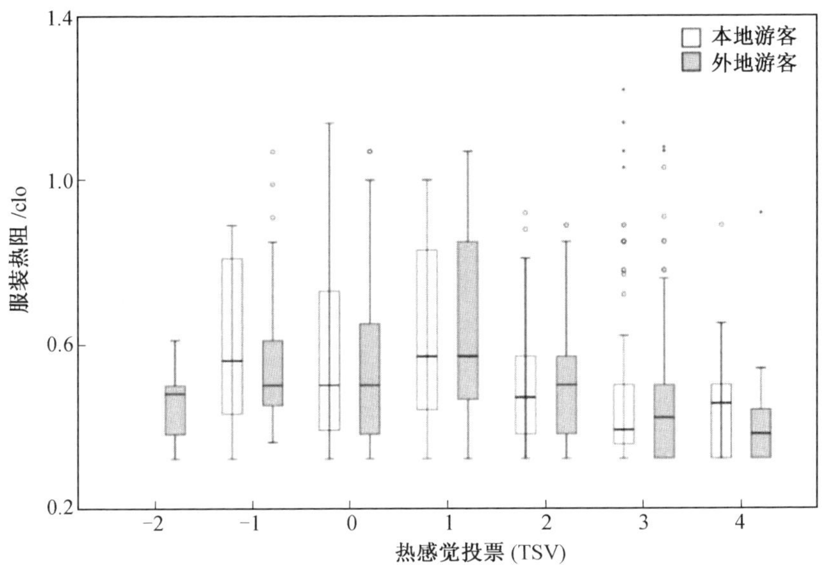

图 3.9　夏季不同热感觉下的服装热阻(I_{CL})箱线图

2. 冬季热感觉与服装热阻域

将受访游客的服装热阻调研数据按热感觉等级进行分类，采用箱线图分析基于冬季 5 级热感标度下的本地及外地游客的服装热阻范围，在定义服装热阻域时以相对较集中的 50%服装热阻数据作为界定依据。如图 3.10 所示，对于本地游客而言，当热感觉为“非常冷”(TSV＝－5)时，其服装热阻域最窄(1.72～1.82 clo)，随着热感觉的上升，本地游客的服装热阻域变得更加离散，这与本地游客的适应性着装习惯有关，当环境较冷时，本地游客的御寒服装搭配常常较固定，随着环境的转暖，其可选择的衣物组合方式变得更加多样化；而在各级热感觉下(－5≤TSV≤0)，外地游客的服装热阻范围差别均较小，分析原因可能是外地游客对寒地气候状况判断不足，因此其在出行时选择的服装类型与热感觉的相关性较弱。另外，在热感觉变化区间内外地游客的服装热阻数据更加离散，尤其是在热感觉为“非常冷”(TSV＝－5)时，其服装热阻域明显宽于本地游客，表明与本地游客相比，外地游客在适应热感觉变化时会选择更加丰富的服装种类。此外，外地游客的服装热阻域中值在热感觉从“非常冷”(TSV＝－5)变为“凉”(TSV＝－2)时始终高于本地游客，在热感觉为“微凉”(TSV＝－1)和“适中”(TSV＝0)时与本地游客相接近，表明外地游客在热感觉较低时的平均着装水平更高。

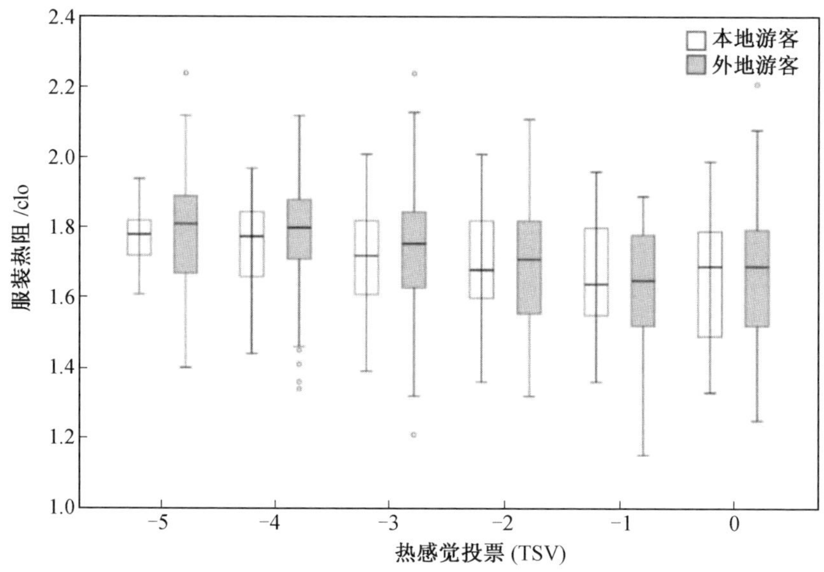

图 3.10　冬季不同热感觉下的服装热阻(I_{CL})箱线图

3.3.5　夏、冬季服装热阻分布状态

1. 夏季服装热阻分布状态

从夏季空气温度与平均服装热阻的相关性分析结果可知，本地及外地游客的平均服装热阻在空气温度高于 31 ℃时下降趋势明显减缓，因此本研究首先以 31 ℃作为临界点将本地及外地游客的服装热阻分为两部分，然后以 0.04 clo 为服装热阻变化区间深入了解本地和外地游客在相同温度变化范围内的着装状况。由图 3.11 可知，当空气温度变化范围为 19～31 ℃时，本地和外地游客的服装热阻累计百分比在服装热阻区间达到 0.81～0.85 clo 时相近(均为 90%左右)，当服装热阻区间低于 0.81 clo 时，本地游客的服装热阻累计百分比偏高。此外，在该热环境中，本地游客的服装热阻波动范围(0.31～1.25 clo)比外地游客更广(0.31～1.1 clo)，该结果表明相较于本地游客，外地游客在偏凉的环境中(19～31 ℃)，会穿着更高服装热阻值的衣物但可供其选择的服装搭配种类较少；当空气温度变化区间为 31～37 ℃时，在服装热阻区间低于 0.50 clo 时，外地游客的服装热阻累计百分比均高于相同服装热阻区间内的本地游客，此时本地及外地游客的服装热阻累计数据已经达到总数据的 90%以上，可见在环境较热时(31～37 ℃)，外地游客偏好穿着服装热阻值更低的衣物。

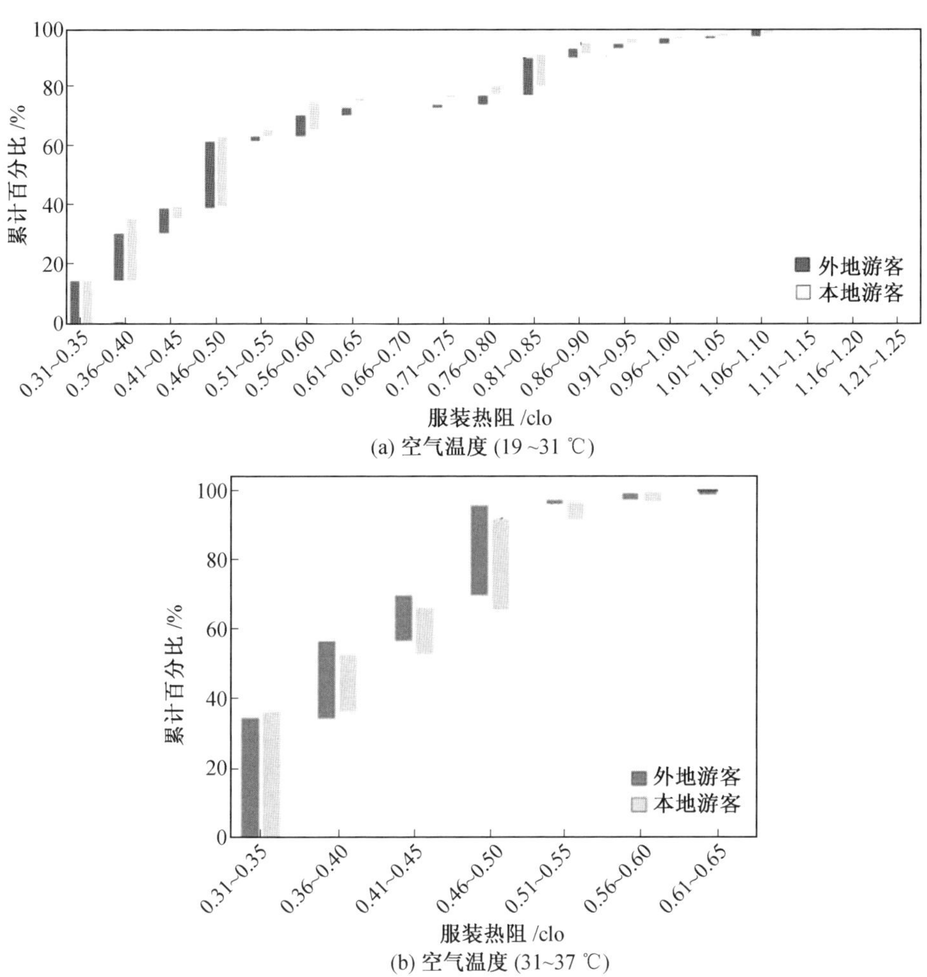

图 3.11 夏季不同空气温度区间内服装热阻的累计百分比

2. 冬季服装热阻分布状态

将冬季温度变化区间内(－22～0 ℃)本地和外地游客的服装热阻分布情况进行统计,得到本地及外地游客的服装热阻累计百分比,如图 3.12 所示,相比于本地游客的服装热阻波动区间(1.31～2.05 clo),外地游客的服装热阻范围(1.16～2.25 clo)更广,表明外地游客御寒的服装类型更加多样;本地游客的服装热阻累计百分比(6.70%)在服装热阻域上升至 1.41～1.45 时略低于外地游客(7.48%),在这之后的相同服装热阻区间内,本地游客的服装热阻累计百分比均明显高于外地游客,该现象同样说明外地游客比本地游客在冬季的着衣量更多。

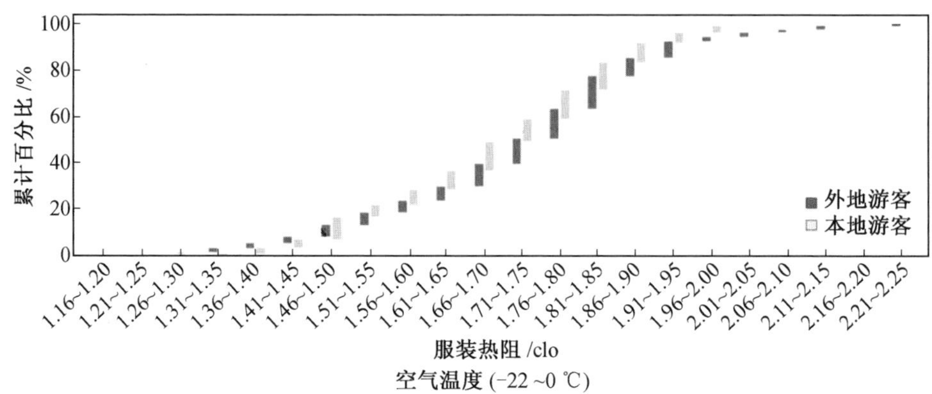

图 3.12　冬季不同空气温度区间内服装热阻的累计百分比

3.3.6　通用热气候指数中服装模型夏、冬季地域适用性评价

通用热气候指数(UTCI)是基于 Fiala 多节点模型推导出的新型综合性指标,它在最初设定时包含人体自身的服装热阻定义模型,该模型在确定时考虑了以下三点因素:第一,在不同温度下人群的典型着装行为,包括与环境温度相关的不同身体部位的服装分布情况以及季节性的衣物适应习惯;第二,由风和身体运动引起的服装绝缘性和耐蒸汽性的变化;第三,不同高度的风速对人群着装量的影响。夏季不同温度区间内 UTCI 中服装隔热值模型的热阻界定域如图 3.13 所示,该模型在定义服装热阻时考虑的 2 个热环境因素分别为温度和 10 m 高度处的风速。本小节对本地及外地游客在夏、冬两季的服装热阻数据进行分析,以此对 UTCI 评价指标中的服装热阻定义模型中关于严寒地区本地及外地游客着装情况的预测准确率进行准确性校验。

1. 通用热气候指数(UTCI)中服装模型夏季地域适用性评价

先对夏季环境下 UTCI 中服装热阻模型的适用性进行验证。由于该服装热阻模型参考的气象风速为地面以上 10 m 处测得的数据,因此依据 ASHRAE 标准中的公式(3.10),对测量高度处的风速进行转化。

$$V_{a10}=V_{a2}\left(\frac{Z}{Z'}\right)^{\alpha} \tag{3.10}$$

式中　α——平均速度指数,在城市中心区域设置为 0.33;

V_{a2}——测量风速,m/s;

Z——计算风速点距地面的高度,m;

Z'——测量高度,m;

V_{a10}——经过转化后距离地面 10 m 高度处的风速值，m/s。

在将风速进行数值转化后，得出测量时间段内夏季实测 10 m 高度处的风速随时间的变化状况如图 3.14 所示，图中 $I_{ci,r}$ 为模型中提供的参考风速值。

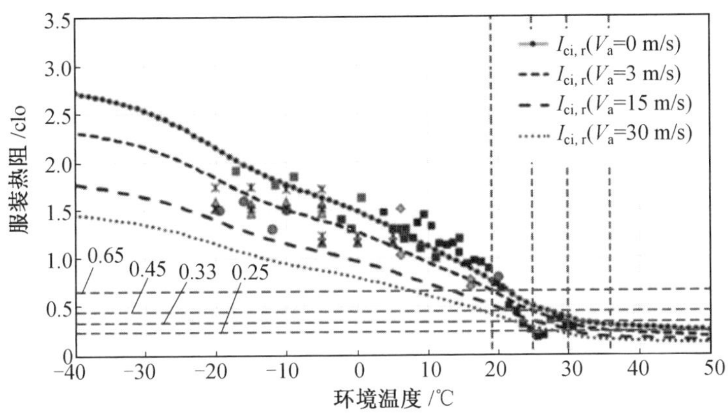

图 3.13　夏季不同温度区间内 UTCI 中服装隔热值模型的热阻界定域

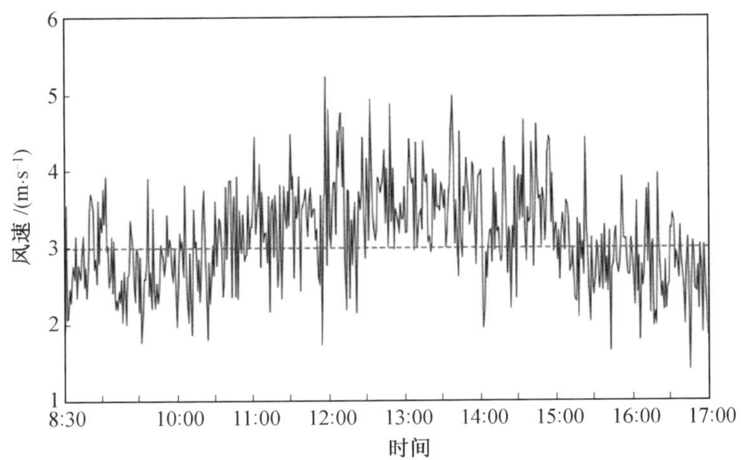

图 3.14　夏季实测 10 m 高度处的风速随时间的变化状况

由图 3.14 可知，夏季实测期间距地面 10 m 高度处的风速波动较大，最大波动范围为 1.4～5.2 m/s，平均风速为 3.14 m/s，图 3.14 显示哈尔滨夏季实测 10 m 高度处风速在 3 m/s 上下波动，因此本研究选用风速值为 3 m/s 的服装热阻定义模型进行适用性分析。夏季实测温度的统计结果显示，测量期间温度变化区间为 19～36 ℃，为简化数据的检验方式，将温度区间划分为三段，分别为 19～25 ℃、25～30 ℃以及 30～36 ℃，根据图 3.13 中的热环境与服装热阻的相

关性曲线得出三段温度区间的服装热阻域分别为 0.45～0.65 clo、0.33～0.45 clo、0.25～0.33 clo，以此为基础从受访游客的调研服装热阻均值以及服装热阻域两方面评价 UTCI 中服装模型在寒地城市景点中的适用性。

将夏季 19～25 ℃、25～30 ℃和 30～36 ℃温度区间内的本地及外地游客的服装热阻值进行平均，从而建立空气温度与平均服装热阻间的关联，如图 3.15 所示，得到夏季空气温度和平均服装热阻的线性拟合方程如下：

本地游客：　$MI_{CL}=-0.024T_a+1.19(R^2=1.000)$　(3.11)

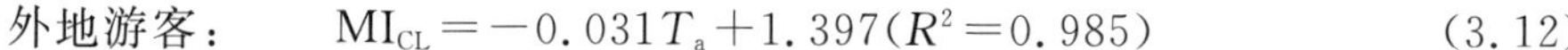

外地游客：　$MI_{CL}=-0.031T_a+1.397(R^2=0.985)$　(3.12)

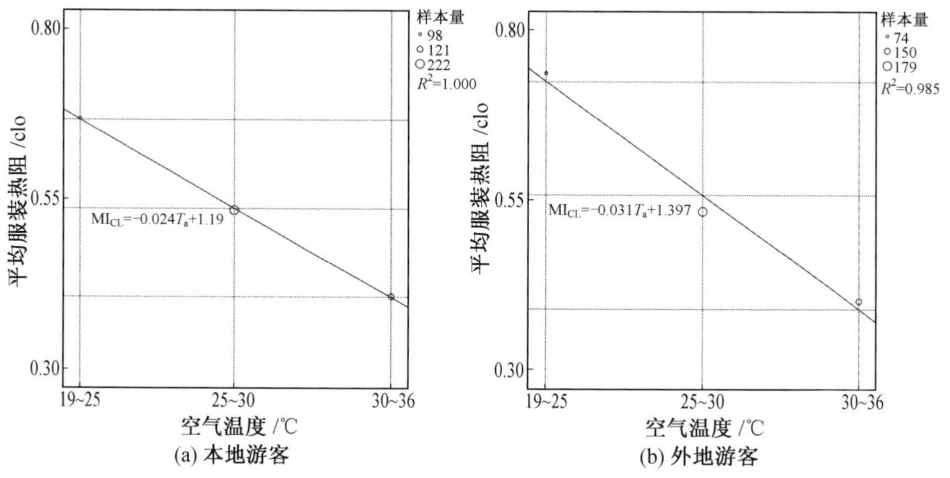

图 3.15　夏季的三段空气温度(T_a)与平均服装热阻(MI_{CL})的相关性

由拟合方程可知，在三段递增的温度变化区间内，本地游客的平均服装热阻值为 0.662 clo、0.530 clo 和 0.398 clo，外地游客则为 0.715 clo、0.545 clo 和 0.374 clo。表 3.9 呈现了拟合值与 UTCI 服装热阻定义模型的热阻界定域的对比情况，仅在 19～25 ℃温度区间内，本地游客的服装热阻均值接近 UTCI 服装热阻域的上限，在其他情况下本地及外地游客的平均服装热阻值均高于服装热阻域的最大值。此外，当空气温度在 19 ℃～30 ℃之间变化时，本地游客的服装热阻均值更接近于 UTCI 服装热阻域的最大值，随着温度的上升(30～36 ℃)，外地游客的平均服装热阻值与 UTCI 服装热阻域上限的差距变得更小。

采用箱线图的形式对夏季的三段温度区间(19～25 ℃、25～30 ℃和 30～36 ℃)内本地及外地游客的服装热阻数据进行分析(图 3.16)，并将 50％相对集中的服装热阻范围界定为不同温度下游客的服装热阻域，本地及外地游客的服装热阻域分析结论与 UTCI 服装模型中服装热阻范围的对比结果见表 3.10。当

温度变化范围在 25～30 ℃之间时，本地与外地游客的服装热阻域相当(分别为 0.38～0.57和 0.38～0.58)；当环境变凉时(19～25 ℃)，本地游客的服装热阻域(0.5～0.85)相较于外地游客稍窄一些(0.5～0.89)；当环境变热时(30～36 ℃)，本地游客的服装热阻域(0.32～0.5)相比于外地游客变得略显离散(0.32～0.46)。总体来看，夏季三段空气温度变化区间内本地与外地游客的服装热阻域相差不大，本地及外地游客的服装热阻域均宽于 UTCI 服装模型中定义的相应环境温度下的服装热阻范围，尤其是环境温度较低时(19～25 ℃)，本地及外地游客的服装热阻域最大值明显高于 UTCI 服装模型中定义的服装热阻范围上限值，而温度的上升使得调研服装热阻域与 UTCI 模型域的差距逐渐减小。

表 3.9　UTCI 模型域与夏季严寒地区三段空气温度下本地及外地游客平均服装热阻

温度区间/℃	19～25	25～30	30～36
UTCI 模型域/clo	0.45～0.65	0.33～0.45	0.25～0.33
本地游客平均服装热阻/clo	0.662	0.530	0.398
外地游客平均服装热阻/clo	0.715	0.545	0.374

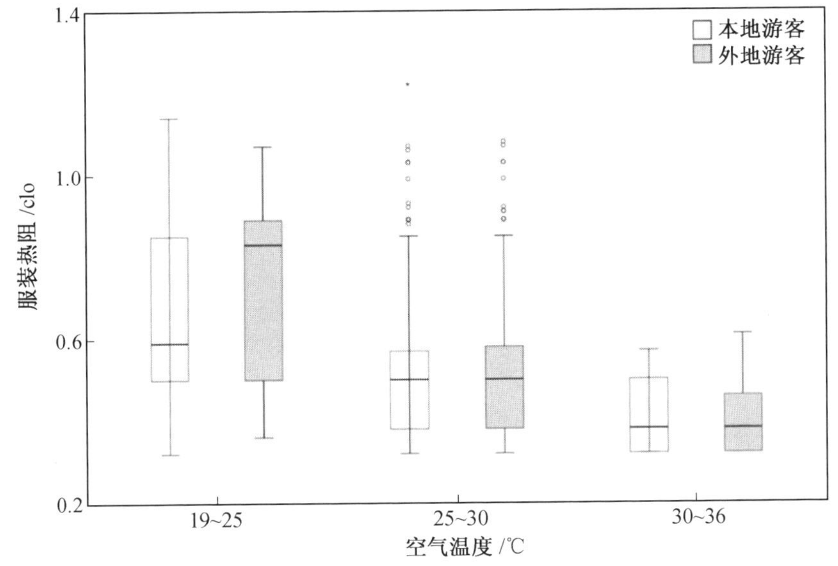

图 3.16　夏季的三段空气温度(T_a)与服装热阻(I_{CL})的箱线图

表 3.10　UTCI 模型域与夏季严寒地区三段空气温度下本地及外地游客服装热阻域

温度区间/℃	19～25	25～30	30～36
UTCI 模型域/clo	0.45～0.65	0.33～0.45	0.25～0.33
本地游客服装热阻域/clo	0.5～0.85	0.38～0.57	0.32～0.5
外地游客服装热阻域/clo	0.5～0.89	0.38～0.58	0.32～0.46

综上所述，首先，当夏季热环境偏凉时(19～25 ℃)，严寒地区本地游客的平均服装热阻与 UTCI 模型域相差不大，而外地游客明显较高。其次，本地游客的服装热阻域与 UTCI 模型域相差较小，可见此时本地游客的着装状况与模型的拟合度更高一些。随着温度的升高(25～30 ℃)，本地及外地游客的平均服装热阻值均高于 UTCI 模型域，其中外地游客的服装热阻均值与所对应的 UTCI 服装模型中服装热阻范围相差较多，在本地与外地游客的服装热阻域波动幅度相近的情况下，UTCI 服装模型仍与本地游客的着装状况拟合度较高；随着温度的继续升高(30～36 ℃)，本地及外地游客的服装热阻均值及服装热阻域均与 UTCI 模型域存在差异，但外地游客的服装热阻域及服装热阻均值均与 UTCI 模型域的差别更小，说明在该温度区间，外地游客的着装状况与模型的拟合度反而更高。

本研究在初步分析时将夏季温度区间划分为三段，前文结论显示本地及外地游客的服装热阻在特定温度环境下存在滞后现象，因此本研究将温度变化区间进行细分，以便了解细化后的温度变化范围内本地及外地游客的着装状况，从而更深刻地分析游客着装状况与 UTCI 模型域的差异。具体而言，将夏季三段空气温度变化区间(19～25 ℃、25～30 ℃和 30～36 ℃)细分为八段，分别为 19～21 ℃、21～23 ℃、23～25 ℃、25～27 ℃、27～30 ℃、30～32 ℃、32～34 ℃、34～36 ℃，以受访者当时的着装状况为依据，用箱线图的方法分析服装热阻值受空气温度的影响情况(图 3.17)，其中界定 50%的服装热阻数据为游客的服装热阻域，温度细化后的本地及外地游客的服装热阻域与 UTCI 模型域的比较结果见表 3.11。在空气温度变化范围为 19～21 ℃时，受晚春偏凉热环境的影响，本地游客服装热阻域边界值均明显高于 UTCI 模型域范围，温度的上升(21～25 ℃)使本地游客服装热阻域的下限逐渐接近 UTCI 模型域的下限值，但本地游客服装热阻域的上限值仍显著高于 UTCI 模型域的上限值；外地游客在 21～23 ℃温度变化区间选择较厚的服装组合适应寒地城市的夏季环境，此时其服装热阻域数据最为集中且边界值较大程度地高于 UTCI 模型域，随着温度上升至 23～25 ℃，外地游客服装热阻域下限值与 UTCI 模型域下限值相接近，但外地游客的服装热阻域上限值比 UTCI 模型域上限值高 0.2 clo。参考表 3.10 中 19～25 ℃

空气温度变化区间下本地及外地游客服装热阻域分析结果可知，本地游客的服装滞后现象及外地游客初夏较高水平的着装热阻对 19～25 ℃空气温度变化区间内本地及外地游客的服装热阻域影响甚微。总体来讲，在 6 ℃的温度变化范围内(19～25 ℃)，本地及外地游客可选择的服装热阻上限值较大程度地高于 UTCI 模型域的上限值，而他们倾向的轻薄服装的服装热阻值与 UTCI 模型域的下限值差别较大。

由表 3.11 可知，在 25～27 ℃和 27～30 ℃两段温度变化区间内，本地与外地游客的服装热阻域均相同，当温度变化范围为 25～27 ℃时，本地与外地游客的服装热阻域的上限值和下限值均明显高于 UTCI 模型域，当温度从 27 ℃升高至 30 ℃时，本地及外地游客的服装热阻域的边界值与 UTCI 模型域相接近。

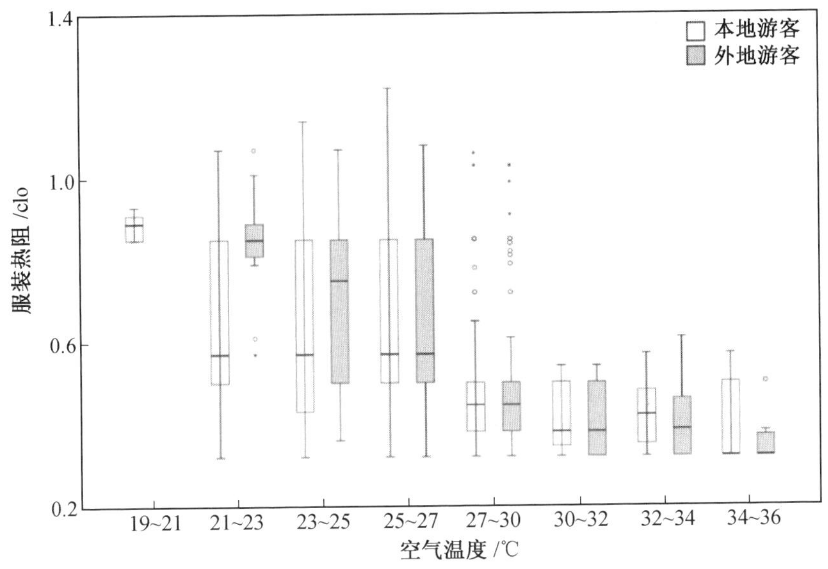

图 3.17　夏季的八段空气温度(T_a)与服装热阻(I_{CL})的箱线图

在温度变化范围为 30～32 ℃和 32～34 ℃时，本地及外地游客的服装热阻域差别较小且边界值高于 UTCI 模型域，当温度区间为 34～36 ℃时，外地游客的服装热阻域上限值明显低于本地游客(表 3.11)，在三段温度变化范围内，本地及外地游客的 50%投票范围上、下限值全部高于 UTCI 模型域。总体来说，由于严寒地区的本地及外地游客在夏季的服装热阻均值高于 UTCI 服装模型中服装热阻的模型域、服装热阻波动范围宽于模型域，该模型对寒地城市游客着装情况的预测性较差。当空气温度区间为 19～30 ℃时，本地游客的着装状况与 UTCI 模型域的服装界定结果的差距相对较小；当空气温度区间为 30～36 ℃时，外地游客的衣着偏好与 UTCI 模型域的界定结果更为接近。

表 3.11　UTCI 模型域与夏季严寒地区八段空气温度下本地及外地游客服装热阻域

温度区间/℃	19～21	21～23	23～25	25～27	27～30	30～32	32～34	34～36
UTCI 模型域/clo	0.45～0.65			0.33～0.45		0.25～0.33		
本地游客服装热阻域/clo	0.85～0.91	0.5～0.85	0.43～0.85	0.5～0.85	0.38～0.5	0.35～0.5	0.35～0.48	0.32～0.5
外地游客服装热阻域/clo	—	0.81～0.89	0.5～0.85	0.5～0.85	0.38～0.5	0.32～0.5	0.32～0.46	0.32～0.37

2. 通用热气候指数(UTCI)中服装模型冬季地域适用性评价

采用与评价 UTCI 服装模型在夏季地域适用性时相同的方法，先统计冬季测试时间段内的风环境参数并将实测风速通过式(3.10)转变为距离地面 10 m 高度处的风速值，冬季实测 10 m 高度处的风速随时间的变化状况如图 3.18 所示。风速的变化范围是 1.1～5.1 m/s，均值为 3.01 m/s，与夏季风环境数据相似，冬季实测 10 m 高度处风速以 3 m/s 为轴线上下波动，因此仍以调研数据为基础，参考风速值为 3 m/s 的 UTCI 服装模型来展开比较性验证。冬季实测温度变化区间宽于夏季，其波动范围为−22～0 ℃，基于此将测试温度划分为四段(−22～−15 ℃、−15～−10 ℃、−10～−5 ℃和−5～0 ℃)，这四段温度区间对应的服装热阻域分别为 1.63～1.9 clo、1.5～1.63 clo、1.38～1.5 clo 和1.25～1.38 clo(图 3.19)，以游客的着装实际调研数据为标准，分析 UTCI 服装模型对冬季本地及外地游客着装情况的预测准确程度。

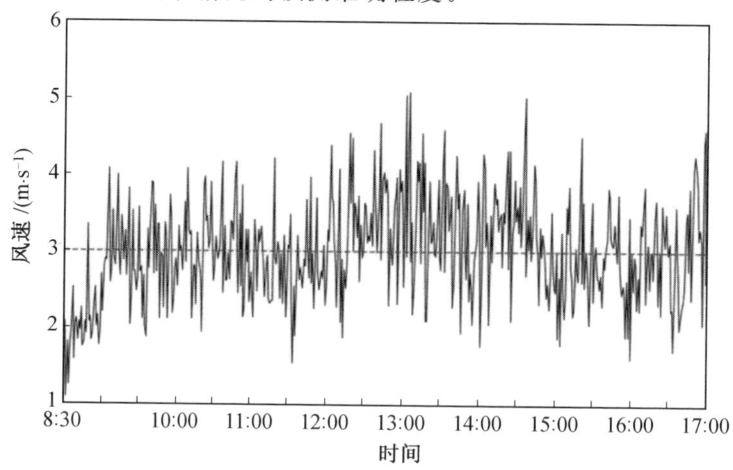

图 3.18　冬季实测 10 m 高度处的风速随时间的变化状况

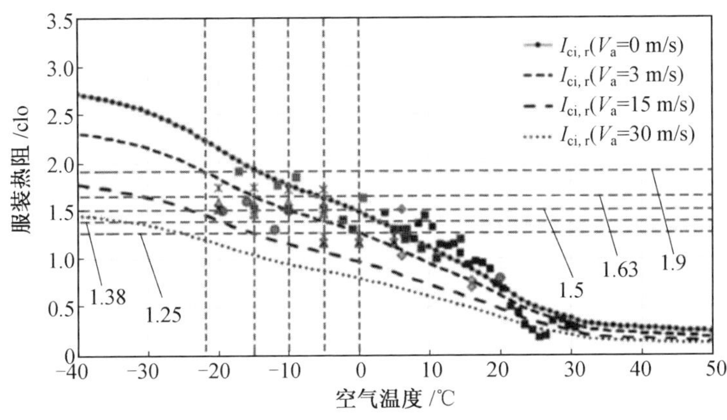

图 3.19　冬季不同温度区间内 UTCI 中服装隔热值模型的热阻界定域

将四段温度变化范围内本地及外地游客的服装热阻数值进行平均，得到冬季空气温度与平均服装热阻的拟合曲线（图 3.20）和拟合方程。

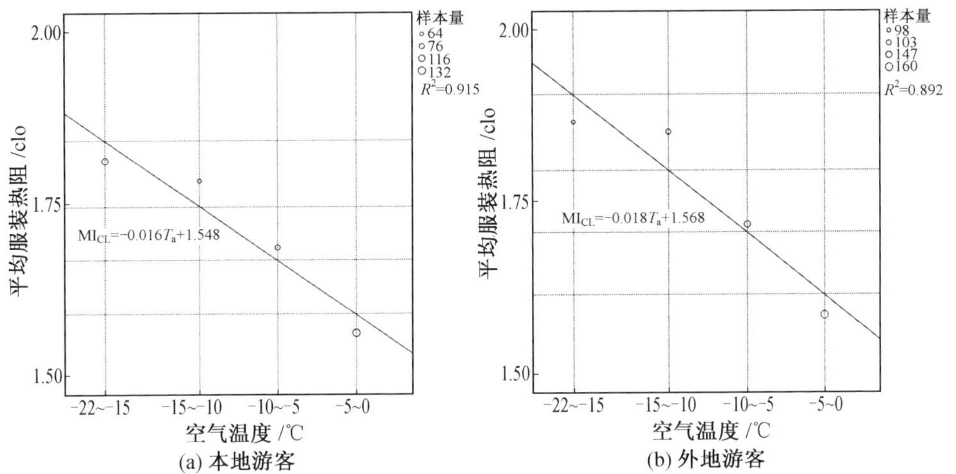

图 3.20　冬季空气温度（T_a）与平均服装热阻（MI_{CL}）的相关性

本地游客：　$MI_{CL}=-0.016T_a+1.548(R^2=0.915)$　(3.13)

外地游客：　$MI_{CL}=-0.018T_a+1.568(R^2=0.892)$　(3.14)

基于拟合方程可知，本地游客在 −22～−15 ℃、−15～−10 ℃、−10～−5 ℃以及 −5～0 ℃四段温度区间内的平均服装热阻值维持在较低的水平，其数值分别为 1.844、1.748、1.668、1.588，外地游客在相应热环境中的平均服装热阻值则为 1.901、1.793、1.703、1.613。表 3.12 显示了冬季严寒地区本地及外地游客的平均服装热阻与UTCI模型热阻拟合域的比较情况，结果表明，在温度变化范围为−22～−15 ℃时，本地及外地游客的平均服装热阻值基本处于UTCI模型域（1.63～1.9 clo）之中，而在另外三段稍高温度区间的环境中，本地及外地游客的平均服装热阻值均高于UTCI模型域的最高值；相比于外地游客，本地游客的平均服装热阻值与UTCI模型域的差别更小。

表3.12　UTCI模型域与冬季严寒地区四段空气温度下本地及外地游客平均服装热阻

温度区间/℃	−22～−15	−15～−10	−10～−5	−5～0
UTCI模型域/clo	1.63～1.9	1.5～1.63	1.38～1.5	1.25～1.38
本地游客平均服装热阻/clo	1.844	1.748	1.668	1.588
外地游客平均服装热阻/clo	1.901	1.793	1.703	1.613

基于不同温度环境下的服装热阻数据，采用箱线图的方法对本地及外地游客的服装热阻域（50%服装热阻数据范围）进行界定。冬季的四段空气温度（T_a）与服装热阻（I_{CL}）的箱线图如图3.21所示。界定结论与UTCI中相应温度变化范围内服装热阻域的对比结果见表3.13，当温度范围为−22～−15 ℃时，本地游客（1.75～1.87 clo）及外地游客（1.78～1.94 clo）的服装热阻域跨度范围基本

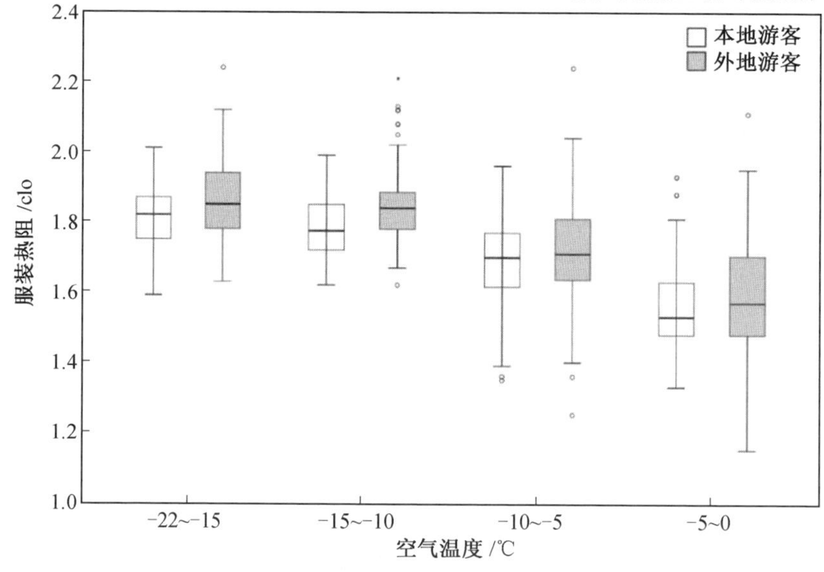

图3.21　冬季的四段空气温度（T_a）与服装热阻（I_{CL}）的箱线图

处于UTCI服装热阻定义域(1.63～1.9 clo)之中，在另外三段温度变化区间，本地及外地游客的服装热阻域边界值明显高于UTCI模型域，当温度上升至－10～－5 ℃和－5～0 ℃时，本地及外地游客的服装热阻域均宽于UTCI服装模型中的定义范围且外地游客的服装热阻域更为离散。

表3.13 UTCI模型域与冬季严寒地区四段空气温度下本地及外地游客服装热阻域

温度区间/℃	－22～－15	－15～－10	－10～－5	－5～0
UTCI模型域/clo	1.63～1.9	1.5～1.63	1.38～1.5	1.25～1.38
本地游客服装热阻域/clo	1.75～1.87	1.72～1.85	1.62～1.77	1.48～1.63
外地游客服装热阻域/clo	1.78～1.94	1.78～1.89	1.64～1.81	1.48～1.71

总而言之，在冬季热环境较冷时(－22～－15 ℃)，本地游客的服装热阻均值及服装热阻域均处于UTCI模型域的规定范围内，外地游客的服装热阻均值和服装热阻域上限值均稍高于模型域上限值，故在该温度变化范围内UTCI模型域与本地及外地游客的调研着装情况拟合度很高；当环境变得更暖时(－15～0 ℃)，不仅本地及外地游客的服装热阻平均水平超出定义范围，其服装热阻域的边界值也相较于定义范围更高。

采用与夏季深入分析游客衣着状况时相似的方式，将冬季测试的空气温度区间在原来四段的基础上进行细分，形成九段温度区间，分别是－22～－20 ℃、－20～－18 ℃、－18～－15 ℃、－15～－13 ℃、－13～－10 ℃、－10～－8 ℃、－8～－5 ℃、－5～－3 ℃、－3～0 ℃，同样基于冬季的服装热阻调研数据，采用箱线图的方法分析游客的实际着装状况与UTC模型域的关系(图3.22)，并将50%的服装热阻数据作为其服装热阻域。表3.14显示了九段空气温度下本地及外地游客的服装热阻域及UTCI模型域，当－22～－15 ℃的温度变化区间被分为三部分时，本地及外地游客在相应温度范围内的服装热阻域基本处于UTCI模型域之中，随着环境的变暖，其余六段空气温度下本地及外地游客的调研服装热阻域边界值均高于UTCI模型域，该结果表明在冬季空气温度从－15 ℃上升到0 ℃的过程中，本地及外地游客的着装量均高于UTCI模型域的定义水平。鉴于外地游客在各温度区间下的服装热阻均值及服装热阻域边界值与UTCI模型域的差距更大，UTCI中的服装模型在冬季对本地游客的服装预测准确率高于外地游客。

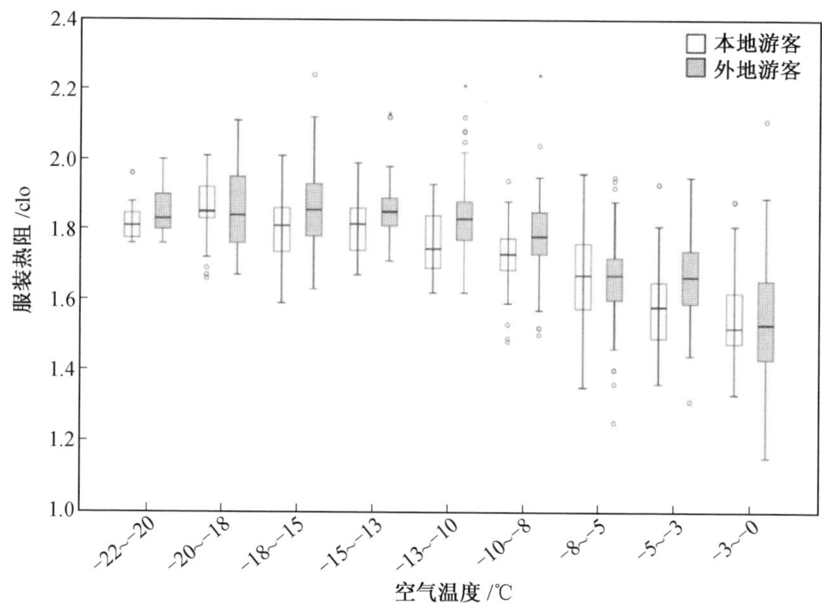

图 3.22 冬季的九段空气温度(T_a)与服装热阻(I_{CL})的箱线图

表 3.14 UTCI 模型域与冬季严寒地区九段空气温度下本地及外地游客服装热阻域

温度区间/℃	−22～−20	−20～−18	−18～−15	−15～−13	−13～−10	−10～−8	−8～−5	−5～−3	−3～0
UTCI 模型域/clo	1.63～1.9			1.5～1.63		—	1.38～1.5	1.25～1.38	—
本地游客服装热阻域/clo	1.78～1.85	1.83～1.92	1.74～1.86	1.74～1.86	1.69～1.84	1.69～1.78	1.58～1.76	1.49～1.65	1.48～1.62
外地游客服装热阻域/clo	1.8～1.9	1.76～1.95	1.78～1.93	1.81～1.89	1.77～1.88	1.73～1.85	1.6～1.72	1.59～1.74	1.43～1.66

UTCI 服装模型在设定时所参考的人群为欧洲和北美城市的人群，这些地区的人群在着装时最重要的特点是人们不会完全根据气候变化调整自身的服装搭配模式，并且在寒冷的环境中他们的衣着有些“不合身”。基于严寒地区夏、冬两季本地及外地游客的服装热阻调研结果来看，仅在冬季−22～−15 ℃温度区间内 UTCI 服装模型的热阻定义域与游客的服装搭配情况拟合度较高，在其余情况下 UTCI 服装模型对严寒地区游客衣着状态的预测准确性偏低。

3.4　平均活动水平影响因素比较

既往研究总结了影响活动的室外环境因素，包括空气温度、风速、辐射温度、天空的晴朗指数、时间、活动地点等。此外，人群的心理性需求从一定程度上决定了人们的活动形式。参考既往研究成果，本节探讨夏、冬两季在景点环境中有着不同心理期望的本地及外地游客的平均活动水平的影响因素。

3.4.1　夏季测试时间与平均活动水平

本研究以 1 h 为时间变化区间，取夏季实测期间单位时间内本地及外地游客的活动量平均值，受实测时间段限制，首段平均活动水平的计算以半小时(8:30—9:00)作为时间变化区间，建立活动水平均值与测试时间之间的关系，得到外地游客平均活动水平与测试时间的拟合方程如下：

外地游客：$MAL=0.43T^2-11.9T+0.018\ 2(R^2=0.702)$　　(3.15)

如图 3.23 所示，本地游客的活动水平随着时间变化呈现随机分布的状态，说明本地游客在自身的生活环境中很少根据时间来规划自己的活动形式；外地游客的平均活动水平与测试时间的拟合曲线为二次函数关系，表明外地游客的活动受到时间的影响，即当外地游客来到一个新的游览地点时，他们会按照出行计划在清晨进行高水平的游览活动，在中午时间段通过开展低水平的活动进行

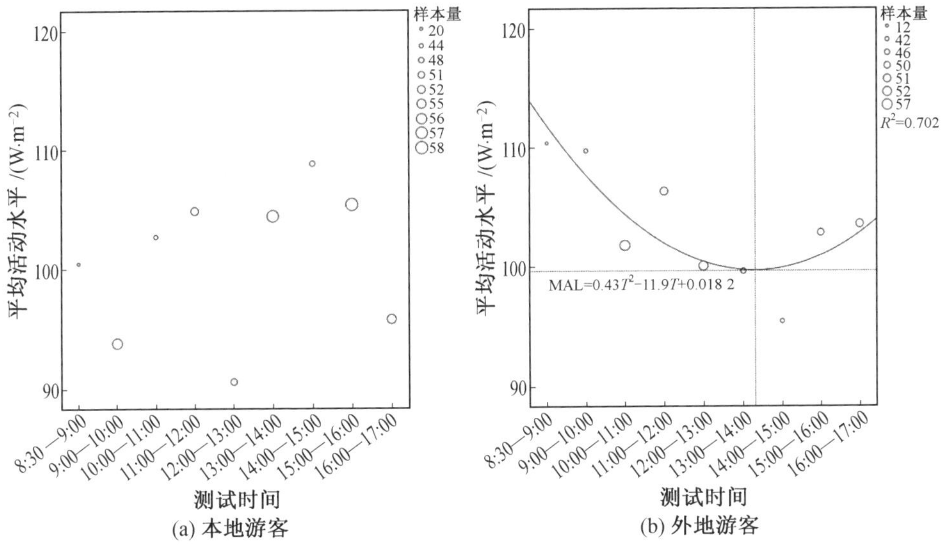

图 3.23　夏季测试时间(T)与平均活动水平(MAL)的相关性

休息，之后在下午时间段继续参加高水平的游览活动，因此他们的活动水平随时间呈现先下降后上升的趋势。

3.4.2 冬季测试时间与平均活动水平

本研究分别于 2017 年 12 月 27 日、2018 年 12 月 19 日、2019 年 1 月 1 日进行了 3 次受访者活动水平的调研，在此期间共收集到有效问卷 692 份，其中包含 297 名本地游客问卷和 395 名外地游客问卷，问卷将测试周期划分为 9 段，第 1 段为 8:30—9:00，其余 8 段以 1 h 为时间间隔，从上午 9:00 持续到下午 17:00，分别计算每段时间变化范围内本地及外地游客活动水平的均值，然后与测试时间进行回归分析，拟合结果显示外地游客的平均活动水平与测试时间存在较强的相关性，两者之间的拟合方程如下：

外地游客：$MAL=0.41T^2-10.99T+0.017\ 6(R^2=0.728)$ (3.16)

如图 3.24 所示，在 9:00—11:00 和 13:00—16:00 时间段，本地游客的活动水平较高，该现象表明对于能够自由规划时间的本地游客而言，他们可能偏好在上午晚些时候和下午早些时候进行高代谢水平的活动从而避开一天中较冷的时间段(清晨和傍晚)。冬季外地游客的活动水平和测试时间的相关性分析结果与夏季类似，即外地游客的活动水平与测试时间为二次函数关系，表明在冬季外地游客活动水平的影响因素依旧为时间，受出行计划的影响，他们在中午时间段的活动水平最低而在清晨及傍晚的活动水平最高。

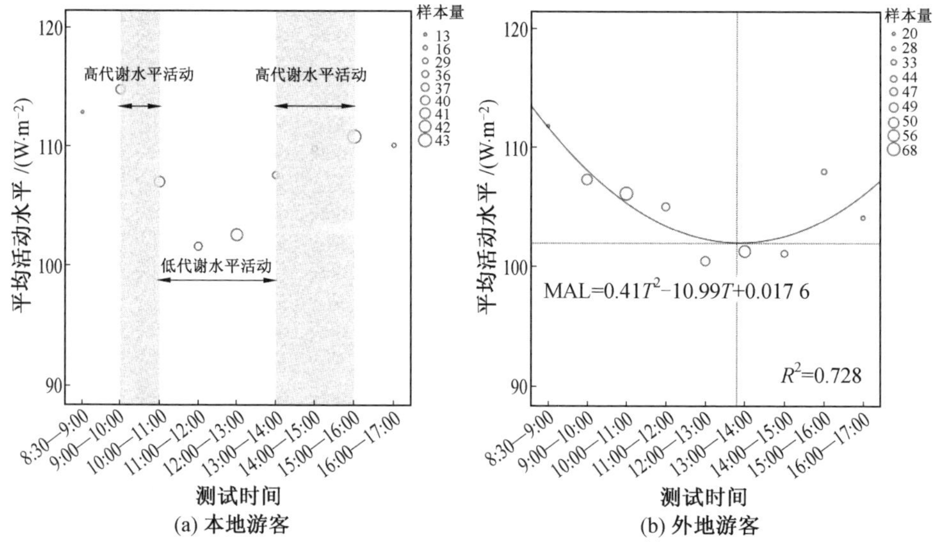

图 3.24 冬季测试时间(T)与平均活动水平(MAL)的相关性

3.4.3　夏季空气温度与平均活动水平

权衡夏季温度范围内的所有样本情况，将每 2 ℃温度变化区间对应的活动水平进行平均并与空气温度进行回归分析，得到本地游客的平均活动水平与空气温度间的拟合方程如下：

本地游客：　　$MAL = 0.74T_a + 80.868 (R^2 = 0.729)$　　(3.17)

如图 3.25 所示，本地游客的平均活动水平(MAL)与空气温度(T_a)的拟合曲线呈一次正相关函数关系，该现象表明夏季本地游客会根据环境温度状况选择活动形式，当环境温度较低时，本地游客偏好进行代谢水平较低的活动，如静坐休息、购物等，当环境温度升高时，较好的气候状况使本地游客更愿意在室外开展代谢水平较高的活动，因此本地游客的活动量随着温度的上升逐渐增大；而外地游客的平均活动水平与空气温度的相关性较弱。由前文结论可知，外地游客的活动量受时间因素的影响较大，因而他们很少根据热环境决定自身的活动水平。

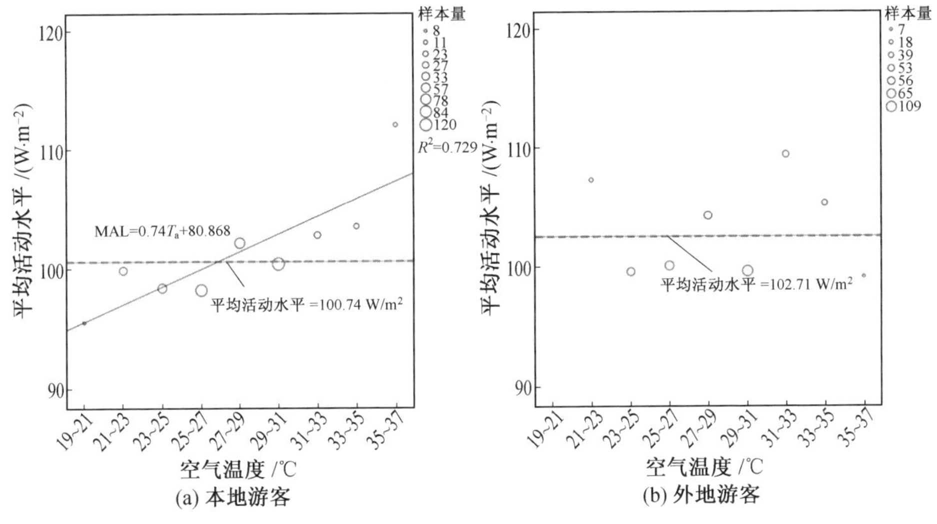

图 3.25　夏季空气温度(T_a)与平均活动水平(MAL)的关系

3.4.4　冬季空气温度与平均活动水平

在冬季，以 2 ℃为温度变化区间将温度平均划分为 10 段，将对应同一温度区间的本地及外地游客的活动水平分别进行平均，得到冬季本地及外地游客空气温度与平均活动水平的关系，如图 3.26 所示。在冬季，本地及外地游客的平均活动水平在不同的空气温度区间内均呈现多样分布的状态，该结果表明随着季节的更迭(由夏季转变为冬季)，本地游客在冬季寒冷的环境中不再根据天气

情况调整和计划他们的活动状态；由前文外地游客的平均活动水平与测试时间的关系结论可知，外地游客在冬季通常依据时间规划其活动状态，故其平均活动水平不会随着空气温度的变化而产生相应的回归趋势。

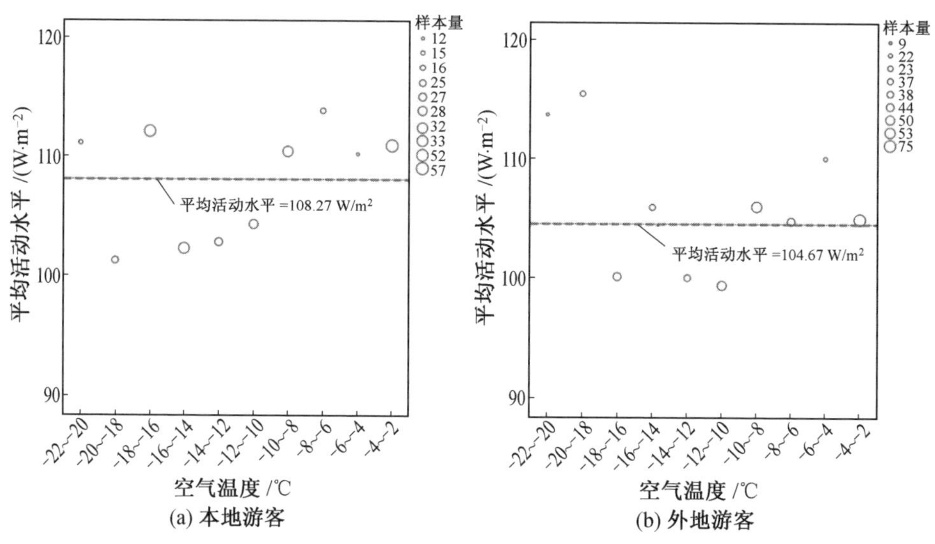

图 3.26　冬季空气温度(T_a)与平均活动水平(MAL)的关系

结合图 3.25 和图 3.26 可知，本地游客在夏季的平均活动水平(100.74 W/m^2)明显低于冬季(108.27 W/m^2)，究其原因可能是本地游客在冬季偏好进行更高水平的活动，这样有利于在寒冷的环境中保暖。而外地游客的平均活动水平在冬季(104.67 W/m^2)和夏季(102.71 W/m^2)相近。前文的结论显示，外地游客在各个季节均根据时间规划其活动状态，因此季节性热环境的变化很少会影响他们的活动行为。

3.5　寒地城市本地与外地游客热舒适性差异化比较

既往研究多依据气象参数(空气温度、相对湿度、风速、太阳辐射)来评价人群的室外热舒适水平，然而基于单一气象参数的热舒适评价无法表明综合热环境对人群热舒适状况的影响，热舒适指标将多种气象参数归结为表征室外热环境的舒适状态的一种标准，使评价结论具有综合性。

综合性热舒适指标作为表征室外热环境的舒适状态的一种依据，被广泛地应用到不同地域的热舒适评价中，本研究筛选出 3 个目前常用的室外热舒适评价指标，即生理等效温度(PET)、通用热气候指数(UTCI)和标准有效温度

(SET*),评价严寒地区本地与外地游客的多维度热舒适感受。其中,标准有效温度(SET*)在最初设定时拟用于对温暖且潮湿的热环境进行评价,其热感觉评价尺度的最低标度为“凉”,并且既往研究表明标准有效温度(SET*)在寒冷气候中的适用性较差,如雷永生于 2018 年指出在严寒地区冬季的城市环境中 SET* 对热感受的预测准确率很低。综上所述,在对严寒地区游客的热舒适性进行综合性评估时,本研究在夏季选用 PET、UTCI 和 SET* 3 项指标,而在冬季采用 PET 及 UTCI 2 项指标。

3.5.1 夏季本地与外地游客热舒适性差异化评价

在进行夏季实地测量时,受哈尔滨旅游高峰时间段的限制,当环境的热舒适指标值较低时,并未采访到足够数量的外地游客,因此在对夏季本地与外地游客的热舒适性展开差异化评价时发现,外地游客的多维度热舒适感受所对应的热舒适指标区间窄于本地游客。

1. 本地与外地游客热感觉差异化分析

(1)基于 PET 的本地与外地游客热感觉投票比较。

为了推导热舒适评价指标和热感觉的数学模型,本书参考 Lin 等人的人体热舒适研究方法,将每 1 ℃ PET 区间对应的热感觉投票值进行平均,然后将得到的热感觉投票(TSV)与其相应的 PET 值进行回归分析并求解拟合方程。为保证 PET 具有足够宽的跨度,同时减少个体差异带来的误差,本研究剔除区间样本量少于 3 个的分组,权衡所有样本情况得到夏季本地及外地游客的热感觉投票与 PET 的拟合方程如下:

本地游客: $$TSV = 0.079PET - 1.250\ (R^2 = 0.829) \tag{3.18}$$

外地游客: $$TSV = 0.068PET - 1.197\ (R^2 = 0.728) \tag{3.19}$$

本地及外地游客每 1 ℃ PET 区间对应的夏季热感觉投票(TSV)与 PET 的对应关系如图 3.27 所示。通过拟合方程可知,哈尔滨夏季本地游客热感觉为“微暖”(TSV=1)时 PET 值为 28.48 ℃,外地游客在有相同热感觉(TSV=1)时的 PET 值(32.31 ℃)高于本地游客。该结果表明,受非严寒地区夏季高温气候的影响,外地游客对炎热环境产生了一定程度上的适应性且形成了热记忆,因此即使在旅游地 PET 值相对较高的室外热环境中,人们的热感觉依然判定为“微暖”;当 PET 值上升至 45 ℃时,本地游客的热感觉投票(2.31)明显高于外地游客(1.86),该结果表明,在长期夏季偏凉热环境的作用下,本地游客的热感觉投票水平普遍高于外地游客。

(2)基于 PET 的本地与外地游客热感觉尺度比较。

ASHRAE 标准中界定了各等级热感觉尺度为该热感值±0.5 后的范围,在本研究中,夏季本地及外地游客热感觉为“适中”(TSV=0)时所对应的 PET 值分别为 15.82 ℃和 17.6 ℃,但进行主观问卷调查期间的 PET 值未达到该状态,因此本研究根据上述热感值±0.5 的方法,利用夏季的拟合方程求解本地及外地游客热感觉为“微暖”(TSV=1)时的 PET 范围,该热感觉区间所对应的热环境可认为是夏季较舒适的状态;本地游客“微暖”热感觉的 PET 范围为 21.59~34.92 ℃,外地游客“微暖”热感觉的 PET 范围为 24.96~39.66 ℃,与本地游客相比,外地游客的“微暖”热感觉边界值更高。

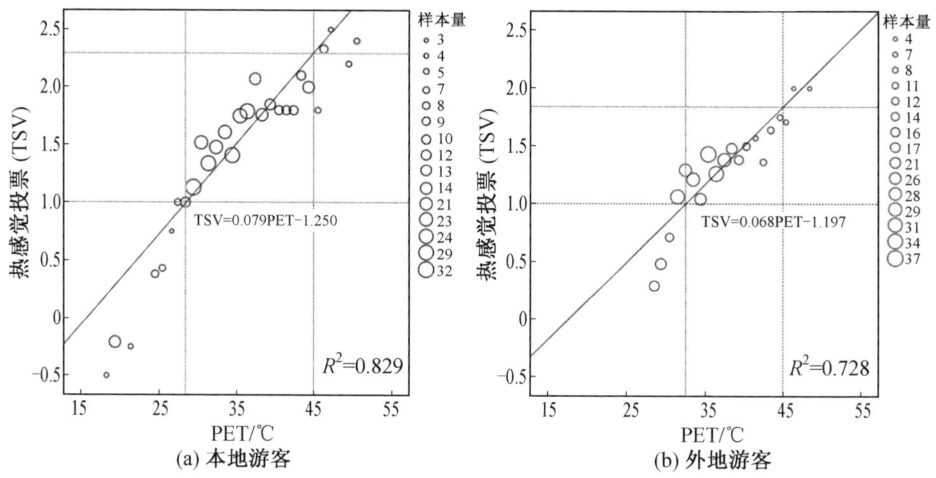

图 3.27　夏季热感觉投票(TSV)与 PET 的相关性

(3)基于 UTCI 的本地与外地游客热感觉投票比较。

本研究引入了 UTCI 指标,从多角度界定游客的热舒适感受并与其他指标进行对比,从不同的角度为景区游客的室外热舒适状态评价提供参考依据。

采用 PET 与 TSV 相关性的研究方法,将夏季每 1 ℃ UTCI 区间所对应的不同人群的热感觉投票值进行平均,然后将得到的平均热感觉投票与其对应的 UTCI 值进行回归分析,从而建立夏季热感觉投票(TSV)与 UTCI 之间的关系,如图 3.28 所示,权衡样本情况得到本地及外地游客热感觉投票与 UTCI 的拟合方程如下:

本地游客:　$$\text{TSV}=0.123\text{UTCI}-2.355(R^2=0.904) \tag{3.20}$$

外地游客:　$$\text{TSV}=0.13\text{UTCI}-3.004(R^2=0.872) \tag{3.21}$$

夏季本地及外地游客的 TSV 与 UTCI 间均呈现线性正相关关系,通过 UTCI 与 TSV 的拟合方程,求得热感觉为“微暖”(TSV=1)时本地游客的 UTCI 值为 27.28 ℃,外地游客此时的 UTCI 值较高一些,为 30.8 ℃;当 UTCI 温度达到 45 ℃时,本地游客的热感觉投票高于外地游客约 0.3 个热感觉单位。

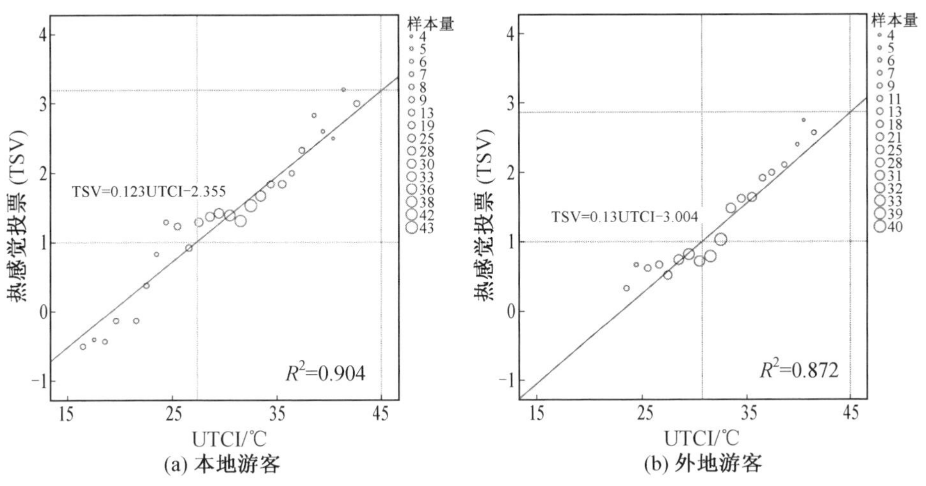

图 3.28 夏季热感觉投票(TSV)与 UTCI 的相关性

(4)基于 UTCI 的本地与外地游客热感觉尺度比较。

由于外地游客中性热感觉所对应的 UTCI 值并未处于主观问卷调查期间的 UTCI 的范围内，因此通过拟合方程求得夏季本地及外地游客“微暖”热感觉下的 UTCI 尺度分别为 23.21～31.34 ℃和 26.95～34.65 ℃，外地游客“微暖”热感觉的 UTCI 尺度上限及下限均高于本地游客约 3 ℃。

(5)基于 SET* 的本地与外地游客热感觉投票比较。

本研究引入 SET* 指标，从另一角度了解严寒地区本地及外地游客的热舒适感受，采用 PET、UTCI 与 TSV 的相关性研究方法，将每 1 ℃ SET* 区间所对应的热感觉投票值进行平均，然后将得到的数值与其对应的 SET* 值进行回归分析，从而建立夏季热感觉投票(TSV)与 SET* 之间的关系。本研究同样剔除了区间样本量少于 3 个的分组，然后进行回归计算，得到本地及外地游客的热感觉投票(TSV)与 SET* 之间的拟合方程如下：

本地游客： $TSV=0.085SET^*-1.429(R^2=0.867)$ (3.22)

外地游客： $TSV=0.101SET^*-2.243(R^2=0.831)$ (3.23)

如图 3.29 所示，夏季本地及外地游客的 TSV 随着 SET* 的上升均呈线性增长的趋势，通过 SET* 与 TSV 的拟合方程进行线性求解可知热感觉为“微暖”(TSV＝1)时本地游客及外地游客的 SET* 值分别为 28.58 ℃和 32.11 ℃；当环境的 SET* 值降低到 20 ℃时，本地游客的热感觉投票为 0.271，外地游客的热感觉投票则较低，为－0.223。

(6)基于 SET* 的本地与外地游客热感觉尺度比较。

通过夏季热感觉投票(TSV)与 SET* 的拟合方程可知，本地游客的中性

SET* 尺度为 10.93～22.69 ℃，外地游客的中性 SET* 尺度边界值较高(17.26～27.16 ℃)，本地游客“微暖”热感觉(TSV＝1)对应的 SET* 范围(22.69～34.46 ℃)边界值依旧低于外地游客(27.16～37.06 ℃)。

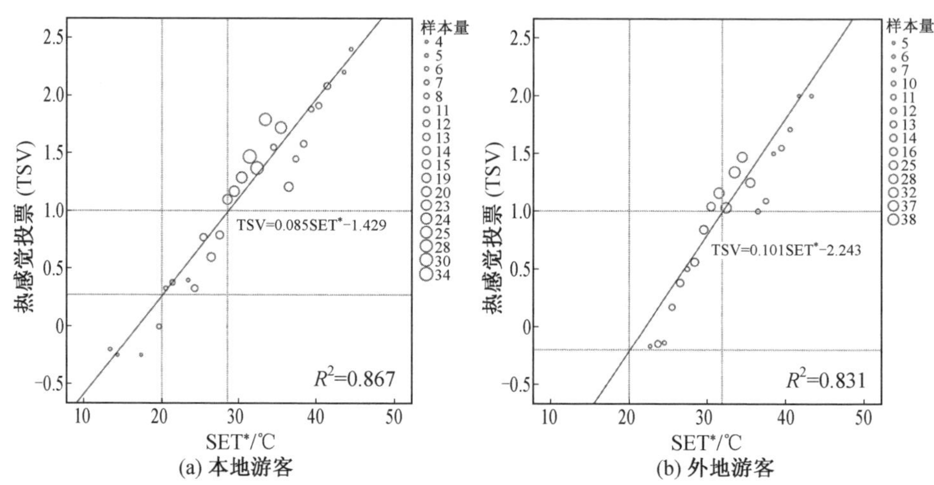

图 3.29 夏季热感觉投票(TSV)与 SET* 的相关性

2. 本地与外地游客热舒适差异化分析

(1)基于 PET 的本地与外地游客热舒适投票比较。

首先将每 1 ℃ PET 区间对应的本地及外地游客的热舒适值进行平均，然后把得到的热舒适投票(TCV)和与其对应的 PET 值进行回归分析并求解拟合方程，选取拟合度最高的曲线(R^2 最大的拟合曲线)作为最后的拟合曲线，权衡所有样本情况得到热舒适投票与 PET 的拟合方程如下：

本地游客： $TCV=-0.025PET-0.032(R^2=0.615)$ (3.24)

外地游客：$TCV=-0.00125\,PET^2+0.06PET-1.18(R^2=0.739)$ (3.25)

图 3.30 显示，夏季本地游客的平均热舒适投票与 PET 之间呈现较强的线性关系，随着 PET 的不断升高，本地游客的热舒适逐渐线性降低，根据拟合方程，当 PET 为－1.28 ℃时，本地游客达到舒适状态(TCV＝0)，但进行主观问卷调查期间的 PET 区间远远高于该舒适感受所对应的 PET 值，“轻微不舒适”状态(TCV＝－1)的 PET 为 38.72 ℃，低于该值的热环境可认定为本地游客接近舒适状态，此数值与本地游客热感觉为“微暖”(TSV＝1)时的 PET 值(31.4 ℃)最接近；外地游客的热舒适投票与 PET 之间则呈较好的二次函数关系，外地游客的热舒适投票存在最大值，随着热环境的变凉，外地游客的不适感增强，因此舒适度水平明显降低，而不断增加的 PET 值越发偏离外地游客心中寒地出行环

境清凉夏季的期望值，因而不舒适感受投票上升较快。实地测量的热舒适指标变化范围内，由于外地游客体验到了相对凉爽的寒地出行环境，因此其热舒适投票高于本地游客。此外，外地游客“轻微不舒适”（TCV＝－1）状态对应的 PET 值（44.2 ℃）与外地游客热感觉为“凉”时的 PET 值（47.01 ℃）最接近。

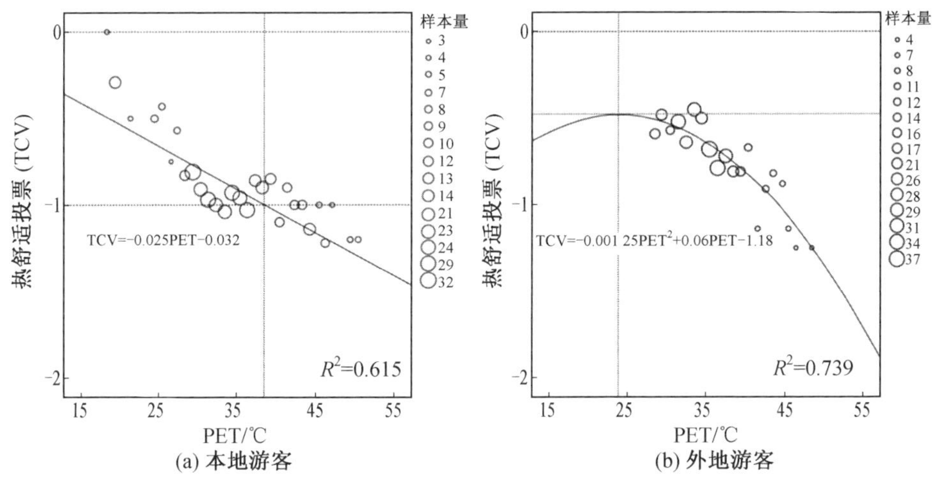

图 3.30　夏季热舒适投票（TCV）与 PET 的相关性

（2）基于 PET 的本地与外地游客热舒适域比较。

本研究参考既往的研究方法，将“舒适”状态下（TCV＝0）的 PET 数据以箱线图的形式进行分析，进而确定夏季本地及外地游客主观判断为舒适状态时的指标值范围。与数据的整体分散程度相比，游客的 50％投票数据相对集中，因此本研究基于本地及外地游客的 50％投票数据界定其热舒适域。如图 3.31 所示，基于 PET 指标的夏季本地游客的热舒适域数据相对离散（27～37.4 ℃），外地游客较为集中（31.4～37.8 ℃），表明本地游客的地域适应性拓宽了游客在感觉舒适时对于热环境变化的接受范围；外地游客舒适状态下的 PET 热舒适域中值（34.8 ℃）高于本地游客（31.9 ℃），这是由于外地游客的生活环境通常较炎热，其在舒适状态下对于热环境 PET 值的可接受上限更高。

分析结果显示本地游客的热舒适值和外地游客在“舒适”状态下的 PET 值均偏离其各自的热舒适域，该现象与以下两点原因有关：首先，箱线图是在主观数据的基础上得出实测气象参数范围内的热舒适区间，而热舒适值或热舒适峰值是根据拟合方程的拟合推导得出；其次，预测模型是基于不同热舒适等级下的主观数据建立的，而热舒适域的数据参考范围则为热舒适投票下的热舒适指标值，两者统计方法存在显著不同。在后续的研究中，需要拓宽实测的热环境参数波动范围或基于其他热舒适域界定方式对调研数据展开进一步的分析。

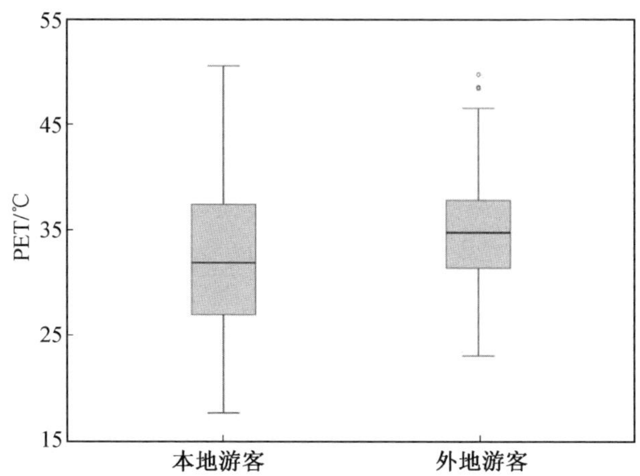

图 3.31　夏季舒适状态下(TCV=0)的 PET 箱线图

(3)基于 UTCI 的本地与外地游客热舒适投票比较。

首先将夏季 UTCI 数据波动范围以 1 ℃为变化区间进行划分，剔除区间样本量少于 3 个的分组，并求出每个变化区间内的热舒适投票(TCV)的平均值，然后将平均热舒适投票与其对应的 UTCI 值建立联系，同样选取拟合度最高的曲线(R^2 最大的拟合曲线)作为最后的拟合曲线，得到本地及外地游客热舒适投票与 UTCI 的拟合方程如下：

本地游客：　$TCV=-0.047UTCI+0.544(R^2=0.807)$　(3.26)

外地游客：　$TCV=-0.0062UTCI^2+0.32UTCI-4.59(R^2=0.900)$　(3.27)

如图 3.32 所示，本地游客的 TCV 与 UTCI 之间呈现相关性较强的一次函数关系，当 UTCI 值为 32.85 ℃时本地游客达到“轻微不舒适”的状态(TCV=−1)，该状态所对应的 UTCI 值比本地游客热感觉为“暖”(TSV=1)时的 UTCI 值(27.28 ℃)稍高；外地游客的 TCV 与 UTCI 之间则呈较好的二次函数关系，当 UTCI 值为 26.3 ℃时，外地游客的热舒适投票达到最高(−0.35)，随着 UTCI 值的上升或下降，外地游客的舒适感受均出现下滑，当UTCI<38.3 ℃时，外地游客的热舒适水平高于本地游客，当 UTCI≥38.3 ℃时，过度炎热的环境不符合外地游客的出行心理，从而导致外地游客的热舒适水平相比于本地游客变得更低；当 UTCI=36.4 ℃，外地游客的热舒适投票达到“轻微不舒适”(TCV=−1)状态，该 UTCI 值下外地游客的热感觉投票为 1.73，其最接近的热感觉等级为“凉”(TSV=−2)。

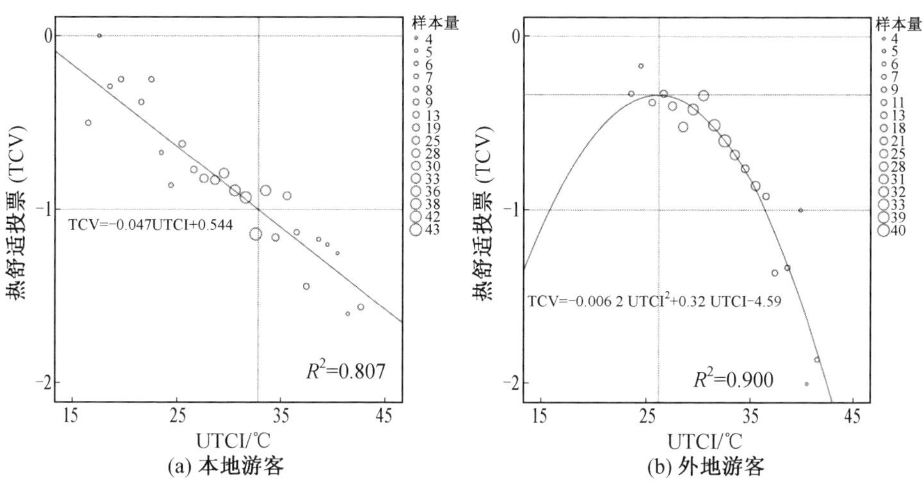

图 3.32　夏季热舒适投票(TCV)与 UTCI 的相关性

(4)基于 UTCI 的本地与外地游客热舒适域比较。

以游客"舒适"状态下(TCV＝0)的 UTCI 数据为基础,采用箱线图的方法基于 50％相对集中的主观投票数据界定本地及外地游客的热舒适域(图 3.33),相较于外地游客的热舒适域(27.8～32.5 ℃),本地游客的热舒适域(22.8～31.8 ℃)的边界下限值更低,其范围更宽。此外,外地游客热舒适域的中值(30.4 ℃)比本地游客(29.1 ℃)高 1.3 ℃。

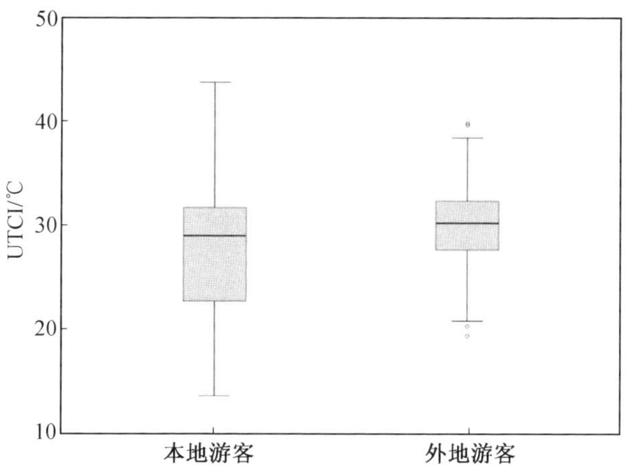

图 3.33　夏季舒适状态下(TCV＝0)的 UTCI 箱线图

(5)基于 SET* 的本地与外地游客热舒适投票比较。

将夏季实测 SET* 数据以 1 ℃为变化区间进行划分，剔除区间样本量少于 3 个的分组，再将每个变化区间对应的游客热舒适值进行平均，把得到的热舒适投票和与其对应的 SET* 数据进行回归求解运算，选取 R^2 最大的拟合曲线作为最终的拟合曲线，得到本地与外地游客的拟合方程如下：

本地游客： $TCV=-0.033SET^{*}+0.228(R^2=0.646)$ (3.28)

外地游客： $TCV=-0.001\,6SET^{*2}+0.07SET^{*}-1.02(R^2=0.712)$ (3.29)

如图 3.34 所示，本地游客的热舒适投票与 SET* 之间呈一次函数关系，随着 SET* 的不断升高，本地游客的舒适感逐渐降低，“轻微不舒适”状态(TCV＝－1)的 SET* 为 37.21 ℃，相比于本地游客热感觉为“暖”时(TSV＝2)的 SET* 值(28.58 ℃)，本地游客“轻微不舒适”状态的 SET* 值较高；外地游客的热舒适投票与 SET* 之间呈较强的二次函数关系，外地游客的热舒适投票存在峰值，SET* 值的上升抑或下降都会造成外地游客舒适感的降低。实测期间本地游客的热舒适水平始终高于外地游客。外地游客“轻微不舒适”(TCV＝－1)对应的 SET* 值为 40.5 ℃，该热舒适指标值下的外地游客的热感觉投票接近为“凉”(TSV＝－2)。

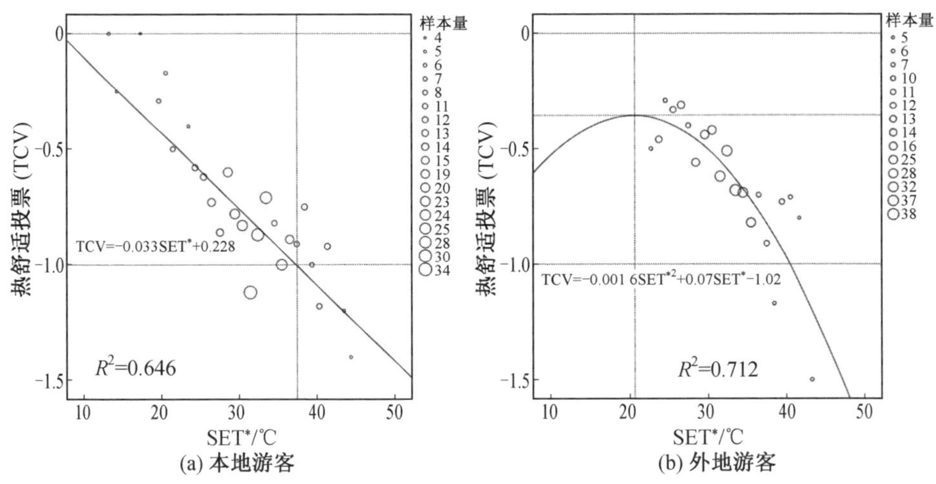

图 3.34　夏季热舒适投票(TCV)与 SET* 的相关性

(6)基于 SET* 的本地与外地游客热舒适域比较。

采用箱线图的方法分析舒适状态时(TCV＝0)的 SET* 数据，在定义基于

SET* 时的热舒适域时同样以 50% 相对集中的数据作为界定标准，结果如图 3.35 所示，夏季本地游客的数据相对离散且热舒适域（24.1～33.6 ℃）宽于外地游客（28.3～34.2 ℃），外地游客的热舒适域的中值（31.7 ℃）比本地游客（29.6 ℃）高 2.1 ℃。

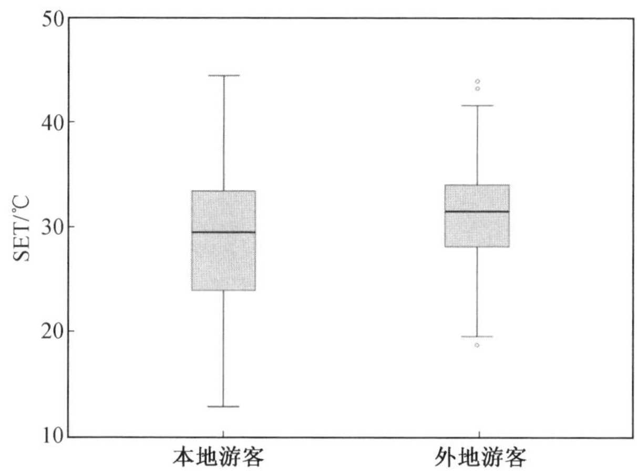

图 3.35　夏季舒适状态下（TCV＝0）的 SET* 箱线图

3. 本地与外地游客热满意度差异化分析

（1）基于 PET 的本地与外地游客热满意度投票比较。

本研究采用构建热满意度投票（TSaV）与 PET 之间的相关性数学模型的方法来比较本地与外地游客的热满意度受热环境变化影响的情况。参考本地与外地游客热感觉、热舒适差异化分析中的拟合曲线建构方式，将热满意度的主观问卷调查结果按每 1 ℃PET 区间进行分组，计算每个区间内的平均热满意度并和其对应的 PET 值进行回归分析，选取 R^2 最大的曲线作为最后的拟合曲线，得到本地与外地游客的热满意度投票与 PET 的拟合方程如下：

本地游客：　$\mathrm{TSaV} = -0.034\mathrm{PET} + 0.418 \quad (R^2 = 0.658)$　(3.30)

外地游客：$\mathrm{TSaV} = -0.00162\mathrm{PET}^2 + 0.08\mathrm{PET} - 1.27 \quad (R^2 = 0.756)$　(3.31)

本地及外地游客的夏季热满意度投票（TSaV）与 PET 的关系如图 3.36 所示。本地游客热满意度投票与 PET 之间为较好的线性关系，随着 PET 值的不断变大，本地游客的热满意度投票呈现逐渐下降的趋势，当 PET 为 41.71 ℃时，本地游客达到“轻微不满意”状态（TSaV＝－1），此时的 PET 值高于本地游客“轻微不舒适”状态（TCV＝－1）下的 PET 值（38.72 ℃）。外地游客的热满意度投票与PET之间为较好的二次函数关系，即热满意度呈现先上升后下降的趋势，当PET值为26 ℃时，外地游客的热满意度投票达到峰值(－0.18)，偏凉的热环境(PET＜26 ℃)与外地游客对于哈尔滨夏季气候的心理预期相悖，因此热满意度投票出现下滑，而热环境变暖(PET≥26 ℃)造成了外地游客舒适感的降低，热满意度投票同样明显下降。此外，外地游客夏季"热满意度"峰值下的PET值(26 ℃)高于"热舒适度"峰值下的PET值(23.5 ℃)，当PET值为26 ℃时，热环境与外地游客对于哈尔滨偏凉夏季气候的心理预期相吻合，从而使外地游客的热满意度投票出现最大值，但此时的热环境已引起了外地游客的轻微不适感，因此"热舒适度"峰值下的PET值低于"热满意度"峰值下的PET值。在实测的PET指标的变化范围内，由于外地游客的体验性心理得到了满足且未引起过度不适感，所以外地游客的热满意度投票始终高于本地游客。

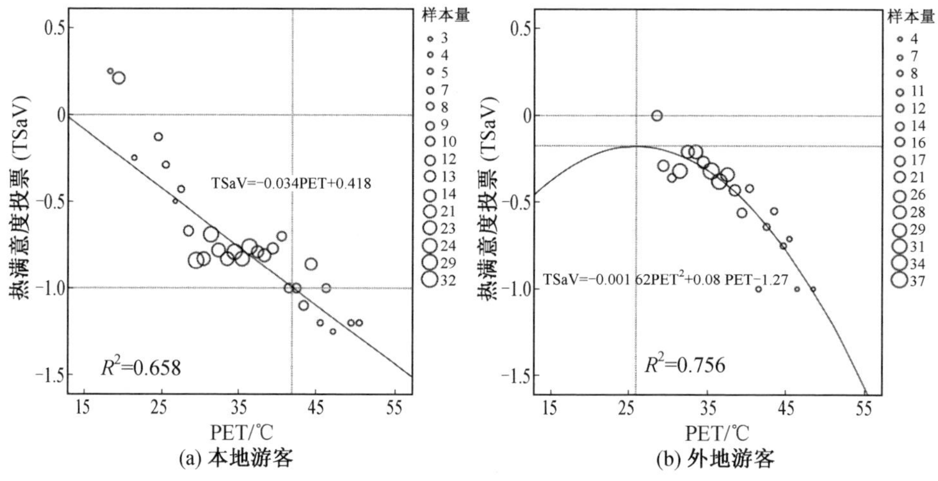

图 3.36　夏季热满意度投票(TSaV)与PET的相关性

(2)基于PET的本地与外地游客热满意域比较。

参照热舒适域的界定方式，用箱线图的方法分析满意状态下(TSaV＝0)的PET数据，并把50％相对集中的投票数据界定为本地与外地游客的热满意域，结果如图3.37所示。本地游客的热满意域较宽(28.1～37.5 ℃)且中值(32.7 ℃)偏低，外地游客的热满意域较窄(31.3～38 ℃)但中值(34.8 ℃)较高，该结果显示，虽然本地游客对高温环境的热满意度较低，但地域适应性使本地游客在满意状态下对于热环境变化的接受范围更广。

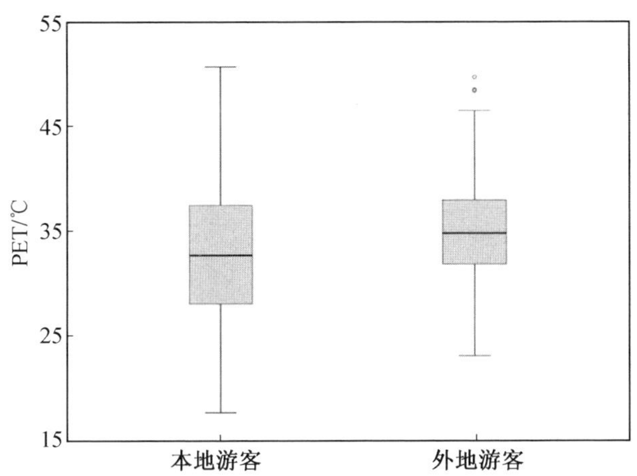

图 3.37　夏季满意状态下（TSaV＝0）的 PET 箱线图

（3）基于 UTCI 的本地与外地游客热满意度投票比较。

基于 UTCI 比较本地与外地游客的热满意度时，同样采用分区段求平均值的方法，求出每 1 ℃ UTCI 区间对应的游客热满意度投票（TSaV）平均值，然后将平均热满意度投票值与其对应的 UTCI 值建立联系，从而构建 TSaV 与 UTCI 之间的数学模型，在回归分析时剔除单位区间内样本量少于 3 个的分组，得出本地与外地游客的热满意度投票（TSaV）与 UTCI 的拟合方程如下：

本地游客：　$\mathrm{TSaV}=-0.049\mathrm{UTCI}+0.742(R^2=0.842)$　　(3.32)

外地游客：$\mathrm{TSaV}=-0.00482\mathrm{UTCI}^2+0.24\mathrm{UTCI}-2.93(R^2=0.906)$　　(3.33)

分析结果如图 3.38 所示，本地游客的夏季热满意度随着 UTCI 的增加呈线性下降的趋势，在 UTCI 值为 35.55 ℃时，本地游客达到“轻微不满意”（TSaV＝－1）的状态，“轻微不满意”状态下的 UTCI 值比“轻微不舒适”状态下的 UTCI 值（32.85 ℃）高 2.7 ℃。外地游客的热满意度投票与 UTCI 的拟合曲线呈拟合度较高的二次函数关系，当 UTCI＜24.7 ℃时，外地游客的热满意度随着 UTCI 值的增加逐渐上升，当 UTCI 值为 24.7 ℃时，热满意度变化趋势出现拐点，此时热满意度投票达到最高，随着 UTCI 值的继续不断升高，热满意度明显降低。外地游客热满意度投票最高值下的 UTCI 值（24.7 ℃）低于热舒适投票最高值下的 UTCI 值（26.3 ℃）。当 UTCI 值低于 40.8 ℃时，外地游客的热满意度优于本地游客，在少量高于 40.8 ℃的 UTCI 值实测数据下，舒适度水平的明显下降使外地游客的热满意度投票低于本地游客。

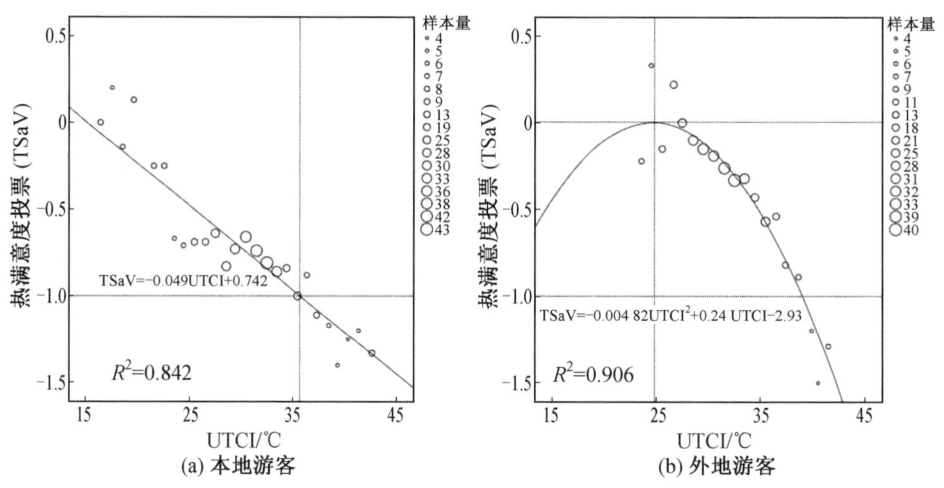

图 3.38 夏季热满意度投票(TSaV)与 UTCI 的相关性

(4)基于 UTCI 的本地与外地游客热满意域比较。

参考 PET 热满意域的研究方式,将热满意状态(TSaV=0)所对应的 UTCI 数据用箱线图的形式进行分析,并将 50%相对集中的投票数据认定为夏季本地及外地游客的热满意域,结果如图 3.39 所示。外地游客 UTCI 热满意域边界值的上限(33 ℃)略高于本地游客(32.3 ℃),本地游客的热满意域边界值的下限(24.2 ℃)显著低于外地游客(28.2 ℃),基于 UTCI 的本地及外地游客的热满意域中值差距不大,分别为 29.5 ℃和 30.7 ℃。

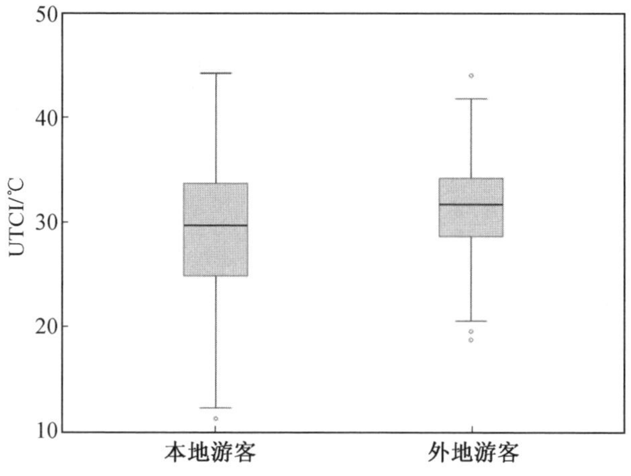

图 3.39 夏季满意状态下(TSaV=0)的 UTCI 箱线图

(5)基于 SET* 的本地与外地游客热满意度投票比较。

基于 SET* 的夏季游客热满意度评价方法与基于其他指标的方法一致，首先以每 1 ℃ SET* 温度区间为单位求解区间内的热满意度投票均值，剔除区间样本量少于 3 个的分组，然后将本地及外地游客的热满意度投票和其对应的 SET* 值进行回归分析，并求解拟合方程如下：

本地游客：　$TSaV = -0.028SET^* + 0.18(R^2 = 0.623)$　(3.34)

外地游客：$TSaV = -0.002\ 212SET^{*2} + 0.11SET^* - 1.64(R^2 = 0.659)$　(3.35)

图 3.40 显示，本地游客的热满意度投票与 SET* 之间呈线性负相关关系，随着 SET* 值的不断增加，本地游客的热满意度水平逐渐降低；本地游客“轻微不满意”(TSaV＝－1)时 SET* 值为 42.14 ℃，比其“轻微不舒适”状态时的 SET* 值高 4.93 ℃。外地游客的热满意度投票与 SET* 呈二次函数关系，即外地游客的热满意度水平呈先上升后下降趋势，外地游客“热满意度”峰值所对应的 SET* 值为 25.8 ℃，高于“热舒适”峰值所对应的 SET* 值(20.8 ℃)。在实测的 SET* 指标变化范围内，外地游客的热满意度投票均较高。

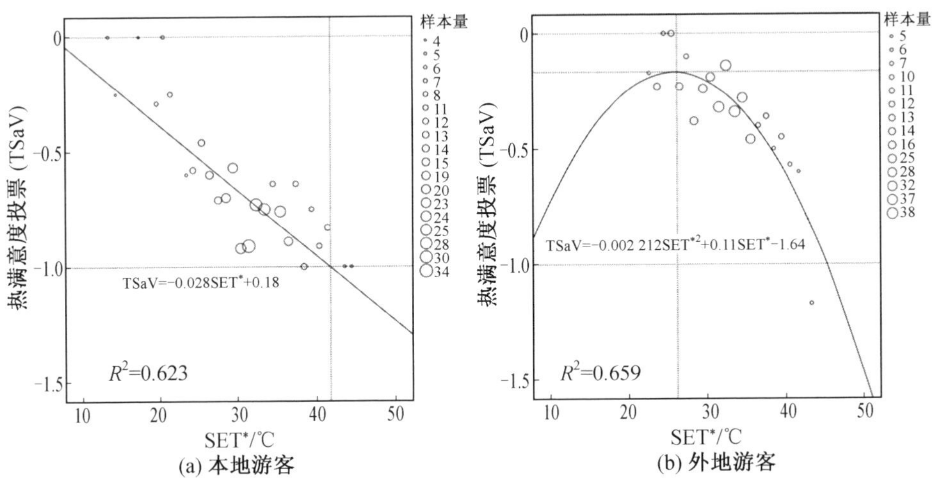

图 3.40　夏季热满意度投票(TSaV)与 SET* 的相关性

综合来看，本地及外地游客的热感觉、热舒适及热满意度与 UTCI 的拟合曲线相关系数要明显大于其他两项指标(PET、SET*)，说明在夏季 UTCI 对本地及外地游客的热舒适感觉描述得更准确。

(6)基于 SET* 的本地与外地游客热满意域比较。

将调研期间内得到的游客满意状态下的 SET* 数据采用箱线图的形式进行分析,热满意域界定范围依旧为 50%相对集中的投票数据。统计结果如图 3.41 所示,外地游客的热满意域边界值均大于本地游客,且其数据变化范围(28.7~34.3 ℃)相对于本地游客(25~33.8 ℃)更窄。对于热满意域的中值而言,外地游客比本地游客高 2 ℃。

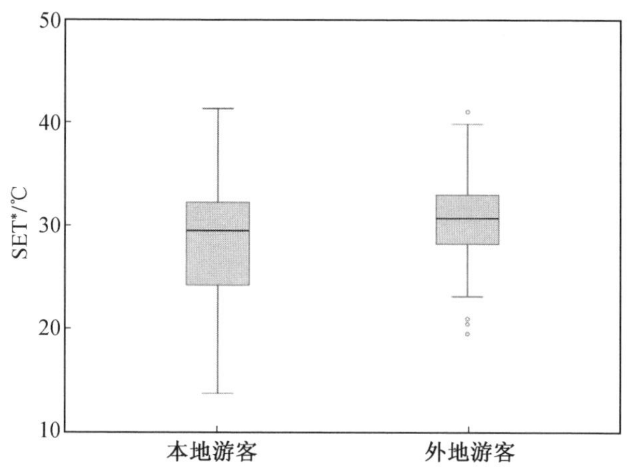

图 3.41　夏季满意状态下(TSaV=0)的 SET* 箱线图

基于 PET、UTCI 和 SET* 3 项热舒适指标下的本地与外地游客的热舒适域、热满意域,以及热舒适域、热满意域中值的详细统计结果见表 3.15~3.17。总体来讲,基于 PET、UTCI 和 SET* 的热舒适域、热满意域分析结论相类似,本地游客的热舒适域更宽,外地游客的热舒适域中值更高,其中在 UTCI 指标下的本地与外地游客的热舒适域中值差值最小(1.3 ℃),差值最大的为 PET(2.9 ℃);本地与外地游客的 SET* 热舒适域范围差距最小(3.6 ℃),而 UTCI 最大(4.3 ℃)。在夏季热满意状态下,基于 PET、UTCI、SET* 的本地游客热满意域跨度范围较广,外地游客的热满意域中值更高;基于 UTCI 和 SET* 的本地与外地游客的热满意域范围差别相当(3.2 ℃左右),在 PET 指标下,本地与外地游客的热满意域范围差距最小(2.7 ℃);基于 PET 和 SET* 的本地与外地游客的热满意域中值差距均约为 2 ℃,在 UTCI 指标下本地与外地游客的热满意域中值差别较小,为 1.2 ℃。此外,对于本地和外地游客而言,他们的热舒适域与热满意域相差不大,且热舒适域中值与热满意域中值相近。

表 3.15　基于 PET 的夏季本地及外地游客的热舒适域、热满意域及其中值　℃

域及中值	热舒适域	热满意域	热舒适域中值	热满意域中值
本地游客	27～37.4	28.1～37.5	31.9	32.7
外地游客	31.4～37.8	31.3～38	34.8	34.8

表 3.16　基于 UTCI 的夏季本地及外地游客的热舒适域、热满意域及其中值　℃

域及中值	热舒适域	热满意域	热舒适域中值	热满意域中值
本地游客	22.8～31.8	24.2～32.3	29.1	29.5
外地游客	27.8～32.5	28.2～33	30.4	30.7

表 3.17　基于 SET* 的夏季本地及外地游客的热舒适域、热满意域及其中值　℃

域及中值	热舒适域	热满意域	热舒适域中值	热满意域中值
本地游客	24.1～33.6	25～33.8	29.6	29.8
外地游客	28.3～34.2	28.7～34.3	31.7	31.8

4. 本地与外地游客热环境参数期望差异化分析

热期望受热经历、自然性等因素的综合影响，能够对热舒适性产生间接影响，不同的气象参数期望受热环境的影响各异，下面以 PET 为例，分析夏季气象参数偏好与热舒适指标的相关性，结果见表 3.18。其中，本地及外地游客的温度期望、太阳辐射期望与 PET 的显著性系数 p 均小于 0.05，且相关系数 r 高于湿度和风速期望，表明温度期望和太阳辐射期望与热环境间的相关性强于其余 2 项气象参数，因此本研究基于热舒适指标分析本地与外地游客的温度及太阳辐射偏好，从心理适应层面深入理解本地与外地游客的热舒适性差异。

表 3.18　夏季气象参数偏好与 PET 的相关性分析

	温度期望		湿度期望		风速期望		太阳辐射期望	
	p	r	p	r	p	r	p	r
本地游客	0.000	−0.271	0.802	0.012	0.001	0.162	0.000	−0.314
外地游客	0.002	−0.151	0.025	0.112	0.018	0.119	0.000	−0.179

(1)基于 PET 的本地与外地游客温度期望投票占比比较。

对每 3 ℃ PET 变化区间内受访者的温度期望投票进行统计，为减少统计的误差，剔除 PET 变化区间过高或过低时样本量少于 5 个的分组，夏季不同 PET 区间下本地及外地游客的温度期望投票占比如图 3.42 所示。当 27 ℃≤PET<

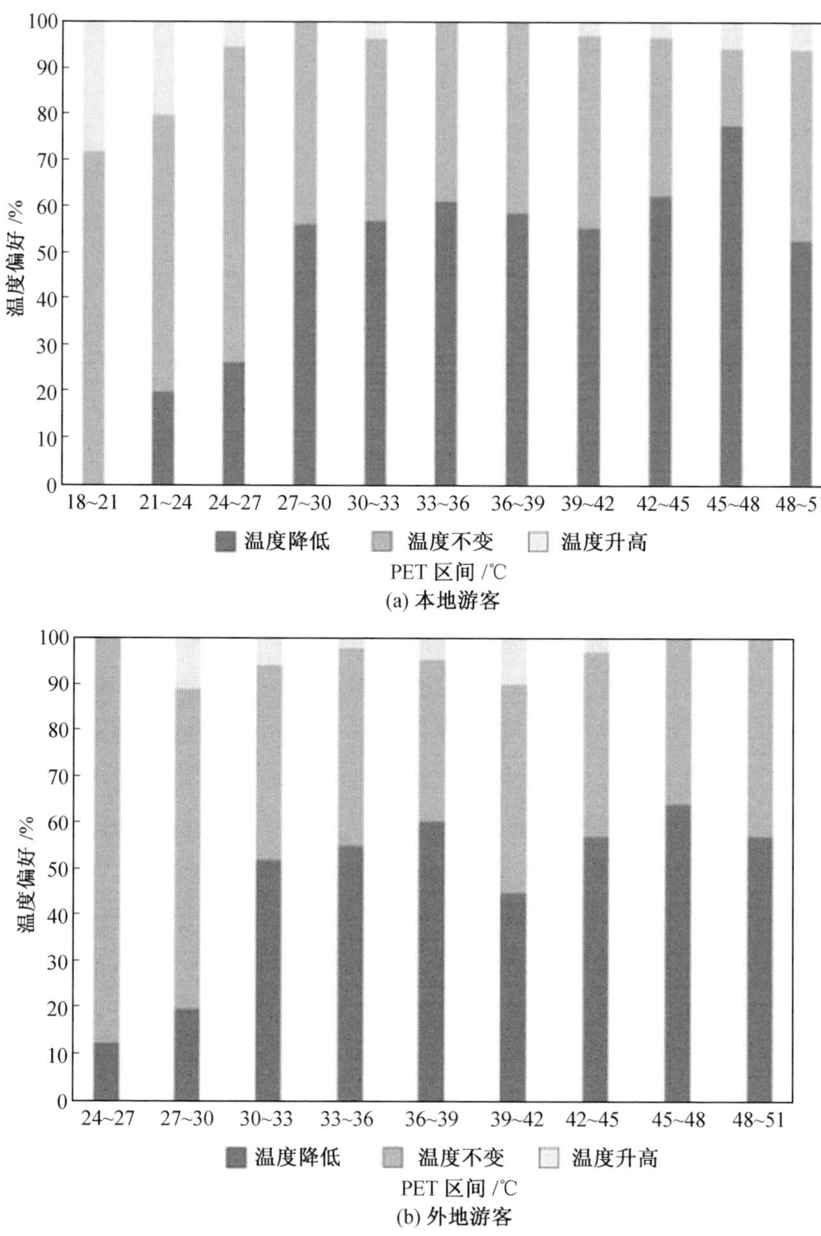

图 3.42 基于 PET 的夏季温度期望投票占比

30 ℃时，超过半数的本地游客（56%）期望温度降低，接近 44%的本地游客期望温度不变，而有 19%的外地游客期望温度降低，大多数外地游客（70%）期望温度维持不变，也有少数外地游客（11%）期望温度升高，表明当环境的 PET 值较低时，外地游客期望温度降低的比例低于本地游客，究其原因可能与外地游客的非严寒地区生活经历使得他们比本地游客更适应哈尔滨夏季的气候有关；当 PET 值上升至 45～48 ℃时，本地及外地游客期望温度降低的比例接近，当 PET 区间达到 48～51 ℃时，57%的外地游客期望温度降低，相同温度偏好下的本地游客占比为 53%，该现象说明，由于过热的环境与外地游客的出行目的相悖，随着环境的 PET 值的增加，外地游客的温度降低期望上升明显，当环境的 PET 值达到实测期间区间的上限时，外地游客的温度降低期望占比稍高于本地游客。

（2）基于 UTCI 的本地与外地游客温度期望投票占比比较。

将夏季 UTCI 以 3 ℃为变化区间进行划分，剔除 UTCI 变化区间过高或过低时样本量少于 5 个的分组，并对数据变化范围内的本地及外地游客的温度期望的投票占比进行统计，结果如图 3.43 所示。当环境的 UTCI 值较低（UTCI＜37 ℃）时，本地游客比外地游客更偏好于温度降低，如当 22 ℃≤PET＜25 ℃时，25%的本地游客渴望温度降低，有着相同温度期望的外地游客投票占比仅为 5.88%。随着 UTCI 值的上升，本地与外地游客的温度偏好差异性逐渐减小，当 40 ℃≤UTCI＜43 ℃时，本地游客期望温度降低的比例与外地游客相接近（89%左右），而在 UTCI 温度变化区间为 37～40 ℃时，外地游客期望温度降低的投票占比稍高于本地游客。

（3）基于 SET* 的本地与外地游客温度期望投票占比比较。

以 3 ℃ SET* 作为温度变化区间，将温度期望投票所处的 SET* 数据范围进行划分，剔除 SET* 变化区间过高或过低时样本量少于 5 个的分组，统计每 3 ℃ SET* 区间内本地及外地游客的温度偏好投票占比，结果如图 3.44 所示。当热环境较凉时（19 ℃≤SET*＜22 ℃），本地游客中 29.41%的受访者期望温度降低，期望温度不变的投票占比为 58.83%，少数受访者（11.76%）期望温度升高，外地游客中 66.66%的人期望温度不变，期望温度降低及升高的比例相同，均为 16.67%，可见在此温度区间内外地游客期望温度降低的温度偏好显著低于本地游客；之后随着热环境的变暖，外地游客期望温度降低的占比上升较快，当 SET* 值达到最大温度区间（43 ℃≤SET*≤46 ℃），外地游客期望温度降低的占比高于本地游客 5.13%。

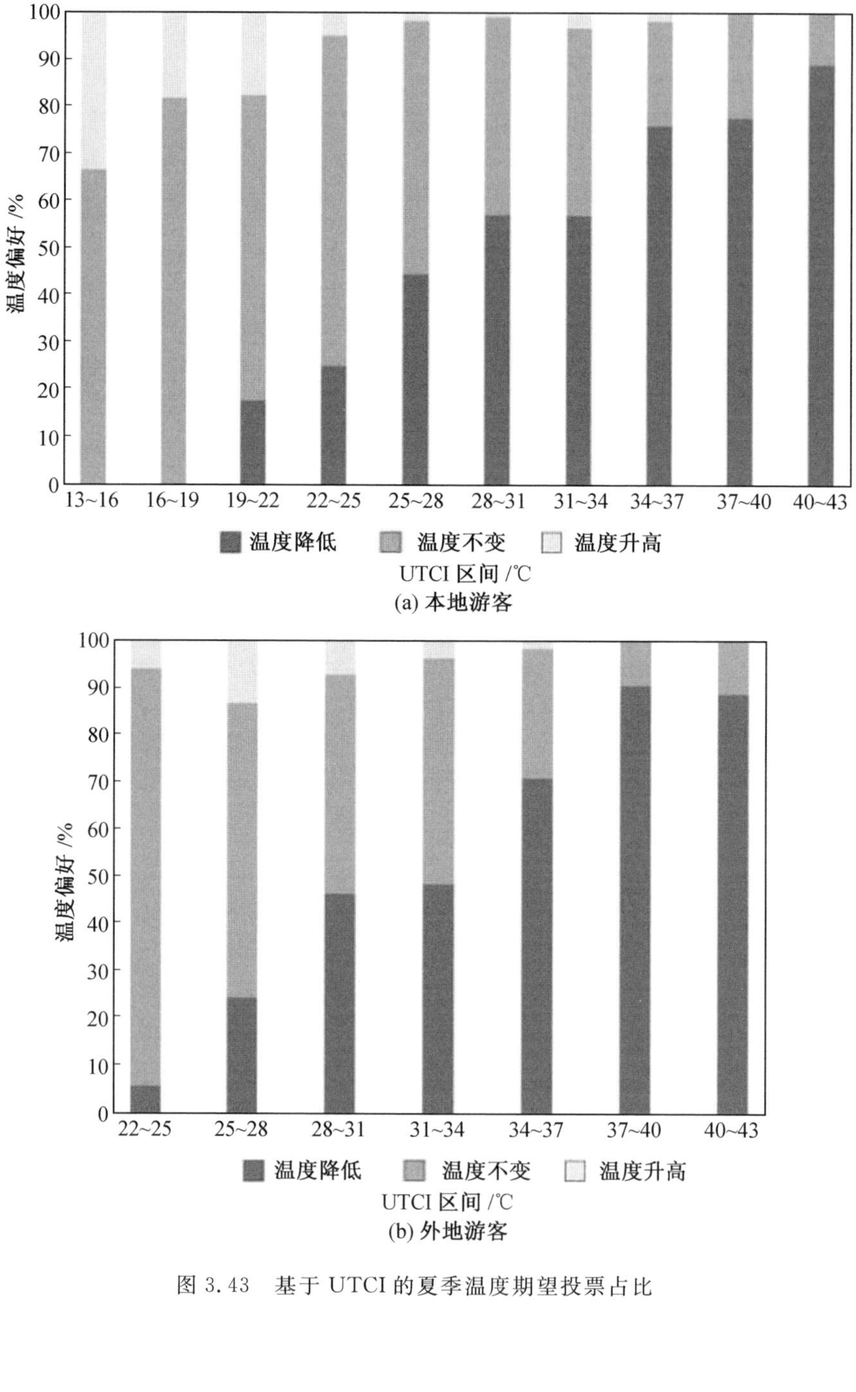

(a) 本地游客

(b) 外地游客

图 3.43　基于 UTCI 的夏季温度期望投票占比

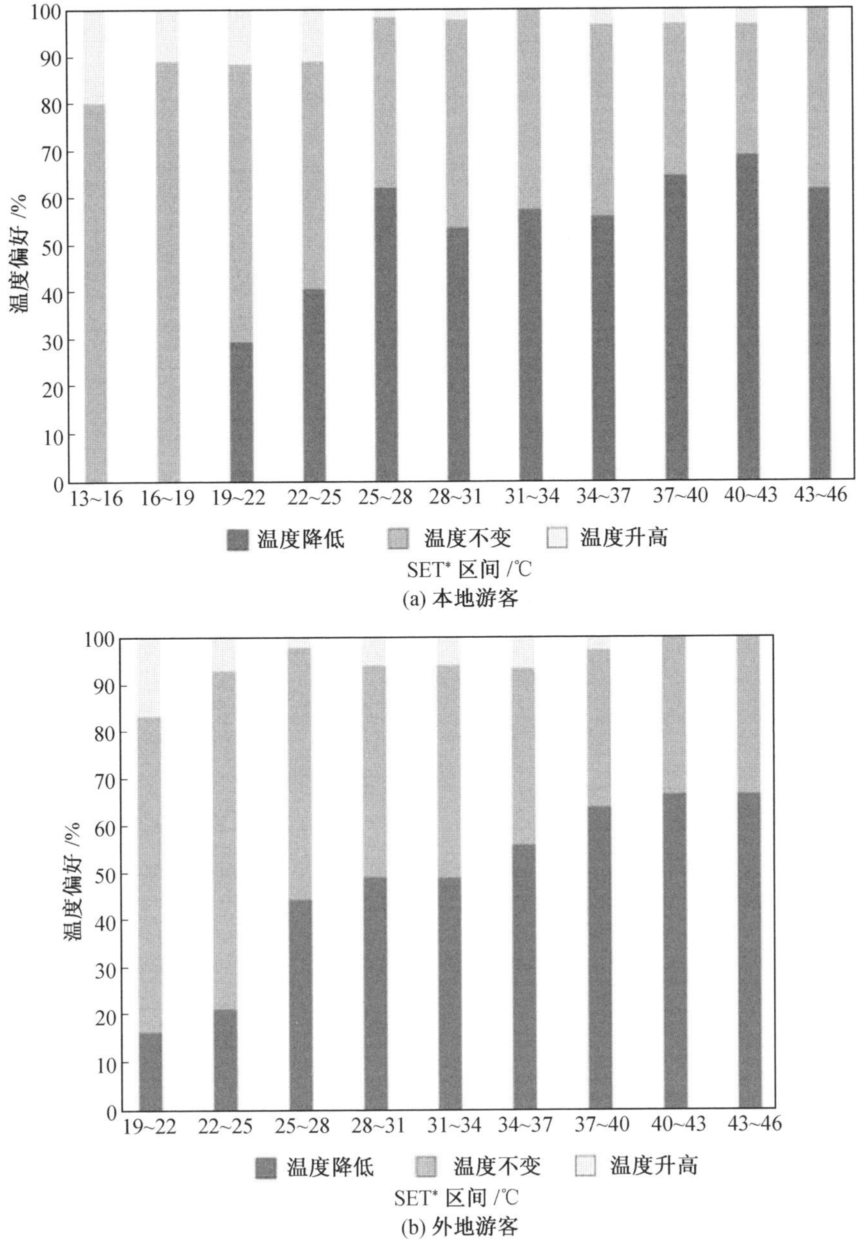

(a) 本地游客

(b) 外地游客

图 3.44 基于 SET* 的夏季温度期望投票占比

(4)基于 PET 的本地与外地游客太阳辐射期望投票占比比较。

将本地及外地游客的太阳辐射偏好所对应的 PET 区间以 3 ℃为变化区间进行划分,不同 PET 区间内本地及外地游客的太阳辐射偏好投票占比分布如图 3.45 所示。当 PET 变化区间为 24～27 ℃时,本地及外地游客期望太阳辐射减弱的投票占比分别为 5%和 25%,其余 95%的本地游客和 75%的外地游客期望太阳辐射保持不变,可见在该区间内,外地游客比本地游客更偏好太阳辐射减弱的环境。在 PET 值从 27 ℃上升到 51 ℃的过程中,本地游客期望太阳辐射减弱的比例均高于外地游客,该现象表明受对环境的熟悉程度等因素的影响,本地游客的太阳辐射期望受热环境的影响大于外地游客,随着环境的 PET 值逐渐增大,本地游客期望太阳辐射减弱的比例出现明显上升,而外地游客平时不在严寒地区生活,即使热环境显著变暖,其期望太阳辐射增强的比例也维持在较低的水平。

(5)基于 UTCI 的本地与外地游客太阳辐射期望投票占比比较。

将每 3 ℃ UTCI 温度变化区间内本地及外地游客的太阳辐射期望进行统计,结果如图 3.46 所示。22～25 ℃的 UTCI 区间内,本地游客中 20%的受访者期望太阳辐射减弱,外地游客期望太阳辐射减弱的比例比本地游客略高,为 23.53%。随着 UTCI 的升高,本地游客均更期望太阳辐射减弱,尤其是 UTCI 温度区间越高时,本地与外地游客的太阳辐射期望投票占比差距越明显,如当 UTCI 温度区间是 37～40 ℃和 40～43 ℃时,本地游客期望太阳辐射减弱的比例分别高于外地游客 30.21%和 22.22%。

(6)基于 SET* 的本地与外地游客太阳辐射期望投票占比比较。

将每 3 ℃ SET* 温度区间所对应的太阳辐射期望投票占比进行统计,图 3.47显示了夏季不同 SET* 温度区间的本地及外地游客的太阳辐射期望投票占比分布。结果表明,除了在 19～22 ℃ SET* 温度区间内,外地游客期望太阳辐射减弱的比例(50%)高于本地游客(17.64%)之外,在其余 8 段 SET* 值更高的温度区间内,本地游客比外地游客更偏好于太阳辐射减弱。

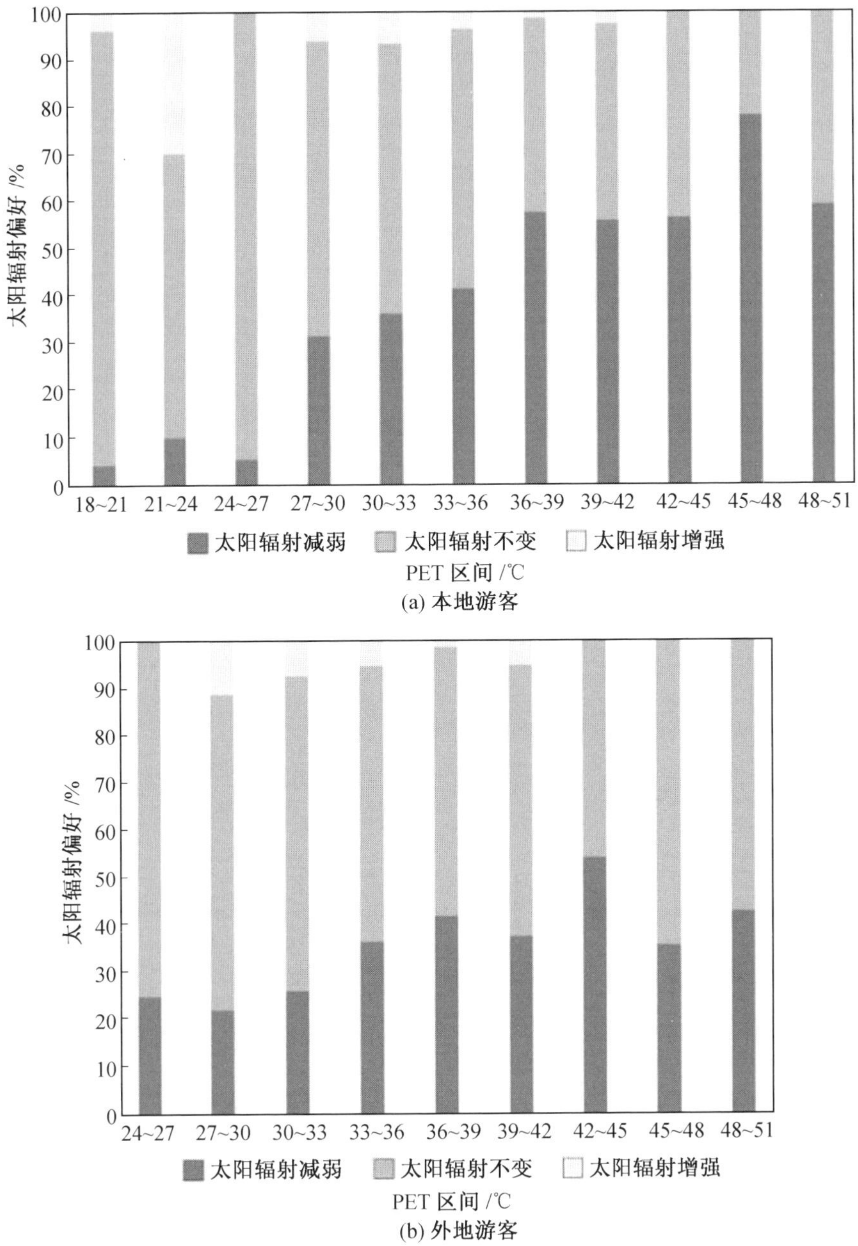

(a) 本地游客

(b) 外地游客

图 3.45　基于 PET 的夏季太阳辐射期望投票占比

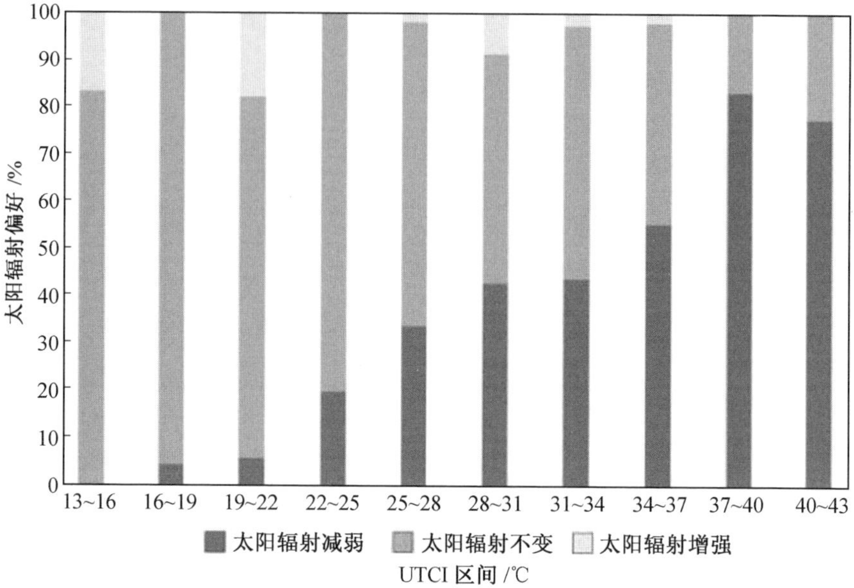
100
90
80
70
60
50
40
30
20
10
0
太阳辐射偏好 /%
13~16
16~19
19~22
22~25
25~28
28~31
31~34
34~37
37~40
40~43
太阳辐射减弱
太阳辐射不变
太阳辐射增强
UTCI 区间 /℃

(a) 本地游客

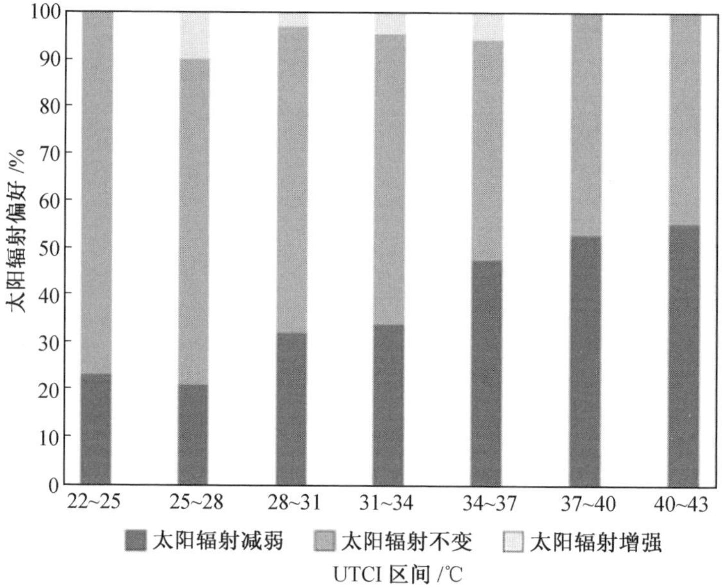
100
90
80
70
60
50
40
30
20
10
0
太阳辐射偏好 /%
22~25
25~28
28~31
31~34
34~37
37~40
40~43
太阳辐射减弱
太阳辐射不变
太阳辐射增强
UTCI 区间 /℃

(b) 外地游客

图 3.46 基于 UTCI 的夏季太阳辐射期望投票占比

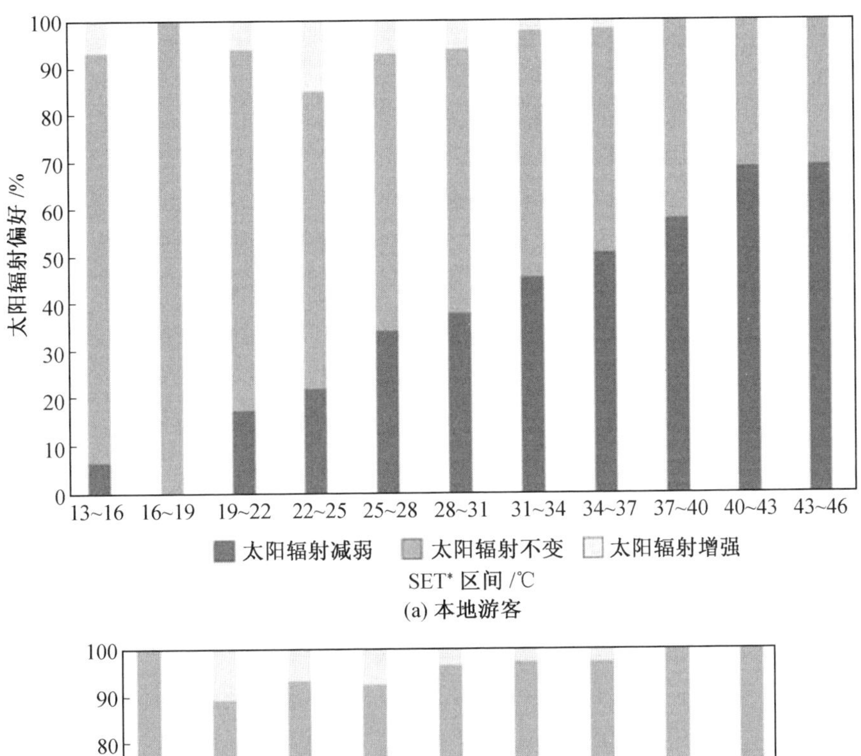

(a) 本地游客

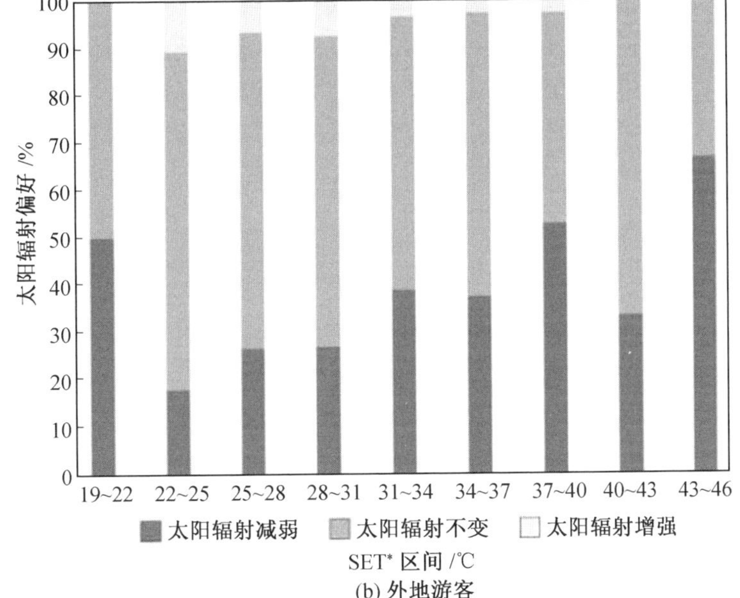

(b) 外地游客

图 3.47　基于 SET* 的夏季太阳辐射期望投票占比

3.5.2 冬季本地与外地游客热舒适性差异化评价

1. 本地与外地游客热感觉差异化分析

(1)基于 PET 的本地与外地游客热感觉投票比较。

本研究结合地域气候特征将热感觉尺度设定为 11 级,分别为"非常冷""很冷""冷""凉""微凉""适中""微暖""暖""热""很热""非常热",而 PET 原始尺度中共包含 9 个热感觉等级,分别是"很冷""冷""凉""微凉""适中""微暖""暖""热""很热"。参考 PET 原始尺度的设定方式,本研究在基于 PET 构建本地及外地游客的热感觉预测模型时,将主观问卷中"非常冷"和"很冷"合并为一个等级("很冷"),然后参考夏季 PET 与 TSV 相关性的研究方法,将哈尔滨冬季本地及外地游客每 1 ℃ PET 区间所对应的热感觉投票值进行平均,得到热感觉投票与其对应的 PET 值的拟合曲线(图 3.48),权衡所有样本情况得到本地及外地游客的热感觉投票与 PET 的拟合方程如下:

本地游客: $\text{TSV}=0.072\text{PET}-1.315(R^2=0.920)$ (3.36)

外地游客: $\text{TSV}=0.058\text{PET}-2.109(R^2=0.921)$ (3.37)

如图 3.48 所示,本地游客的热感觉投票波动区间(−3.71~−1.13)的边界值明显高于外地游客(−4~−1.83),这表明受非严寒地区环境热经历的影响,外地游客的热感觉投票普遍维持在较低水平,当 PET 值为 0 ℃时,其热感觉投票(−2.11)明显低于本地游客(−1.31),这是由于本地游客对寒冷气候适应性较强,因此热感觉普遍高于外地游客 1 个热感觉单位左右。

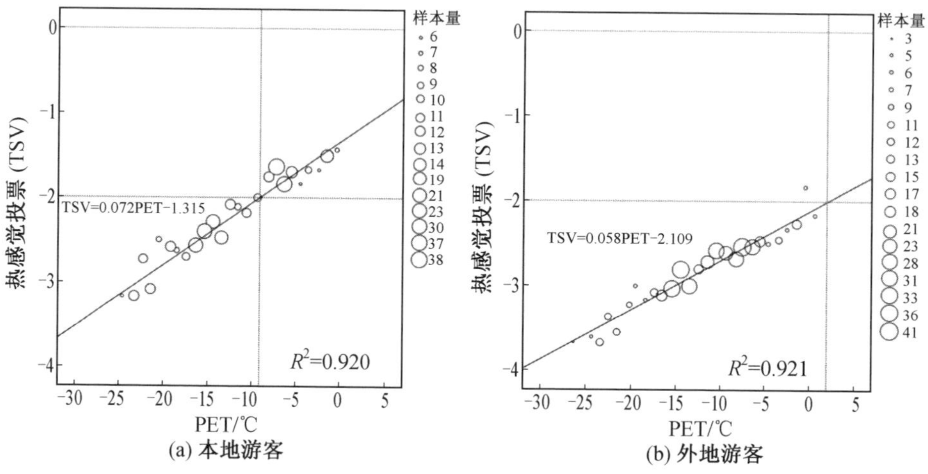

图 3.48 冬季热感觉投票(TSV)与 PET 的相关性

（2）基于 PET 的本地与外地游客热感觉尺度比较。

在冬季，根据 TSV 与 PET 的拟合方程可知，当本地或外地游客的热感觉为“适中”（TSV＝0）或“微凉”（TSV＝－1）时，其所对应的 PET 值远超过问卷调查期间的 PET 范围，因此本研究讨论冬季本地及外地游客热感觉为“凉”（TSV＝－2）时的 PET 尺度。参考热感觉尺度的标准性定义，将－2.5～－1.5 的热感觉投票对应的 PET 指标范围界定为本地及外地游客热感觉为“凉”的 PET 尺度，本地游客在该热感觉下的 PET 范围（－16.46～－2.57 ℃）边界值低于外地游客（－6.74～10.5 ℃）。其原因是受严寒地区生活经历的影响，本地游客对冬季低温产生了一定的适应性且形成了长期热记忆，而外地游客的非严寒地区气候热经历使他们形成了温暖环境的热记忆，因此本地游客的热感觉尺度边界值的上、下限低于外地游客超过 9 ℃。

（3）基于 UTCI 的本地与外地游客热感觉投票比较。

为了探索冬季通用热气候指数（UTCI）与游客热感觉投票（TSV）之间的相关性，本研究采用与研究冬季 PET 和 TSV 之间的相关性相似的方式，首先对每 1 ℃ UTCI 区间所对应的热感觉投票进行平均，然后将得到的热感觉投票与其对应的 UTCI 值进行拟合并求解拟合方程。

本地游客：　$TSV = 0.047UTCI - 1.378(R^2 = 0.884)$　(3.38)

外地游客：　$TSV = 0.039UTCI - 2(R^2 = 0.918)$　(3.39)

本地及外地游客的 TSV 与 UTCI 之间均呈现较好的线性关系（图 3.49），寒冷条件下，本地及外地游客“适中”（TSV＝0）及“微凉”（TSV＝－1）热感觉下的 UTCI 热环境在实测期间远远未达到，本地游客热感觉为“凉”（TSV＝－2）所对

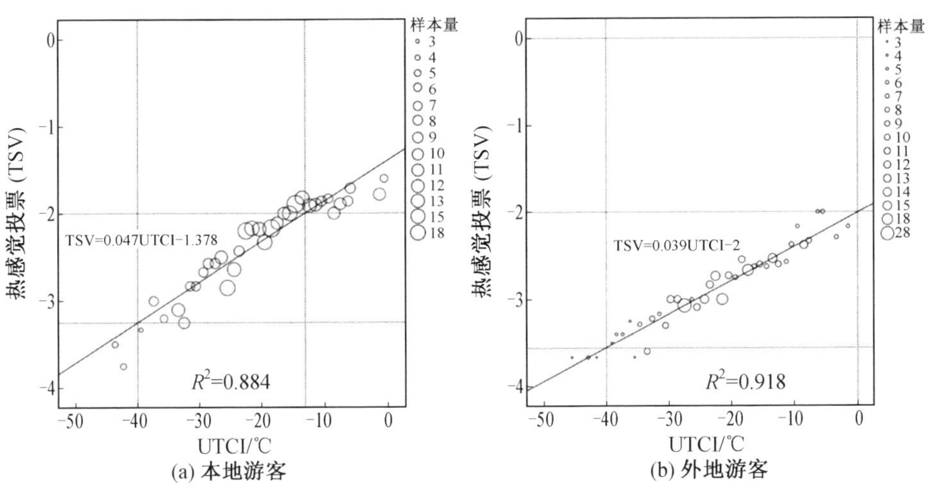

图 3.49　冬季热感觉投票（TSV）与 UTCI 的相关性

应的 UTCI 值（−13.23 ℃）明显低于外地游客（0 ℃），表明本地游客即使在 UTCI 值较低的室外热环境中，他们的热感觉依然判定为“凉”；此外，当环境的 UTCI 值降低至−40 ℃时，外地游客的热感觉投票低于本地游客约 0.3 个热感觉单位。

(4)基于 UTCI 的本地与外地游客热感觉尺度比较。

参考式(3.38)和式(3.39)，基于 UTCI 指标的本地及外地游客在热感觉为“凉”的热感觉尺度分别为−23.87～−2.6 ℃和−12.82～12.82 ℃，本地游客热感觉为“凉”的热感觉尺度上、下边界值均低于外地游客超过 11 ℃。

2.本地与外地游客热舒适差异化分析

(1)基于 PET 的本地与外地游客热舒适投票比较。

将每 1 ℃PET 区间的热舒适投票值进行平均，将得到的热舒适投票与所对应的 PET 值进行回归分析并选取拟合度最高的曲线(R^2 最大的拟合曲线)作为最后的拟合曲线，得到热舒适投票(TCV)与 PET 的拟合曲线如图 3.50 所示，权衡所有样本情况得到本地与外地游客的热舒适投票与 PET 的拟合方程如下：

本地游客： $$TCV = 0.029PET - 0.704 (R^2 = 0.755) \tag{3.40}$$

外地游客： $$TCV = -0.001\,64PET^2 - 0.03PET - 1.06 (R^2 = 0.778) \tag{3.41}$$

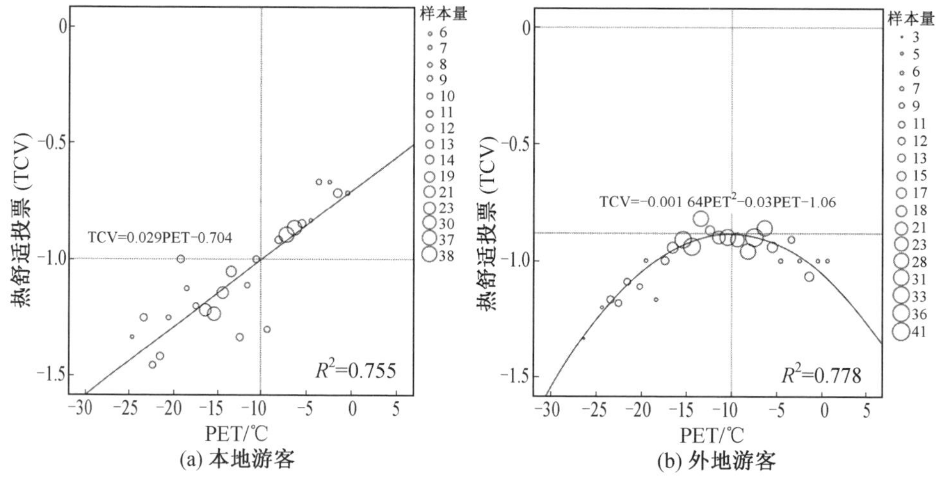

图 3.50 冬季热舒适投票(TCV)与 PET 的相关性

图 3.50 显示，本地游客的热舒适投票与 PET 的拟合曲线为一次函数，即他们的舒适感随着 PET 值的增加逐渐线性提升。在冬季寒冷的环境中，主观问卷“舒适”状态(TCV=0)未能达到，本地游客“轻微不舒适”状态(TCV=−1)对应的 PET 值为−10 ℃，这与本地游客热感觉为“凉”(TSV=−2)时的 PET 值

(－9.86 ℃)接近;外地游客的热舒适投票与PET的拟合曲线呈良好的二次函数关系,在PET值为－10 ℃时,外地游客的热舒适度达到峰值,随着PET值的不断升高,因不符合其体验寒冷气候的期望,外地游客的热舒适感受变差,而当天气转冷导致PET值下降时,过度寒冷的气候也引起了外地游客的不适,热舒适投票同样呈下降趋势,在PET＜－7 ℃时,外地游客的热舒适投票普遍高于本地游客,当环境变暖时(PET＞－7 ℃),本地游客热舒适投票水平则高于外地游客,该结果表明,受出行目的的影响,外地游客对寒冷的气候条件有一定的心理预期,因此当热环境转冷时(PET＜－7 ℃),外地游客的热舒适投票水平较高,而PET值的增加(PET＞－7 ℃),与外地游客的出行目的不吻合但却满足了本地游客对于偏暖环境的期望,因而此时外地游客热舒适投票相比于本地游客显得偏低。此外,外地游客"轻微不舒适"(TCV＝－1)及以上等级状态对应的PET值范围为－18.4～－1.8 ℃,鉴于冬季寒冷环境下主观问卷"舒适"状态(TCV＝0)未能达到,该PET区间可认定为外地游客接近"舒适"的状态,它所对应的外地游客热感觉投票范围是－3.17～－2.21。

(2)基于PET的本地与外地游客热舒适域比较。

参考夏季热舒适域的研究方法,通过箱线图的方式对冬季"舒适"状态下(TCV＝0)本地及外地游客的PET数据进行分析,并将50%投票数据界定为游客的热舒适域。如图3.51所示,冬季环境下本地及外地游客的热舒适域分别是－10.5～－4.7 ℃和－14.1～－6.6 ℃,本地及外地游客热舒适域的中值分别是－7 ℃和－10.5 ℃,即外地游客的热舒适域边界值及热舒适域中值均较低但热舒适域更宽。该结果表明,在体验性心理、出行目的等因素的作用下,相较于本地游客,能给外地游客带来舒适感受的环境,其温度更低且温度波动范围更广。

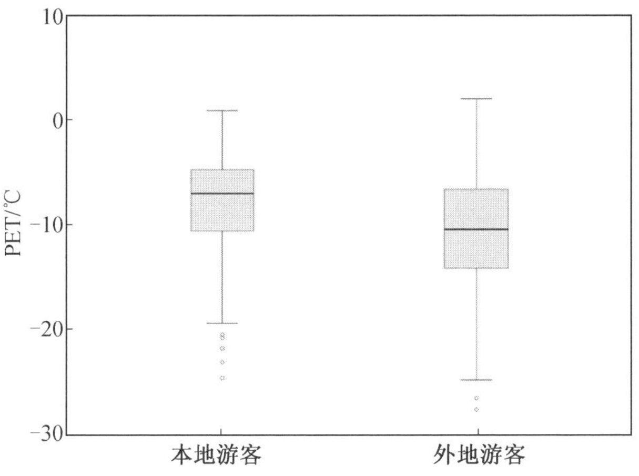

图3.51　冬季舒适状态下(TCV＝0)的PET箱线图

(3)基于 UTCI 的本地与外地游客热舒适投票比较。

将每 1 ℃ UTCI 区间内的热舒适投票取均值，选取与数据拟合度最高的曲线(R^2 最大的拟合曲线)作为最终的拟合曲线，得到本地及外地游客热舒适投票与 UTCI 之间的拟合方程如下：

本地游客： $$\text{TCV}=0.013\text{UTCI}-0.696\ (R^2=0.744) \tag{3.42}$$

外地游客： $$\text{TCV}=-0.000\ 846\text{UTCI}^2-0.03\text{UTCI}-1.04\ (R^2=0.757) \tag{3.43}$$

如图 3.52 所示，本地游客的 TCV 与 UTCI 之间呈较好的线性关系，在 UTCI 值为−23.38 ℃时，本地游客为“轻微不舒适”状态(TCV=−1)，该状态所对应的热感觉投票为−2.48。外地游客的 TCV 与 UTCI 之间呈较好的二次函数关系，在 UTCI 值为−17.2 ℃时，热舒适投票达到最大(−0.79)，环境的变暖或转冷都会使外地游客的舒适度水平下降；在−39 ℃<UTCI<−10.2 ℃时，外地游客的热舒适感受优于本地游客，当 UTCI>−10.2 ℃时，本地游客的热舒适感受优于外地游客，当 UTCI<−39 ℃时，过冷的环境造成了外地游客的地域性不适感，因此其舒适度水平下降且低于本地游客；当 UTCI 值介于−32.8 ℃～−1.4 ℃之间时，外地游客达到“轻微不舒适”及以上等级的状态(TCV≥−1)，该 UTCI 区间外地游客的热感觉投票范围是−3.28～−2.05。

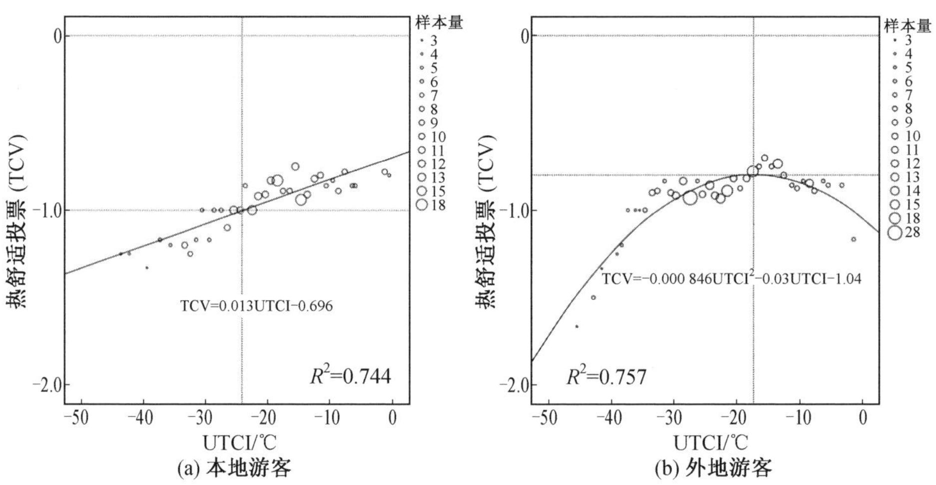

图 3.52　冬季热舒适投票(TCV)与 UTCI 的相关性

(4)基于 UTCI 的本地与外地游客热舒适域比较。

参考与研究 PET 指标下热舒适域时相同的方法，将冬季游客舒适状态(TCV＝0)时的 UTCI 数据用箱线图的方法进行分析，并界定 50%投票数据为本地及外地游客的热舒适域。如图 3.53 所示，本地游客的热舒适域(－23.1～－8.7 ℃)比外地游客的热舒适域(－28.5～－12.3 ℃)窄且本地游客的热舒适域边界值较高。此外，外地游客的 UTCI 热舒适域中值比本地游客低 4.1 ℃。

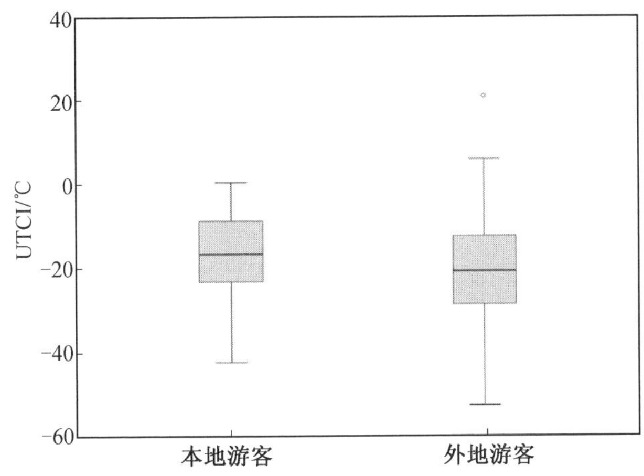

图 3.53　冬季舒适状态下(TCV＝0)的 UTCI 箱线图

3. 本地与外地游客热满意度差异化分析

(1)基于 PET 的本地与外地游客热满意度投票比较。

本研究进行了 3 次热满意度问卷的采集，在 PET 指标下，共收集到 620 份有效问卷，其中包括 247 名本地游客和 373 名外地游客，采用与夏季研究热满意度时相同的方法，权衡所有样本情况，将 1 ℃ PET 区间所对应的热满意度投票进行平均并将结果与 PET 进行回归分析，剔除区间样本量少于 3 个的分组，得到热满意度投票与 PET 的拟合方程如下：

本地游客：　$TSaV = 0.021PET - 0.534 (R^2 = 0.788)$　(3.44)

外地游客：$TSaV = -0.0013PET^2 - 0.04PET - 0.86 (R^2 = 0.731)$　(3.45)

如图 3.54 所示，本地游客的热满意度投票与 PET 呈较强的线性关系，其满意度随着环境变暖逐渐递增；本地游客“轻微不满意”(TSaV＝－1)状态下的 PET 值为－22.19 ℃，它对应的本地游客的热感觉投票为 2.97 且明显低于“轻微不舒适”(TCV＝－1)状态的 PET 值(－10 ℃)。外地游客的热满意度投票与 PET 之间呈较好的二次函数关系，外地游客的热满意度投票(TSaV)在 PET 值为－16 ℃时达到最大值，当环境变得更冷时(PET＜－16 ℃)，由于热舒适感受变差，热满意度呈下降趋势，当环境变暖时(PET＞－16 ℃)，则与其体验严寒气候的心理预期不吻合，热满意度同样明显下降；外地游客“最满意”状态的PET值(－16 ℃)低于“最舒适”状态的PET值(－10 ℃)，外地游客在PET值为－16 ℃时体验到了严寒地区寒冷的气候，因而满意度达到了峰值，但仍未达到外地游客“最舒适”状态时的心理预期，因此“热舒适度”与“热满意度”峰值状态对应的PET值不一致。此外，受出行目的的影响，当热环境转冷时(PET＜－6 ℃)，外地游客的热满意度始终维持在较高水平，本地游客的热满意度投票值偏低，随着PET值的升高(PET＞－6 ℃)，偏暖的热环境使本地游客的热满意度体验变得优于外地游客；在实测热舒适指标值下，外地游客的预测热满意度水平均高于“轻微不满意”状态。

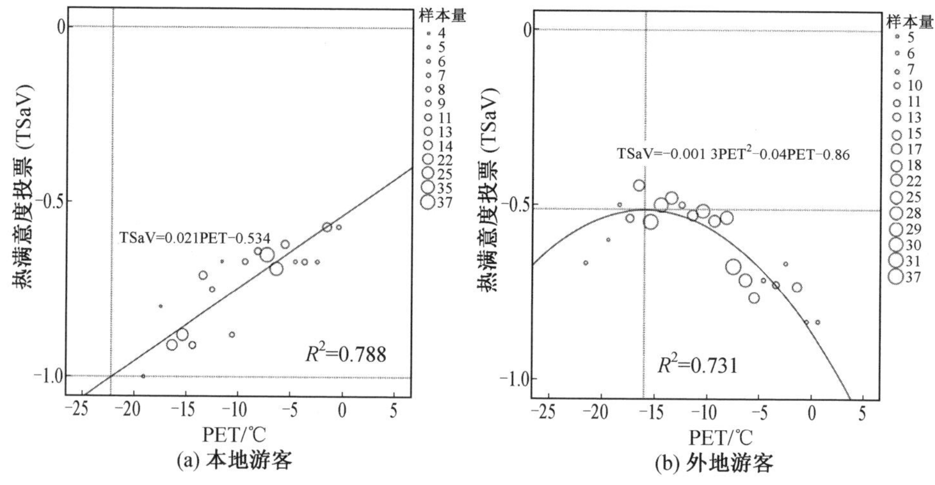

图 3.54　冬季热满意度投票(TSaV)与 PET 的相关性

(2)基于PET的本地与外地游客热满意域比较。

采用箱线图的方法对“满意”状态下(TSaV＝0)冬季游客的PET数据进行分析，在界定时将50％投票数据定义为本地及外地游客的热满意域。如图3.55所示，本地游客的热满意域(－13.5～－6.3 ℃)边界值稍高于外地游客(－14～－6.7 ℃)，本地与外地游客的热满意状态下的PET跨度范围相当；在热满意域的中值方面，外地游客为－9.9 ℃，比本地游客低2 ℃，该结果表明，本地及外地游客评价当下状态为“满意”时可接受的PET变化范围差别较小，且受出行目的的影响，PET值较低的热环境即使能够达到外地游客“满意”状态时的心理预期，但此时本地游客的热满意水平仍较低。

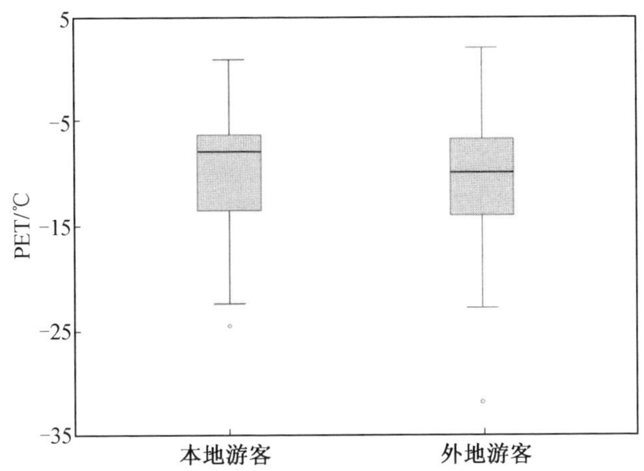

图 3.55　冬季满意状态下(TSaV＝0)的 PET 箱线图

(3)基于 UTCI 的本地与外地游客热满意度投票比较。

由于基于 UTCI 指标的热满意度数据较离散,因此本研究进行的 3 次热满意度调研共获得基于 UTCI 指标的有效问卷 546 份,大多数受访者为外地游客(312 份),本地游客的有效问卷数量为 234 份,参考夏季 TSaV 与 UTCI 相关性的研究方法,将本地及外地游客的主观投票结果按每 1 ℃ UTCI 区间进行分组并求出相应区间内的热满意度投票均值,然后将其与对应的 UTCI 值进行回归分析,回归过程中剔除区间样本量少于 3 个的分组,得出冬季本地和外地游客的热满意度投票与 UTCI 之间的拟合方程如下：

本地游客：　$\mathrm{TSaV}=0.015\mathrm{UTCI}-0.437(R^2=0.712)$　(3.46)

外地游客：$\mathrm{TSaV}=-0.00075\,\mathrm{UTCI}^2-0.04\mathrm{UTCI}-1.13(R^2=0.765)$　(3.47)

图 3.56 显示,本地游客的热满意度投票与 UTCI 之间呈线性的正相关关系,随着 UTCI 值的不断升高,本地游客的热满意度水平逐渐升高,当 UTCI 值为－37.53 ℃时,本地游客达到“轻微不满意”状态(TSaV＝－1),该 UTCI 值低于本地游客“轻微不舒适”状态(TCV＝－1)的 UTCI 值(－23.38 ℃);外地游客的热满意度投票与 UTCI 间呈二次函数关系,当 UTCI 值为－27 ℃时,外地游客的热满意度投票最高,随着 UTCI 值的升高(UTCI＞－27 ℃)或降低(UTCI＜－27 ℃),外地游客的热满意度水平明显下降,外地游客“热满意度”峰值状态的 UTCI 值低于“热舒适”峰值状态约 10 ℃;当 UTCI 值低于－15.7 ℃时,外地游客的热满意度体验优于本地游客,当 UTCI 值高于－15.7 ℃时,本地游客对热环境的热满意度水平比外地游客高。主观调研期间,当 UTCI≤－3.5 ℃时,外地游客的热满意度水平处于“轻微不满意”状态以上。

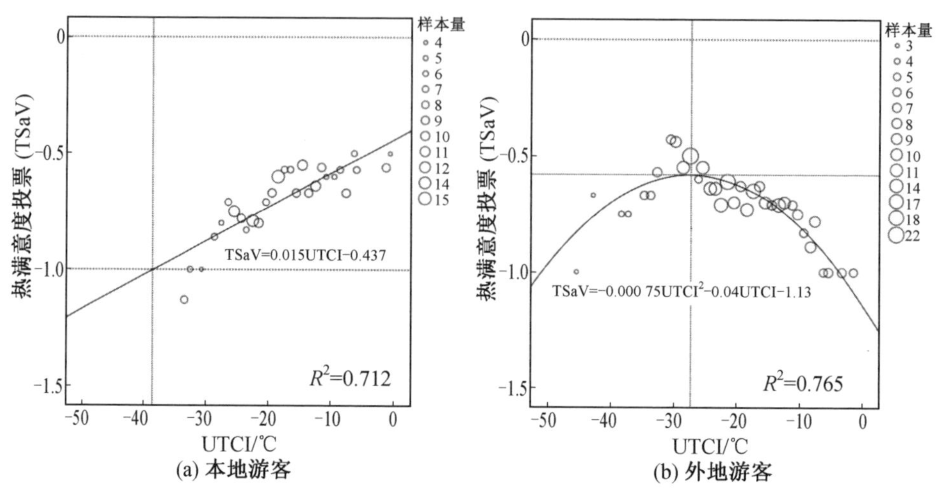

图 3.56 冬季热满意度投票(TSaV)与 UTCI 的相关性

比较 2 个热舒适评价指标对本地及外地游客的评价结果可知，冬季基于 PET 的本地及外地游客的热感觉、热舒适及热满意度与热舒适指标的拟合系数在绝大多数情况下高于 UTCI，该结果表明 PET 在冬季对游客的热舒适感受预测描述程度更好。

(4)基于 UTCI 的本地与外地游客热满意域比较。

统计冬季本地及外地游客"满意"状态下(TSaV＝0)的 UTCI 数据，并采用箱线图的方法对其进行分析，在定义热满意域时，同样将 50％投票数据作为界定的范围。如图 3.57 所示，本地游客的热满意域(－25.8～－11.9 ℃)跨度窄于外地游客(－28.4～－12.5 ℃)；本地游客的 UTCI 热满意域中值(－18.9 ℃)比外地游客(－19.9 ℃)高 1 ℃。

冬季环境中基于 PET 和 UTCI 的本地及外游客的热舒适域及中值、热满意域及中值的统计结果见表 3.19 和表 3.20。基于 PET 和 UTCI 的热舒适域分析结论相类似，相较于本地游客而言，外地游客的热舒适域中值更低且热舒适域更宽，基于 UTCI 的本地与外地游客的热舒适域中值差值(4.1 ℃)略高于 PET 指标(3.5 ℃)，在 2 项评价指标下本地与外地游客的热舒适域范围差值稳定在 1.7～1.8 ℃。在热满意域方面，外地游客的热满意域中值稍低于本地游客，其中，基于 PET 指标的中值数差值(2 ℃)大于 UTCI 指标(1 ℃)。基于 PET 指标的外地游客热满意域与本地游客相当，基于 UTCI 指标进行评价时，外地游客的热满意域跨度稍大于本地游客，范围差值为 2 ℃。对于本地和外地游客而言，他们的热舒适域中值与热满意域中值的差异性并不明显。

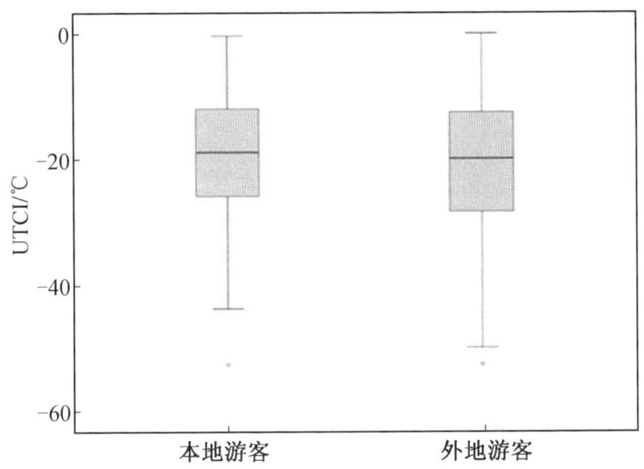

图 3.57 冬季满意状态下(TSaV=0)的 UTCI 箱线图

表 3.19 基于 PET 的冬季本地及外地游客的热舒适域、热满意域及其中值 ℃

域及中值	热舒适域	热满意域	热舒适域中值	热满意域中值
本地游客	−10.5～−4.7	−13.5～−6.3	−7	−7.9
外地游客	−14.1～−6.6	−14～−6.7	−10.5	−9.9

表 3.20 基于 UTCI 的冬季本地及外地游客的热舒适域、热满意域及其中值 ℃

域及中值	热舒适域	热满意域	热舒适域中值	热满意域中值
本地游客	−23.1～−8.7	−25.8～−11.9	−16.6	−18.9
外地游客	−28.5～−12.3	−28.4～−12.5	−20.7	−19.9

基于各项热舒适指标的热舒适度和热满意度分析结果显示，在夏季，本地游客“轻微不满意”状态下的热舒适指标值高于“轻微不舒适”状态，在冬季则相反，这说明本地游客在心理上更偏向于夏季、冬季就应该分别是热和冷的，即使未达到“舒适”状态时也会对环境表现出较高的热满意度。在冬季，相较于外地游客热满意度投票峰值下的热满意度指标值，外地游客热舒适度投票峰值下的热舒适度指标值更低，当外地游客体会到哈尔滨的地域性气候状况时，虽然此时的环境没有达到他们热舒适度体验最优的状态，但他们仍然会对热环境有较高的热满意度。另外，当外地游客热满意度体验优于本地游客时，该状态所对应的热舒适投票水平的指标范围上限值高于外地游客热舒适投票水平较高时的指标范围

上限值，究其原因是随着环境的转暖，外地游客的热舒适投票水平相比于本地游客更低，但由于此时的热环境还没有超出其出行时对于哈尔滨气候状况的心理预期，因此外地游客的热满意度投票依然高于本地游客；当实测期间哈尔滨偏暖的气候对本地及外地游客的心理偏好造成影响时（本地游客温度升高的期望得到满足而外地游客的低温体验心理未得到满足），本地与外地游客的热舒适域差异明显但热满意域相接近。以上现象均表明，相比于热舒适，热满意度受期望、适应性等心理因素干扰更大。

4. 本地与外地游客热环境参数期望差异化分析

表 3.21 为本地和外地游客的冬季气象参数偏好与热舒适指标（以 PET 为例）的相关性分析结果，与其他气象参数偏好因素相比，冬季本地及外地游客的温度、太阳辐射期望与 PET 的相关性较强（显著性系数 p 小于 0.05，相关系数 r 更高），因此本研究探讨冬季本地及外地游客的温度期望和太阳辐射期望随热环境的变化情况。

表 3.21 冬季气象参数偏好与 PET 的相关性分析

	温度期望		湿度期望		风速期望		太阳辐射期望	
	p	r	p	r	p	r	p	r
本地游客	0.002	−0.156	0.658	0.023	0.195	−0.066	0.002	−0.161
外地游客	0.001	−0.155	0.716	0.016	0.101	−0.073	0.000	−0.222

（1）基于 PET 的本地与外地游客温度期望投票占比比较。

参考夏季温度期望的研究方式，将每 3 ℃ PET 区间内冬季受访者的温度期望投票进行统计，剔除区间内样本量少于 5 个的分组，结果如图 3.58 所示。当 −28 ℃≤PET<−25 ℃时，本地游客期望温度升高的投票占比为 100%，外地游客期望温度升高的投票占比仅为 50%，表明当热环境较冷时，本地游客明显比外地游客更偏好于温度升高；当 PET 区间增加到实测期间的上限值（−1 ℃≤PET≤2 ℃）时，本地游客（36.36%）与外地游客（37.5%）期望温度升高的投票占比相当，但外地游客期望温度降低的投票占比（31.3%）仍高于本地游客（18.2%），分析原因是受冬季长时间低温环境的影响，本地游客有着强烈的想要温暖环境的期望，而外地游客的出行目的一般是体验哈尔滨寒冷的气候，在热环境较冷时，外地游客的心理预期得到了满足，因此其对于温度升高的偏好远远低于本地游客，而即使环境的热舒适指标值达到实测期间的上限，本地游客仍比外地游客更渴望温度的升高。

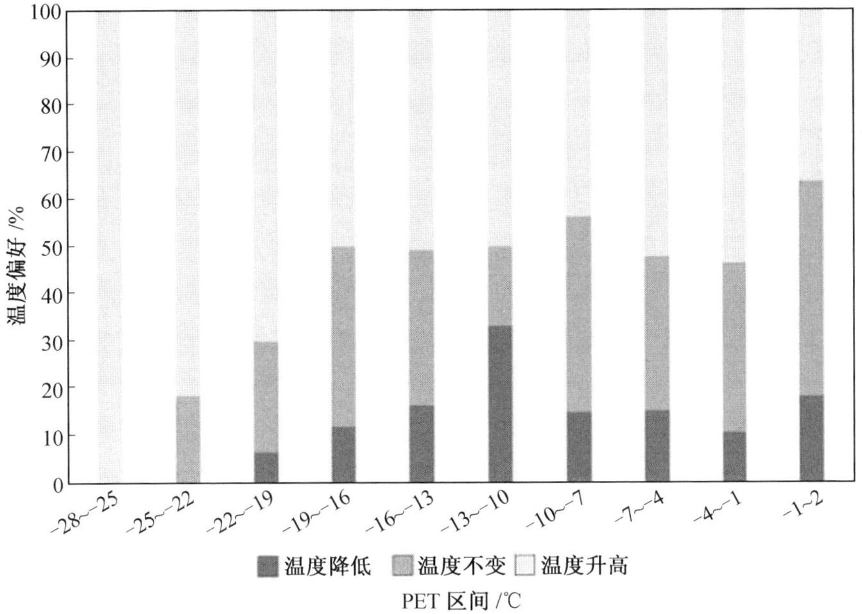

(a) 本地游客

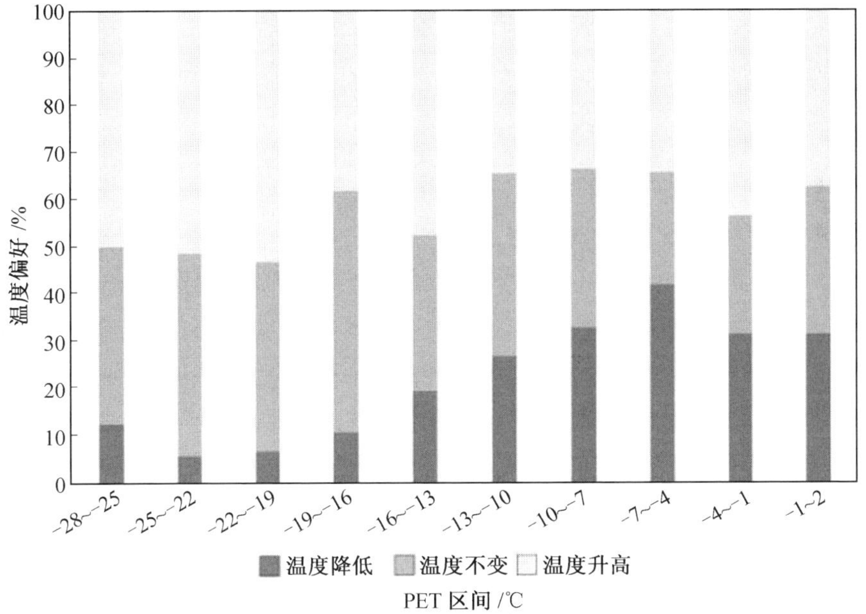

(b) 外地游客

图 3.58　基于 PET 的冬季温度期望投票占比

(2)基于 UTCI 的本地与外地游客温度期望投票占比比较。

采用基于 PET 时本地与外地游客温度期望的研究方式，剔除区间内样本量少于 5 个的分组，将冬季每 3 ℃ UTCI 区间内受访者的温度期望投票占比进行统计，结果如图 3.59 所示。当 UTCI 温度区间为－44～－41 ℃时，本地游客期望温度升高的比例高于外地游客，本地游客期望温度不变的比例接近外地游客的 1/2；随着环境的变暖，除了在－29～－26 ℃ UTCI 温度区间内，外地游客期望温度升高的投票占比始终低于本地游客，即使当 UTCI 温度区间为－2～1 ℃时，本地游客期望温度升高的占比仍高于外地游客 15.87%，该现象表明，在冬季基于 UTCI 指标的温度期望投票中，本地游客的温度升高偏好始终强于外地游客。

(3)基于 PET 的本地与外地游客太阳辐射期望投票占比比较。

对本地及外地游客冬季每 3 ℃ PET 区间内的太阳辐射期望进行统计，不同 PET 区间内的投票占比如图 3.60 所示。在冬季实测的热舒适指标区间内(－28 ℃＜PET＜2 ℃)，外地游客期望太阳辐射增强的比例始终低于本地游客，如当－4 ℃＜PET＜－1 ℃时，大约半数(46%)的本地游客期望太阳辐射增强，仅 25%的外地游客有着相同的太阳辐射偏好，究其原因可能因为外地游客的出行目的是体验严寒地区的低温，且他们对于寒地冬季的热舒适水平的改善方式并不充分了解，而长期的地域性生活经验使本地游客渴望通过太阳辐射的增强来改善自身的热舒适水平，所以外地游客期望太阳辐射增强的比例始终低于本地游客。

(4)基于 UTCI 的本地与外地游客太阳辐射期望投票占比比较。

将每 3 ℃ UTCI 区间内本地与外地游客的太阳辐射期望进行统计，得到冬季不同 UTCI 区间内本地及外地游客的太阳辐射期望投票占比，如图 3.61 所示。在实测 UTCI 变化区间内，本地游客期望太阳辐射增强的比率均高于外地游客，尤其当环境的热舒适指标值处于实测期间的下限时(－44 ℃＜UTCI＜－41 ℃)，外地游客期望太阳辐射增强的比率(47.06%)相比于本地游客(75%)明显偏低。

哈尔滨地处严寒地区，是中国热门旅游城市之一，旅游业在夏、冬两季尤其繁荣。本章对本地与外地游客在哈尔滨城市景点中的热舒适状况展开对比研究，在夏、冬两季分别进行 4 次物理环境实测，共收集到 1 740 份有效问卷，其中夏季 844 份，冬季 896 份，基于热环境测量和问卷调查数据，运用统计学分析方法，比较了本地与外地游客在景点热环境变化下的心理、服装及活动适应过程；探究了主观热适应因素的关联性；基于热舒适评价指标对比分析了本地及外地游客的多维度热舒适感受，具体结论如下：

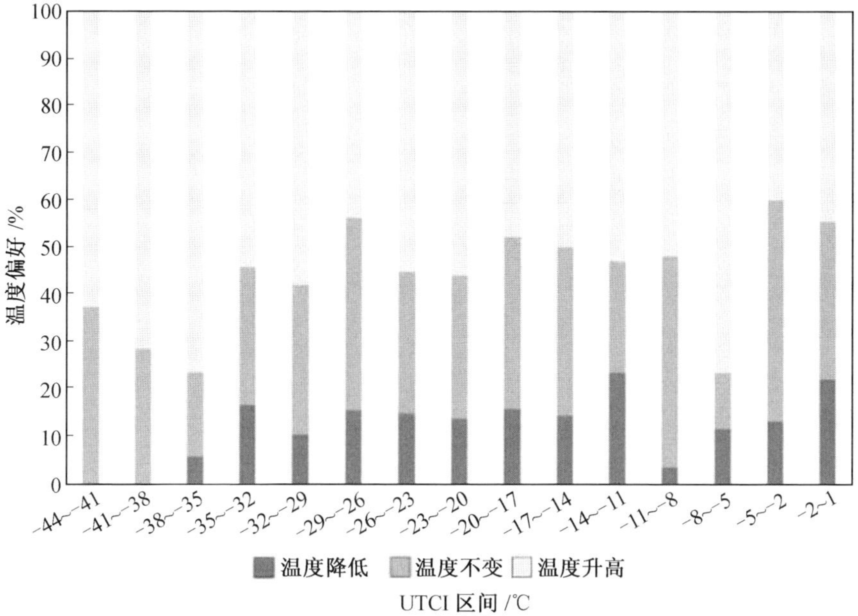

温度偏好 /%

100 90 80 70 60 50 40 30 20 10 0

-44~-41 -41~-38 -38~-35 -35~-32 -32~-29 -29~-26 -26~-23 -23~-20 -20~-17 -17~-14 -14~-11 -11~-8 -8~-5 -5~-2 -2~1

温度降低　温度不变　温度升高

UTCI 区间 /℃

(a) 本地游客

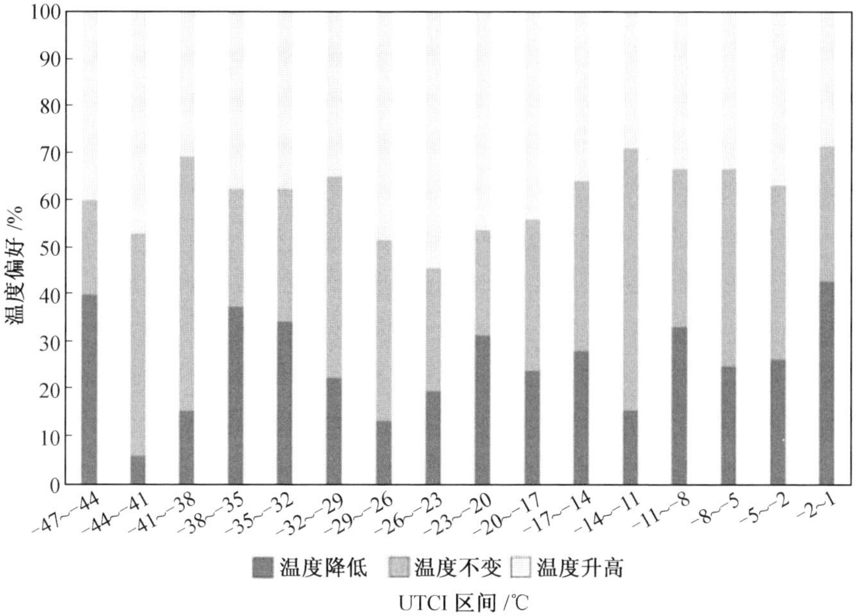

温度偏好 /%

100 90 80 70 60 50 40 30 20 10 0

-47~-44 -44~-41 -41~-38 -38~-35 -35~-32 -32~-29 -29~-26 -26~-23 -23~-20 -20~-17 -17~-14 -14~-11 -11~-8 -8~-5 -5~-2 -2~1

温度降低　温度不变　温度升高

UTCI 区间 /℃

(b) 外地游客

图 3.59　基于 UTCI 的冬季温度期望投票占比

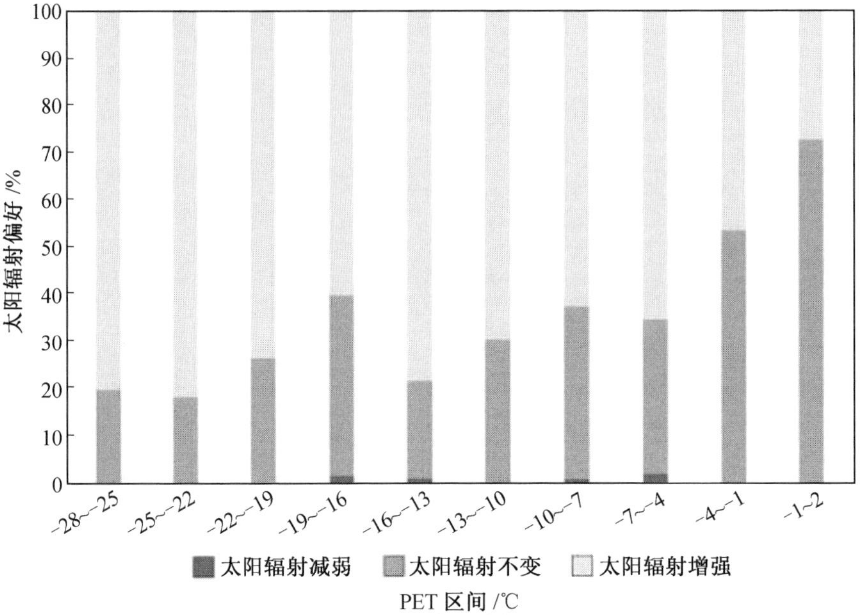

太阳辐射偏好 /%
100
90
80
70
60
50
40
30
20
10
0
-28~-25 -25~-22 -22~-19 -19~-16 -16~-13 -13~-10 -10~-7 -7~-4 -4~-1 -1~2
太阳辐射减弱 太阳辐射不变 太阳辐射增强
PET 区间 /℃

(a) 本地游客

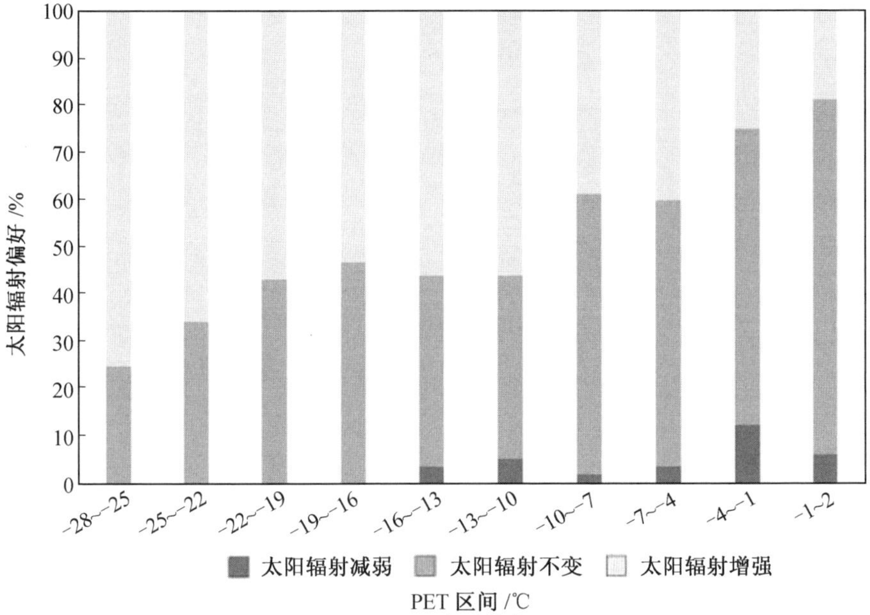

太阳辐射偏好 /%
100
90
80
70
60
50
40
30
20
10
0
-28~-25 -25~-22 -22~-19 -19~-16 -16~-13 -13~-10 -10~-7 -7~-4 -4~-1 -1~2
太阳辐射减弱 太阳辐射不变 太阳辐射增强
PET 区间 /℃

(b) 外地游客

图 3.60　基于 PET 的冬季太阳辐射期望投票占比

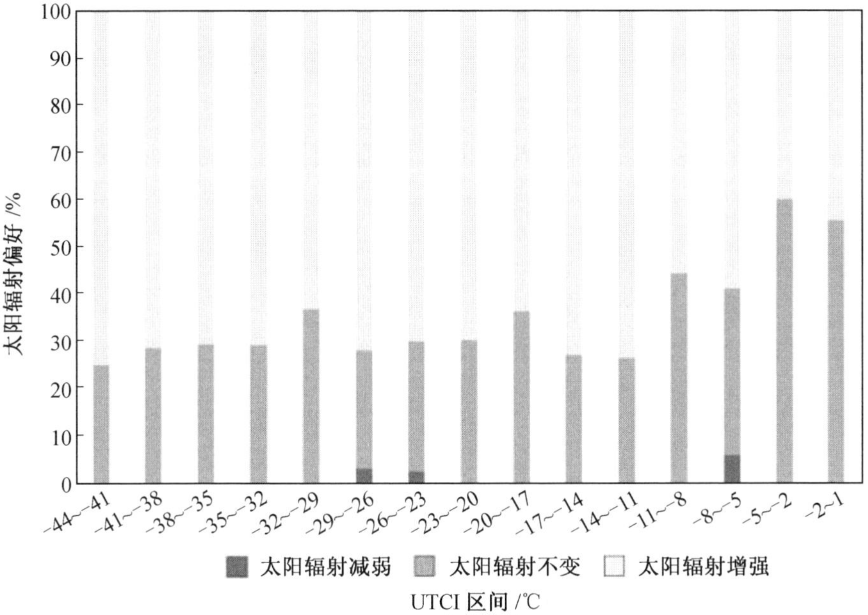

太阳辐射偏好 /%

100
90
80
70
60
50
40
30
20
10
0

-44~-41 -41~-38 -38~-35 -35~-32 -32~-29 -29~-26 -26~-23 -23~-20 -20~-17 -17~-14 -14~-11 -11~-8 -8~-5 -5~-2 -2~1

太阳辐射减弱　太阳辐射不变　太阳辐射增强

UTCI 区间 /℃

(a) 本地游客

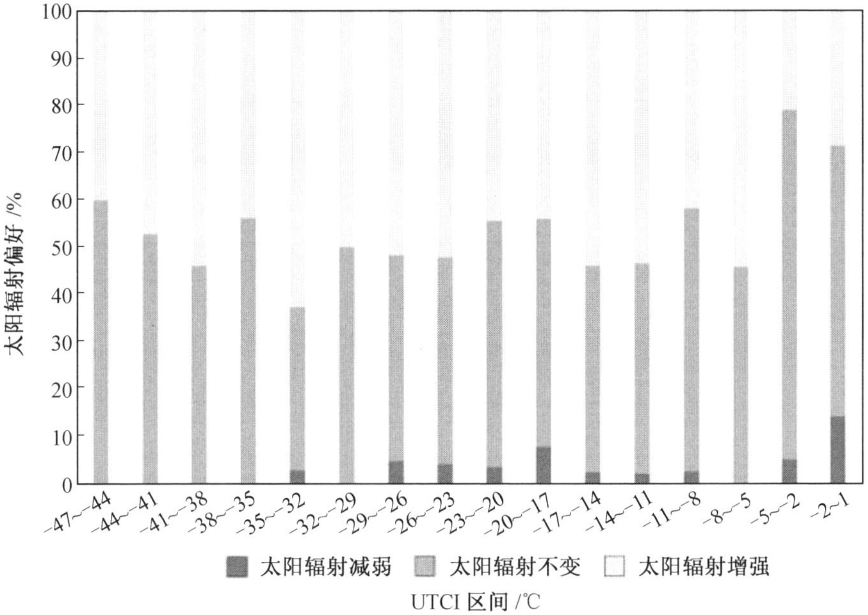

太阳辐射偏好 /%

100
90
80
70
60
50
40
30
20
10
0

-47~-44 -44~-41 -41~-38 -38~-35 -35~-32 -32~-29 -29~-26 -26~-23 -23~-20 -20~-17 -17~-14 -14~-11 -11~-8 -8~-5 -5~-2 -2~1

太阳辐射减弱　太阳辐射不变　太阳辐射增强

UTCI 区间 /℃

(b) 外地游客

图 3.61　基于 UTCI 的冬季太阳辐射期望投票占比

(1)在夏季,本地游客的热舒适度、热满意度与热感觉的拟合曲线均为一次函数,而外地游客则为二次函数,且外地游客的热满意度受热舒适度影响更显著;在冬季,本地游客的热满意度与热感觉的相关性曲线为一次函数,受心理预期的影响,外地游客的热满意度与热感觉的拟合曲线为二次函数。此外,通过对比分析可知,外地游客的热舒适体验对热感觉变化更为敏感,本地游客的热满意度受热舒适体验影响更大。

(2)在夏、冬两季,受季节性地域适应性的影响,外地游客的热感觉尺度始终高于本地游客。夏季本地游客热舒适度和热满意度投票与热舒适指标间为线性关系,外地游客则均为二次函数关系,相较于本地游客,外地游客在相同热环境下的热舒适度和热满意度水平均较高;在冬季,本地游客的热舒适度和热满意度投票与热舒适指标间为一次函数关系,外地游客则为二次函数关系,外地游客热舒适度最高时的 PET 值为－10 ℃,热满意度最高时的 PET 值为－16 ℃。此外,受出行心理的影响,当热环境较冷时,外地游客的热舒适度及热满意度预测投票高于本地游客,随着热环境变暖,本地游客的热舒适度及热满意度体验则上升至较高的水平。

(3)夏、冬两季本地与外地游客的热舒适域、热满意域界定结论差距较大。在夏季,相较于本地游客,外地游客的热舒适域与热满意域及其中值更高但热舒适域及热满意域更窄,表明虽然外地游客对高温的接受度更高但对地域性气候变化的接受范围较窄;在冬季,外地游客比本地游客的热舒适域更宽且热舒适域中值更低,但本地与外地游客的热满意域差别较小。

(4)本地与外地游客的热环境参数偏好存在较大差异。在夏季,本地游客的太阳辐射偏好受热环境变化影响更大,外地游客的温度偏好对热环境变化更敏感,表明随着环境的变热,本地游客更偏好于通过太阳辐射的减弱来提升其热舒适水平,而外地游客更偏好于温度的降低;在冬季,本地游客比外地游客更渴望太阳辐射的增强和温度的升高,这可能与外地游客的低温体验性心理及地域环境的不熟悉性有关。

(5)在夏、冬两季,本地与外地游客的着装情况存在差异。当夏季温度低于 27 ℃时,本地游客的着装量低于外地游客,当温度高于 27 ℃时,本地及外地游客

的着装量则非常相近，该现象表明本地游客能够及时用合适的服装适应天气的变化，而在早夏(6 月)来到哈尔滨的外地游客通常根据他们对寒地气候的印象选择着装；冬季，外地游客的着装量高于本地游客且他们普遍会准备更多样的服装来适应温度的变化。另外，外地游客的服装热阻受热感觉影响更为显著。

(6)在夏、冬两季，本地与外地游客的活动影响因素各异。对于本地游客而言，他们在夏季的活动受到热环境因素的影响，出于对晴朗天气的渴望，本地游客会选择在温度更高的环境下进行更高水平的活动，而在天气寒冷的冬季，本地游客的活动水平不再与空气温度呈现清晰的相关性。在夏、冬两季影响外地游客活动的因素都为时间，他们偏好于按照出行计划在上午和下午进行高水平的活动，在中午时间段进行休息。

本章对严寒地区本地与外地游客的热舒适性差异展开研究，基于本研究的地域性特征及研究方式，作者有以下研究展望：首先，中国幅员辽阔，根据《民用建筑热工设计规范》(GB 50176—2016)，我国被分成 5 个热工设计区，分别为严寒地区、寒冷地区、夏热冬冷地区、夏热冬暖地区和温和地区，各个热工设计区地域性气候特征差异明显，从而使得不同来源地游客的热适应性各异。本研究在位于严寒地区的城市——哈尔滨展开，接下来的本地与外地游客热舒适性差异研究应当在其他地区陆续展开。其次，本章在定义本地及外地游客时具有以下局限，由于室外热舒适具有地域性差异，不同热工设计区下外地游客的热舒适性需要被分别探讨，然而由 3.2.4 节的结论可知，夏、冬两季受访的外地游客多数来自寒冷和夏热冬冷地区，少数来自夏热冬暖和温和地区。由于本研究的实测热环境参数变化范围较广，为减小样本量过少造成评价结果的偏差，且使结论更具备代表性，本章仅将严寒地区的游客定义为本地游客，将来自其他地区的游客定义为外地游客，因此在接下来更细致的研究中，作者需要收集足够多的各个热工设计区的外地游客问卷。

本章的结论能够为严寒地区城市景点的室外热环境评价、设计和游客的出行提供参考依据。研究表明，在夏、冬两季中，本地游客的热舒适度、热满意度受热环境影响较小，景点室外热环境的变化很难提升本地游客的热舒适度及热满意度水平；外地游客的热舒适度、热满意度受热环境影响显著，单位热环境的改善会大幅度提升外地游客的热舒适度、热满意度水平，该现象表明景点环境的优化设计能够较容易地满足外地游客的热舒适性需求。此外，外地游客的热舒适度、热满意度与热舒适指标间的关系为二次函数，表明存在能够使外地游客感受到最舒适或最满意的热环境变化范围。综上所述，在进行城市景点规划时应更注重考虑外地游客的热舒适感受，并宜通过优化策略营造与外地游客热舒适度、热满意度峰值相接近的热环境。

第4章

综合指标考量下的寒地城市户外公共空间热环境设计与评价

以人为本的设计理念深入人心，城市公共空间设计越来越重视人作为空间使用主体的多样化感受，相关研究涉及声景层面、热环境层面、视觉层面以及多维交互层面，其中主流研究多以建筑物理、环境心理学为基础，本章试图探索主流研究所包含的指标以外的指标对热环境设计和评价的影响。本研究以典型严寒地区城市哈尔滨的斯大林公园作为对象，展开热舒适、疲劳度和愉悦度的相关研究，基于研究结果对斯大林公园设计给出了改善性建议。本研究内容具有一定的探索性，研究结果对严寒地区沿江公园设计具有一定的指导意义。

4.1　人本主义设计理论的提出和发展

4.1.1　人的自身需求

人类文明的日益发展，逐步将人的目光聚焦到了环境、生命等客观存在的事物上。人本主义设计是人类对独一无二的生命价值探索的外在体现。具体表现为将使用者——人作为主体通过其感受判断特定环境场所空间是否适宜生活。通常是对公共空间和城市肌理能否适应人的行为偏好，即城市行为空间和城市行为轨迹中的活动和形式的耦合程度进行评估。根据美国著名心理学家 Abraham H. Maslow 对人的需要层次的解释（图 4.1），可以把人在公园的游憩需求主要归纳为以下 4 个层次。

图 4.1　马斯洛需要层次论

1. 生理需求

人的生理需求是指人最基本的需求。另外还有人与生俱来、亘古不变的对于自然的向往，对于长期生活在高密度人居环境的城市居民而言更是如此，所以公园设计不是简单地组织不同样式的绿化，优秀的公园设计在于予人便利的同时，还要搭建起使用者和环境之间的桥梁，它可以逐步适应和支持现代公园使用者的生活方式和户外活动的开展。人性化设计应将满足人最基本的生理需求置于首要位置。公园内公共设施的设置要符合人的视觉观赏位置要求，座椅的摆放位置要符合人们交往时对私密空间的需求，并要充分考虑不同年龄阶段人群的心理行为特征和特殊人群对于景观环境的特殊需求，并落实在细部设计中，让公园真正成为适合大众的休闲场所。

2. 心理需求

人和环境之间的关系不能仅仅局限在具象的人与物之间的简单互动，两者之间的情感交流与融合在如今的现代生活中显得更为举足轻重。人们在环境中的心理需求，不仅包括感觉舒适与亲近自然，还包括体验乐趣和享受愉悦，使得人们在感情层面上，达到与环境的共鸣。想要做到这一点，就应该通过设计来保证该场所能体现更加丰富的感情内涵。景观设计师在设计进行之初，就要赋予其一定的立意和构思。因此好的景观并不是它们的形态如何优美，而在于它们能够为人带来无尽的遐思与追忆，因为只有将人的主观情感和客观环境相互交融，人才能感到赏心悦目。这就是人们所说的“情景交融”之意境。由此可见，在景观设计之中，设计师不仅要做到“造景”，更应该做到“造境”。表达意境并不是简单地堆砌设计师的灵感和景观元素，而是要表达对天地间万物的理解与感情。

另外，人们在公园活动和休憩时还存在“被保护”的心理需求，这就需要公园能为人们提供满足自身心理防卫需求的空间，即保证能够形成人各自的“个体领域”，满足公园使用者应对外界潜在威胁的需求，满足公园使用者个人行为的自由性不受周边环境影响的需求。例如，人在选择座椅时，通常会更倾向于选择那些有后靠背的以便让自己的背部有所依靠，其暗含的心理需求为：追求“个人空间”的“领域性”“私密性”。

3. 交往需求

马克思提出“人是一切社会关系的总和”，指明人本身具有不容忽视的社会属性，因此交往需求成为人的十分必要的一种需求。实际上，每个人都渴望与他人进行交际与互动，如身处困境中的人往往希望能够在与人交往的过程中获得援助，处于消极、忧郁情绪中的人往往希望能在与人交往的过程中得到他人的同

情与安抚，处于开心快乐情绪中的人往往希望能在与人交往的过程中与人分享幸福与喜悦。当然，由于每个人在不同处境下对交往空间的选择都有所不同，不能一概而论，因此对于服务于大众群体的公共空间（如公园等）而言，有必要设置多种形式的空间场所，以充分满足人们丰富多样的需求。

4. 实现自我价值的需求

当人们身处公共场合之中时，他们渴望自己可以引人关注，得到他人的重视与尊重，甚至还会激发出人自我表现的即时创作欲望。这是人高级精神需求——实现自我价值需求的一种表现。

在公园游憩活动中，人们可以通过参与各种休闲活动来实现自我价值的追求。例如，通过参与公园内的文化活动，如艺术展览或音乐会，可以丰富个人的精神生活，提升审美和文化素养；通过参加志愿服务和环境保护活动，可以增强个人的社会责任感和环保意识，实现个人对社会的贡献。这些活动不仅满足了个人的休闲需求，也促进了个人的全面发展，帮助人们在享受自然和文化的同时，实现自我价值的需求。

4.1.2　人本主义设计的相关理论

"以人为本"是人们在改造物质世界时追求的核心目标，现在已成为多个设计领域的基本原则，其中就包括公园设计。人本主义设计理论指导下的公园设计是以人为中心的，注重实现人的价值和提升人生活环境的品质，尊重人的多层次需求。因此，在设计中，设计师也同样需要有层次地去考虑"人性化"这一基本点。

人本主义不仅需考虑独立的"个体"，还需要对"群体"——社会的人、历史的人、文化的人、生物的人、不同年龄的人、不同层次的人和不同地域的人等进行考量，考虑将群体和社会相结合、将社会红利和经济红利相结合，使人类的生存环境与现代社会的发展能够长远地结合。公园设计得好坏，归根结底要看它是否满足了当今人们户外活动对环境的需求，是否满足了人们的行为偏好需求。

随着人本主义设计理论的发展，一些相关理论如"连接理论""场所理论""环境行为学理论""景观美学理论"等相继出现且都与设计形成了密不可分的联系。

1. 连接理论

连接理论最早是针对城市环境各构成元素之间的线性关系的研究理论。其中线性关系的内容包含了城市交通干线及线性的公共空间、视线等，具体有各种交通通道、人行干道、跨流域桥梁、序列空间、景观视廊等。在连接理论的分析下，城市的设计与规划可通过确定主要建筑及公共空间联系的方式，使得城市功能空间更加清晰，提升整个城市的效率。

在公园设计中，连接理论主要用以指导场地与城市之间的连接关系。各个空间之间的连接要素——“线”既可以是各级道路，又可以是视线通廊，还可以是线性的开放空间，同时也可以是由建筑组合而成的具有“线性”特征的构图关系。对于连接理论的研究是进一步探讨公园路径上的可达性、视觉上的可达性和空间组合线性序列的重要途径。

2. 场所理论

场所理论是把人的需求、文化历史、社会要素和自然环境等融入城市空间设计之中的研究理论。在现代场所理论中，环境中客观存在的具体物质的形式、肌理、颜色是构成场所精神的主要元素，塑造了场地独特的环境风格。通过对影响空间形体的环境因素进行分析，可以把握空间形体的内在。在场所理论研究中，任何场所空间的设计与塑造都应该充分考虑其所处环境与功能之间的联系，允许社会的、文化的和感知的因素渗透到空间的界定中来，通过诸如广场、园林、院落等基本空间元素边界的语言组织，使不同的场所空间在不同的生活环境中呈现出不同的性格和品质。将各种内在和外在的元素有机结合，让一般性的场地被赋予场所的意义，形成城市中可识别的整体环境特色。

公园承担着城市环境中重要的公共空间角色，是现代城市文明的重要标志。设计师在进行公园的设计时，不仅仅是在创造“空间”，更是在综合考虑各类要素的前提下，将“空间”转化为“场所”，即营造富有生机的、风格独特的气氛——场所精神，使得每一个公园都独树一帜，表现出一定的场地特色。

3. 环境行为学理论

景观规划设计以人在户外活动的行为规律和他们的需求为根本依据。现代景观规划设计更是基于大众的思想、人类的共有行为的设计。环境行为学主要研究人类行为偏好及与之相适应的空间环境以及二者之间的相互作用关系。基于该理论，人类的日常行为活动可以归纳为必要性活动、选择性活动和社会性活动。这些活动，除必要性活动不会受环境品质的影响，选择性活动、社会性活动均会受到环境品质的影响，也就是说选择性活动、社会性活动的开展通常对场地环境有着较高的要求。

在空间环境中进行行为研究主要集中于研究人们使用不同空间时所具备的固有行为偏好及其特定的心理需求。人们在日常生活中均会形成某些固有的行为偏好。例如，人们在外部空间中通常存在诸如“看与被看”“边界效应”“抄近路”及“左转弯”等行为偏好。通常情况下，人们对其所处环境存在的特定心理需求包括个人空间、领域性、私密性与公共性等需求。

公园的“看与被看”是指公园中部分活动人群成为一种景观，被纳入其他活

动者的活动内容之中。“边界效应”理论则是由心理学家 Derk de Jonge 提出，他指出森林、海滩、树丛、林中空地等的边缘往往是人们喜爱逗留的地方，而那些开敞的旷野或滩涂则无人光顾。边界线越是曲折变化，这种现象就越明显。“抄近路”是指在户外活动时，人们只要有明确的目标，就总是倾向于沿着最短、最便捷的路径前往目的地，即行进路径大致为向着目标的直线。“左转弯”理论是说人们在户外活动时大多数人的转弯有一定的倾向性，倾向于逆时针转向。

滨水沿江公园是城市中最为活跃而重要的公共开放空间之一，这里有着丰富多彩的活动类型，展示着城市勃勃的生机。因此，滨水沿江公园的设计要着重考虑场地与游人活动的关系。在了解广大人群最基本的行为偏好后，让公园的设计与人的行为相适应，有利于满足人们活动的需求乃至形成吸引更多人开展各类活动的高品质环境空间。

4. 景观美学理论

景观美学是环境美学范畴中的重要内容，是含纳景观共性、本质及其审美功能等方面的科学。它的研究理论意在揭示景观美学的本质及其发展规律，以及景观审美关系中的一些基本问题。通常景观设计会营造优美的景象来吸引游览者的视线，满足人对“美”的追求，这就势必导致人对形式美的重视。而形式美实则是反映具体事物“美”的特定内容的外在形式。首先，景观设计中形式美的可视化语言由点、线、面(形)、色彩和质感等基本元素组成，在设计中对这些元素的使用应给予充分的考虑；其次，形式美的评价一贯是仁者见仁、智者见智，不同的人有不同的看法，但经过长期的经验总结，一些形式美的规则得到广泛认同，如对称与均衡、对比与和谐、比例与尺度、节奏与韵律、变化与统一等，因此可以将这些“美”的规则应用到设计之中，以创造符合大众审美需求的美好景致。除了外在的形式美之外，内在的意境美也是景观设计的重要内容，即景观设计中所塑造的物象化的场景能够与置身景观中的游览者在情感甚至思想上产生共鸣和交融。“情”与“景”是景观意境的基本元素，应做到以情写景、以景寓情、情景交融。

滨水沿江公园规划设计应充分把握形式美和意境美的原则及规律，营造出优美的景观效果。现在的滨水区域已经不仅仅是单纯的物质景观，它还要能体现城市中的地域文化，也充当着一个地域文化景观，所以滨水沿江公园设计应考虑城市的历史文化内涵，用景观去展示历史文化、反映时代特征。

4.1.3　人本主义设计理论的应用

“以人为本”的设计理论需要设计者进一步加强对人的多方位体验感需求的考虑。热舒适、疲劳度、愉悦度是人的多方位体验感的重要组成内容。明尼阿波利斯雕塑公园是美国公园设计的一个成功范例，其设计在多个方面体现了人本主义思想。

公园的典型布局为:水体—堤岸植被—8 英尺(约 2.4 m)步行道/慢跑道(带休息座椅)—种植隔离带—8 英尺(约 2.4 m)自行车道/旱冰路—种植隔离带—16 英尺(约 4.9 m)风景公路[即小汽车路,带停车港湾时为 24 英尺(约 7.3 m)]。公园中不同位置空间种植有不同类型的植物。如图 4.2 所示,两侧均种植低矮的灌木和地被植物可以形成相对开放的开敞空间;不滨水的一侧种植比较高大的灌木阻隔视线,滨水的一侧则种植低矮的灌木,从而形成了依托于不滨水一侧比较高大灌木的视线屏障,为在滨水道路上游憩的行人的"个人领域"提供了防卫心理保证;两侧都种植比较高大的灌木则可以为行人提供行走时的遮蔽空间。运用人本主义设计理论,将不同属性的空间进行组合,可以让在公园内观赏游览的人有不同的空间体验,保证了空间的多样性,丰富了公园的"场所感"。

低矮的灌木和地被植物形成开敞空间

半开敞空间视线朝向开敞面

树冠下的覆盖空间

图 4.2　人性化公园举例分析图

(图片来源:唐敏,《带状滨水公园规划设计研究》)

公园中的"湖链"由圆柏湖、卡尔霍恩湖、群岛湖及哈里特湖组成。其中圆柏湖的水岸边种植有大量的北美圆柏,圆柏湖的名字也由此而来,众多充满野趣的浅水植物也依着于水边生长;卡尔霍恩湖具有宽阔开敞的水面,因此将其设定为运动娱乐主题的水上运动乐园;群岛湖原本只是一块湿地,经人工疏浚后与卡尔霍恩湖连贯一体,形成了湖中坐落有 2 个岛屿的岛湖,是温、湿度适宜的鸟类保护区域;哈里特湖水质清澈、风景宜人,是以家庭集体活动为主题的场所,是非常吸引人的野餐目的地。

4.1.4　人本主义设计的评价体系

为了更好地维护公园使用主体——人的利益，满足人的需求，落实“以人为本”的设计目标，需要对公园的人本主义设计进行评价，以便能更清晰地了解公园设计的缺陷，而后能更具有针对性地采取改善措施，还可以为将来的公园人性化设计提供经验。

1.基于人主观满意度的评价体系

基于人主观满意度的评价体系可以用来衡量公园人性化设计的质量，主要以人对公园某一方面的“满意度评价”作为依据，该体系反映了评判者所处的环境特征对其心理感知的影响。可以通过发放主观问卷、展开访谈调查、进行大数据社会网络分析，获得人对特定事物最直接的评价。后期对所得到的主观评价数据使用不同的评价体系进行进一步的量化处理，最终得到公园使用者视角下的公园设计综合评判结果。

游憩机会谱（recreation opportunity spectrum，ROS）是基于主观问卷对公园设计进行评价的管理工具。它于 20 世纪 60 年代被提出，由美国林务局和土地管理局制定理论框架，用以解决环境要素、游憩活动、管理实施之间的矛盾。根据游憩机会谱可以得到场地属性与游憩活动之间的关系，同时也可以做出适应性的改变，以满足场地使用者多样化的活动需求。

通常情况下，物质环境因子、社会环境因子和管理环境因子共同组成游憩机会谱的环境因子。对公园的人本主义设计进行评价，可以将需要评价的指标提取出来，并进行分类，而构成该公园的三种环境因子指标则代表了公园游憩活动物质空间的场所特征。例如，选择水体质量、植物丰富度、景观配置、地形变化等指标作为自然资源，景观构筑物、道路广场等指标作为人文资源，二者共同构成公园的物质环境因子；选择公园游客的数量、游憩设施的丰富度、活动空间的开放度等指标构成公园的社会环境因子；选择标识信息、卫生管理、设施维护、文化宣传、活动设施等指标构成公园的管理环境因子。对以上指标的主观问卷“满意度评价”调研结果进行主成分分析，以此便可以确定该公园能够为人们提供的游憩体验以及适合预设功能的游憩活动，将之与公园预设功能进行对比，评判公园设计是否达到了既定的预期目标。

游憩机会谱不仅能够较为客观地对公园的功能进行综合评判，同时还可以作为参照，允许设计师结合人的需求有针对性地对公园环境因子进行更改提升，使之满足人的多层次需求。

2. 基于人生理效益的评价体系

人性化的公园设计能够更好地服务于公园的使用者，并对人的身心产生积极的影响，有益人体生理健康。因此，公园人性化设计水平的评价可以采用公园使用人群的人体生理指标作为评价标准。既有的以人体生理指标评价公园设计的研究通常采用脑电波、心率、呼吸频率、皮肤电导率、皮肤温度和血压数据等来得出人对所处环境的反应，进而做出评价。很多研究学者采用这种方法对公园的气候环境、视觉美感、气味感受、声音感知等方面进行评估，做出衡量公园环境是否满足人感觉、视觉、嗅觉、听觉等多层次感官需求的评价。

张哲等采用人体生理指标对公园绿化的植物景观进行评估发现，公园绿化的植物景观配置对人体生理指标有着潜在的影响。研究结果显示：与对照组相比，不同的公园绿化植物景观配置能够在不同程度上降低人的血压、心率和皮肤电导率，增加指尖皮肤温度，刺激副交感神经的活动，降低生理唤醒程度，使人更加的轻松与平和。冷寒冰等采用心率变异性生理指标对上海植物园环境进行评估发现，公园环境中植物的气味对人体生理指标有着潜在的影响。研究结果显示：不同的植物气味能够在不同程度上降低人的 LF/HF（高频功率/低频功率）水平，让人处于舒适状态。武锋等对珠海市淇澳红树林保护区进行评估发现，保护区热环境及其空气质量能够对人体生理指标产生影响。研究结果表明：舒适的热环境以及优质的空气质量能够扩张血管从而降低人体血压，提升游览者的身心愉悦程度。

由于人体生理指标会受到所处环境的影响，因此生理指标的优良程度直接反映公园环境对人健康水平的效益，可以用来衡量公园的人性化设计水平。

3. 基于人行为偏好的评价体系

人性化的公园设计就是要实现公园环境与人行为偏好的有机结合。环境只有满足了人的行为活动需求的条件，才会引起人的注意。人的不同行为活动需求通常需要适配不同类型的空间。观察人在某一环境下的行为偏好，能够较好地理解该环境的特质，以此评判公园设计是否满足了人的需求。

赵一丹对榆林沙河公园的不同空间场所的使用人群行为偏好进行了标记——通过手绘、拍照、录像记录公园游人的活动类型与滞留时间作为人的行为特征。她提取了公园设计不同的要素因子：选择公园步道宽度、空间覆盖度、空间围合度、空间高宽比、路面铺装作为公园的空间要素；选择植被配置、绿化率、植被丰富度、植物群落结构作为公园的绿化要素；选择健身设施密度、休憩设施密度、环卫设施密度作为公园的设施要素。使用 SPSS 软件对公园使用人群行为

与公园设计要素进行相关性分析，得出人进行不同活动所偏好的空间要素类型。针对这些要素评估公园设计是否具备了既定的功能活动的特征。

基于使用人群行为偏好的评价体系不仅仅可以对公园的不足做出评价，还可作为参照，允许设计师根据人群行为偏好对要素因子做出调整，以使得公园设计满足人的行为需求。

4.2 哈尔滨市斯大林公园的动态试验

4.2.1 评价指标的选择

1.热舒适指标

人的皮肤是人与热环境之间的“界面”，皮肤温度能够反映人体热量损失的基本情况。当人们感到温暖或凉爽时，人们并非是对周边的空气温度有所感知，而是利用分布在人体各部位的冷觉和温觉感受器“感受”温度，它们在受到冷或热刺激时向下丘脑发送信号，使人产生了冷或热感觉。

因此，许多学者将人体皮肤温度这一特殊的人体生理信号作为媒介来研究人的热舒适程度，他们测量单个或多个身体部位的皮肤温度将其作为衡量热舒适水平的指标。T. Chaudhuri 等人利用人体皮肤温度结合不同部位的权重系数构建了“预测热状态(predicted thermal state，PTS)”模型来评估人的热状态。J-H. Choi和 D. Yeom 使用了先进的现代热传感器科技，选用人体 7 个部位来预测人的整体热感觉。Dai C.、Zhang H.、E. Arens 等人建立了基于支持向量机(support vector machine，SVM)分类器的稳态热量需求预测模型，该模型使用了人体 13 个部位的局部皮肤温度作为预测因子。以上研究使用皮肤温度来预测人体热感觉的准确率均达到了 80%以上。

除了人体皮肤温度外，人体体核温度也是体温调节最重要的指标，对人体的热感觉有着显著的影响。当户外热环境在短时间内迅速变化时，人的皮肤和体核温度也会随之变化。P. Höppe 发现，当一个人从热中性的室内环境转移到寒冷的室外环境中时，随着人体体核温度的下降，人的热感觉也会随之改变。

基于以上结论，本章选择人体皮肤温度与体核温度作为室外环境中人的生理热舒适评价指标，以对人的热舒适状态进行评估。

人对所处环境的热舒适感受会受到个体地域适应性、自身生理状况、热经历等的影响。因此，基于生物、数学等理论所建立的热环境评价指标(如 UTCI、PET 等)不一定具有普适性，尤其是针对不同类型气候地区、不同种族、不同文化背景、不同活动下的人群具有局限性。

2014 年 M. Rutty 等人的研究结果表明，在热舒适指标 UTCI＝39 ℃的炎热情况下，海滩游玩的人群中有 60％的人仍认为环境适宜，不存在“温度下降”的期望需求。H. Taiyang 在香港某学校展开热舒适调查，数据显示香港人群的 UTCI 热中性温度区间为 18.9～26.5 ℃。Huang J. 等人发现武汉地区人群 UTCI 热中性温度区间为 18.7～26.8 ℃；对于 PET 指标，不同地区人们的 UTCI 热中性温度区间也与 PET 所定义的常规舒适区间 18～23 ℃有所差别。L. Kunming 等人以广州为例，通过对 1 005 名受访者发放问卷进行调研发现，当 PET 处于 18.1～31.1 ℃时，90％的人对当前环境感受良好。而 Chen L. 等人在上海对人的室外热感觉展开调查研究，得出上海人的中性 PET 温度区间为 15～29 ℃。F. Binarti 等人在 2020 年对全球湿热带地区不同热舒适指标的热中性温度进行调研，研究结果显示处于同一气象带的人，其热中性温度依旧有所不同。

综合以上结果可知，室外热环境的评价不能仅通过客观标准进行评判，还应该考虑人自身的主观心理判断。根据 ASHRAE Standard 55－2017 对“热舒适”的定义可知，“热舒适”是人的一种心理状态，表达个体对所处热环境评估的满意程度；热感觉被认定为个体对所处环境热感知的表达。

本章根据 ASHRAE Standard 55－2017 的内容，选择“热感觉投票”“热舒适投票”2 个主观热舒适评价指标作为人的生理热舒适评价指标的补充。

2. 疲劳度指标

公园是市民进行户外活动的重要场所，人们在这里从事体育锻炼、休闲娱乐、观光赏景等活动。在斯大林公园展开调研，受江岸线的影响，公园相关设施也依水而建，休闲步道沿公园主轴延伸，成为一条引人注目的景观走廊。游人活动主要以在步道漫步、欣赏江景为主，这就势必伴随着体能的消耗，容易使人感到疲劳。疲劳度是人体自我保护的重要机制，是人急需休息的一种信号，在公园设计中值得予以关注。疲劳度作为直接影响人体活动的一种生理现象也会直接影响人的游憩体验。因此，一些相关研究已经将人在游憩活动中的疲劳度纳入了游憩满意度评价体系之中。人性化的公园设计应将游憩活动导致的体能消耗纳入考虑之中，以保证公园游人可以保持活力充足的状态，满足人基本的生理需求。因此，本章将反映人体能状态的“疲劳度”作为公园人性化设计的评价指标之一。

3. 愉悦度指标

情绪是人在对外界环境感知的过程中所产生的即时的、感性的心理反应，是人对客观事物的态度体验。情绪是带有十分显著特异性的心理过程，反映了人

对事物的态度，因此在公园中游憩的人的喜悦感可以用来衡量其对这个公园的满意程度。方梦静对此提出了文本情感值计算等方法，研究分析了城市公园的游客特征、游客情感的结构与时空特征、游客情感影响因素及应用。

愉悦度作为情绪维度的评价指标，代表了个体情绪的积极或消极特性。心理学描述将愉悦度称为效价（valence），其内容为“愉悦—不愉悦”。

本章以沿江公园休闲步道行人的“游憩活动”作为研究对象，选择“愉悦度”作为衡量公园人性化设计的指标之一，它可以直接反映公园使用者在公园的体验和心理感受。

4.2.2　实验测试时间和地点的选择

1. 测试时间

哈尔滨是我国黑龙江省的省会，也是我国纬度最高的省会城市，在我国建筑热工设计区划中属于严寒地区。受气候因素的影响，斯大林公园的主要使用季节为夏季，此时沿江散步和游憩的人群较多。而斯大林公园的旅游高峰期集中在夏季 6 月至 8 月（持续约 3 个月）和冬季的 12 月至次年 1 月（持续约 2 个月）。

笔者团队选择在斯大林公园的旅游高峰期展开相关实验。根据天气网对哈尔滨多年气候的数据汇总可知，哈尔滨夏季日均最高气温为 22 ℃，冬季日均最高气温为－1 ℃。[①] 夏季根据天气预报选择日最高温度接近 22 ℃的日期进行了测试，冬季选择日最高温度接近－1 ℃的日期进行了测试。同时为了保证实验数据的精确性，我们选择了连续的 2 天，以保证可以在 48 h 内完成每次实验。夏季实验当天的气温实测数据显示：亲水阳光步道测试期间平均空气温度为 27.23 ℃，林荫步道测试期间平均空气温度为 27.7 ℃，与当地多年来夏季日均最高气温 22 ℃相接近，这表示测试日期的环境气候具备哈尔滨夏季典型的气候特征。冬季林荫步道的热环境与亲水阳光步道相似，因此，仅对林荫步道进行测试并对冬季室外路径热环境进行评估。冬季实验当天的气温实测数据显示室外平均气温为－14.3°C。

2. 测试地点

斯大林公园位于哈尔滨市松花江畔，是我国早期沿江公园的代表。公园沿江堤而建，全长 1 750 m，平面呈狭窄带状，整个平面交通系统以 3 条休闲步道为主，如图 4.3 所示。

---

① https://www.tianqi.com/qiwen/city_haerbin/

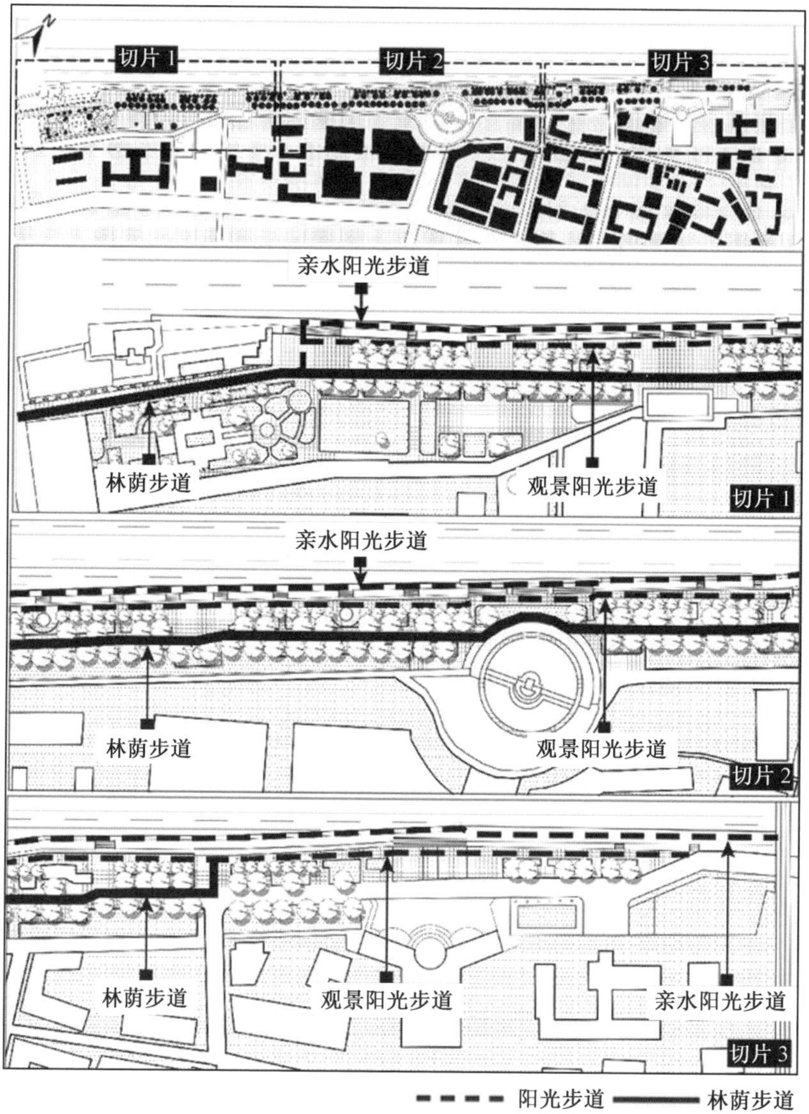

图 4.3　斯大林公园平面布置图

由于哈尔滨地处松花江中游，水位变化显著（水位线 111.7～118.5 m）①，故沿江而建的公园驳岸采用了双层台阶式护坡断面结构。园内 3 条主要休闲步道

① 张杰.松花江哈尔滨段水位枯、洪水期历史规律分析[J].黑龙江气象，2008(1)：7-18.

分布于驳岸的两级不同标高的平台上(图 4.4)。亲水阳光步道位于标高较低的第二级平台,在非洪季节露出,无种植绿化,在该步道行走的游人可与水近距离接触,但会受到夏季阳光直射的影响。观景阳光步道位于标高较高的第一级平台,是亲水阳光步道与公园主路(林荫步道)之间过渡性质的空间,兼具交通与观景作用,该步道种植了必要的绿化,有遮阳,同时为使行人观江视线通透,仅在单侧种植旱柳。林荫步道作为公园主路,主要承担了公园的交通疏散功能,两侧种植有高大的乔木健杨。第一级平台的两条休闲步道沿途有雕塑、广场、历史建筑等,离水面较远。公园的两级平台上下层空间由台阶连接,防洪堤岸一直延伸至水中。

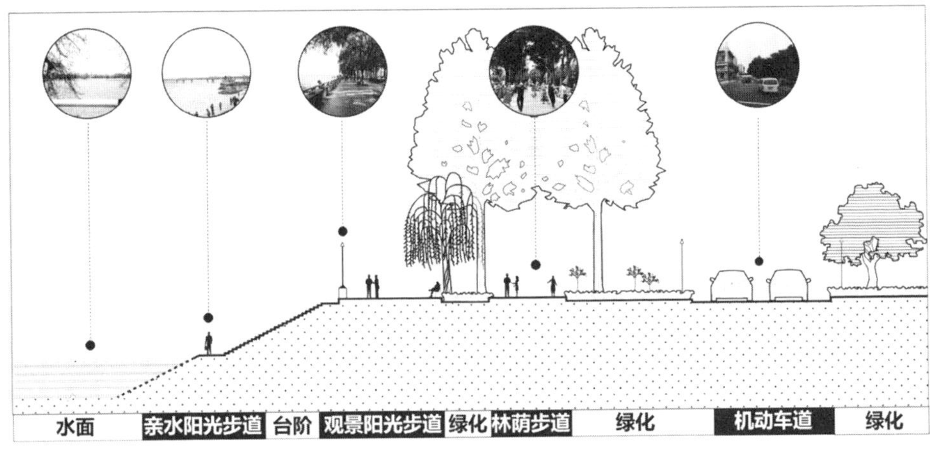

图 4.4　斯大林公园剖面图

以防洪胜利纪念塔为中心,在其两侧沿休闲步道设置广场,广场中游乐设施较单一,广场中的活动以自发性活动为主,如放风筝、钓鱼、踢毽子等。由于公园平面呈狭长带状且与水面距离较近,一定程度上限制了广场的面积,因此一些自发性活动只能在特定的大尺度广场,如防洪胜利纪念塔广场进行。

公园内的休息设施以座椅为主,分布于第一级平台的两条休闲步道上,呈线性分布。孙岩对休息设施数量建立"满意度"李克特量表,得出斯大林公园的休息设施数量满意度较低,一些游人坐在围栏上休息,既影响市容又存在一定的安全隐患。同时公园缺乏为人遮阳的建筑物、有顶构筑物,仅仅设置了一些遮阳伞,由于为行人遮蔽阳光的遮阳设施数量并没有达到要求,个别游人会通过草坪来到树荫下纳凉,踩踏了草坪。

4.2.3 实验设计

在实验受试者人数的选择上，通常热舒适即时问卷调研类的瞬态研究样本量较多，少则几百多则上千。非稳态环境下动态热舒适研究，尤其是包含了人体体核温度与人体皮肤温度指标动态变化的研究样本量相对较少。国际上发表的该领域研究内容的文章，通常样本量为3～20人，可能有以下几点原因导致该领域很难开展大规模样本研究。其一，前期准备工作较烦琐，受试者需要在身体相应部位布置好测量和记录装置。其二，测试时间较长，实验过程通常超过1 h，加上前期身体装置布置的时间、身体各项指标稳定的时间和测试结束身体装置回收的时间，每个受试者需要参与实验的时长约为2 h。其三，身体局部皮肤温度的计量普遍采用纽扣式温度记录仪，整个过程监测效果不可视，如开展大规模样本量试验中间发生仪器故障意味着大量的试验工作白白浪费，数据无法使用。早期纽扣式温度记录仪未得到普遍使用的时候，需要在受试者身体部位布置热电偶，一些研究通常只有1个受试者，近年来随着纽扣式温度记录仪作为测量仪器的广泛使用，样本量稍有提升，但受前期准备工作较烦琐和测试时间较长的影响，样本量仍普遍较少。

本研究选择6名哈尔滨工业大学的在读硕士研究生（男、女各3名），展开夏季斯大林公园步道动态热舒适研究。所有受试者身体健康状态良好，无抽烟、酗酒等不良嗜好且在哈尔滨居住时间均已满2年（具有2年的本地生活经历可以认为受试者已经适应了哈尔滨的气候，等同于本地常住居民）。女性受试者平均年龄在26.0岁左右，平均身高约为1.650 m，平均体重为55 kg，平均身体质量指数（平均BMI指数）约为20.20，平均人体皮肤表面积近1.590 m^2。男性受试者平均年龄在25.0岁左右，平均身高约1.790 m，平均体重为71 kg，平均BMI指数约为22.45，平均人体皮肤表面积近1.870 m^2。表4.1给出了所有夏季受试者的相关信息。

表4.1 夏季受试者信息统计

性别	人数	平均年龄/岁	平均身高/m	平均体重/kg	平均BMI指数	平均人体皮肤表面积/m^2
女性	3	26.0±1.0	1.650±0.010	55±4	20.20±1.50	1.590±0.050
男性	3	25.0±1.0	1.790±0.040	71±4	22.45±0.65	1.870±0.070

冬季斯大林公园步道动态热舒适研究招募了15名受试者（男性9名，女性6名）。受试者的信息见表4.2。所有受试者身体健康状态良好，无抽烟、酗酒等不

良嗜好且在哈尔滨居住时间均已满2年。女性受试者平均年龄在24.0岁左右，平均身高约为1.650 m，平均体重为55 kg，平均BMI指数约为20.20，平均人体皮肤表面积近1.590 m^2。男性受试者平均年龄在25.0岁左右，平均身高约1.790 m，平均体重为75 kg，平均BMI指数约为23.40，平均人体皮肤表面积近1.905 m^2。

表4.2　冬季受试者信息统计

性别	人数	平均年龄/岁	平均身高/m	平均体重/kg	平均BMI指数	平均人体皮肤表面积/m^2
女性	6	24.0±1.5	1.650±0.015	55±4	20.20±1.10	1.590±0.050
男性	9	25.0±1.0	1.790±0.040	75±10	23.40±2.00	1.905±0.125

J. K. Vanos等人于2010年提出使用平均皮肤温度(mean skin temperature)来预测人的室外热舒适性。平均皮肤温度的获取通常是对人体各部位的皮肤温度直接进行测量，并基于人体不同部位的权重加以计算。本研究参考了这一理论，因此，确定用以计算人体平均皮肤温度的部位以及人体不同部位的权重在本研究中具有重要意义。

Zhang H.对人体19个部位对热感觉的影响展开研究发现：不同人体部位对人体热感觉敏感度的影响也有所不同，如前胸、腹部、后背、臀部对人体热感觉的影响相比于其他部位更大一些。Li B.经过研究得出：人体头部(包含头与脖子)对人的热感觉影响最大，而人体上半身影响次之，人体下半身对人体整体热感觉的影响最小。然而，Duanmu等人在空调房进行的实验结果表明：人体热感觉与人体上半身的热感觉非常相近，头部次之，同样的，人体下半身对人体整体热感觉的影响最小。E. Arens等人在较冷的环境中进行实验发现，在该气候条件下前胸、后背、盆骨、手部以及脚部对人体热感觉的影响非常显著。也有一些研究人体局部部位暴露对热感觉影响的相关实验。Zhang Y.等人采用影响因子分析法量化了不同人体局部部位对热感觉的影响程度并赋值：脸部、前胸、后背、下半身分别为0.21、0.24、0.25、0.30。

J-H. Choi和V. Loftness研究认为，最合适的热感觉模型研究需要使用至少8个或更多的测量点来收集皮肤温度数据。本研究结合既往研究以及《人类工效学——热应变的生理学测量评价》(ISO 9886—2004)进行综合考量，按照英国汽车标准，先选择了额头、后背、前胸、上臂、前臂、手部、大腿、小腿8个部位作为人体局部皮肤温度的测量点。

此外，人的某些特殊身体部位对某种特定的环境也非常敏感。Zhang H.通过研究发现，在寒冷的环境中脚部对热感觉更敏感。He Y.等人研究发现，在炎热环境下，脚部的热感觉也会对人体整体热感觉产生很大的影响。另外

M. Nakamura 等人的研究表明，在热暴露期间，颈部是高度敏感的区域。

由于本研究在哈尔滨夏季和冬季开展实验，综合以上研究指出的“热环境中脚部和颈部对人体热感觉具有较高的敏感性”结论，为了保证研究结果的精确性，本研究增添了“颈部”和“脚部”2 个部位作为人体局部皮肤温度的测量点，至此共有 10 个部位的测量点，如图 4.5 所示。

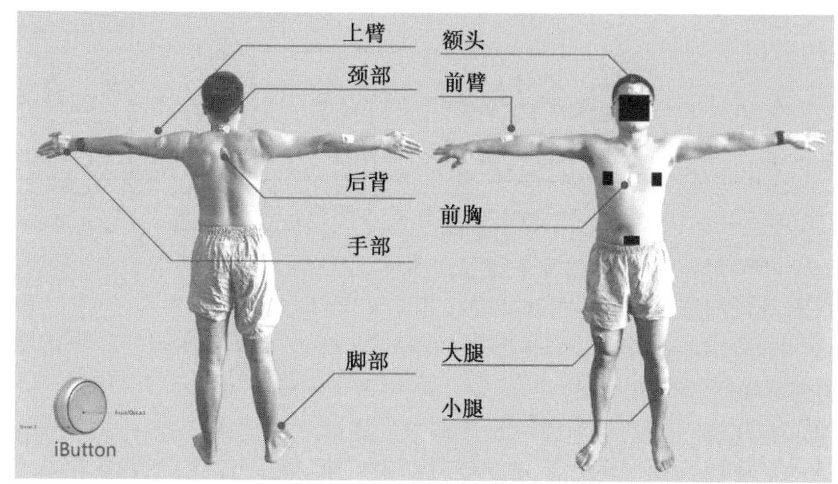

图 4.5　人体局部皮肤温度测量点及 iButton 温度记录仪布置图

主观问卷主要由两部分内容组成：第一部分为实验所需记录的受试者、场地位置等基本测试信息，第二部分为受试者在所处热环境的长期影响下热舒适、疲劳度、愉悦度指标的量化评价表。

主观问卷的第一部分是实验记录。由于本研究采用客观数据和主观数据相结合的方式对热环境进行测评，其中客观数据由 iButton 温度记录仪输出，涉及不同编号 iButton 与受试者以及人体皮肤局部部位一一对应的问题，因此提供个人 iButton 编号、性别信息是必要的，同时记录各皮肤温度测量点 iButton 编号。此外，年龄、身高、体重是计算 BMI 指数、人体皮肤表面积所必需的数据，因此也需要记录下来。记录实验时间、地点则有利于后期数据处理。另外，应将林荫步道、阳光步道所回收的问卷区分开来。

主观问卷的第二部分是受试者热舒适、疲劳度和愉悦度指标量化评价表。热舒适指标由“各部位局部热感觉投票”“整体热感觉投票”与“热舒适投票”组成。根据 ASHRAE 标准，热感觉（包含局部热感觉与整体热感觉）投票采用 7 分量表进行衡量，数字“−3”“−2”“−1”“0”“1”“2”“3”分别代表“很凉”“凉”“微凉”“中性”“微热”“热”“很热”七种热感觉状态。热舒适投票根据《物理环境的人类工效学.评估物理环境的主观判断量表》（ISO 10551—2019）推荐的 7 分量表进

行衡量，数字“－3”“－2”“－1”“0”“1”“2”“3”分别代表“很不舒适”“不舒适”“轻微不舒适”“中性”“轻微舒适”“舒适”“很舒适”七种热舒适状态。疲劳度投票与愉悦度投票同样使用了7分量表来对人的体能和情绪进行评价。在疲劳度投票中，数字“－3”“－2”“－1”“0”“1”“2”“3”分别代表“很活跃”“活跃”“轻微活跃”“中性”“轻微疲劳”“疲劳”“很疲劳”。在愉悦度投票7分量表中，数字“－3”“－2”“－1” “0”“1”“2”“3”分别代表“很不愉悦”“不愉悦”“轻微不愉悦”“中性”“轻微愉悦”“愉悦”“很愉悦”。

根据以往对斯大林公园游人行为调查的结论可知：该公园游人数量在旅游高峰时节各个时段内均较多，通常，9:00—11:00游客数量开始第一次上升，11:00—13:00游客数量并无减少，13:00—17:00游客数量出现第二次上升，且50%以上的游客停留时长在1—3 h之间。① 为了与公园实际使用情况保持一致，实验选择在游客数量集中的时间段：上午10:00—12:00和下午12:30—14:30开展，每次实验过程持续2 h。其中，室外实验时间不少于1 h。这是由于，以往基于生物、数学等理论的模型，如双节点模型的应用建立在“1 h”暴露时间的前提下，而P. K. Cheung和C. Y. Jim综合以往热舒适瞬态研究成果，给出了室外热舒适评估的改进方法——“1 h可接受热温度范围”，该参数作为一种潜在的室外热指标，对景观设计和城市规划中的环境设计更具实际指导意义。

除了气候因素，衣着也会对人体主观热舒适产生一定的影响。有研究表明：哈尔滨夏季空气温度一般高于20 ℃，人们的服装热阻稳定在0.5 clo，因此夏季受试者统一穿着T恤、长裤、运动鞋，服装热阻为0.5 clo；冬季人们的服装热阻稳定在1.85 clo，在冬季实验中，受试者统一穿着长袖、毛衣、长裤、法兰绒裤、厚长筒袜、靴子和手套，服装热阻为1.85 clo。②

实验过程分为3个阶段：①预备阶段，要求受试者在实验开始12小时前禁止做剧烈运动，以及摄入咖啡、酒精等饮品，受试者到达指定地点后在其身体各指定部位固定纽扣温度计iButton并将iButton编号与固定部位一一对应，同时为了保证受试者生理条件的稳定，要求其在空调房内静坐30 min，使受试者身心条件均达到舒适状态；②实验阶段，受试者离开空调房去公园休闲步道散步（阳光步道/林荫步道）行走60 min；③恢复阶段，室外活动结束后，受试者回到空调房休息30 min。实验期间为了防止摄入热量对人体生理温度产生影响，不允许受试者进食。图4.6展示了实验流程及其细节。实验地点及休闲步道受试者行

---

① 孙岩．哈尔滨市开放式公园使用状况评价及优化策略研究[D]．哈尔滨：东北林业大学，2015.

② Xin Chen，Puning Xue，Lin Liu，et al. Outdoor thermal comfort and adaptation in severe cold area：A longitudinal survey in Harbin，China[J]. Building and Environment，2018(143)：548-560.

进路线如图 4.7 所示。

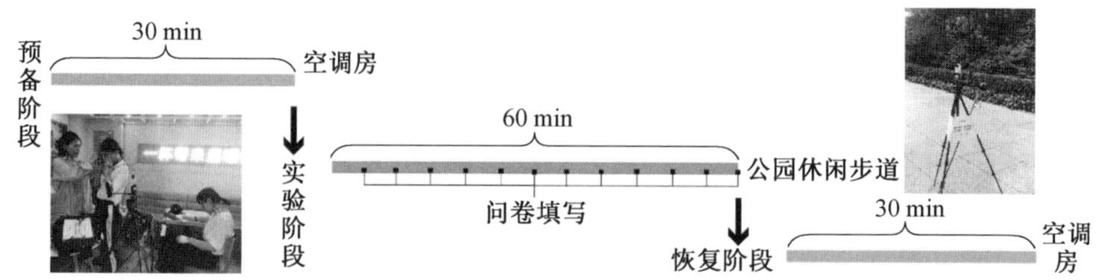

图 4.6　实验流程及其细节

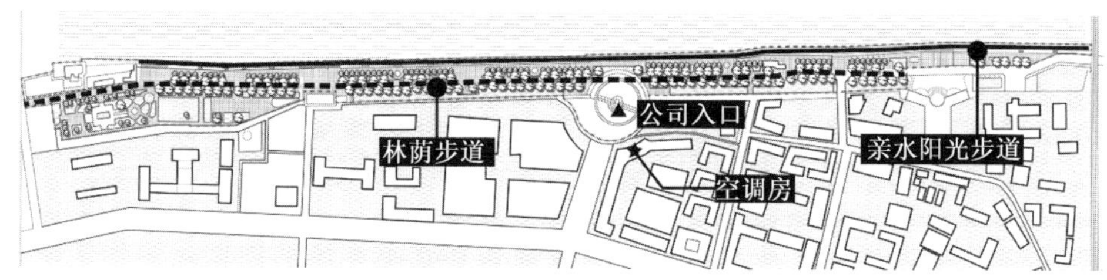

图 4.7　实验地点及休闲步道受试者行进路线

实验数据：心理数据方面，热感觉投票、热舒适投票、疲劳度投票、愉悦度投票等通过主观问卷获得，每 5 min 填写一次；皮肤生理温度由 iButton 测量，仪器设定为每 1 min 读取一次数据并自动储存。同时实验地点的热环境气象参数，如空气温度、相对湿度、风速和黑球温度数据也被记录下来。根据《热环境人类工效学测定物理量的方法》(ISO 7726—1998)标准，以人体腹部为基准，气象站所有仪器均被固定在距离地平面 1.1 m 高处。BES－01 温度传感器和 BES－02 湿度传感器安装在高反射率的铝制箱体中，该箱体可以保护仪器避免受到太阳辐射的影响并确保可以自然通风。在此次试验中：每 10 s 记录一次风速数据；空气温度、空气湿度和黑球温度每隔 1 min 获取一次。表 4.3 列出了仪器技术参数。

表 4.3　仪器技术参数规格表

气象参数	仪器型号	量程	精度	采样周期
风速	Kestrel 手持气象站	0.4～40 m/s	±0.1 m/s	2 s～12 h
空气温度	BES－01 温度传感器	－30～50 ℃	±0.5 ℃	10 s～24 h
相对湿度	BES－02 湿度传感器	0%～99%	±3%	10 s～24 h
黑球温度	BES－03 黑球温度传感器	－30～50 ℃	±0.5 ℃	10 s～24 h
人体皮肤温度	DS1922L iButton	－40～85℃	±0.5 ℃	1 s～273 h
人体体核温度	OMRON MC－510	34.0～42.2 ℃	±0.2 ℃	—

热舒适是评估户外环境的重要因素。在过去的 20 年中，许多学者致力于室外热舒适的研究。在这些研究中，除了微观气象因素外，人体皮肤温度已逐渐成为室外热舒适研究的重要组成部分。作为人体的屏障，皮肤在人体与热环境之间的热传递中起着重要的作用。为了量化人体与热环境之间的热传递，测量人体皮肤温度至关重要。

为了获得准确的生理温度测量值，学者们尝试着使用了各种设备。Zhang H. 使用可服用的胶囊式体温计来测量人体体核温度。A. C. Cosma 和 R. Simha通过由深度相机 Kinect 2、热成像仪和红外测温传感器组成的传感器组来获取人体皮肤温度。R. Califano 等人使用了集成温度测量系统，它是由 14 个 100 Ohm 的铂金电阻集合而成的电阻温度检测器(RTD)，该仪器拥有 4 个 RTD 模拟输入，每个输入具有 4 个通道。

本研究采用了精准而便携的温度测试仪器——iButton，它被广泛应用于人体皮肤温度的测量。通常仪器被粘贴在人体 4～8 个甚至更多的部位来测量人体皮肤温度。Wang S. 等人在实验过程中使用 iButton 温度计和 iButoon 温湿度计，分别测量了人体皮肤温度和被窝气候(bed climate)。一些学者还对该仪器测量数据的准确度进行了验证，如 E. H. Rubinstein、M. A. Angilletta 和 A. R. Krochmal、J. Isaac、D. K. N. Dechmann 等。iButton 测试仪器可以输出精确的温度数据，在实验过程中通常只需要固定在人的皮肤表面即可。在进行室外非稳态环境中的人体表面温度测量时，由于存在太阳辐射、风速等因素，不同类型的固定材料及固定方式可能会对温度测量结果的精确性产生潜在的不利影响。因此，有必要展开相应测试实验，以便为户外步道实验的仪器固定方式提供参考。

本研究在人体局部表面温度测试实验中选择了透明胶带、铝箔纸、黑色棉绷带、白色棉绷带、医用橡皮胶 5 种材料。选择上述 5 种材料的原因是：为了在户外实验中获得准确的人体皮肤温度数据，必须消除外部环境因素(如空气对流、太阳辐射和空气温度变化等)的影响。透明胶带可以有效减少空气对流的影响；铝箔纸可以防止太阳辐射的影响；棉绷带可以减少空气温度变化的影响。表 4.4 展示了本次测试实验中 iButton 固定方式研究实验的几组对照组。

实验地点为哈尔滨工业大学建筑学院土木楼五楼的窗台表面，窗台材质为非常厚的花岗岩。在实验过程中，为了确保有一个理想的测试条件，笔者团队为室内创造了良好的通风和日照环境。

本次测试实验于 2019 年 2 月 17 日在哈尔滨进行，测试后收集了数据。测试当天天气晴朗，气温在－2～10 ℃之间。提前一天(2 月 16 日)晚上将 iButton 固定好，以便得到一天内完整的监测数据，仪器在 2 月 17 日 0:00 自动开始采集任务，每 5 min 采集一次数据。

表 4.4　iButton 固定方式研究实验对照组

编号	固定方式	防风性能	热辐射吸收性能	隔热性能
1	黑色棉绷带(2 层)	●○○	●●●	●○○
2	黑色棉绷带(4 层)	●○○	●●●	●●○
3	黑色棉绷带(6 层)	●○○	●●●	●●●
4	白色棉绷带(2 层)	●○○	●●○	●○○
5	白色棉绷带(4 层)	●○○	●●○	●●○
6	白色棉绷带(6 层)	●○○	●●○	●●●
7	白色棉绷带(2 层)＋铝箔纸	●●●	●○○	●○○
8	白色棉绷带(4 层)＋铝箔纸	●●●	●○○	●●○
9	白色棉绷带(6 层)＋铝箔纸	●●●	●○○	●●●
10	白色棉绷带(2 层)＋透明胶带	●●●	●●○	●○○
11	白色棉绷带(4 层)＋透明胶带	●●●	●●○	●●○
12	白色棉绷带(6 层)＋透明胶带	●●●	●●○	●●●
13	医用橡皮胶(2 层)	●●○	●●○	●●○

注：实心圆点数量代表了材料相关性能的强弱。强为 3 个实心圆点，中为 2 个实心圆点，低为 1 个实心圆点。

为了得到具有不同太阳辐射吸收能力的材料对仪器功能的影响结果，本次测试实验比较了编号 1、2、3、4、5、6 仪器所测数据的差异。结果显示：使用不同层数的黑色棉绷带得到的测量温度整体高于使用不同层数白色棉绷带的测量温度，这是因为黑色材料比白色材料吸收了更多的太阳辐射；在早上 7:00 前和下午 13:00 之后的时间区间，编号 1－6 号 iButton 所测的温度值无明显差异，7:00—13:00 之间由于受太阳辐射热的影响，所有使用黑色棉绷带固定的 iButton 所测的温度值在 11:45 达到峰值，此时各组所测温度比使用白色棉绷带固定组高约 2 ℃。

为了验证并测量太阳辐射对 iButton 温度监测的影响程度，本次测试实验在固定 iButton 的白色棉绷带外覆盖了一层铝箔纸来隔绝太阳辐射并与单独使用白色棉绷带固定的 iButton 组进行了对比研究。研究发现，单独使用白色棉绷带固定组测量温度较高，而包了铝箔纸的固定组测量温度较低。单独使用白色棉绷带固定组所测的温度在 11:45 达到峰值，分别为 22.7 ℃、23 ℃和 22.8 ℃，而覆盖铝箔纸的固定组分别为 21.8 ℃、21.6 ℃和 21.7 ℃，比上组温度低约 1.1 ℃。可见覆盖了一层铝箔纸的白色棉绷带也并不能完全防止太阳辐射，由太

阳辐射所导致的测量误差可能比人们所认知的影响更明显。

在白天，太阳辐射较强时，空气对流对实验的影响较小。但是，随着太阳辐射逐渐减弱，空气对流对测量数据输出的影响增加，尤其是在晚上。例如，表面粘贴透明胶带的仪器（编号 10、11、12）所测得的温度值比没有粘贴透明胶带的组温度低 3 ℃。室内空气温度在晚上远高于窗台表面，因此没有粘贴透明胶带的仪器（编号 4、5、6）由于受到室内热空气对流的影响，数值偏高。

在由不同层数的白色棉绷带固定的 iButton 实测实验中，编号 4、5、6 的 iButton 分别包裹了 2 层、4 层、6 层有保温作用的白色棉绷带。实测实验数据显示，仪器所测数值之间的差异并不明显。

综合以上研究结果可知，不同材料及不同固定方式均会对 iButton 测试精度造成一定的影响，黑色棉绷带由于受太阳辐射作用的影响较大，会使得测量结果数值偏高；当覆盖铝箔纸消除太阳辐射后，iButton 的测量温度值有所下降；防风材料可以防止空气对流的影响，但在白天空气对流对精确度的影响可以忽略。

因此，为了获得精确的人体皮肤温度，在室外测试时应尽量避免太阳辐射对测量结果的影响。虽然铝箔纸能够隔绝太阳辐射，但由于材质缺乏透气性，容易造成人体局部不适，存在对人体局部热感觉判断的潜在影响，因此本研究将可有效避免太阳辐射影响的白色棉绷带作为本实验中 iButton 的固定材料。

4.3　基于热舒适指标的斯大林公园休闲步道设计分析

4.3.1　人体皮肤温度实测结果分析

图 4.8 显示：夏季阳光步道实验期间空气温度变化幅度相对较大（标准差 0.57），实测最高空气温度为 29 ℃，最低空气温度为 26.25 ℃，平均空气温度为 27.23 ℃；相对湿度变化幅度较小（标准差 0.01），实测最高相对湿度为 44%，最低相对湿度为 38%，平均相对湿度为 42.85%；风速变化幅度较大（标准差 0.61），实测最高风速为 4.05 m/s，最低风速为 0.4 m/s，平均风速为 1.29 m/s。林荫步道实验期间空气温度变化幅度相对较小（标准差 0.33），实测最高空气温度为 28.2 ℃，最低空气温度为 26.95 ℃，平均空气温度为 27.7 ℃；相对湿度变化幅度较小（标准差 0.01），实测最高相对湿度为 42%，最低相对湿度为 38%，平均相对湿度为 40.17%；风速变化幅度相对较小（标准差 0.41），实测最高风速为 2.05 m/s，最低风速为 0.4 m/s，平均风速为 0.77 m/s。

整体来看，夏季实验期间林荫步道相比于阳光步道，室外热环境相对较差——

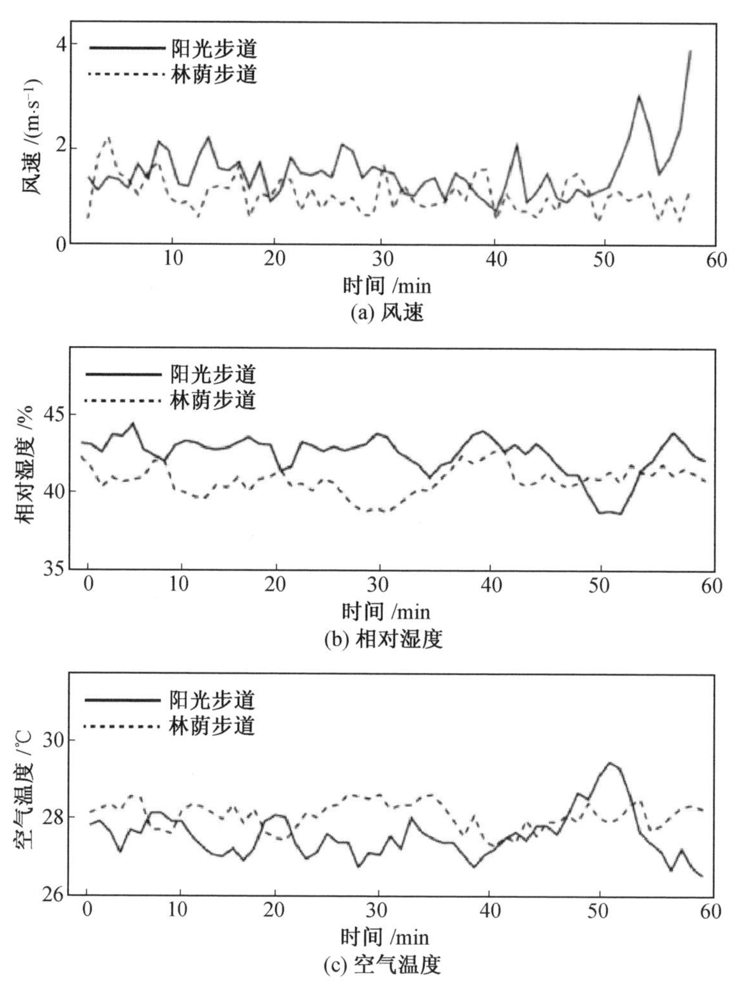

图 4.8　夏季户外实验期间公园气象参数变化图

温度高、相对湿度低、通风差。测试期间林荫步道平均空气温度较阳光步道高 0.47 ℃,平均相对湿度较阳光步道低 2.68%,平均风速较阳光步道低 0.52 m/s。

冬季室外平均空气温度为 −14.3 ℃,平均相对湿度为 70%,平均风速为 0.81 m/s。空调房平均空气温度为 18.07 ℃,平均相对湿度仅为 24%。室内外气候参数的差距在冬季要比夏季突出得多。冬季室外平均空气温度比室内低 32.32 ℃,相对湿度比室内高 45.65%。但在夏季,室外平均空气温度最多只比室内高 3.8 ℃,室外相对湿度比室内最多低 5.2%。

1. 体核温度实测结果分析

夏季受试者体核温度实测数据如图 4.9 所示。测试结果表明，阳光步道受试者体核温度与林荫步道受试者体核温度相比会更高一些。整个夏季实验过程中，阳光步道受试者体核温度均值为 36.37 ℃，林荫步道受试者体核温度均值为 36.02 ℃。阳光步道受试者体核温度高于林荫步道受试者体核温度约 0.35 ℃。

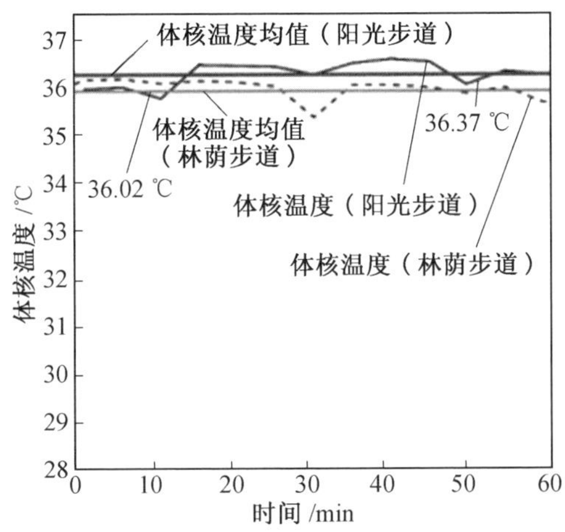

图 4.9　夏季受试者体核温度实测图

图 4.10 为夏季实验受试者在阳光步道与林荫步道散步期间体核温度—时间拟合曲线图。阳光步道受试者体核温度随着户外活动时长的累积呈上升趋

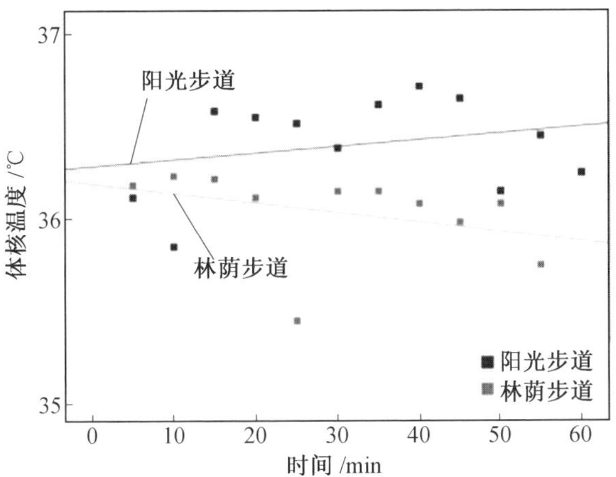

图 4.10　夏季实验受试者在阳光步道与林荫步道散步期间体核温度—时间拟合曲线图

势，而林荫步道受试者体核温度随户外活动时长的累积呈下降趋势。阳光步道受试者体核温度上升约 0.67 ℃，林荫步道受试者体核温度下降约 0.8 ℃。

2. 局部皮肤温度实测结果分析

图 4.11 显示了实验受试者在阳光步道与林荫步道散步期间人体表面各部位局部皮肤温度的数值。从夏季实验整体数据来看，实验受试者在阳光步道与林荫步道散步期间，阳光步道散步人群各部位皮肤实测温度数值相对于林荫步道的数值要高一些。

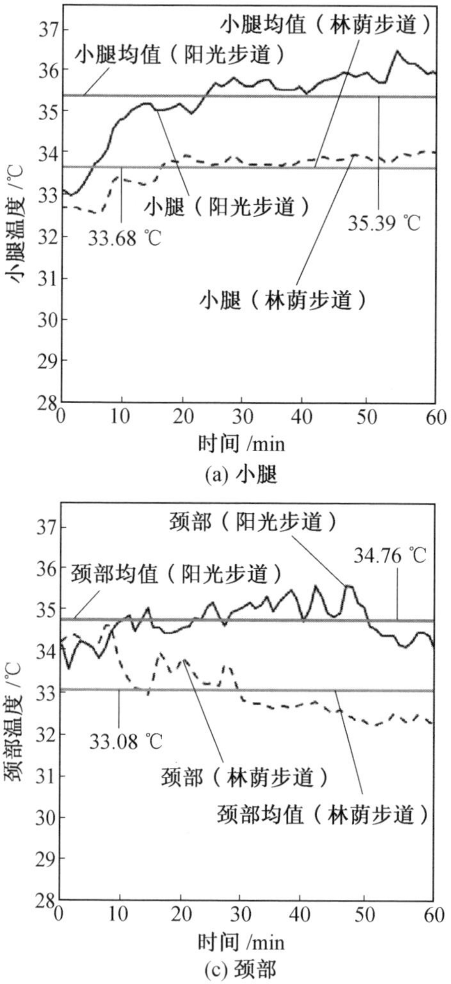

图 4.11　人体表面各部位局部皮肤温度实测图

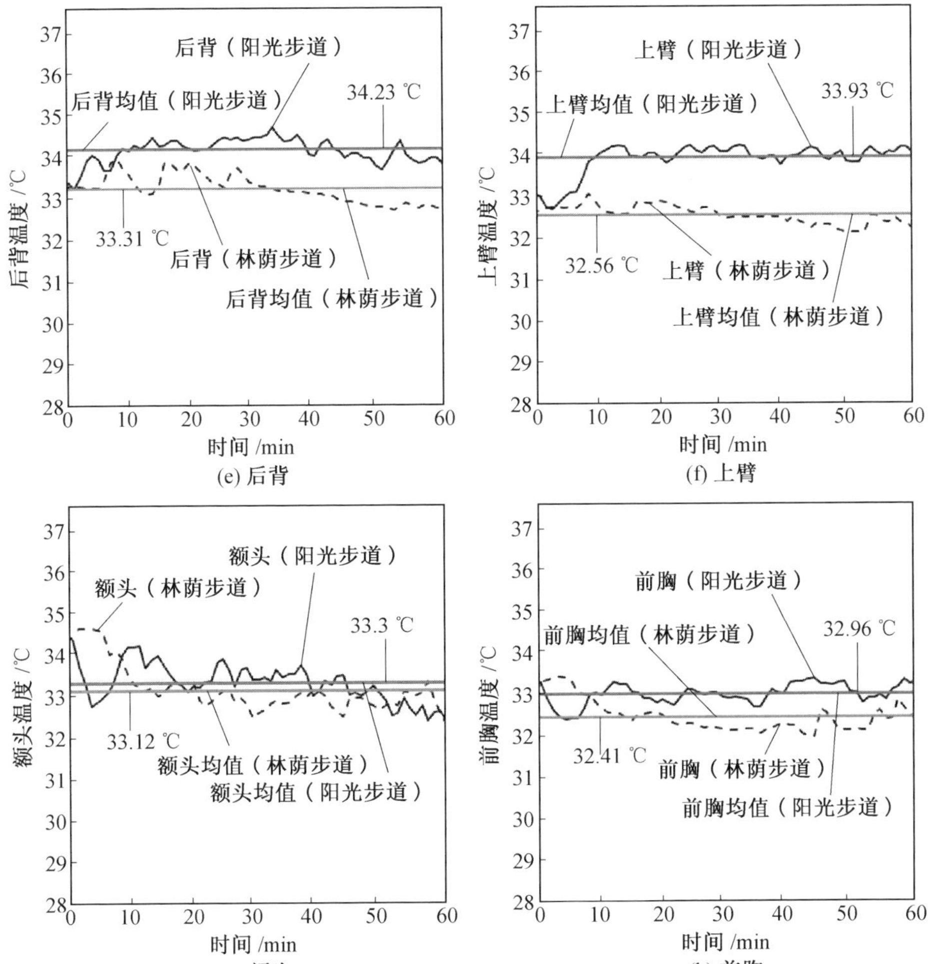

(e) 后背

(f) 上臂

(g) 额头

(h) 前胸

图 4.11(续)

从夏季实验期间人体表面各部位局部皮肤温度的均值来看，林荫步道受试者各部位局部皮肤温度的均值与阳光步道受试者相比更低，差值介于 0.18～1.98 ℃之间。其中，手部、小腿、颈部、上臂、大腿部位皮肤温度差值最为明显，均超过1 ℃，分别为 1.98 ℃、1.71 ℃、1.68 ℃、1.37 ℃、1.29 ℃；后背、脚部、前胸、前臂、额头部位皮肤温度差值相对较小，分别为 0.92 ℃、0.86 ℃、0.55 ℃、0.54 ℃、0.18 ℃。

从夏季实验期间人体表面各部位局部皮肤温度均值的横向比较来看，暴露在空气中的前臂和手部皮肤温度均值较低，其次为颈部、大腿、后背、上臂、额头、前胸等部位，小腿和脚部是人体皮肤温度较高的部位。

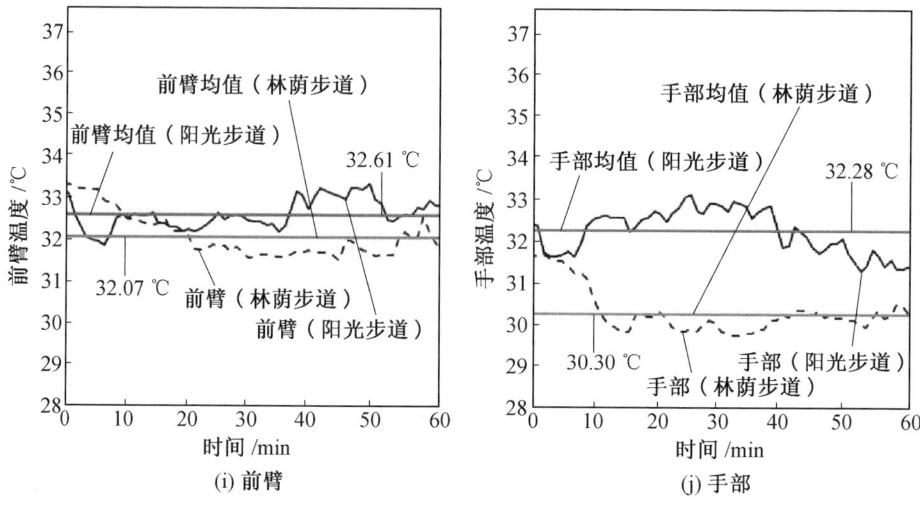

(i) 前臂　　(j) 手部

图 4.11(续)

测试结果表明，在炎热的夏季，与阳光步道相比，人们在斯大林公园林荫步道散步可有效避免人体表面各部位局部皮肤温度过高。

夏季实验受试者人体表面各部位局部皮肤温度一时间拟合曲线如图 4.12 所示。

从阳光步道行人局部皮肤温度一时间拟合公式(表 4.5)来看，阳光步道受试者人体表面各部位局部皮肤温度上升速度有所不同。实验过程中，前胸皮肤温度呈微弱上升趋势，每分钟升高 0.003 ℃。颈部、上臂、后背、前臂皮肤温度上升速度居中，其中颈部皮肤温度每分钟升高 0.02 ℃，上臂、后背、前臂皮肤温度每分钟升高 0.01 ℃。大腿、小腿和脚部皮肤温度上升速度较快，其中大腿、小腿皮肤温度每分钟升高 0.05 ℃，脚部皮肤温度每分钟上升 0.04 ℃。究其原因，可能与受试者散步行为导致的下肢运动产热有关。

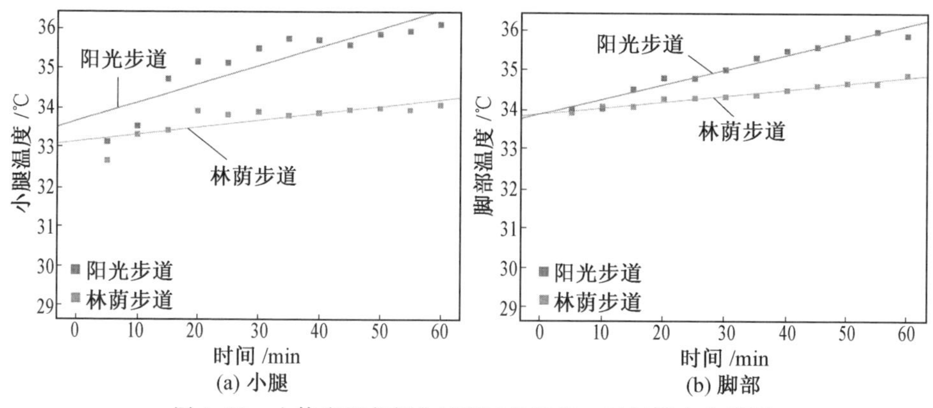

(a) 小腿　　(b) 脚部

图 4.12　人体表面各部位局部皮肤温度一时间拟合曲线图

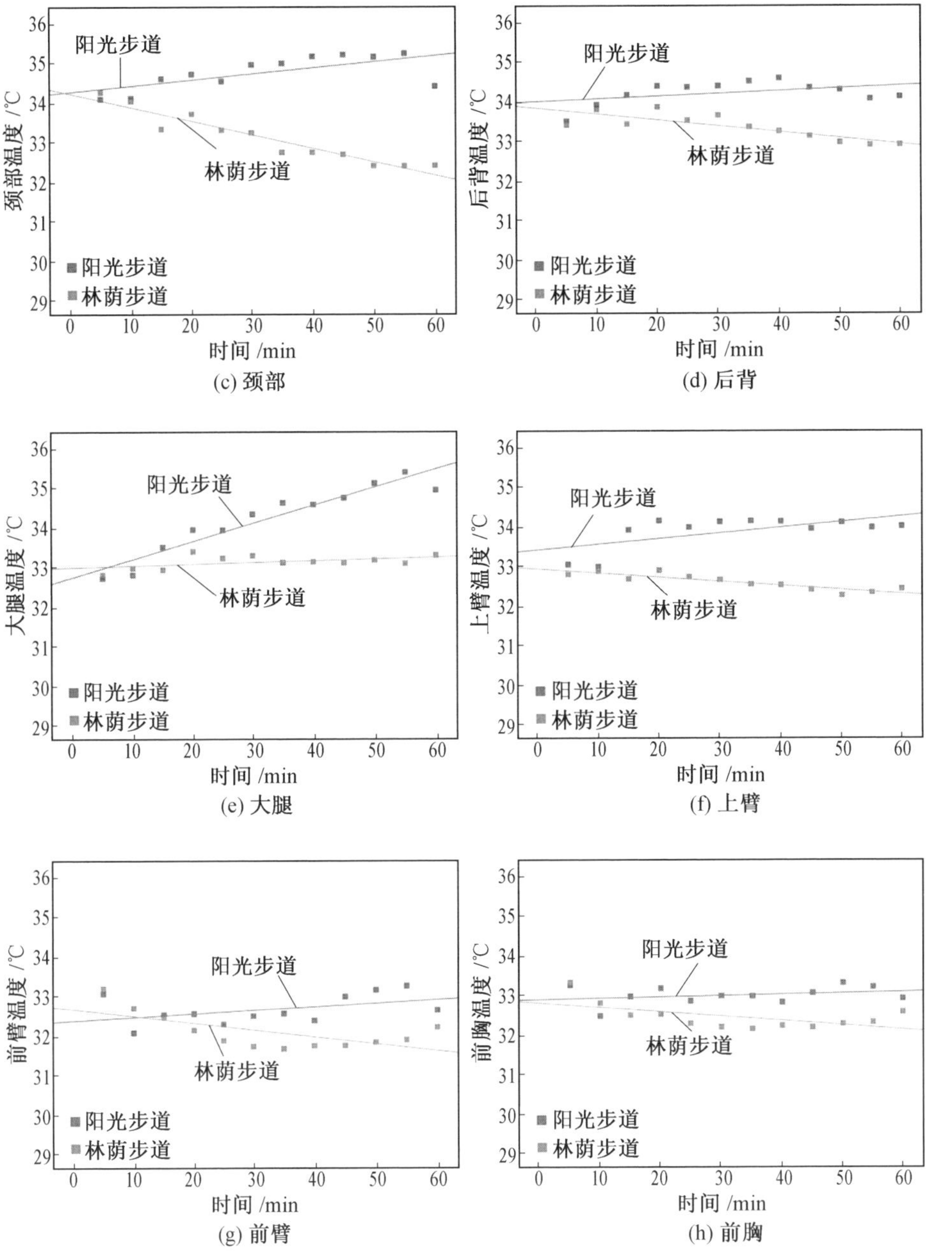

(c) 颈部

(d) 后背

(e) 大腿

(f) 上臂

(g) 前臂

(h) 前胸

图 4.12(续)

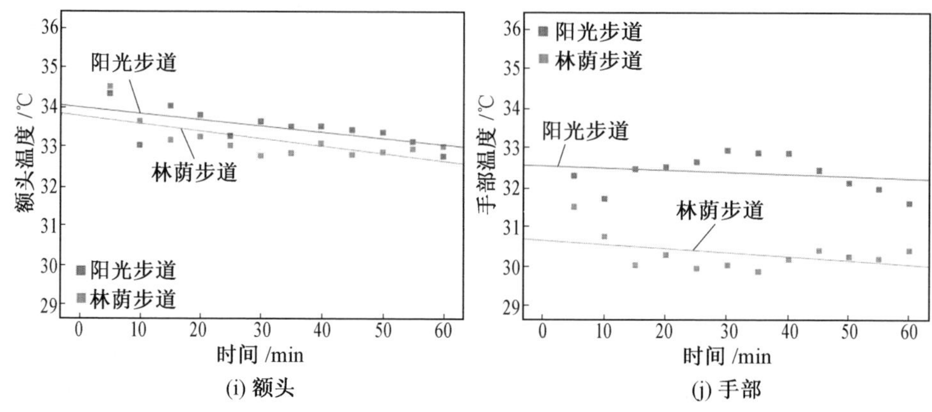

(i) 额头　　(j) 手部

图 4.12(续)

表 4.5　阳光步道行人局部皮肤温度一时间拟合公式信息列表

皮肤测点	拟合公式	R^2	显著性
额头(fh)	$T_{Forehead}=-0.02t+34$	0.43	0.02 * *
手部(h)	$T_{Hand}=-0.01t+32.52$	0.05	NS
大腿(th)	$T_{Thigh}=0.05t+32.71$	0.91	0.000 * * *
上臂(ua)	$T_{Upperarm}=0.01t+33.38$	0.39	0.000 * * *
小腿(ca)	$T_{Calf}=0.05t+33.628$	0.78	0.000 * * *
后背(b)	$T_{Back}=0.01t+33.96$	0.17	NS
前臂(fa)	$T_{Forearm}=0.01t+32.33$	0.2	NS
颈部(n)	$T_{Neck}=0.02t+34.24$	0.44	0.02 * *
前胸(ch)	$T_{Chest}=0.003t+32.86$	0.07	NS
脚部(f)	$T_{Foot}=0.04t+33.84$	0.96	0.000 * * *

注:* * *表示在 0.001 级别,相关性显著;* *表示在 0.01 级别,相关性显著;*表示在 0.05 级别,相关性显著;NS—Not Significant 表示无显著性差异。

从阳光步道受试者人体表面各部位局部皮肤温度最大值与最小值的差值来看:小腿、大腿、脚部皮肤温度差值最为显著,以上 3 个部位皮肤温度分别升高了 2.98 ℃、2.67 ℃和 1.95 ℃;颈部、后背皮肤温度最大值与最小值的差值相对明显且均超过了 1 ℃,以上 2 个部位分别升高了 1.15 ℃、1.08 ℃;手部皮肤温度下降了 0.64 ℃,而前胸、上臂和前臂皮肤温度最大值与最小值的差值几乎没有变化,分别仅为 0.05 ℃、0.03 ℃和 0.08 ℃。

在恢复阶段,受试者回到空调房,大部分身体部位皮肤温度开始下降。小腿和大腿的温度变化明显,与实验阶段相比分别下降了 1.86 ℃和 1.2 ℃。颈部、脚部、后背、上臂温度变化轻微,下降范围在 0.35～0.77 ℃之间。

总体而言，在夏季，受试者在没有树木遮挡的室外阳光步道的皮肤温度高于在空调房内的皮肤温度。受试者一回到空调房，皮肤温度就下降。值得注意的是，由于风的影响，当受试者离开空调房后，皮肤温度也会下降。这些结果表明，室外环境中的风可能有助于人们保持较低的皮肤温度。如果人们长时间待在室外炎热的环境中，空气温度和太阳辐射的影响将更为显著，导致皮肤温度升高。

夏季实验中，预备阶段林荫步道受试者身体各部位局部皮肤温度稳定。手部皮肤温度最低，仅为 31.62 ℃。其他部位皮肤温度分布在 32.67～34.55 ℃ 之间。

在实验阶段，林荫步道受试者皮肤温度随着室外活动时长的增加整体上呈现下降趋势，仅大腿、小腿、脚部呈现上升趋势。究其原因，可能与受试者散步行为导致的下肢运动产热有关。从林荫步道行人局部皮肤温度一时间拟合公式(表 4.6)来看，林荫步道受试者人体表面各部位局部皮肤温度下降速度有所不同。实验过程中，手部、上臂、前胸皮肤温度呈微弱下降趋势，每分钟降低 0.01 ℃。额头、后背、前臂皮肤温度下降速度较快，皮肤温度每分钟降低0.02 ℃。颈部皮肤温度下降速度最快，每分钟降低 0.03 ℃。

表 4.6　林荫步道行人局部皮肤温度一时间拟合公式信息列表

皮肤测点	拟合公式	R^2	显著性
额头(fh)	$T_{Forehead}=-0.02t+33.74$	0.48	0.01＊＊
手部(h)	$T_{Hand}=-0.01t+30.63$	0.17	NS
大腿(th)	$T_{Thigh}=0.004t+32.95$	0.23	NS
上臂(ua)	$T_{Upperarm}=-0.01t+32.90$	0.80	0.000＊＊＊
小腿(ca)	$T_{Calf}=0.02t+33.11$	0.63	0.002＊＊
后背(b)	$T_{Back}=-0.02t+33.80$	0.68	0.001＊＊＊
前臂(fa)	$T_{Forearm}=-0.02t+32.63$	0.44	0.02＊
颈部(n)	$T_{Neck}=-0.03t+34.19$	0.91	0.000＊＊＊
前胸(ch)	$T_{Chest}=-0.01t+32.77$	0.35	0.04＊
脚部(f)	$T_{Foot}=0.02t+33.84$	0.97	0.000＊＊＊

注：＊＊＊表示在 0.001 级别，相关性显著；＊＊表示在 0.01 级别，相关性显著；＊表示在 0.05 级别，相关性显著；NS—Not Significant 表示无显著性差异。

从林荫步道受试者人体表面各部位局部皮肤温度下降幅度来看：颈部皮肤温度下降幅度最为显著，降低了 1.85 ℃；额头、手部、前臂、前胸皮肤温度降低幅度相对明显且均超过了 1 ℃，以上 4 个部位最大值与最小值的差值分别为 1.75 ℃、1.63 ℃、1.53 ℃和 1.18 ℃；上臂、后背皮肤温度降低幅度相对较小，最大值与最小值的差值分别为 0.53 ℃和 0.50 ℃。

在恢复阶段，当受试者回到空调房，下肢部位的皮肤温度下降，其他部位的皮肤温度升高。

总体而言，除了运动部位（下肢部位）外，当受试者在室外树木环绕的林荫大道散步时，他们的各部位局部皮肤温度下降。因此，即使室外空气温度高于室内，处于以树木为遮蔽物的室外空间的人可能比待在房间里的人更舒适。这表明，在炎热的夏季，待在"有风有荫"的室外空间有助于人们保持较低水平的人体皮肤温度，这意味着居民不必为了避暑而待在家里，而可以花更多的时间参加有益于健康的户外活动。

冬季实验中，预备阶段林荫步道受试者身体各部位皮肤温度稳定。颈部和足部皮肤温度分别为 24.99 ℃和 28.67 ℃，均低于 30 ℃；其他身体部位皮肤温度分布在 30.17～35.63 ℃之间。在实验阶段，受试者走出房间后，全身皮肤温度立即下降。其中额头温度变化最为显著，在实验阶段进行 45 min 时降至最低点，比第一阶段低 9.05 ℃。其他部位皮肤温度持续降低，直至实验阶段结束，温度降低值分布在 2.03～7.93 ℃之间。在恢复阶段，受试者返回空调房，皮肤温度开始升高。前胸、后背、前臂、上臂、小腿和脚部的皮肤温度在前 15 min 快速升高，随后缓慢升高，其他部位在恢复阶段皮肤温度持续快速升高。

在冬季，室内外空气温度存在巨大差距，当受试者离开空调房时，人体表面皮肤温度不可避免地下降。然而，受试者一进入温暖的室内，皮肤温度就有所改善。这意味着具有商业功能的房间，如热饮吧和纪念品商店等，可以设计建造在公园周围，以利于人体取暖。

3. 平均皮肤温度实测结果分析

由于户外热环境通常被认定为不均匀热环境，因此人体表面各部位局部皮肤温度可能会由于分布位置的不同而受到不均匀热环境的影响。J. Vanos 等人认为可以使用平均皮肤温度作为衡量人体表面各部位局部皮肤温度的指标，目前得到了大量的应用。

本研究选择人体热舒适相关研究最广泛使用的平均皮肤温度算法——J. Hardy和 E. Dubois 的人体平均温度计算法，即七点平均温度计算法，公式中所使用各部位皮肤表面温度的权重系数是根据它们的相对皮肤表面积来确定的，具体见式(4.1)。

$$\mathrm{MST}=0.07T_{\mathrm{Forehead}}+0.05T_{\mathrm{Hand}}+0.19T_{\mathrm{Thigh}}+0.14T_{\mathrm{Upperarm}}+0.13T_{\mathrm{Calf}}+0.35T_{\mathrm{Chest}}+0.07T_{\mathrm{Foot}} \tag{4.1}$$

式中 MST——平均皮肤温度，℃；

T_{Forehead}——人体额头皮肤表面温度，℃；

T_{Hand}——人体手部皮肤表面温度，℃；

T_{Thigh}——人体大腿皮肤表面温度，℃；

T_{Upperarm}——人体上臂皮肤表面温度，℃；

T_{Calf}——人体小腿皮肤表面温度,℃;

T_{Chest}——人体前胸皮肤表面温度,℃;

T_{Foot}——人体脚部皮肤表面温度,℃。

实验期间阳光步道和林荫步道受试者平均皮肤温度—时间拟合曲线如图 4.13 所示。

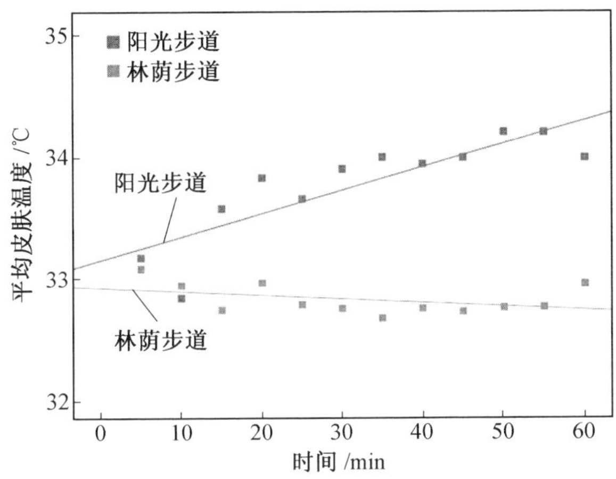

图 4.13　阳光步道和林荫步道受试者平均皮肤温度—时间拟合曲线图

在阳光步道散步的受试者平均皮肤温度与户外活动时长呈现高度正相关关系($R^2=0.71$),阳光步道受试者平均皮肤温度随着户外活动时长的累积有所上升。而林荫步道受试者的平均皮肤温度与户外活动时长的相关性较弱($R^2=0.18$),这是因为林荫步道受试者平均皮肤温度随户外活动时长的累积在整体上保持了相对稳定的趋势。阳光步道受试者平均皮肤温度与户外活动时长的拟合关系见式(4.2)。

$$\mathrm{MST}_{阳光步道}=0.02t+33.13\quad (R^2=0.71) \tag{4.2}$$

式中　$\mathrm{MST}_{阳光步道}$——阳光步道受试者平均皮肤温度,℃;

t——受试者户外活动时长,min。

阳光步道受试者,其活动时长每增加 1 min,平均皮肤温度就会升高 0.02 ℃。

4.3.2　热感觉与热舒适调研结果分析

1. 局部热感觉调研结果分析

夏季人体表面各局部热感觉投票—时间拟合曲线如图 4.14 所示。随着户外活动时间的累积,阳光步道与林荫步道受试者的人体表面局部平均热感觉投票变化表现出了较为明显的差异性。阳光步道受试者局部平均热感觉投票随户外活动时长的累积呈现上升趋势，林荫步道受试者局部平均热感觉投票随户外活动时长的累积呈现平缓或下降的趋势，这一现象与各局部平均皮肤温度随时间变化曲线基本吻合。

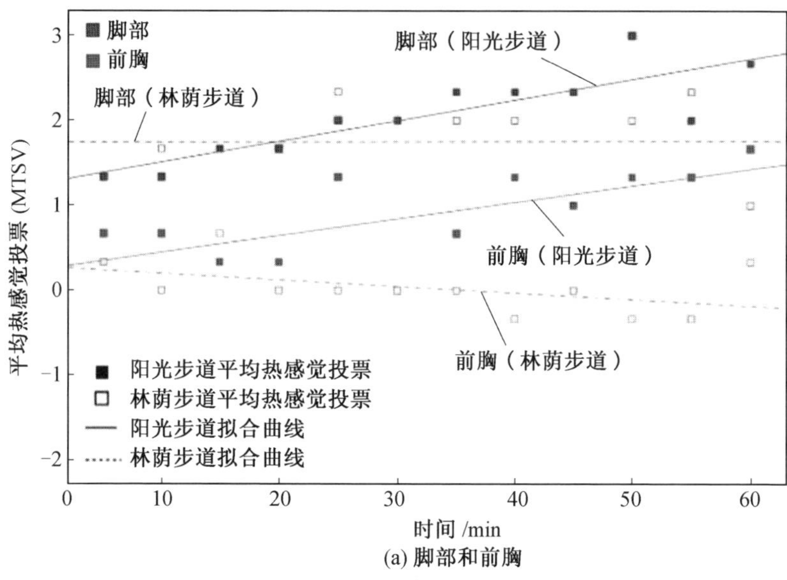

(a) 脚部和前胸

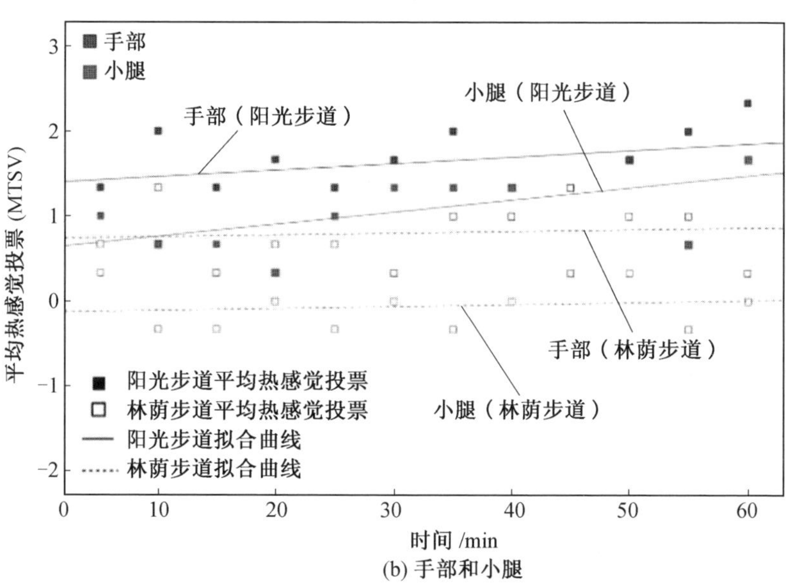

(b) 手部和小腿

图 4.14　夏季人体表面各局部平均热感觉投票—时间拟合曲线图

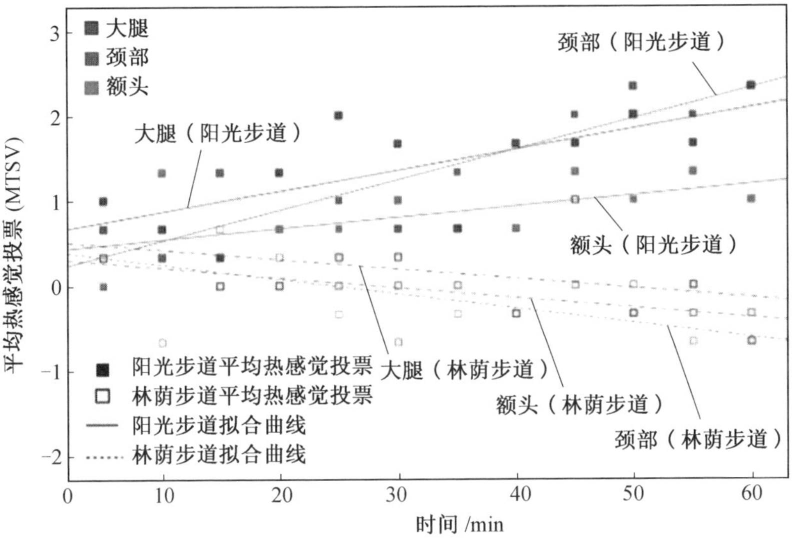

(c) 大腿、颈部和额头

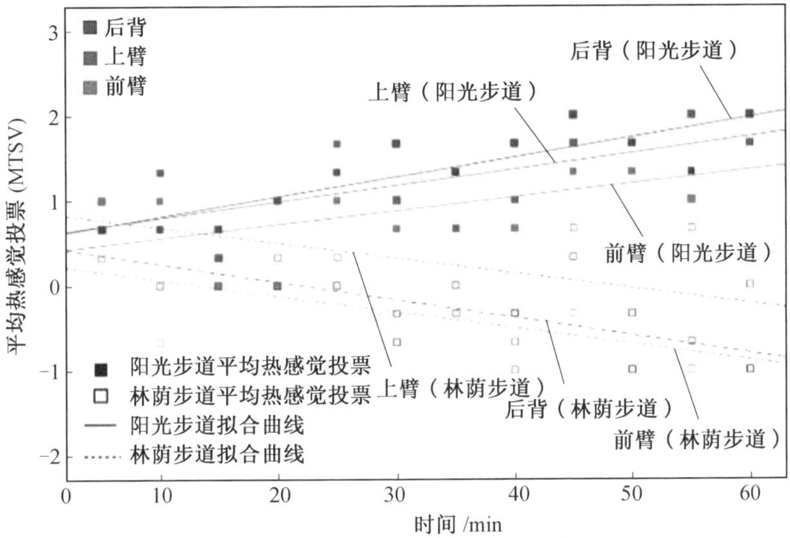

(d) 后背、上臂和前臂

图 4.14(续)

夏季阳光步道受试者调查结果显示：颈部平均热感觉投票上升速度最快；大腿、后背、脚部、前胸、上臂、前臂次之；额头、小腿上升速度较慢；手部上升速度最慢。从各部位实测数值来看：脚部感觉最热，平均热感觉投票均值达 2.06（MTSV＞2，很热）；手部（1.64）、大腿（1.42）、后背（1.33）、颈部（1.33）、上臂

(1.22)、小腿(1.08)等部位次之,热感觉投票均值介于1～2之间,处于热的状态(1<MTSV<2,热);前臂(0.92)、前胸(0.89)、额头(0.83)热感觉投票均值介于0～1之间,处于微热的状态(MTSV=0,中性)。

夏季林荫步道受试者调查结果显示:后背、上臂、前臂、颈部平均热感觉投票下降速度最快;大腿、额头、前胸下降速度次之;脚部、手部、小腿3个部位平均热感觉投票随时间变化曲线基本保持平缓状态。从各部位实测数值来看:脚部感觉最热,热感觉投票均值达1.75,处于热的状态(1<MTSV<2,热);大多数部位热感觉投票均值介于0～1之间,处于微热状态(MTSV=0,中性),如手部(0.81)、前臂(0.36)、上臂(0.28)、大腿(0.17)、颈部(0.14)、额头(0.06)、小腿(0.06)、前胸(0.03);后背热感觉投票均值最低,为-0.22,处于凉爽状态(-1<MTSV<0,微凉)。

综合以上实验结果可知,夏季斯大林公园阳光步道受试者各部位平均热感觉投票均高于林荫步道受试者,且阳光步道受试者各部位平均热感觉投票随户外活动时长的累积呈现上升的趋势,林荫步道受试者各部位平均热感觉投票随户外活动时长的累积则呈现下降或平缓的趋势。可见,林荫步道与阳光步道相比,更有利于减轻身体各部位皮肤的炎热感。

2.整体热感觉调研结果分析

如图4.15所示,夏季林荫步道受试者的整体平均热感觉投票持续保持稳定,平均热感觉投票长时间保持在-0.5左右,因此与时间相关性较弱($R^2=0.01$),实验进行40 min左右受试者的平均热感觉投票开始上升,但仍维持在中性范围内。

与夏季林荫步道实验结果不同,夏季阳光步道受试者的整体平均热感觉投票与户外活动时长呈现线性正相关关系,随着户外活动时长的增加受试者的平均热感觉投票持续上升见式(4.3)、式(4.4)。前30 min受试者的平均热感觉投票维持在1左右,之后受试者的平均热感觉投票超过1,45 min左右平均热感觉投票达到2。

$$\mathrm{MTSV(r)}=0.03t+0.42 \quad (R^2=0.67) \tag{4.3}$$

$$\mathrm{MTSV(s)}=0.01t-0.58 \quad (R^2=0.01) \tag{4.4}$$

式中 MTSV(r)——阳光步道受试者的平均热感觉投票值;

t——受试者户外活动时长,min;

MTSV(s)——林荫步道受试者的平均热感觉投票值。

研究结果表明,夏季实验受试者在林荫步道活动期间(60 min),平均热感觉投票值在-1～0之间(微凉-中性),热感觉投票均值为-0.33(微凉);受试者在阳光步道活动期间(60 min),平均热感觉投票值皆大于0,热感觉投票均值为1.23。

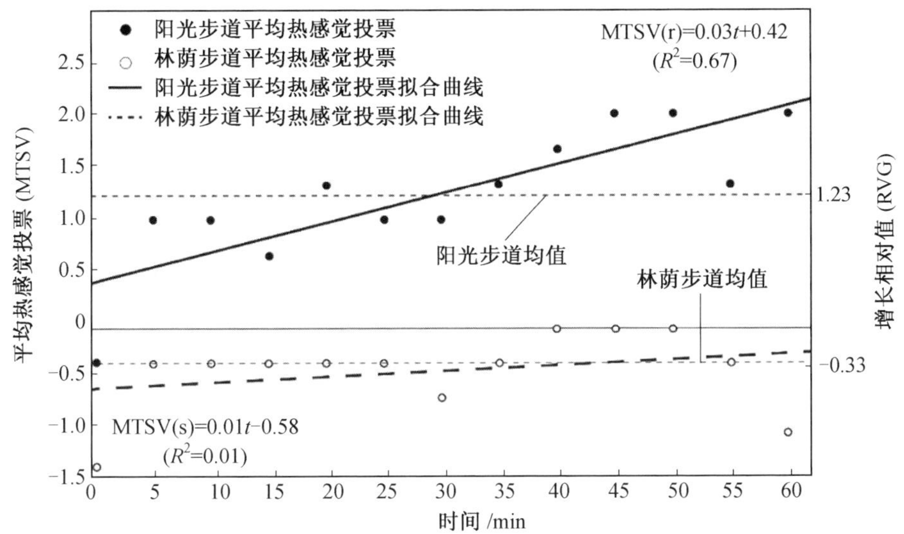

图 4.15　夏季人体整体平均热感觉投票—时间拟合曲线图

林荫步道受试者夏季户外活动期间热感觉投票均值相比阳光步道受试者平均热感觉投票均值低 1.56 个单位，可见林荫步道可有效降低夏季炎热气候对受试者平均热感觉的影响，为沿江休闲人群提供了一个凉爽的散步空间。

冬季林荫步道实验中，在预备阶段，受试者的平均热感觉投票值在 0.5 上下波动。在实验阶段的前 30 min，平均热感觉投票值在 −2～−1 之间波动(凉—微凉)。之后，受试者感到“凉爽”。实验阶段进行到 45 min 时，平均热感觉投票值降至最低点，受试者此时感到“冷”。在恢复阶段，受试者回到空调房，他们的平均热感觉投票值迅速增加，但即使在 30 min 后仍低于 0。

研究结果表明，冬季走在林荫步道上的人会感到寒冷，而且随着时间的增加，他们会感到越来越冷。如果提供适当的热环境，夏季林荫步道受试者的平均热感觉投票值会立即增加，而在冬季平均热感觉投票值增加到 0 以上则相对较慢，需要 30 min 以上的时间。

3. 热舒适调研结果分析

如图 4.16 所示，夏季受试者在阳光步道和林荫步道活动期间的平均热舒适投票均与户外活动时长呈线性负相关关系，随着时间的增加，受试者的平均热舒适投票随之下降，拟合公式见式(4.5)、式(4.6)。

$$\mathrm{MTCV(r)} = -0.03t + 0.34 \quad (R^2 = 0.52) \tag{4.5}$$

$$\mathrm{MTCV(s)} = -0.02t + 1.18 \quad (R^2 = 0.50) \tag{4.6}$$

式中　MTCV(r)——阳光步道受试者的平均热舒适投票值；

t——受试者户外活动时长，min；

MTCV(s)——林荫步道受试者的平均热舒适投票值。

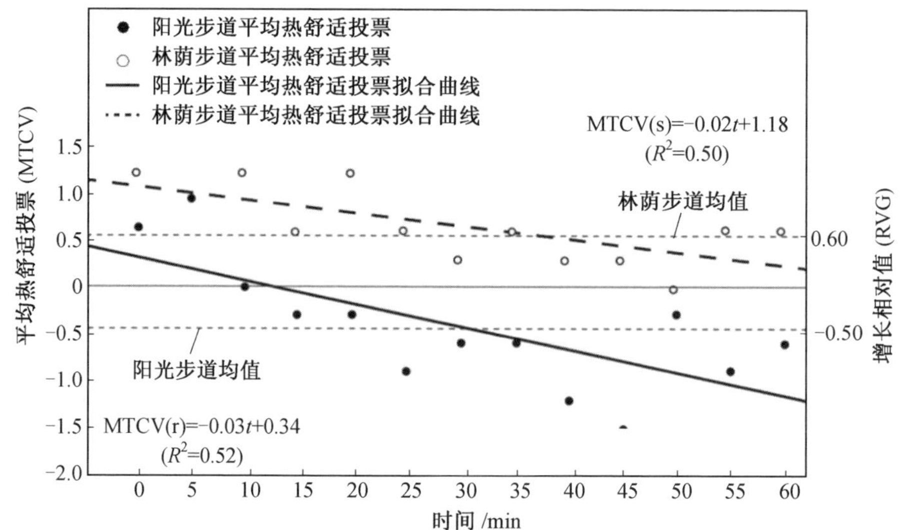

图 4.16　夏季人体整体平均热舒适投票—时间拟合曲线图

夏季阳光步道实验中前 13 min 受试者平均热舒适投票维持在舒适区间（MTCV＞0），之后，受试者平均热舒适投票值降至不舒适区间（MTCV＜0），45 min时达到－0.75，整个过程（60 min）热舒适投票均值为－0.5。

林荫步道受试者在整个夏季实验过程（60 min）中平均热舒适投票皆维持在舒适区间（MTCV＞0），热舒适投票均值为 0.6，高出夏季阳光步道受试者 1 个单位。

综合平均热感觉投票和平均热舒适投票实验结果，林荫步道可有效降低夏季斯大林公园受试者的热感觉并提升热舒适程度，林荫步道受试者的平均热感觉投票和平均热舒适投票始终维持在凉爽和舒适区间，相比之下，阳光步道受试者随着户外活动时长的累积平均热感觉投票上升且平均热舒适投票下降。林荫步道受试者平均热感觉投票在户外活动前 45 min 保持平稳但平均热舒适投票随时间增加有规律地缓慢下降，证明人的热舒适程度不仅受热感觉影响，还受到其他因素，如风速等的综合影响。

冬季林荫步道的实验中，在预备阶段，受试者的平均热舒适投票在 0～0.5 之间波动。在实验阶段，受试者走出房间后，平均热舒适投票立即降至 0 以下。试验阶段进行 50 min 时，平均热舒适投票降至最低点（－1.17），受试者感到

“凉”。在恢复阶段，当受试者返回空调房时，平均热舒适投票立即上升，20 min 后平均热舒适投票值达到 0 以上，受试者感觉到舒适。

实验阶段结束后，受试者（夏季）在阳光步道上行走后的平均热舒适投票值需要 10 min 才能增加到 0 以上，而受试者（冬季）在林荫步道上行走后的平均热舒适投票需要 20 min 才能增加到 0 以上。

4.3.3　生理及主观各项热舒适指标的相关性研究

1. 局部皮肤温度与局部热感觉相关性分析

图 4.17 为夏季阳光步道和林荫步道受试者各部位局部皮肤温度—热感觉投票的拟合曲线图。整体上看，夏季阳光步道和林荫步道受试者各部位局部皮肤温度与局部热感觉投票呈现线性关系。

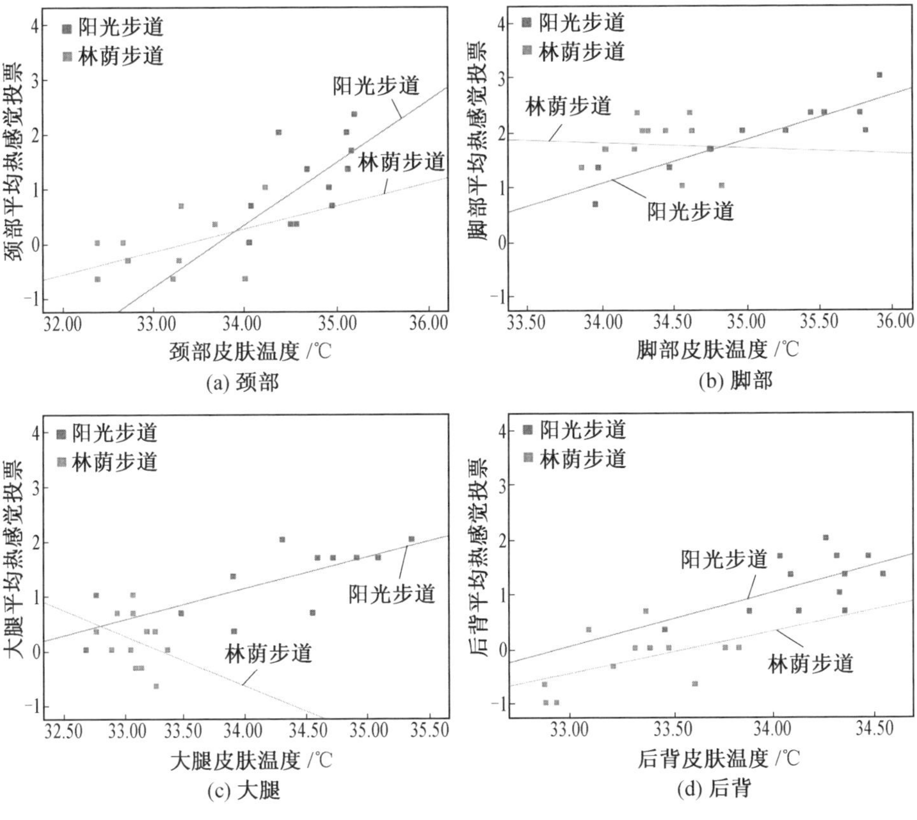

(a) 颈部

(b) 脚部

(c) 大腿

(d) 后背

图 4.17　夏季阳光步道和林荫步道受试者各部位局部皮肤温度—热感觉投票拟合曲线图

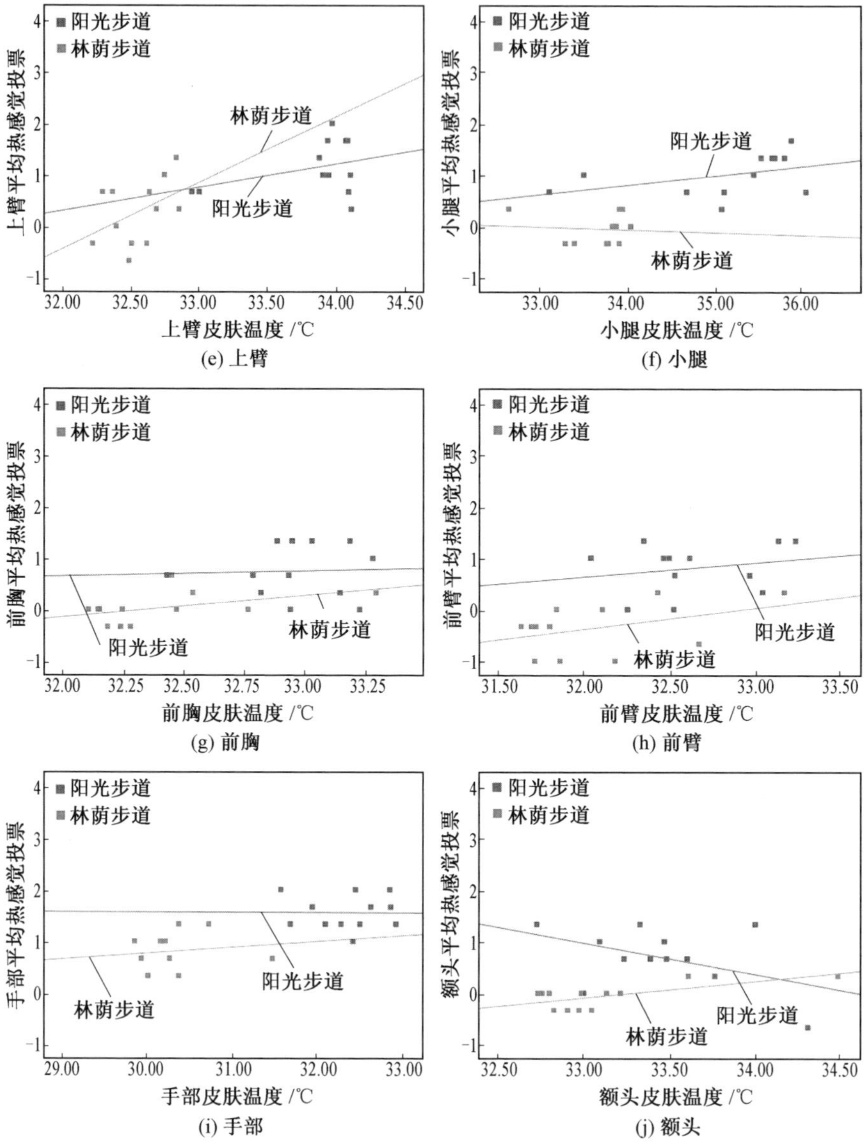

(e) 上臂

(f) 小腿

(g) 前胸

(h) 前臂

(i) 手部

(j) 额头

图 4.17(续)

受试者局部皮肤温度的升高会导致相应部位平均热感觉投票不同程度地升高。颈部的敏感性最高,颈部皮肤温度每升高 1 ℃,颈部平均热感觉投票上升 1.13 个单位。敏感度相对较高的是后背、脚部和大腿:后背皮肤温度每升高 1 ℃,后背平均热感觉投票上升 0.98 个单位;脚部皮肤温度每升高 1 ℃,脚部平均热感觉投票上升 0.81 个单位;大腿皮肤温度每升高 1 ℃,大腿平均热感觉投票上升 0.57 个

单位。上臂、前臂、小腿、前胸部位敏感性相对较弱，以上部位皮肤温度每升高 1 ℃，相应部位平均热感觉投票分别升高 0.45、0.28、0.18、0.1 个单位。

整体上看，夏季林荫步道受试者各部位局部皮肤温度与局部平均热感觉投票呈现线性关系：受试者局部皮肤温度的升高会导致相应部位平均热感觉投票不同程度地升高。上臂的敏感性最高，上臂皮肤温度每升高 1 ℃，上臂平均热感觉投票上升 1.28 个单位。敏感度相对较高的是后背，后背皮肤温度每升高 1 ℃，后背平均热感觉投票上升 0.77 个单位。前胸、颈部、前臂、额头、手部等部位敏感性相对较弱，这些部位皮肤温度每升高 1 ℃，相应部位的平均热感觉投票分别升高 0.43、0.42、0.41、0.32、0.11 个单位。

表 4.7 显示了夏季平均热感觉投票(MTSV)与局部皮肤温度的相关性。额头皮肤温度与热感觉无线性相关性，人体其他部位的皮肤温度与热感觉密切相关。这种关系可以用一个拟合方程来描述。上臂、大腿和小腿的皮肤温度与热感觉相关，其 R^2 值较高，超过方差的 70%。颈部、后背、脚部和手部的皮肤温度与热感觉呈线性相关，R^2 值适中，在 0.5～0.7 之间。前胸和前臂皮肤温度与热感觉相关，R^2 值较弱(低于 0.5)，这些身体部位的皮肤温度与热感觉呈正相关，即皮肤温度升高，则平均热感觉投票值升高。后背、前胸、脚部、上臂的拟合方程斜率较大，数值超过 1，所以后背、前胸、脚部和上臂对热感觉更为敏感。

表 4.7　夏季平均热感觉投票与局部皮肤温度的线性回归分析

皮肤测点	自变量(X)	拟合公式	R^2	显著性
额头(fh)	额头皮肤温度：$32.73 \leqslant X \leqslant 34.48$	$MTSV = 0.16X - 4.09$	0.007	NS
手部(h)	手部皮肤温度：$29.85 \leqslant X \leqslant 32.91$	$MTSV = 0.61X - 18.58$	0.58	0.000＊＊＊
大腿(th)	大腿皮肤温度：$32.69 \leqslant X \leqslant 35.36$	$MTSV = 0.92X - 30.59$	0.71	0.000＊＊＊
上臂(ua)	上臂皮肤温度：$32.22 \leqslant X \leqslant 34.11$	$MTSV = 1.06X - 34.87$	0.74	0.000＊＊＊
小腿(ca)	小腿皮肤温度：$32.62 \leqslant X \leqslant 36.07$	$MTSV = 0.74X - 24.89$	0.71	0.000＊＊＊
后背(b)	后背皮肤温度：$32.87 \leqslant X \leqslant 34.55$	$MTSV = 1.32X - 44.20$	0.62	0.000＊＊＊
前臂(fa)	前臂皮肤温度：$31.63 \leqslant X \leqslant 33.23$	$MTSV = 0.92X - 29.34$	0.27	0.010＊＊
颈部(n)	颈部皮肤温度：$32.38 \leqslant X \leqslant 35.21$	$MTSV = 0.74X - 24.52$	0.66	0.000＊＊＊

续表

皮肤测点	自变量(X)	拟合公式	R^2	显著性
前胸(ch)	前胸皮肤温度：32.11≤X≤33.29	MTSV＝1.23X－42.01	0.34	0.003＊＊
脚部(f)	脚部皮肤温度：33.87≤X≤35.91	MTSV＝1.11X－38.07	0.60	0.000＊＊＊

注：＊＊＊表示在0.001级别，相关性显著；＊＊表示在0.01级别，相关性显著；NS—Not Significant表示无显著性差异。

表4.8显示了冬季平均热感觉投票(MTSV)与局部皮肤温度的相关性。额头和小腿的显著性水平为0.05($p<0.05$)，其他部位的显著性水平为0.001($p<0.001$)。手部皮肤温度与热感觉呈线性相关，其R^2值很高，占方差的94%。前胸、上臂、前臂、颈部、脚部、大腿和后背的皮肤温度与热感觉呈线性相关，R^2值超过0.80。所有这些部位的皮肤温度均与热感觉呈正相关。因此，如果皮肤温度升高，则平均热感觉投票值升高。前胸、手部的拟合方程斜率系数较大，数值超过0.5。可见，在冬季前胸是对热感觉最敏感的部位。

表4.8　冬季平均热感觉投票与局部皮肤温度的线性回归分析

皮肤测点	自变量(X)	拟合公式	R^2	显著性
额头(fh)	额头皮肤温度：23.42≤X≤32.30	MTSV＝0.15X－5.94	0.69	0.010＊＊
手部(h)	手部皮肤温度：22.24≤X≤30.15	MTSV＝0.61X－6.34	0.94	0.000＊＊＊
大腿(th)	大腿皮肤温度：25.70≤X≤31.72	MTSV＝0.22X－8.21	0.84	0.000＊＊＊
上臂(ua)	上臂皮肤温度：31.34≤X≤34.27	MTSV＝0.44X－16.59	0.89	0.000＊＊＊
小腿(ca)	小腿皮肤温度：26.64≤X≤30.27	MTSV＝0.32X－10.85	0.57	0.004＊＊
后背(b)	后背皮肤温度：31.74≤X≤35.40	MTSV＝0.35X－13.58	0.84	0.000＊＊＊
前臂(fa)	前臂皮肤温度：31.54≤X≤34.34	MTSV＝0.46X－17.21	0.89	0.000＊＊＊
颈部(n)	颈部皮肤温度：19.46≤X≤24.92	MTSV＝0.25X－7.58	0.89	0.000＊＊＊
前胸(ch)	前胸皮肤温度：33.61≤X≤35.66	MTSV＝0.63X－23.62	0.83	0.000＊＊＊
脚部(f)	脚部皮肤温度：23.41≤X≤28.59	MTSV＝0.27X－8.93	0.86	0.000＊＊＊

注：＊＊＊表示在0.001级别，相关性显著；＊＊表示在0.01级别，相关性显著；NS—Not Significant表示无显著性差异。

总体而言，冬季皮肤温度与热感觉呈线性相关，且 R^2 值高于夏季。这可能与不同季节室内外温差有关。冬季室内外温差极大，最大为 32.4 ℃，夏季温差最大仅为 3.8 ℃。影响冬季热感觉最重要的因素是温度，而夏季热感觉受温度影响较小。此外，夏季拟合方程斜率系数要大于冬季。因此，长期生活在寒冷气候区的人们相较于生活在温暖气候区的人们对于热感觉的敏感程度要低。

2. 平均皮肤温度与整体平均热感觉相关性分析

图 4.18 显示了夏季阳光步道和林荫步道受试者平均皮肤温度－整体平均热感觉投票拟合曲线图。夏季阳光步道受试者平均皮肤温度与整体平均热感觉投票呈现线性正相关关系，其拟合方程见式(4.7)。

$$MTSV_{(r)}=1.02MST_{(r)}-33.20 \quad (R^2=0.44) \tag{4.7}$$

式中　$MTSV_{(r)}$——阳光步道受试者整体平均热感觉投票值；

$MST_{(r)}$——阳光步道受试者平均皮肤温度，℃。

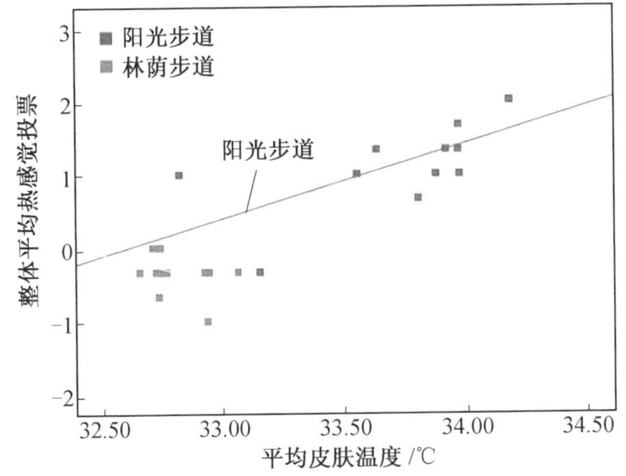

图 4.18　夏季阳光步道和林荫步道受试者平均皮肤温度－整体平均热感觉投票拟合曲线图

夏季阳光步道受试者平均皮肤温度每升高 1 ℃，整体平均热感觉投票升高 1.02 个单位。而夏季林荫步道受试者平均皮肤温度与整体平均热感觉投票无明显相关性。究其原因：林荫步道受试者平均皮肤温度在实验期间变化幅度较小，不超过 0.5 ℃，因此整体平均热感觉投票也相对稳定。

表 4.9 为夏季不同身体部位平均热感觉投票(MTSV)与皮肤温度的相关性。由表可知，除额头外，所有选定的身体部位的皮肤温度都与平均热感觉投票显著相关。上臂与平均热感觉投票的关系最强(相关值为 0.859)。上臂与手部、后背、颈部也有显著的关系，相关值在 0.9 左右。大腿与平均热感觉投票的关系次之(相关值为

0.844)。大腿与小腿、脚部相关,相关值在0.95以上。此外,颈部与身体的其他部位显著相关,因此,利用颈部数据来代表未被选择的其他身体部位是合理的。

表4.9 夏季不同身体部位平均热感觉投票(MTSV)与皮肤温度的相关性

相关性	MTSV	额头	手部	大腿	上臂	小腿	后背	前臂	颈部	前胸	脚部
MTSV	1	—	—	—	—	—	—	—	—	—	—
额头	0.085	1	—	—	—	—	—	—	—	—	—
手部	0.760**	0.576**	1	—	—	—	—	—	—	—	—
大腿	0.844**	−0.061**	0.607**	1	—	—	—	—	—	—	—
上臂	0.859**	0.349	0.896**	0.825**	1	—	—	—	—	—	—
小腿	0.840**	−0.121	0.639**	0.959**	0.844**	1	—	—	—	—	—
后背	0.790**	0.322	0.832**	0.718**	0.945**	0.735**	1	—	—	—	—
前臂	0.515**	0.665**	0.644**	0.496*	0.606**	0.334	0.495*	1	—	—	—
颈部	0.812**	0.516**	0.885**	0.720**	0.929**	0.660**	0.928**	0.760**	1	—	—
前胸	0.580**	0.740**	0.807**	0.539**	0.746**	0.439*	0.627**	0.946**	0.833**	1	—
脚部	0.771**	−0.207	0.486*	0.955**	0.681**	0.934**	0.525**	0.383	0.531**	0.411*	1

注:**表示在0.01级别,相关性显著;*表示在0.05级别,相关性显著。

表4.10为选定位置的权重因子的确定,不仅考虑了各个部位的皮肤表面积占比,还考虑了每个部位的热感觉对皮肤温度的敏感度。S_1为敏感度,表示皮肤温度与热感觉之间的相关性,S_2为根据前人研究确定的皮肤表面积占比。此外,权重因子是通过四舍五入$(a \times b)/\sum(a \times b)$降到小数点后两位来确定的。

本研究的夏季MST计算公式为

$$MST_{(夏季)} = 0.62T_{Thigh} + 0.32T_{Upperarm} + 0.06T_{Neck} \tag{4.8}$$

表4.10 夏季选定位置的权重因子确定

	敏感度($S_1 = R^2$)	皮肤表面积占比(S_2)	$a = S_1/\sum S_1$	$b = S_2/\sum S_2$	$(a \times b)/\sum(a \times b)$	权重因子
大腿	0.844	0.163	0.336	0.629	0.627	0.62
上臂	0.859	0.081	0.342	0.313	0.318	0.32
颈部	0.812	0.015	0.323	0.058	0.056	0.06
合计	2.515	0.259	—	—	—	—

表 4.11 为冬季不同身体部位平均热感觉投票(MTSV)与皮肤温度的相关性。由表可知,身体各部位的皮肤温度与平均热感觉投票显著相关。手部皮肤温度与平均热感觉投票的关系最强,相关值为 0.968。在冬季,除了额头外,颈部是唯一暴露在冷空气中的身体部位。而颈部与平均热感觉投票的关系为第二强,相关值为 0.942,远高于额头。此外,大腿与其他 7 个身体部位显著相关,与颈部的相关值最小,为 0.903。因此,利用大腿数据来代表未被选择的其他身体部位是合理的。

本章建议的冬季 MST 的计算公式为

$$\mathrm{MST}_{(冬季)} = 0.75T_{\mathrm{Thigh}} + 0.24T_{\mathrm{Hand}} + 0.01T_{\mathrm{Neck}} \tag{4.9}$$

表 4.11　冬季不同身体部位平均热感觉投票(MTSV)与皮肤温度的相关性

相关性	MTSV	额头	手部	大腿	上臂	小腿	后背	前臂	颈部	前胸	脚部
MTSV	1	—	—	—	—	—	—	—	—	—	—
额头	0.083**	1	—	—	—	—	—	—	—	—	—
手部	0.968**	0.819**	1	—	—	—	—	—	—	—	—
大腿	0.917**	0.949**	0.938**	1	—	—	—	—	—	—	—
上臂	0.941**	0.888**	0.978**	0.985**	1	—	—	—	—	—	—
小腿	0.755**	0.987**	0.749**	0.925**	0.848**	1	—	—	—	—	—
后背	0.915**	0.947**	0.937**	0.998**	0.984**	0.923**	1	—	—	—	—
前臂	0.941**	0.901**	0.973**	0.989**	0.999**	0.863**	0.989**	1	—	—	—
颈部	0.942**	0.803**	0.974**	0.903**	0.937**	0.726**	0.891**	0.929**	1	—	—
前胸	0.910**	0.935**	0.938**	0.998**	0.988**	0.913**	0.996**	0.992**	0.899**	1	—
脚部	0.926**	0.935**	0.954*	0.994**	0.988**	0.901**	0.988**	0.990**	0.934**	0.993**	1

注:** 表示在 0.01 级别,相关性显著。

权重因子的确定方法与夏季相同,见表 4.12。

表 4.12　冬季选定位置的权重因子确定

	敏感度($S_1 = R^2$)	皮肤表面积占比(S_2)	$a = S_1/\sum S_1$	$b = S_2/\sum S_2$	$(a \times b)/\sum(a \times b)$	权重因子
大腿	0.917	0.163	0.324	0.762	0.752	0.75
手部	0.968	0.049	0.342	0.229	0.239	0.24
颈部	0.942	0.002	0.333	0.009	0.009	0.01
合计	2.827	0.214	—	—	—	—

3. 局部热感觉、整体平均热感觉、热舒适相关性分析

夏季阳光步道和林荫步道受试者整体平均热感觉投票计算结果与实测结果对比分析曲线如图 4.19 所示。调查结果显示，夏季阳光步道受试者平均热感觉投票随户外活动时长的增加而显著上升，呈线性正相关关系，见拟合曲线式(4.10)；夏季林荫步道受试者平均热感觉投票则一直保持平稳状态，因此夏季林荫步道受试者平均热感觉投票与散步时长未见明显相关性，见拟合曲线式(4.11)。

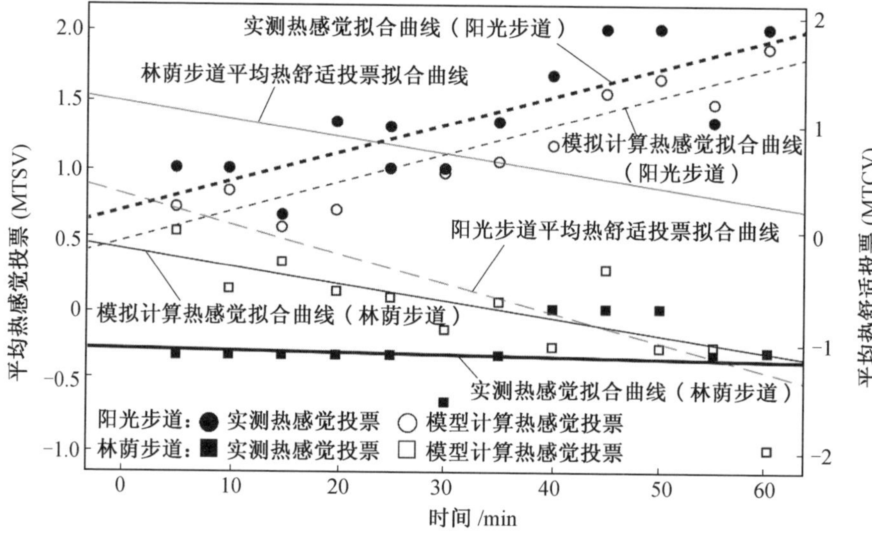

图 4.19　夏季阳光步道和林荫步道受试者整体平均热感觉投票计算结果与实测结果对比分析图

$$\mathrm{MTSV}_{(\mathrm{RR})}=0.02t+0.07 \quad (R^2=0.63) \tag{4.10}$$

$$\mathrm{MTSV}_{(\mathrm{RS})}=-0.001t-0.29 \quad (R^2=0.01) \tag{4.11}$$

式中　$\mathrm{MTSV}_{(\mathrm{RR})}$——阳光步道受试者整体平均热感觉投票实测结果；

t——受试者户外活动时长，min；

$\mathrm{MTSV}_{(\mathrm{RS})}$——林荫步道受试者整体平均热感觉投票实测结果。

Z. S. Fang 在 2018 年提出的热舒适模型，见式(4.12)。

$$\mathrm{MTSV}=0.21\mathrm{TSV}_{\mathrm{head}}+0.61\mathrm{TSV}_{\mathrm{upper}}+0.19\mathrm{TSV}_{\mathrm{lower}} \tag{4.12}$$

式中　MTSV——预测平均热感觉投票；

$\mathrm{TSV}_{\mathrm{head}}$——人体头部实测热感觉投票，包含额头、颈部；

TSV_{upper}——人体上身实测热感觉投票，包含前胸、后背、上臂、前臂、手部；

TSV_{lower}——人体下身实测热感觉投票，包含大腿、小腿、脚部等多个部位。

各局部部位的权重系数由公式(4.13)计算得出。

$$a_{ul}=\frac{A_{\rho l}\times a_{skl}}{\sum_{l}A_{\rho l}\times a_{skl}} \tag{4.13}$$

式中　a_{ul}——身体各局部部位的权重系数；

$A_{\rho l}$——人体皮肤表面积，m^2；

a_{skl}——局部部位皮肤面积占皮肤总面积的百分比。

身体各局部部位的权重系数见表 4.13。

表 4.13　身体各局部部位的权重系数列表

部位	额头	颈部	前胸	后背	上臂	前臂	手部	大腿	小腿	脚部
系数	0.5	0.5	0.41	0.32	0.105	0.105	0.06	0.51	0.36	0.13

将实际调研测得受试者各部位局部热感觉投票值分别代入式(4.12)、式(4.13)计算各时间节点整体平均热感觉投票值，并将模拟计算所得散点拟合曲线与实测热感觉投票拟合曲线进行对比(图 4.19)。结果表明，阳光步道的模拟计算结果与实际调研结果趋势基本保持一致，模拟计算结果比实际调研结果平均低 0.2 个热感觉投票单位；林荫步道模拟计算结果呈下降趋势，这与局部热感觉投票、局部温度随时间变化趋势基本一致(图 4.11、图 4.12、图 4.14)，但与整体平均热感觉投票实际调研结果不一致(实际调研结果为：整体热感觉投票不随时间变化而变化)，这是由于整体平均热感觉为人们的主观感受，不仅受局部皮肤温度和局部热感觉的影响，还受到其他综合因素的影响，因此林荫步道上多样的植被景观(草坪、灌木、乔木等)、丰富的活动(轮滑、毽球、舞蹈等)、人工景观节点(小型广场、雕塑等)等应有益于提升人们对所处环境的综合感受，从而使人们的热感觉维持在一个较为舒适且平稳的水平。

夏季阳光步道和林荫步道受试者整体热舒适投票结果(图 4.16、图 4.19)显示，林荫步道受试者在整个夏季实验期间(60 min)热舒适程度普遍较高；而夏季阳光步道受试者热舒适程度随着时间的推移逐步下降，在实验开始 13 min 左右由舒适进入不舒适状态，在 45 min 时热舒适投票达到不舒适极值(−0.75)。随着散步时长的增加，阳光步道受试者平均热感觉投票上升，平均热舒适投票下降，林荫步道受试者虽然整体平均热感觉投票保持平稳，但平均热舒适投票随散步时长增加逐步下降。该结果表明，人们的热舒适不仅受热感觉的影响，还受到其他综合因素的影响。

4.3.4 热舒适指标下的斯大林公园休闲步道设计分析

根据前文实验结果可知：夏季林荫步道受试者户外散步期间(60 min)，平均热感觉投票和平均热舒适投票分别维持在“偏凉爽”和“偏舒适”的区间。然而阳光步道受试者因受夏季高温及太阳辐射的影响，他们的平均热感觉投票一直大于0，即在户外散步期间(60 min)，受试者平均热感觉投票长期处于“偏热”的区间。此外，阳光步道受试者的平均热舒适投票在室外散步的一定时期(15 min)内可保持数值大于0，即处于“偏舒适”的区间，然而当受试者散步时长超过15 min时，平均热舒适投票数值即降至0以下，超过该“阈值”受试者对所处环境的热感觉表现为“不舒适”。

因此，夏季供人行走的步道应以两侧种有绿植的、可有效遮挡太阳辐射的林荫步道为主，以提供凉爽舒适的步行环境，使人群在行进期间的体核温度与皮肤温度能够保持较低的数值，产生良好的生理效益。当无法设置林荫步道时，应保证受阳光直射的步道长度不宜超过15 min的步行距离，否则需要采取措施改善行人热感觉水平以及提升行人热舒适状态。

哈尔滨斯大林公园平面布置如图4.3所示，该公园活动流线主要由3条依江而建、与江平行的步道组成：一条为坐落于低标高平台、临水而建能够满足人与水亲密互动的“亲水阳光步道”；一条为坐落于高标高平台、有着良好景观视野的“观景阳光步道”；一条为同样坐落于高标高平台、两侧种植高大乔木的“林荫步道”。除“林荫步道”外，“亲水阳光步道”“观景阳光步道”或两侧均无种植绿化或仅单侧种植绿化，夏季受到阳光直射的影响，会对人产生不利的影响。同时，斯大林公园平面呈带状，两条阳光步道贯通整个公园，形成了较长的步行路线。综合以上研究结果——受阳光直射的步道长度不宜超过15 min的步行距离，公园阳光步道的设计应以15 min步行距离为基准，设置相应的遮阴设施或充分利用场地现有资源增设通往林荫步道的通路，以便人群可以在必要时及时转移到林荫步道纳凉以改善其热舒适状态。

图4.20为斯大林公园休闲步道连接通路位置分布图，公园目前设有阳光步道与林荫步道连接通路19条，从分布的位置和数量上看，满足15 min步行距离要求，但均需人们从阳光步道移步至林荫步道才能满足遮阳避暑的需求。其中，亲水阳光步道可协同自身亲水性特征，考虑额外增设一定数量的遮阳观景设施，以同时满足人们的热舒适和观赏江景的多重需求。

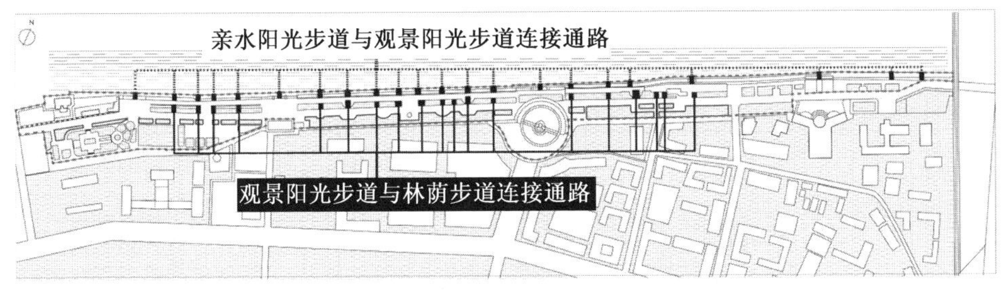

图 4.20　斯大林公园休闲步道连接通路位置分布图

4.4　基于疲劳度、愉悦度指标的斯大林公园休闲步道设计

4.4.1　疲劳度调研结果分析

如图 4.21 所示，夏季阳光步道和林荫步道受试者疲劳度投票均与户外活动时长呈高度线性正相关关系，相应的拟合方程见式(4.14)、式(4.15)。

$$\mathrm{PFI(r)}=0.05t-0.88(R^2=0.83) \tag{4.14}$$

$$\mathrm{PFI(s)}=0.06t-1.84(R^2=0.85) \tag{4.15}$$

式中　PFI(r)——阳光步道受试者的疲劳度投票值；

t——受试者户外活动时长，min；

PFI(s)——林荫步道受试者的疲劳度投票值。

研究结果显示：户外活动时间越长，受试者体能状况越差，疲劳度投票值越高。在夏季阳光步道实验中，前 20 min 受试者感觉精力充沛(PFI<0)，20 min 后受试者开始感到疲劳(PFI>0)。夏季阳光步道实验期间(60 min)，受试者疲劳度投票均值为 0.50。夏季林荫步道受试者在实验前 30 min 感到精力充沛(PFI<0)，户外活动时长超过 30 min 后受试者开始产生疲惫感。夏季林荫步道实验期间(60 min)，受试者疲劳度投票均值为 0.10。

研究结果表明，在夏季，与阳光步道受试者相比，林荫步道受试者散步更不容易感觉疲劳。林荫步道受试者的疲劳度投票均值比阳光步道低 0.4 个单位。实验开始前 30 min 林荫步道受试者的体能状态明显优于阳光步道受试者，随着时间继续增加，50 min 以后阳光步道与林荫步道受试者疲劳度接近持平，疲劳度投票在 1.0～2.0 区间。

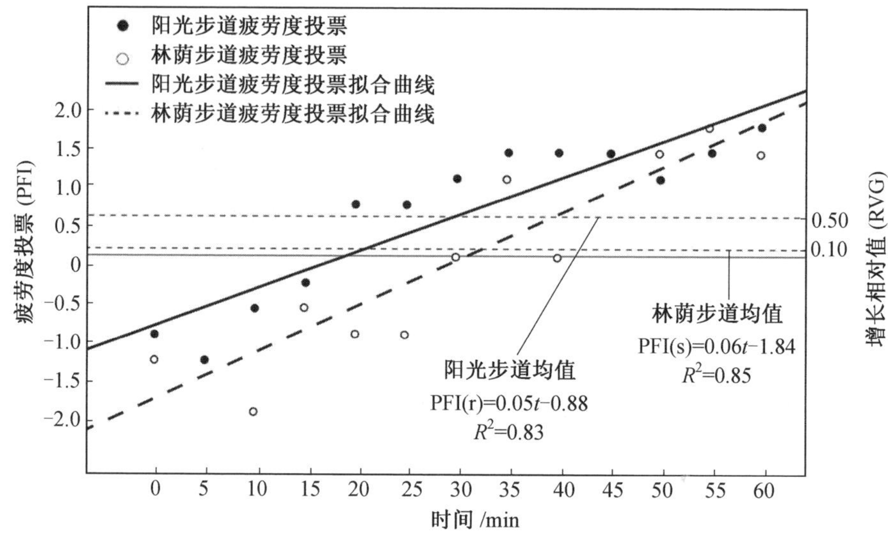

图 4.21　夏季阳光步道与林荫步道受试者疲劳度投票—时间拟合曲线图

冬季实验中，在预备阶段，林荫步道受试者的体能状况处于“轻微疲劳”水平，PFI 在预备阶段结束时逐渐增加。在实验阶段，前 10 min 受试者的体能状况保持在“中性”水平，此后 PFI 开始下降，50 min 时 PFI 降至最低点(−0.94)。在恢复阶段，PFI 回升至 0。

总体而言，夏季人们在室外活动更容易感到疲劳，而林荫步道的热环境可以缓解这种疲劳感。相比夏季，冬季人们在户外活动时的疲劳感会有所减轻。

4.4.2　愉悦度调研结果分析

如图 4.22 所示，夏季受试者在阳光步道和林荫步道的愉悦度投票均与户外活动时长呈线性负相关关系，相应的拟合方程见式(4.16)、式(4.17)。

$$\mathrm{EVI(r)} = -0.03t + 0.50 \quad (R^2 = 0.48) \tag{4.16}$$

$$\mathrm{EVI(s)} = -0.02t + 0.74 \quad (R^2 = 0.43) \tag{4.17}$$

式中　EVI(r)——阳光步道受试者愉悦度投票值；

t——受试者户外活动时长，min；

EVI(s)——林荫步道受试者愉悦度投票值。

研究结果显示，夏季阳光步道受试者在实验前 20 min，愉悦度投票为正值(EVI>0)。同时，值得注意的是，阳光步道受试者在实验前 10 min，愉悦度投票

出现了较为明显的上升，且在这段时间低于林荫步道。究其原因，应该是受到阳光步道亲水性的影响所致。实验进行 20 min 后，阳光步道受试者愉悦度投票降至负区间范围。而夏季林荫步道受试者在实验前 30 min 愉悦度投票保持稳定(0.3)，30 min 后开始下降，约在 35 min 降至负区间范围。

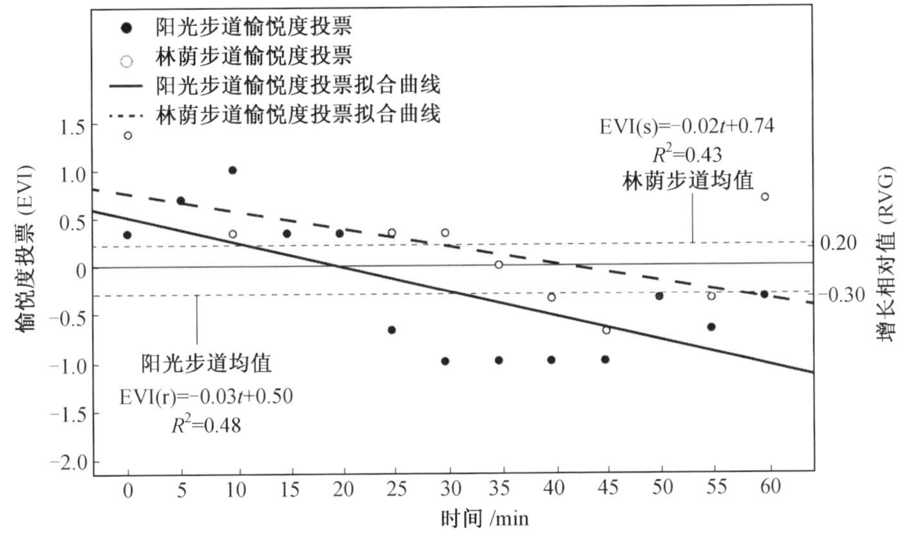

图 4.22　夏季阳光步道和林荫步道受试者愉悦度投票—时间拟合曲线图

冬季林荫步道受试者在预备阶段的愉悦度投票为正值(EVI＞0)，实验进行 20 min 时愉悦度投票大于 0，随后愉悦度投票降至负区间范围，并在实验进行 55 min 时降至最低点(−0.89)。在恢复阶段，愉悦度投票增加，但有波动，直到 15 min 后，愉悦度投票持续上升。

人的愉悦度的影响因素较复杂，除本研究考量的热感觉、热舒适、疲劳度以外，其还受到沿途景色等其他因素的影响，如阳光步道的亲水性等。从实验结果来看，夏季林荫步道受试者的整体愉悦度高于夏季阳光步道受试者，尽管实验初期夏季阳光步道受试者的愉悦度高于林荫步道，但阳光步道受试者的愉悦度下降速度很快，且长时间维持在“轻微不愉悦”状态(EVI＝−1)。整个夏季实验过程中，阳光步道受试者的愉悦度投票均值(−0.30)低于林荫步道受试者愉悦度投票均值(0.20)0.5 个单位。冬天林荫步道受试者的愉悦感只能保持 20 min，时间要比夏季短得多。

4.4.3 疲劳度、愉悦度和主观热舒适指标的相关性分析

1. 疲劳度和主观热舒适指标的相关分析

图 4.23 显示了夏季阳光步道和林荫步道受试者疲劳度投票一平均热感觉投票拟合曲线。夏季阳光步道和林荫步道受试者疲劳度投票与平均热感觉投票呈现线性正相关关系，随着受试者疲劳度投票的升高，受试者平均热感觉投票也随之升高，相应的拟合方程见式(4.18)、式(4.19)。

$$\mathrm{MTSV(r)}=0.45\mathrm{PFI(r)}+0.98(R^2=0.56) \tag{4.18}$$

$$\mathrm{MTSV(s)}=0.06\mathrm{PFI(s)}-0.27(R^2=0.11) \tag{4.19}$$

式中 MTSV(r)——阳光步道受试者平均热感觉投票；

PFI(r)——阳光步道受试者疲劳度投票；

MTSV(s)——林荫步道受试者平均热感觉投票；

PFI(s)——林荫步道受试者疲劳度投票。

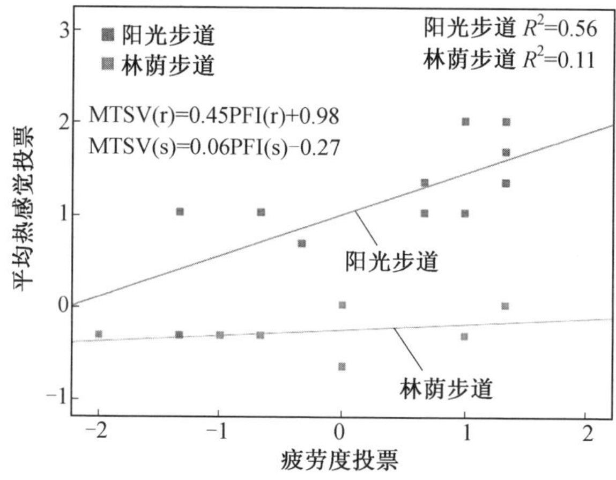

图 4.23 夏季阳光步道和林荫步道受试者疲劳度投票一平均热感觉投票拟合曲线图

夏季阳光步道受试者疲劳度投票与平均热感觉投票相关性更高($R^2=0.56$)，且敏感度更高：受试者疲劳度投票每升高 1 个单位，平均热感觉投票升高 0.45 个单位。夏季林荫步道受试者疲劳度投票与平均热感觉投票相关性较弱($R^2=0.11$)，但整体上看存在正相关关系，且敏感度也相对较低：受试者疲劳度投票每升高 1 个单位，平均热感觉投票仅升高 0.06 个单位。

图 4.24 显示了夏季阳光步道和林荫步道受试者疲劳度投票—平均热舒适投票拟合曲线。夏季阳光步道和林荫步道受试者疲劳度投票与平均热舒适投票呈现线性负相关关系，随着受试者疲劳度投票的升高，受试者平均热舒适投票呈现下降趋势，相应的拟合方程见式(4.20)、式(4.21)。

$$\text{MTCV}(\text{r}) = -0.7\text{PFI}(\text{r}) - 0.15(R^2 = 0.80) \tag{4.20}$$

$$\text{MTCV}(\text{s}) = -0.27\text{PFI}(\text{s}) + 0.63(R^2 = 0.53) \tag{4.21}$$

式中　MTCV(r)——阳光步道受试者平均热舒适投票；

PFI(r)——阳光步道受试者疲劳度投票；

MTCV(s)——林荫步道受试者平均热舒适投票；

PFI(s)——林荫步道受试者疲劳度投票。

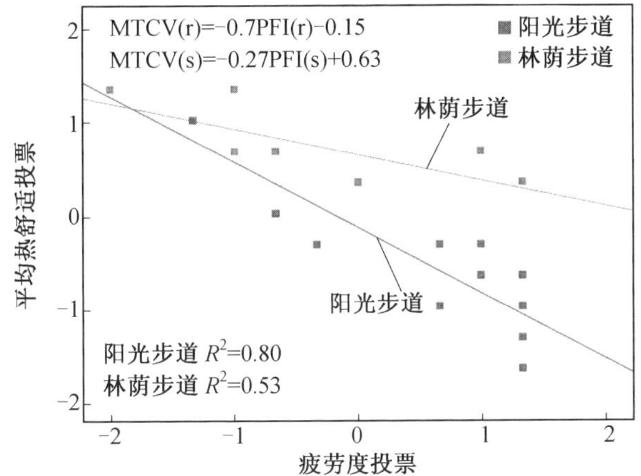

图 4.24　夏季阳光步道和林荫步道受试者疲劳度投票—平均热舒适投票拟合曲线图

夏季阳光步道受试者疲劳度投票、林荫步道受试者疲劳度投票均与平均热舒适投票呈现高度线性负相关关系，其中阳光步道相关性更高($R^2=0.80$)，且敏感度更高：阳光步道受试者疲劳度投票每升高 1 个单位，平均热舒适投票下降 0.7 个单位；夏季林荫步道受试者疲劳度投票与平均热舒适投票相关性一般($R^2=0.53$)，且敏感度相对较低：林荫步道受试者疲劳度投票每升高 1 个单位，平均热舒适投票降低 0.27 个单位。

2. 愉悦度和主观热舒适指标的相关分析

图 4.25 显示了夏季阳光步道和林荫步道受试者愉悦度投票—平均热感觉

投票拟合曲线。夏季阳光步道和林荫步道受试者愉悦度投票均与平均热感觉投票呈现线性负相关关系，随着受试者愉悦度投票的升高，受试者平均热感觉投票呈现下降趋势，相应的拟合方程见式(4.22)、式(4.23)。

$$MTSV(r) = -0.46EVI(r) + 1.06(R^2 = 0.32) \tag{4.22}$$

$$MTSV(s) = -0.45EVI(s) - 0.25(R^2 = 0.66) \tag{4.23}$$

式中 MTSV(r)——阳光步道受试者平均热感觉投票；

EVI(r)——阳光步道受试者愉悦度投票；

MTSV(s)——林荫步道受试者平均热感觉投票；

EVI(s)——林荫步道受试者愉悦度投票。

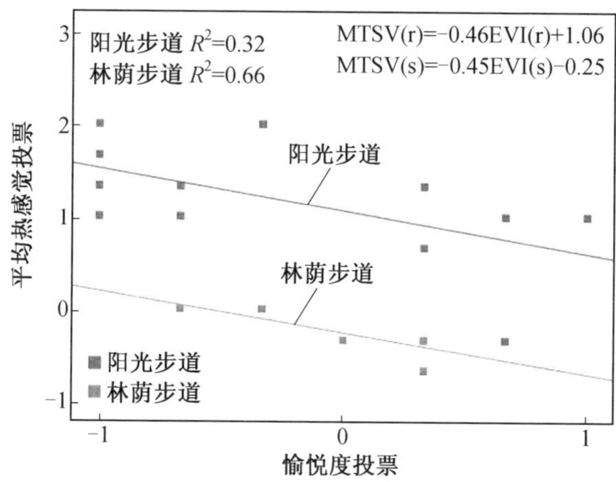

图 4.25 夏季阳光步道和林荫步道受试者愉悦度投票—平均热感觉投票拟合曲线图

夏季阳光步道受试者愉悦度投票、林荫步道受试者愉悦度投票均与平均热感觉投票呈现一定的线性负相关关系，其中林荫步道相关性更高($R^2=0.66$)：林荫步道受试者愉悦度投票每升高 1 个单位，平均热感觉投票下降 0.46 个单位；夏季阳光步道受试者愉悦度投票与平均热感觉投票相关性一般($R^2=0.32$)：阳光步道受试者愉悦度投票每升高 1 个单位，平均热感觉投票降低 0.45 个单位。

图 4.26 显示了夏季阳光步道和林荫步道受试者愉悦度投票—平均热舒适投票拟合曲线。夏季阳光步道和林荫步道受试者愉悦度投票均与平均热舒适投票呈现线性正相关关系，随着受试者愉悦度投票的升高，受试者平均热舒适投票呈现上升趋势，相应的拟合方程见式(4.24)、式(4.25)。

$$MTCV(r) = 0.88EVI(r) - 0.25(R^2 = 0.67) \tag{4.24}$$

$$MTCV(s)=0.61EVI(s)+0.66(R^2=0.32) \tag{4.25}$$

式中 MTCV(r)——阳光步道受试者平均热舒适投票；

EVI(r)——阳光步道受试者愉悦度投票；

MTCV(s)——林荫步道受试者平均热舒适投票；

EVI(s)——林荫步道受试者愉悦度投票。

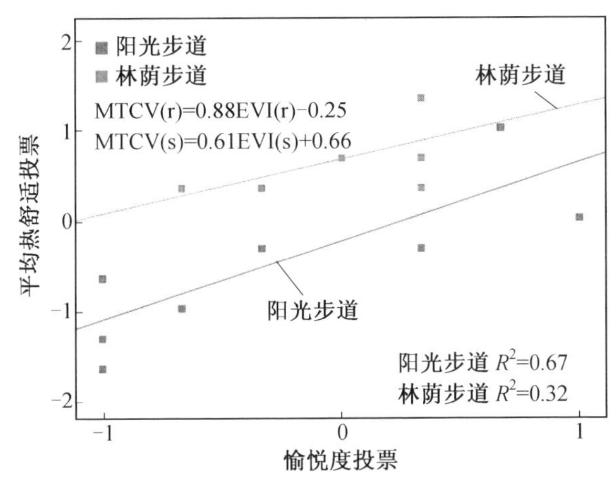

图 4.26 夏季阳光步道和林荫步道受试者愉悦度投票—平均热舒适投票拟合曲线图

夏季阳光步道受试者愉悦度投票、林荫步道受试者愉悦度投票均与平均热舒适投票呈现线性正相关关系，其中阳光步道相关性更高($R^2=0.67$)，且敏感度更高：阳光步道受试者愉悦度投票每升高 1 个单位，平均热舒适投票升高 0.88 个单位；夏季林荫步道受试者愉悦度投票与平均热舒适投票相关性一般($R^2=0.32$)，且敏感度也相对一般：林荫步道受试者愉悦度投票每升高 1 个单位，平均热舒适投票升高 0.61 个单位。

3. 疲劳度和愉悦度的相关分析

图 4.27 显示了夏季阳光步道和林荫步道受试者愉悦度投票—疲劳度投票拟合曲线。阳光步道和林荫步道受试者愉悦度投票与疲劳度投票呈现线性负相关关系，随着受试者愉悦度投票的升高，受试者疲劳度投票呈现下降趋势，相应的拟合方程见式(4.26)、式(4.27)。

$$PFI(r)=-1.21EVI(r)+0.15(R^2=0.79) \tag{4.26}$$

$$PFI(s)=-2.13EVI(s)-0.11(R^2=0.56) \tag{4.27}$$

式中　PFI(r)——阳光步道受试者疲劳度投票；

EVI(r)——阳光步道受试者愉悦度投票；

PFI(s)——林荫步道受试者疲劳度投票；

EVI(s)——林荫步道受试者愉悦度投票。

夏季阳光步道受试者愉悦度投票、林荫步道受试者愉悦度投票均与疲劳度投票呈现高度线性负相关关系，其中阳光步道相关性更高($R^2=0.79$)，但敏感度相对一般：阳光步道受试者愉悦度投票每升高 1 个单位，疲劳度投票下降 1.21 个单位；夏季林荫步道受试者愉悦度投票与疲劳度投票相关性一般($R^2=0.56$)，但敏感度相对略高：林荫步道受试者愉悦度投票每升高 1 个单位，疲劳度投票降低 2.13 个单位。

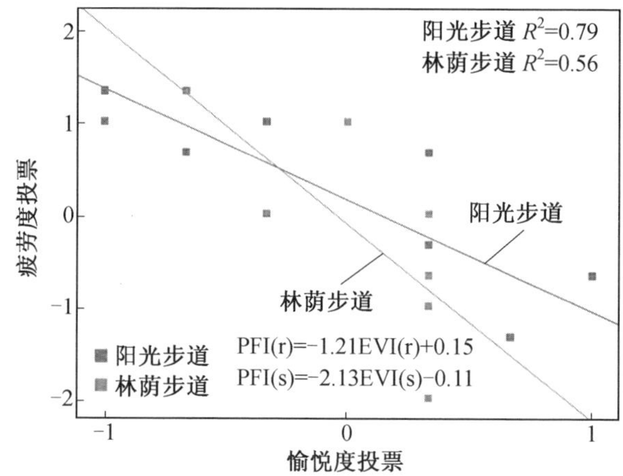

图 4.27　夏季阳光步道和林荫步道受试者愉悦度投票—疲劳度投票拟合曲线图

4.4.4　疲劳度、愉悦度指标下的斯大林公园休闲步道设计分析

根据前文实验结果可知：阳光步道、林荫步道受试者随活动时长的累积，其疲劳程度越来越高。相比而言，阳光步道受试者较林荫步道受试者更容易疲劳。夏季阳光步道受试者疲劳度投票在室外散步的一定时期(20 min)内可保持数值小于 0，即处于“偏活跃”的区间，然而当受试者散步时长超过 20 min 时，疲劳度投票即升至 0 以上，超过该“阈值”受试者对当下的体能状态感知表现为“偏疲劳”。林荫步道受试者散步时长超过 30 min 时，受试者对当下的体能状态感知表现为“偏疲劳”。

此外，研究显示：整体上看，阳光步道、林荫步道受试者随活动时长的累积，愉悦程度越来越低。相比而言，阳光步道受试者的愉悦度投票较林荫步道受试者下降得更快。夏季林荫步道受试者的愉悦度投票在室外散步的一定时期（35 min）内可保持数值大于 0，即处于“偏愉悦”的区间，然而当受试者散步时长超过 35 min 时，愉悦度投票即降至 0 以下，超过该“阈值”受试者对当下的情绪状态感知表现为“不愉悦”。夏季阳光步道受试者当散步时长超过 20 min 时，受试者对当下的情绪状态感知表现为“不愉悦”。值得注意的是，受阳光步道亲水性的影响，在前 10 min 内，受试者愉悦度投票有所上升。

综上可知，不同休闲步道类型的设计需考虑人群体能状态和情绪状态的变化，使户外活动人群获得身心上的满足。林荫步道依据疲劳度投票和愉悦度投票结果其长度设置分别不宜超过 30 min、35 min 的步行距离，否则需要采取措施改善行人体能状态以及情绪状态；阳光步道依据疲劳度投票和愉悦度投票结果其长度设置不宜超过 20 min 的步行距离，否则需要采取措施改善行人体能状态以及情绪状态。

斯大林公园休息设施数量及布置图如 4.28 所示。林荫步道设有座椅 62 把，沿公园带状步道连续布置。从布置连续性上看，满足 30 min 步行距离的休息要求，但最多仅可同时容纳 186 人休息，这相对于斯大林公园夏季散步人群数量来看是不够的。观景阳光步道座椅沿江呈线性布置，合计 36 把。从布置连续性上看，满足 20 min 步行距离的休息要求，最多可同时容纳休憩人数为 108 人，与林荫步道相似，同样面临座椅不足的问题。由于阳光步道为线性空间且座椅布置较为连续，因此阳光步道人群的休息空间宜结合林荫步道系列广场、集中型休憩空间和遮阳观景设施做协同设计考虑。

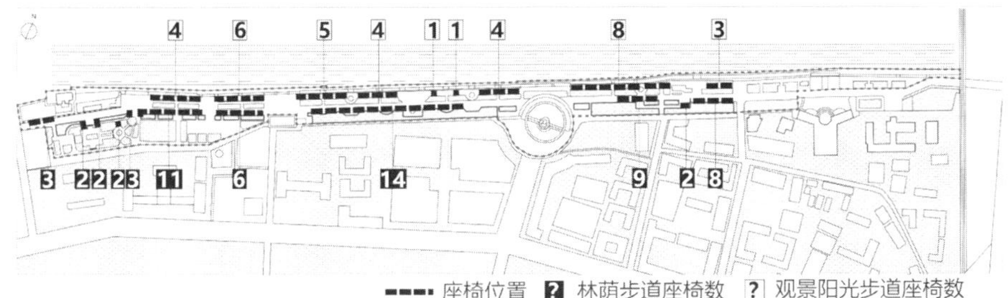

图 4.28　斯大林公园休息设施数量及布置图

斯大林公园沿观景阳光步道设置 26 个广场(图 4.29)作为景观节点,其中雕塑广场、花坛广场共有 12 个,活动广场有 14 个,可以考虑在这些广场增加一定数量的休憩座椅,创造一定数量的集中型空间,提升休憩场所人数收纳能力以降低人们的疲劳感。

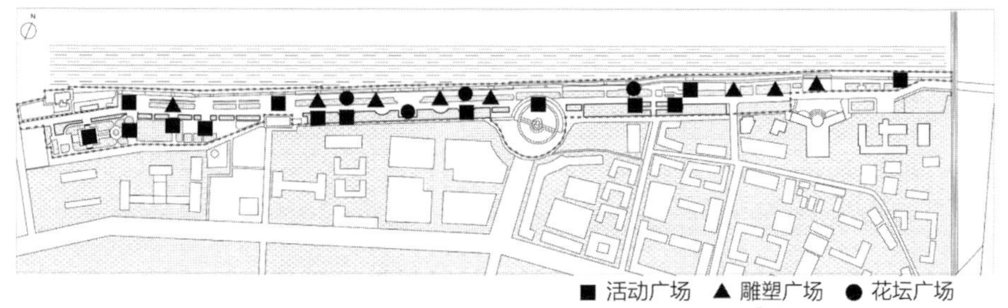

图 4.29 斯大林公园休闲广场类型及分布图

第5章

寒地城市室外热舒适性与特定人群

本章以严寒地区高校学生作为研究对象，将研究结果与大众样本的研究结果进行对比分析。结果表明，年轻群体热舒适指标与热感觉投票的拟合曲线斜率小于大众样本调研结果，说明年轻群体对热环境的热感觉敏感度相对较低。

5.1　青年人群与热舒适性

5.1.1　青年人群特征

美国心理学家戈・威・奥尔波特说："同样的火候，使黄油融化，使鸡蛋变硬。"他认为，人格是个体内部那些决定个人对其环境独特顺应方式的身心系统的动力结构，个体以特质迎接外部世界、组织经验，并构成一个人完整的系统，由此而引发人的思想和行为。社会背景、经济背景、家庭教育和互联网等信息环境的飞速发展，对人们的思想、行为和心理等带来了深刻影响。

而高校学生作为青年人群的一个主体，对其特征的研究对于推进高校毕业生就业、维护社会稳定、促进社会和谐具有重要的意义。青年人群的特征主要有以下几个方面。

1. 心态积极向上，适应能力强

作为青年人群主体的高校学生拥有广阔的发展空间和多样化的机遇，他们渴望突破传统、张扬个性，其创新精神、创新意识与创新能力也更加突出。他们勇于展现个性，在面对挑战时能够积极调整心态，以乐观的态度面对困难，适应能力强。

2. 时代特征鲜明，独立自主

青年人群具有鲜明的时代特征，他们自主意识强，具备独立思考的能力。他们能够根据自己的理解和判断，形成个人的观点和看法。同时，他们也能够理解和尊重他人的观点，通过沟通和交流，与他人和谐相处。

3. 注重团队合作，积极参与社会活动

青年人群在追求个人发展的同时，也注重团队合作和集体荣誉。他们乐于参与社会活动，积极为社会发展贡献自己的力量。在与他人的互动中，他们能够展现出良好的合作精神和团队意识，共同推动社会进步。

4. 社交能力强，人际关系和谐

青年人群在社交方面表现出积极的态度和较强的沟通能力。他们乐于结交朋友，能够主动与人建立联系，维护和发展人际关系。在与他人的交往中，他们能够展现出真诚和友好，营造和谐的人际关系。

5.1.2 热舒适指标与青年人群

随着室外热环境越来越受关注，室外热舒适指标的发展也取得了很大的进步。然而哪一类评价指标能有效预测人群尤其是高校学生的实际热感觉，哪一类更适合严寒地区室外气候条件的热舒适评价？哪一类评价指标能够有效且简单地预测人体的热感觉，或者加以修改后能更好地预测热舒适状态？本章以哈尔滨市为代表城市，基于综合性热舒适指标对严寒地区室外热舒适性进行多方面调研，建立寒地室外热舒适数据库、完善热舒适评价体系并增强评价的可操作性与直观性，对严寒地区冬季高校校园热舒适指标的适用性进行评价，为严寒地区建筑外环境设计提供理论支持。

人是环境使用的主体，受技术发展限制，早期的室外热环境研究多侧重物理参数实测，未建立人体的真实热感觉与复杂热环境之间的相关性，人们根据测量结果无法直观判断热舒适状况。此外，因人体热舒适受诸多因素的综合影响，基于单一评价指标（如风速、温度等）根本无法排除其他因素的作用结果，所以测量结果只能反映在以其他气象参数为定值的理想环境下该指标对热舒适的影响程度，而面对多种因素为变量并相互影响的现实环境，其评价结果往往具有片面性和模糊性，无法反映环境的真实舒适情况。目前国内绝大多数室外热舒适评价指标均是由欧洲国家提出的，而这些评价指标大多建立在温带气候基础之上，受不同气候、不同文化等因素的影响，这些热舒适指标的适用性如何？能否直接应用于哈尔滨地区冬季严寒天气的室外热环境评价？关于这方面的研究国内目前相对较少。

青年人群对室外热环境的诉求是什么？与老年人以及儿童的诉求有着什么样的区别与联系？高校学生对严寒地区热环境的需求是否有明显的差异？本章基于综合性热舒适指标，通过微气候参数实测和主观问卷调查，量化人体热舒适性与热舒适指标之间的关系，使设计者和使用者能够直观判断寒地室外热舒适

性的动态变化趋势；将高校学生的热舒适与热感觉的关系同大众样本进行分析和对比，得出他们的热舒适特性，为以后相关研究的深入提供参考依据。

5.1.3　热舒适理论及研究方法

热舒适性是人体在客观环境和心理等因素的作用下，对周围热环境的一种主观满意度评价。ASHRAE Standard 55—2013 将热舒适性定义为“人体对热环境满意的一种意识状态”。Gagge 和 Fanger 认为对环境感觉为不冷不热时(中性热感觉)可认为达到舒适状态，但也受心理等其他因素影响。而热舒适是皮层下神经末梢受温度刺激时的反应，不是直接感受到的环境温度，无法直接测量，所以对热舒适的研究应了解其形成机制和相关评价理论。

热舒适是受多因素综合作用的结果，其形成机制主要包括物理、生理、心理 3 个方面。物理方面主要基于人体自身热量的得失平衡。人体通过新陈代谢产生能量，并将能量转化为热量和机械功。热量得失主要通过与环境进行对流、辐射和汗液蒸发等途径实现；机械功主要通过活动等方式完成能量消耗。当气候变冷(冬天)人体热损失大于获得时，会产生冷感，此时人们通过增加衣物来减少热损失；反之，人们会减少衣物增加热损失。此外，人体可以通过调整活动量来控制代谢产热，以及通过选择合适的环境，如遮阳或温暖的场所，来调节热量的获取和散失。

生理方面主要是人体皮肤和下丘脑热传感器对温度变化的应答反应。当人体温度低于正常温度时，皮肤血管扩张，血流量增加，肌肉张力也会增加以产生额外热量，会伴随有打冷战等反应；当人体温度高于正常温度时，皮肤血管收缩、血流量减少，并伴随出汗等反应以增加热量散失。而长期受环境变化的规律性刺激，人体的以上生理过程也会形成规律性的调节机制，即生理习服，人们不同季节下的生理习服会改变人们对环境的耐受强度，从而影响自身的舒适状态。

心理方面主要是受热经历和热期望而引起主观反应的改变，进而降低对环境的期望，即心理适应性。受地域气候的影响，人们心理上已经接受了不同季节的热环境状态，基于心理准备的情况，人们会拓宽对环境的接受范围。此外，热经历会改变人们的心理期望，若长期受寒冷气候的影响，人们即使达到了适中状态，仍期望更温暖的环境；反之则期望更凉爽的环境。

而室外热舒适指标的提出就是为了建立室外环境与人体热感觉之间的关系，其中包含了两个过程，一是将多个室外环境参数和人体参数综合为单一变量，二是通过一定的数据和问卷样本建立指标与人体热感觉的关系。这些指标可用于评估室外气候，预测人体热感觉和冷热风险。

2012年，Blazejczyk等人在对比以温度为输出单位的热感觉指标时，将指标分为两类，一是综合多个气象变量的简单指标，二是基于热量平衡模型的指标。在热舒适指标中以第二类为主，结合指标的室内外应用情况和基础传热模型可对该类指标进一步细分，以研究指标的发展规律，具体分类如下。

基于回归分析的冷热风险指标：早期研究并未涉及热平衡，而是基于气象参数与热感觉的关系，建立判断冷热风险的指标。由于这类指标以经验值和回归分析为基础，运用时会受到地理、气候等因素的限制。运用较多的冷风险指标有风冷却指数（wind chill index，WCI）和风冷却温度（wind chill temperature，WCT），其考虑了寒冷环境下风速和温度对人体热损失的影响。相对于冷环境，热环境下的研究要普遍得多，运用较多的指标有热应力指数（heat stress index，HSI）、湿黑球温度（wet-bulb globle temperature，WBGT）、不适指数（discomfort index，DI）、热指数（heat index，HI）、湿度指数（Humidex），这些指标主要研究湿热情况下人体的热过劳和热损伤现象。为了延伸指标适用温度范围，1979年，Steadman吸取了Fanger关于人体热平衡的研究成果，综合温度、湿度、风速、太阳辐射等变量提出了反映实际环境的感觉温度（apparent temperature，AT）。2003年，Givoni等人加入对地表温度的研究并细化了太阳辐射，提出了热感觉（thermal sensation，TS）指数。

基于稳态传热模型的热舒适指标：稳态传热模型是在环境条件稳定、人体与环境长时间接触并达到热平衡这一假设的基础上建立的。由于室内外热舒适性研究有一定的相似性，室外热舒适性研究常常沿用室内指标或对室内指标进行适量修正。1923年，由ASHRAE提出的有效温度（effective temperature，ET）经多次修正并发展为现阶段使用较多的标准有效温度（standard effective temperature，SET*）。2000年，Pickup等人引入了室外平均辐射温度（outdoor mean radiation temperature，OUT_MRT）模型并建立了室外标准有效温度（OUT_SET*）。1970年，Fanger提出了人体舒适状态下的热平衡方程并用预测平均投票数（predicted mean vote，PMV）反映人体热感觉。此后，Gagge和Jendritzky等人分别针对潜热散热和室外热辐射对PMV计算进行了修正。2000年，Jendritzky等人提出了感知温度（perceived temperature，PT），其定义为达到与实际环境相同PMV值的参考环境温度。由于PMV模型的假定条件偏

离户外人体实际情况，1987 年，Mayer 等人全面考虑了体温调节过程并提出了慕尼黑人体热量平衡模型(MEMI)和生理等效温度(PET)。2005 年，Blazejczyk 基于其本人于 1994 年建立的人体环境热交换模型(MENEX)提出了生理主观温度(physiological subjective temperature，PST)，其定义为恒温环境下 15～20 min 后衣服覆盖下的皮肤表面周围形成的温度。1995 年，Brown 等人考虑了人体运动时的换热特点，建立了 COMFA 模型并用人体热量收支评价舒适性。2007 年，Angelotti 等人提出了改进模型 COMFA＋，增加了建筑热辐射参数。

基于动态传热模型的热舒适指标：基于动态传热模型的热舒适指标建立在人体的热负荷为定值的基础上，并据此对舒适性进行判断。而实际室外环境下人体热负荷处于时刻变化之中，且动态与稳态环境下的人体热感觉是不一致的。2000 年，Bruse 运用微气候软件 ENVI-met 在二节点模型和 MEMI 模型的基础上建立了动态生理等效温度(dPET)模型和指标。dPET 通过数值模拟缩短计算步长以反映瞬态情况下的人体热感觉。2002 年，欧洲科学技术合作计划(COST)730 号行动以 Fiala 等人提出的体温调节多节点模型为基础建立了通用热气候指数(UTCI)，其定义为参照人员在参考环境下获得与真实环境一致生理反应的等效环境温度。UTCI 基于体温调节模型的迭代计算，能准确地反映随物理暴露时间变化的人体热感觉，适用的气候条件也较为广泛。

表 5.1 是近年来我国学者对室外热舒适指标研究和使用频次统计。本章将考虑我国热舒适研究的地域性差异和热舒适影响因素的复杂性特点，基于综合性热舒适指标 PET、SET* 和 UTCI 对哈尔滨市冬季高校学生的室外热舒适状况展开研究。

表 5.1　我国室外热舒适指标研究和使用频次统计

热舒适指标	研究地点	总频次
PET	天津、长沙、香港、台湾、广州、拉萨、哈尔滨	13
SET*	武汉、广州、台湾、哈尔滨、天津、拉萨	6
UTCI	天津、武汉、拉萨	4
PMV	天津、香港、长沙	3
TSV_{model}	武汉、香港、天津、哈尔滨	6

5.2 哈尔滨市高校学生的热舒适调研

5.2.1 热舒适影响因素分析

影响人体冷热感觉的各种因素所构成的环境称为热环境。在周围环境作用下,人体能保持自身热平衡是人体热舒适的基本条件。取得这种平衡条件以及身体与周围环境达到平衡时的状态,取决于多种因素的作用,其中影响人体热舒适的微气候参数主要包括空气温度、太阳辐射、相对湿度和风速。本节详细分析它们与热感觉、热舒适、热期望的关系,并得出相关结论。

1. 空气温度与热感觉

空气温度反映了一个环境的冷暖程度,在常规的热舒适研究和评价中是重要指标之一。空气温度直接影响人体与外界环境的对流和辐射换热,当空气温度高于人体皮肤温度时,人体能够产生热感觉,并启用相应的方式来散热降温;相反,当空气温度低于皮肤温度时,此时人体散热量超过正常散热量,人体会感到寒冷,同样会引起人体生理机制的反应。

采用温度频率法(BIN 法),按照 0.5 ℃的间隔将空气温度(T_a)的变化范围分为若干个温度区间,以每一温度区间的中心温度作为自变量,对应区间的平均热感觉投票(MTSV)作为因变量,通过线性回归分析,最终获得空气温度与平均热感觉投票的线性方程:

$$\mathrm{MTSV}=-1.33+0.07T_a\ (R^2=0.834) \tag{5.1}$$

由图 5.1 可知,随着空气温度的升高,高校学生的平均热感觉投票也不断增加,平均热感觉投票与空气温度呈正相关,且有良好的线性关系,拟合优度 R^2 达到0.834,说明空气温度是影响严寒地区冬季高校学生室外热感觉的一个重要微气候参数。空气温度每升高 1 ℃,热感觉相应增加 0.07 个刻度,即空气温度每升高 14.3 ℃,人体热感觉就会提高 1 个刻度。当 MTSV=0,即高校学生热感觉为“适中”时,空气温度为 19 ℃,这可能是因为严寒地区冬季温度过低导致人心理期望温度升高来维持人体自身的热舒适;当 MTSV=-2.0,即高校学生热感觉为“凉”时,空气温度为-9.6 ℃。

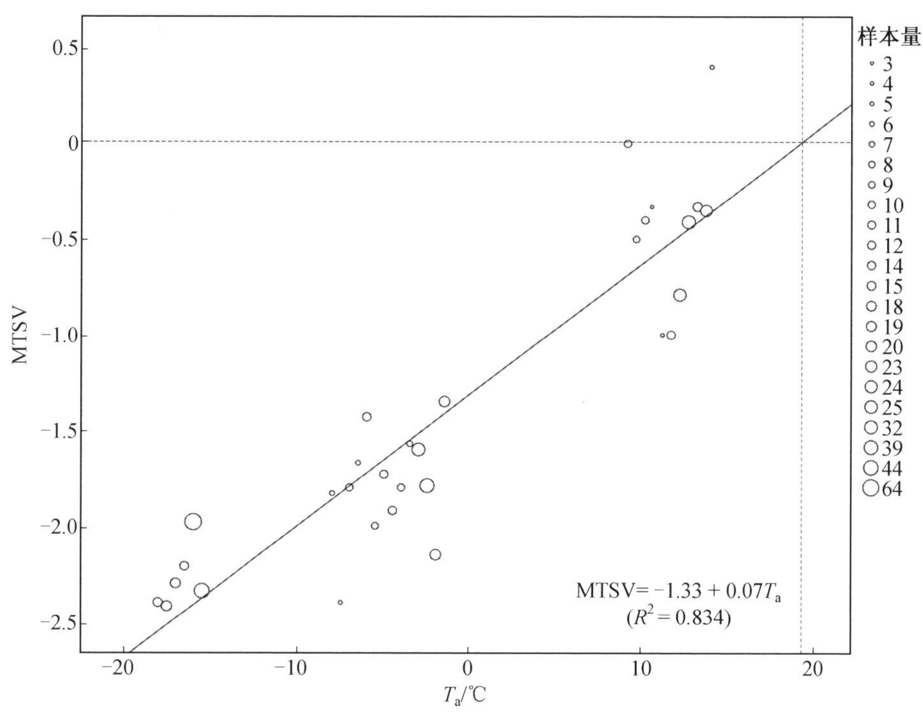

图 5.1　冬季空气温度(T_a)与平均热感觉投票(MTSV)的关系

2. 太阳辐射与热感觉

太阳辐射是地表热量的主要来源,也是室外热环境中对人体热舒适影响较大的因素之一。人体皮肤表面接受太阳直射,向周围环境的辐射散热受到抑制。根据人体热平衡方程,高温条件下,人体蓄热量本就偏高,太阳辐射作用导致闷热感加剧,为保持热平衡将会以排汗形式增加散热;低温条件下,人体蓄热量本就偏低,太阳辐射作用能增加蓄热量,向热平衡方向靠近,使人体获得暖感觉。既往研究常基于平均辐射温度(T_{mrt})来研究太阳辐射对热环境的影响,本部分同样计算并选取平均辐射温度来分析太阳辐射与热感觉的关系。

采用温度频率法,按照 1 ℃的间隔将平均辐射温度的变化范围分为若干个温度区间,以每一温度区间的平均辐射温度作为自变量,对应区间的平均热感觉投票(MTSV)作为因变量,通过线性回归分析,最终获得平均辐射温度与平均热感觉投票的线性方程:

$$\text{MTSV} = -1.75 + 0.07T_{mrt}\ (R^2 = 0.526) \tag{5.2}$$

由图 5.2 可知，随着平均辐射温度的升高，高校学生的平均热感觉投票也不断增加(相对于空气温度而言增加较缓慢)，平均热感觉投票与平均辐射温度呈正相关，且有良好的线性关系，拟合优度 R^2 为 0.526，说明平均辐射温度也是影响严寒地区冬季高校学生室外热感觉的一个主要微气候参数，但是影响力与空气温度相比较弱。平均辐射温度每升高 1 ℃，热感觉相应增加 0.07 个刻度，即平均辐射温度每升高 14.3 ℃，人体热感觉就会提高 1 个刻度。

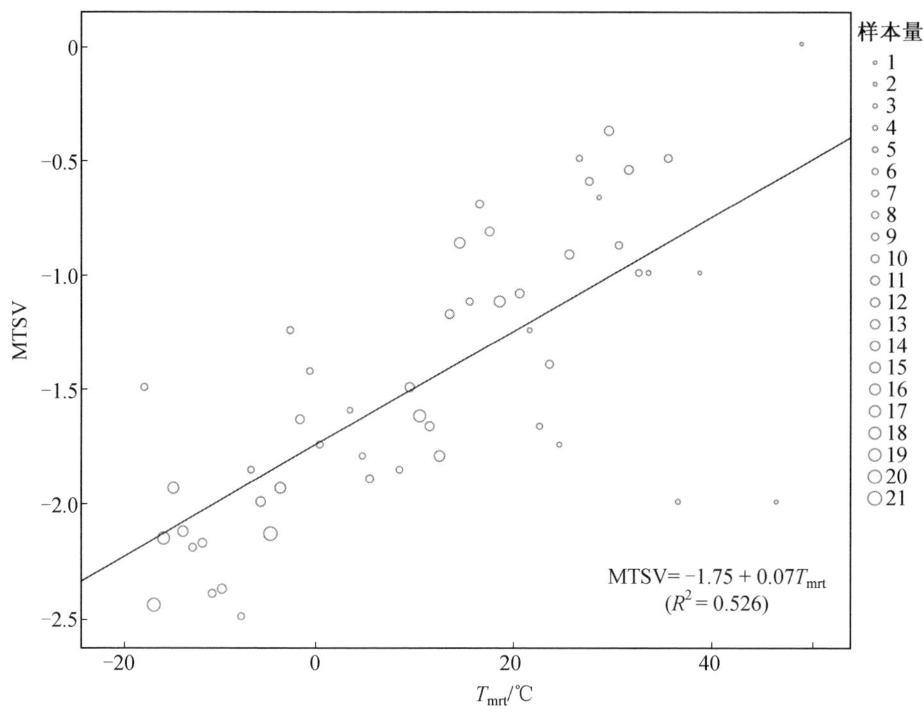

图 5.2　冬季平均辐射温度(T_{mrt})与平均热感觉投票(MTSV)的关系

3. 相对湿度与热感觉

空气湿度对人体热舒适的影响主要表现在影响人体皮肤表面的蒸发散热，相对湿度是指在特定的大气压力和空气温度下空气中水蒸气量与饱和水蒸气量之比。对于人体来说，空气湿度的升高相当于减少了人体皮肤表面的潜热损失，使得体表的水蒸气压力升高，阻止汗液的蒸发，最终使得人体由于新陈代谢产生的热量不能有效地排出，进而对人体热舒适产生影响，尤其在炎热的夏季，高湿天气能够对人体的热舒适产生明显的影响。但是在低温的环境下，相对湿度的

影响就较小。

采用温度频率法，按照 1% 的间隔将相对湿度的变化范围分为若干个湿度区间，以每一湿度区间的中心湿度作为自变量，对应区间的平均热感觉投票(MTSV)作为因变量，通过线性回归分析，最终获得相对湿度与平均热感觉投票的线性方程：

$$MTSV = -3.69 + 0.06RH\ (R^2 = 0.285) \tag{5.3}$$

由图 5.3 可知，随着相对湿度的增加，高校学生的平均热感觉投票也不断增加(相对于空气温度和平均辐射温度而言增加较缓慢)，平均热感觉投票与相对湿度呈正相关，且有良好的线性关系，拟合优度 R^2 为 0.285，说明相对湿度对严寒地区冬季高校学生室外热感觉的影响较弱。相对湿度每增加 1%，热感觉相应增加 0.06 个刻度，即相对湿度每增加 16.7%，人体热感觉就会提高 1 个刻度。

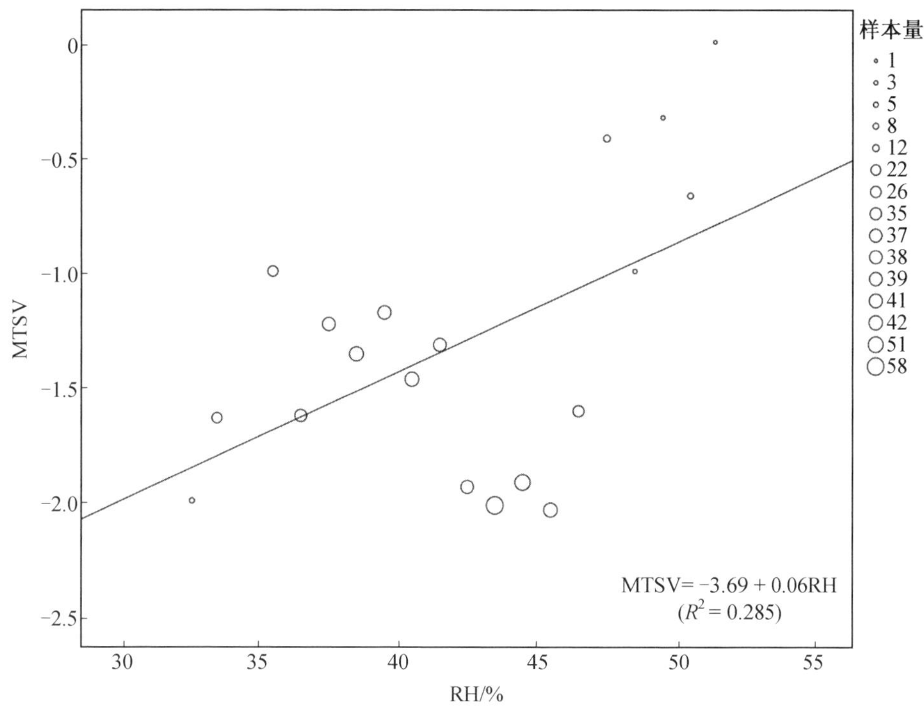

图 5.3　冬季相对湿度(RH)与平均热感觉投票(MTSV)的关系

4. 风速与热感觉

风速直接影响皮肤表面与热环境的对流换热和皮肤表面水分蒸发，从而改变人体与外界环境的换热进程，进而对人体的皮肤温度和皮肤湿润度产生影响。在夏季，一般来说随着风速的增大人体会感觉到明显的降温作用。这是因为风速的变化能够改变体表与空气之间的潜热传输热阻与显热传输热阻。风速的增大能够有效降低这两种传输热阻，加速热量从人体向外界环境传递。另外，风速的变化同样会对体表汗液蒸发过程产生影响，风速对体表蒸发散热具有促进作用，风速越大，蒸发散热越快，给人体的降温作用越明显。

采用温度频率法，按照 0.3 m/s 的间隔将风速的变化范围分为若干个风速区间，以每一风速区间的中心风速作为自变量，对应区间的平均热感觉投票(MTSV)作为因变量，通过线性回归分析，最终获得风速与平均热感觉投票的线性方程：

$$\mathrm{MTSV} = -1.34 - 0.16V_a \ (R^2 = 0.301) \tag{5.4}$$

由图 5.4 可知，随着风速的增大，高校学生的平均热感觉投票呈现降低的趋势(线性关系变化稍高于平均辐射温度)，平均热感觉投票与风速呈负相关，且有良好的线性关系，拟合优度 R^2 为 0.301，说明风速对严寒地区冬季高校学生室外热感觉的影响较弱。风速每增大 1 m/s，热感觉相应降低 0.16 个刻度，即风速增大 6.25 m/s，人体热感觉就会降低 1 个刻度。

综上所述，空气温度对严寒地区冬季高校学生室外热感觉的影响最大，拟合优度 R^2 达到 0.834；其次为平均辐射温度，拟合优度 R^2 为 0.526；风速和相对湿度的拟合优度 R^2 分别为 0.301 和 0.285，对热感觉的影响较弱。可能由于严寒地区冬季天气本就干燥，空气湿度较低，相对湿度的变化不会对平均热感觉投票产生很强的影响；另一方面，风速主要通过加速皮肤表面汗液蒸发给人带来降温的感觉，但是严寒地区冬季高校学生衣着较厚，很难感觉到风速带来的降温感觉，故得出结论，微气候参数对平均热感觉投票(MTSV)的影响强度排序为：$T_a > T_{mrt} > V_a > \mathrm{RH}$。

参考既往研究可知，热舒适影响因素众多，但不同因素的影响权重差别很大，如太阳辐射增强时，在秋冬季节会使人感到稍热，进而增加热舒适感，而在夏季则会使人体温度上升，进而降低热舒适感。下面主要分析 4 个微气候参数对热舒适的影响，通过对微气候参数值和平均热舒适投票值进行线性拟合，比较拟合度 R^2 的大小，得出微气候参数对平均热舒适投票的影响强度排序，对比前文对热感觉的影响强度排序，得出相关结论。

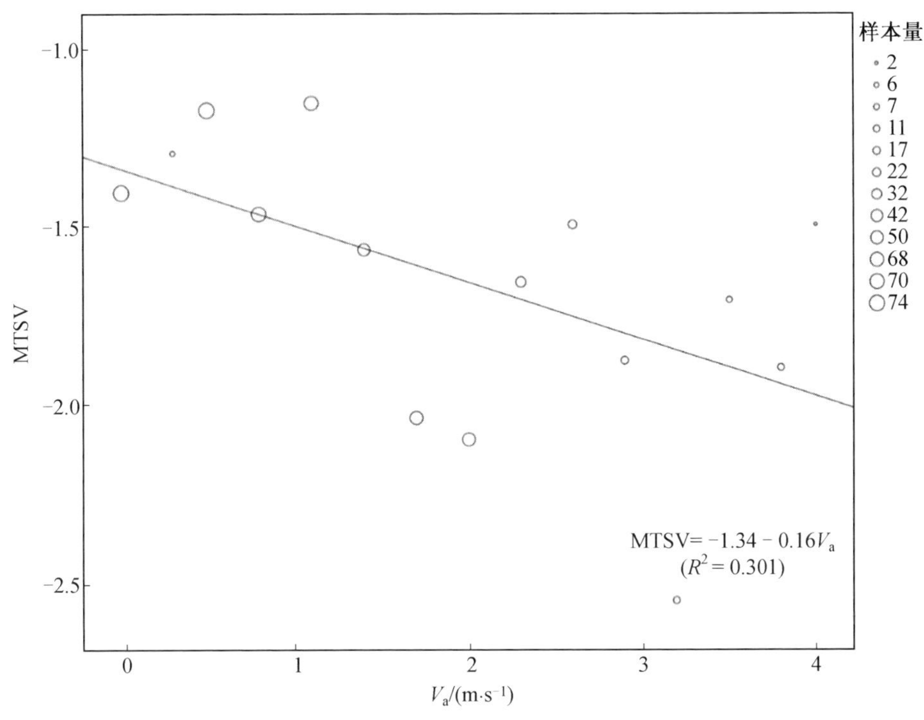

图 5.4　冬季风速(V_a)与平均热感觉投票(MTSV)的关系

5. 空气温度与热舒适

采用温度频率法，按照 0.5 ℃的间隔将空气温度的变化范围分为若干个温度区间，以每一温度区间的中心温度作为自变量，对应区间的平均热舒适投票(MTCV)作为因变量，通过线性回归分析，最终获得空气温度与平均热舒适投票的线性方程：

$$\text{MTCV}=-1.07+0.03T_a(R^2=0.6) \tag{5.5}$$

由图 5.5 可知，随着空气温度的升高，高校学生的平均热舒适投票呈现升高的趋势，平均热舒适投票与空气温度呈正相关，且有良好的线性关系，拟合优度 R^2 为 0.6，说明空气温度对严寒地区冬季高校学生室外热舒适的影响较大。当 MTCV＝0 时，T_a＝35.6 ℃，与 MTSV＝0 时对应的 19 ℃相比明显偏高，这可能是由于严寒地区冬季室外温度较低，受访者心理期望温度升高来获得更好的室外舒适感。当 MTCV＝－1.0 时，即受访者感觉“轻微不舒适”，T_a＝2.3 ℃；当 MTCV＝－2.0 时，即受访者感觉“不舒适”，T_a＝－31 ℃。空气温度每升高

1 ℃，热舒适相应提高 0.03 个刻度，即空气温度升高 33.3 ℃，人体热舒适就会提高 1 个刻度。

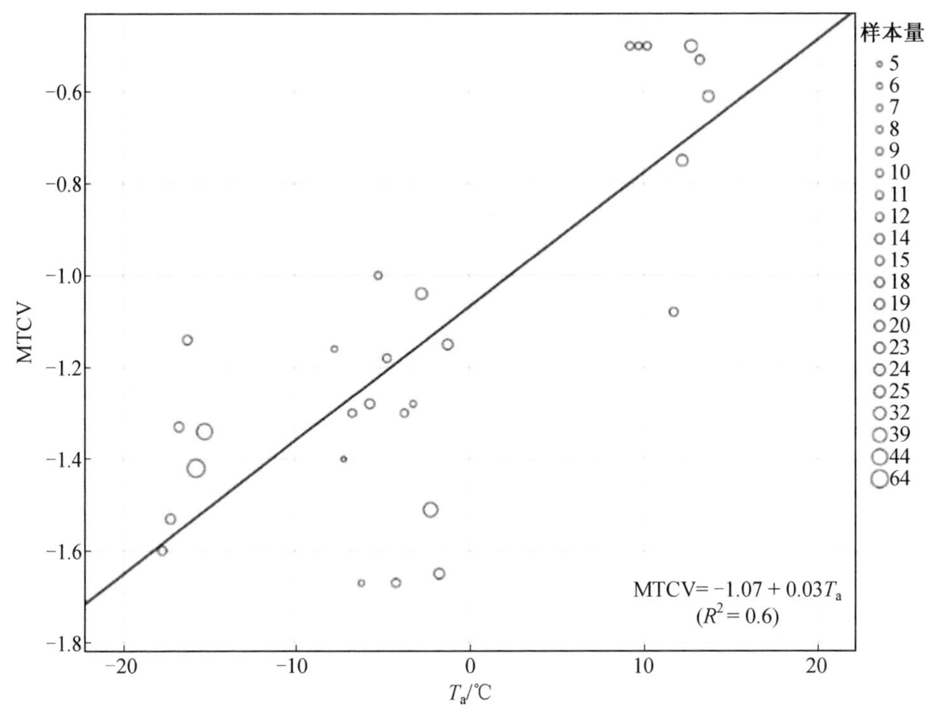

图 5.5　冬季空气温度(T_a)与平均热舒适投票(MTCV)的关系

6. 平均辐射温度与热舒适

采用温度频率法，按照 1 ℃的间隔将平均辐射温度的变化范围分为若干个温度区间，以每一温度区间的平均辐射温度作为自变量，对应区间的平均热舒适投票(MTCV)作为因变量，通过线性回归分析，最终获得平均辐射温度与平均热舒适投票的线性方程：

$$\text{MTCV}=-1.76+0.03T_{\text{mrt}}(R^2=0.728) \tag{5.6}$$

由图 5.6 可知，随着平均辐射温度的升高，高校学生的平均热舒适投票呈现升高的趋势，平均热舒适投票与平均辐射温度呈正相关，且有良好的线性关系，拟合优度 R^2 为 0.728(大于空气温度)，说明平均辐射温度对严寒地区冬季高校学生室外热舒适的影响较大。平均辐射温度每升高 1 ℃，热舒适相应提高 0.03 个刻度，即平均辐射温度升高 33.3 ℃，人体热舒适就会提高 1 个刻度。

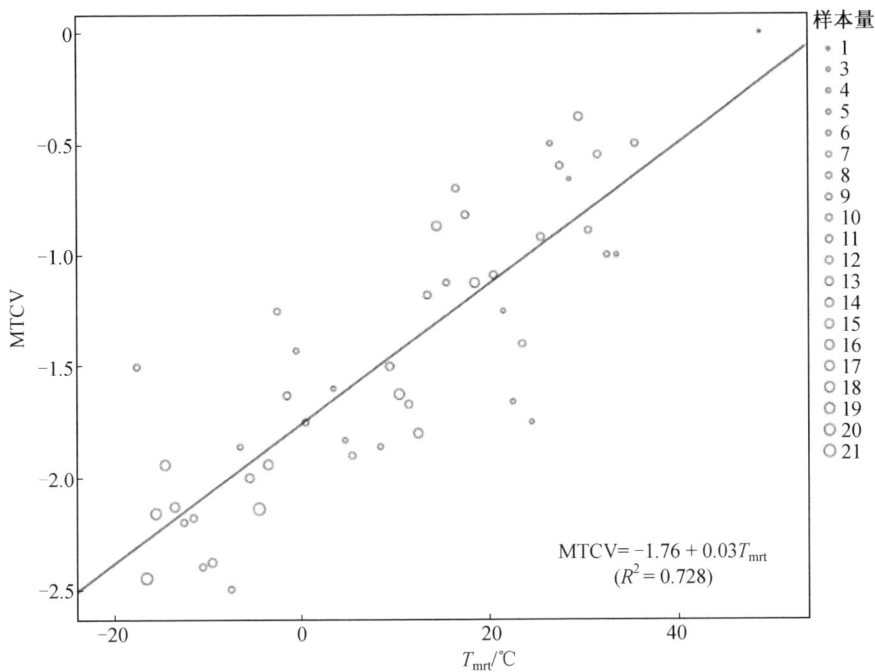

图 5.6　冬季平均辐射温度(T_{mrt})与平均热舒适投票(MTCV)的关系

7. 相对湿度与热舒适

采用温度频率法，按照 1%的间隔将相对湿度的变化范围分为若干个湿度区间，以每一湿度区间的中心湿度作为自变量，对应区间的平均热舒适投票(MTCV)作为因变量，通过线性回归分析，最终获得相对湿度与平均热舒适投票的线性方程：

$$\text{MTCV} = -2.2 + 0.03\text{RH}(R^2 = 0.358) \quad (5.7)$$

由图 5.7 可知，随着相对湿度的增加，高校学生的平均热舒适投票呈现升高的趋势，平均热舒适投票与相对湿度呈正相关，且有良好的线性关系，拟合优度 R^2 为 0.358，说明相对湿度对严寒地区冬季高校学生室外热舒适的影响不大。相对湿度每增加 1%，热舒适相应提高 0.03 个刻度，即相对湿度增加 33.33%，人体热舒适就会提高 1 个刻度。

8. 风速与热舒适

通过上述方法得出，风速与热舒适相关性不显著($p=0.649$)，由于调研结果显示风速变化率较低，故本研究不考虑风速对严寒地区冬季高校学生室外热舒适的影响。

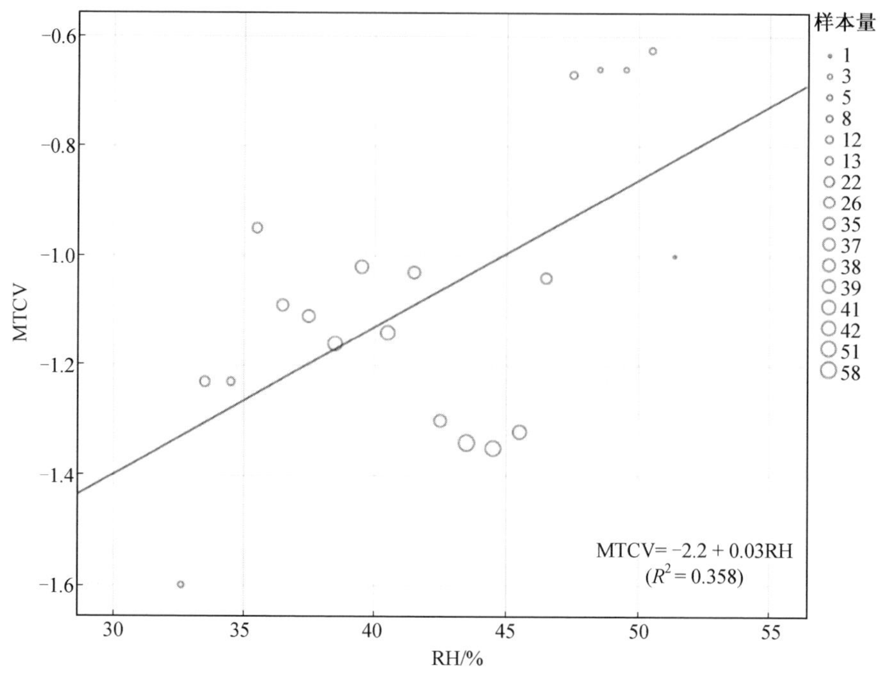

图 5.7　冬季相对湿度(RH)与平均热舒适投票(MTCV)的关系

综上所述,平均辐射温度对严寒地区冬季高校学生室外热舒适的影响最大,拟合优度 R^2 达到 0.728;其次为空气温度,拟合优度 R^2 为 0.6;相对湿度的拟合优度 R^2 为 0.358,对热舒适的影响最弱。可能由于严寒地区冬季天气本就干燥,空气湿度较低,相对湿度的变化不会对平均热舒适投票产生很强的影响,故得出结论,微气候参数对平均热舒适投票(MTCV)的影响强度排序为:$T_{mrt}>T_a>$RH。

不同微气候参数与平均热感觉投票(MTSV)和平均热舒适投票(MTCV)线性回归拟合优度 R^2 的比较见表 5.2。

表 5.2　不同微气候参数与平均热感觉投票(MTSV)和平均热舒适投票(MTCV)线性回归拟合优度 R^2 的比较

	T_a	T_{mrt}	RH	V_a
MTSV	0.834	0.526	0.285	0.301
MTCV	0.6	0.728	0.358	—

对比得出,微气候参数对 MTSV 的影响强度排序为:$T_a>T_{mrt}>$RH$>V_a$;微气候参数对 MTCV 的影响强度排序为:$T_{mrt}>T_a>$RH。与热感觉不同的是,平

均辐射温度对热舒适的影响排在了第一位，空气温度次之，排在第二位，说明在严寒地区的冬季，相较于空气温度，平均辐射温度更容易为受访者带来舒适感，而相对湿度对受访者的热感觉和热舒适影响均不大。

下面主要对不同气象参数和对应的感觉投票进行分析，采用 5 级标度对各气象参数感觉进行评估，进而分析不同感觉情况下的气象参数范围。

9. 空气温度与热感觉投票

空气温度是影响人体热舒适的重要参数，决定着人体与外界环境对流换热及辐射的显热交换。图 5.8 是冬季空气温度与热感觉投票的关系。从总体上看，随着人体热感觉投票的上升，空气温度也逐步升高。从表 5.3 可以看出，绝大多数受访者的热感觉在“适中”以下，热感觉为“微暖”和“暖”占比最少，相加为 1.48%左右，热感觉为“凉”的占比最多，为 31.10%。平均值、中位数均呈不同幅度的增长；最低空气温度为−18.02 ℃，处在热感觉投票为“−3”分类下，最高空气温度为 13.99 ℃。TSV=0 时，数据离散程度较大，可能是因为冬天不同受访者穿着不同，导致对热感觉投票为“适中”的空气温度感觉不一样。当 TSV=−1，即受访者感觉“微凉”时，50% 的投票所对应的空气温度范围是−5.3～12.3 ℃；当 TSV=−2，即受访者感觉“凉”时，50% 的投票所对应的空气温度范围是−15.6～−2.4 ℃。

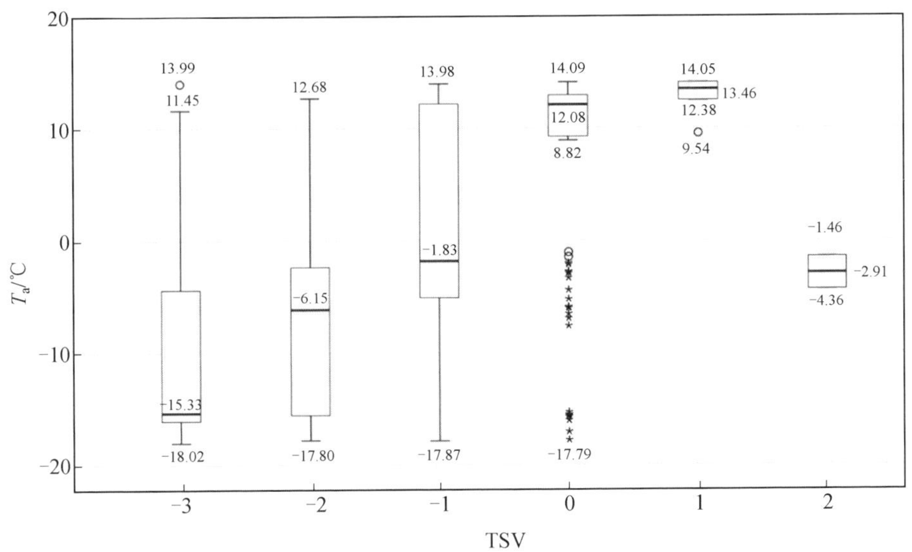

图 5.8　冬季空气温度(T_a)与热感觉投票(TSV)的关系

表 5.3　不同热感觉状态下的空气温度分布统计

TSV	−3	−2	−1	0	1	2
个数	128	167	130	104	6	2
占比	23.80%	31.10%	24.21%	19.37%	1.11%	0.37%
平均值	−11.23	−7.59	0.62	7.42	12.84	−2.91
中位数	−15.33	−6.15	−1.83	12.08	13.46	−2.91
最大值	13.99	12.68	13.98	14.09	14.05	−1.46
最小值	−18.02	−17.80	−17.87	−17.79	9.54	−4.36
范围差	32.01	30.48	31.85	31.88	4.51	2.9

10. 平均辐射温度与辐射感觉投票

苏联学者的研究表明，为保持工作者的热舒适，周围温度与围墙温度的差值不得超过±7 ℃。图 5.9 是冬季平均辐射温度与辐射感觉投票的关系。从表 5.4 可以看出，辐射感觉“刚好”的占比最高，为 45.62%；其次为“较强烈”，为 34.82%；感觉“很弱”和“很强烈”的占比接近，为 5%左右。与空气温度不同的是，随着辐射感觉投票的不断上升，平均辐射温度并没有出现明显的上升趋势，说明在严寒地区冬季高校学生的辐射感觉和平均辐射温度关系不大，可能是由于青年人群样本对于阳光的喜爱偏好不是特别明显，他们更希望通过温度的升高来获得舒适感。

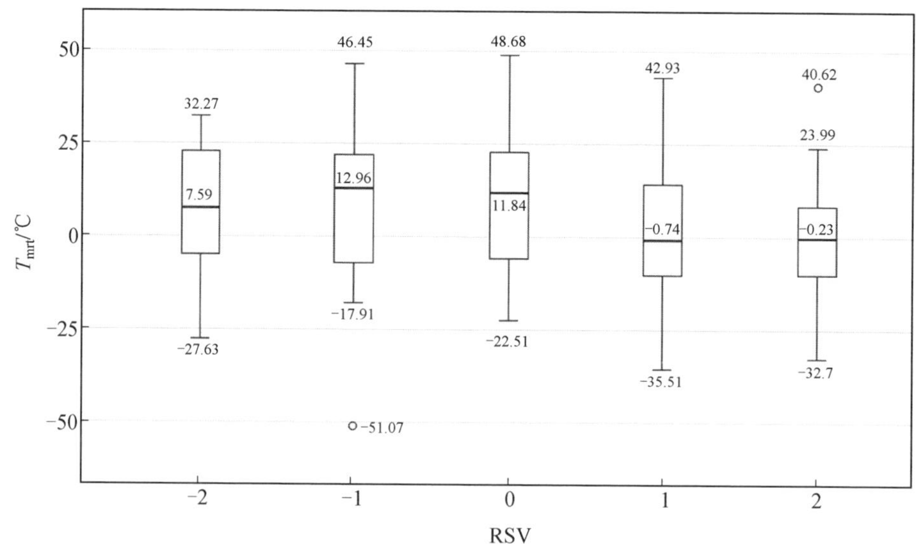

图 5.9　冬季平均辐射温度(T_{mrt})与辐射感觉投票(RSV)的关系

表 5.4 不同辐射感觉状态下的平均辐射温度分布统计

RSV	−2	−1	0	1	2
个数	24	58	245	187	23
占比	4.46%	10.80%	45.62%	34.82%	4.28%
平均值	7.61	9.87	8.69	3.65	0.05
中位数	7.59	12.96	11.84	−0.74	−0.23
最大值	32.37	46.45	48.68	42.93	40.62
最小值	−27.63	−17.91	−22.51	−35.51	−32.7
范围差	60	64.36	71.19	78.44	73.32

11. 相对湿度与湿感觉投票

ASHRAE 推荐的热舒适区的相对湿度范围为 20%～70%，实际调查获得的冬季相对湿度范围为 20.49%～51.38%，最小相对湿度已经接近人体的舒适范围下限，可能由严寒地区冬季室外相对湿度较低导致。图 5.10 是冬季相对湿度与湿感觉投票的关系。从表 5.5 可看出，所有受访者中，湿感觉为“很干燥”占比最高，为 52.51%，感觉“干燥”“适中”和“潮湿”占比相差不大，为 15%左右，进一步说明严寒地区冬季室外相对湿度较低。

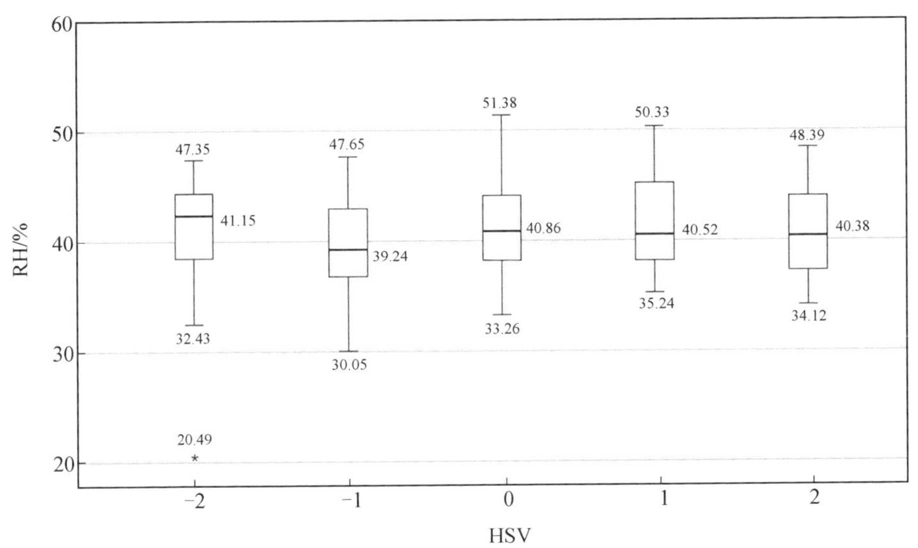

图 5.10 冬季相对湿度(RH)与湿感觉投票(HSV)的关系

表 5.5　不同湿感觉状态下的相对湿度分布统计

HSV	−2	−1	0	1	2
个数	282	81	85	79	10
占比	52.51%	15.08%	15.83%	14.71%	1.86%
平均值	41.02	39.45	41.55	41.41	40.66
中位数	41.15	39.24	40.86	40.52	40.38
最大值	47.35	47.65	51.38	50.33	48.39
最小值	20.49	30.05	33.26	35.24	34.12
范围差	26.86	17.6	18.12	15.09	14.27

12. 风速与吹风感投票

风速一定程度上可以加强人体与外界环境的对流散热和蒸发散热，为人体提供冷却效果，使人体达到热舒适状态。尤其在炎热的夏季，在一定的条件下，提高风速有助于提升人体在室外的热舒适性，但是在寒冷的冬季，尤其是严寒地区的冬季，风速和吹风感的影响一般从前文所述的风速与热感觉，以及风速与热舒适中得出相关结论。图 5.11 是冬季风速与吹风感投票的关系。由表 5.6 可看出，吹风感为“适中”占比最多，为 53.44%；其次为“较弱”，占比 27.74%。受访期间的最大风速为 5.1 m/s，最小风速为 0.7 m/s。

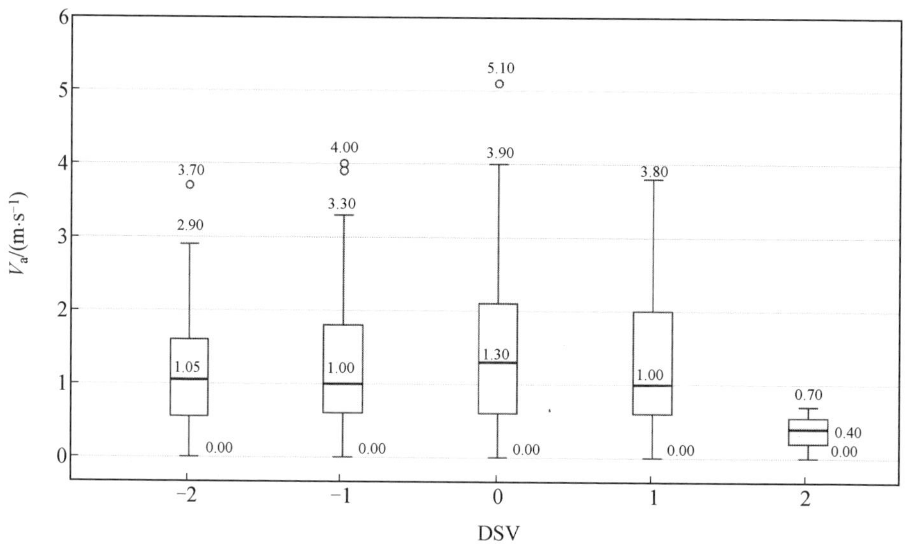

图 5.11　冬季风速(V_a)与吹风感投票(DSV)的关系

表5.6　不同吹风感状态下的风速分布统计

DSV	−2	−1	0	1	2
个数	40	149	287	58	3
占比	7.74%	27.74%	53.44%	10.80%	0.56%
平均值	1.14	1.20	1.41	1.32	0.36
中位数	1.05	1.00	1.30	1.00	0.40
最大值	3.70	4.00	5.10	3.80	0.70
最小值	0.00	0.00	0.00	0.00	0.00
范围差	3.70	4.00	5.10	3.80	0.70

5.2.2　主观评价指标与热舒适指标的相关性分析

本节主要从受访者的主观评价指标出发，分别分析它们与不同热舒适指标——PET、SET*、UTCI的相关性，从而划分出指标的尺度范围、热舒适域、可接受范围等。

热感觉投票作为众多主观指标中的重要因素之一，影响着人体热舒适。下面分别对选取的3个热舒适指标PET、SET*、UTCI与热感觉投票进行相关性分析，最后得出相关结论。

1.热感觉与生理等效温度(PET)的相关性分析

为了推导热舒适评价指标和热感觉的数学模型，早在1936年，Bedford教授就采用回归分析的方法对人体热舒适进行了研究，至今该分析方法仍然是热舒适性研究领域的主要方法之一。但是由于个体之间存在差异，加上心理和生理等因素的影响，即使在同一环境下人们的热感觉也不尽相同，故采用温度频率法，按照1 ℃的间隔将生理等效温度(PET)的变化范围分为若干个温度区间，以每一温度区间的中心温度作为自变量，对应区间的平均热感觉投票(MTSV)作为因变量，通过线性回归分析，最终获得生理等效温度与平均热感觉投票的线性方程：

$$\mathrm{MTSV}=-1.36+0.06\mathrm{PET}(R^2=0.833) \tag{5.8}$$

为减小个体差异因素造成的结果偏差，使结果更具代表性，回归过程中权衡所有样本结果并剔除了区间样本量少于3个的分组，得到图5.12。由图5.12可知，随着生理等效温度的升高，高校学生的平均热感觉投票也不断增加，平均热感觉投票与生理等效温度呈正相关，且有良好的线性关系，拟合优度R^2达到0.833。生理等效温度每升高1 ℃，热感觉相应增加0.06个刻度，即生理等效温度每升高16.67 ℃，人体热感觉就会提高1个刻度。当MTSV＝0，即高校学生热感觉为“适中”时，PET为22.67 ℃，与5.2.1节得出的空气温度19 ℃相比稍稍偏高；当MTSV＝−2.0，即高校学生热感觉为“凉”时，PET为−10.67 ℃，与5.2.1节对应的空气温度−9.6 ℃相差不大,可能表明 PET 的预测能力在严寒地区冬季低温状况下较为准确。

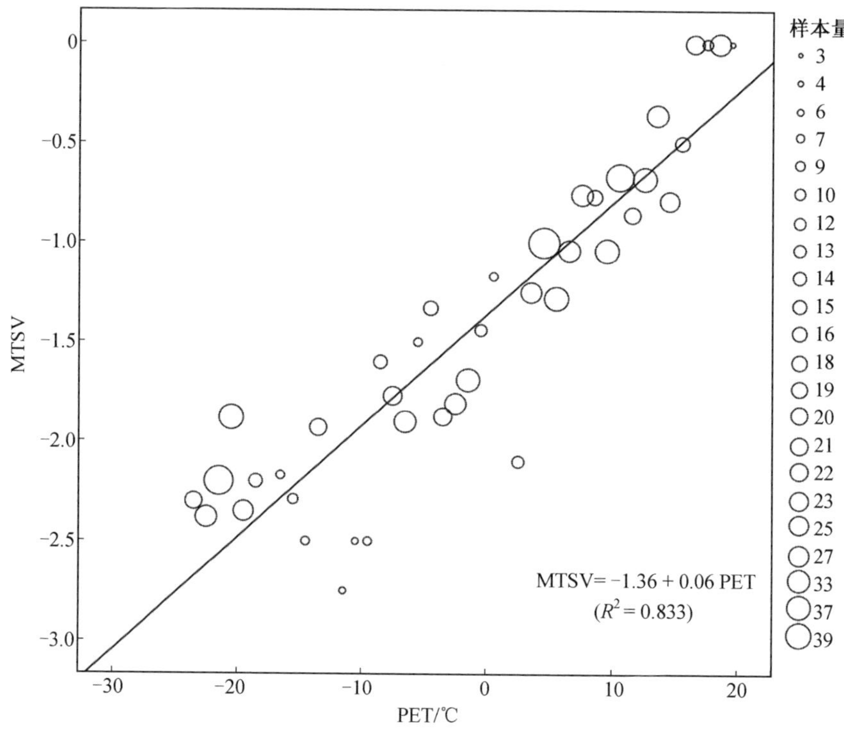

图 5.12 生理等效温度(PET)与平均热感觉投票(MTSV)的关系

ASHRAE 标准界定各等级热感觉的范围为该热感值±0.5,如热中性为 MTSV=0,热中性范围则为−0.5~0.5,本章以 7 级热感觉标度为基础,根据上述热感值±0.5 的方法,利用图 5.12 的拟合方程求得严寒地区冬季各级热感觉对应的 PET 范围,见表 5.7。由于测试时间集中在冬季,统计所有受访者的热感觉投票大于 0 的占比很少,故将热感觉投票为"1""2""3",即"微暖""暖""热"归为一个分类。

表 5.7 严寒地区冬季各级热感觉对应的 PET 范围

MTSV	热感觉	PET/℃
−3	冷	<−19
−2	凉	−19~−2.3
−1	微凉	−2.3~14.3
0	适中	14.3~31
1、2、3	微暖	>31

2. 热感觉与标准有效温度(SET*)的相关性分析

采用温度频率法，按照 1 ℃的间隔将标准有效温度(SET*)的变化范围分为若干个温度区间，以每一温度区间的中心温度作为自变量，对应区间的平均热感觉投票(MTSV)作为因变量，通过线性回归分析，最终获得标准有效温度与平均热感觉投票的线性方程：

$$\text{MTSV} = -1.75 + 0.05\text{SET}^* \ (R^2 = 0.730) \tag{5.9}$$

为减小个体差异因素造成的结果偏差，使结果更具代表性，回归过程中权衡所有样本结果并剔除了区间样本量少于 3 个的分组，得到图 5.13。由图 5.13 可知，随着标准有效温度的升高，高校学生的平均热感觉投票也不断增加，平均热感觉投票与标准有效温度呈正相关，且有良好的线性关系，拟合优度 R^2 达到 0.730。标准有效温度每升高 1 ℃，热感觉相应增加 0.05 个刻度，即标准有效温度每升高 20 ℃，人体热感觉就会提高 1 个刻度。当 MTSV=0，即高校学生热感觉为“适中”时，SET* 为 35 ℃，与 5.2.1 节得出的空气温度 19 ℃相比明显偏高；

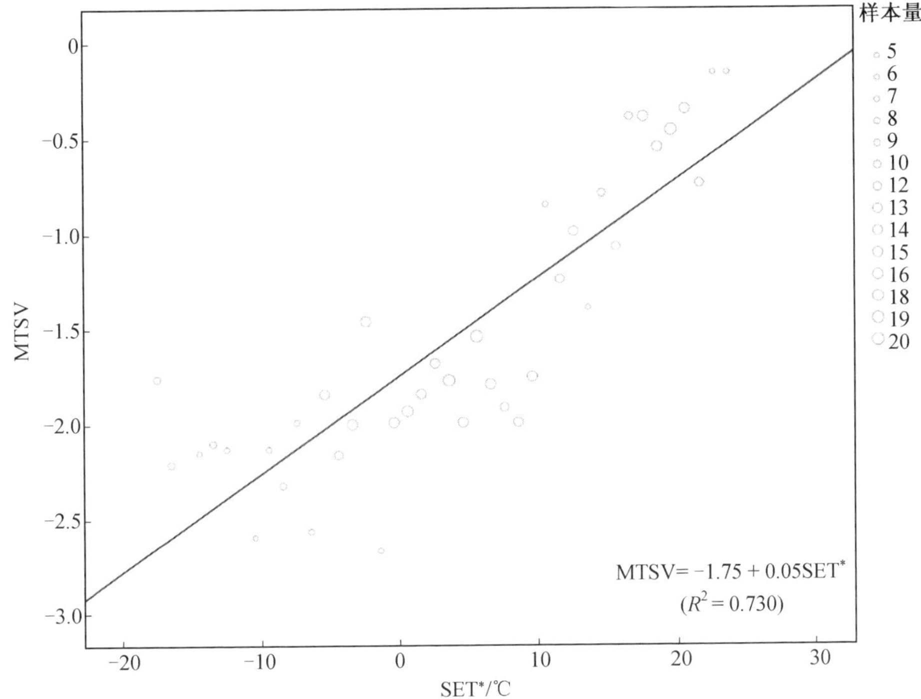

图 5.13　标准有效温度(SET*)与平均热感觉投票(MTSV)的关系

当 MTSV=−2.0,即高校学生热感觉为“凉”时,SET* 为−5 ℃,与对应的空气温度−9.6 ℃相差 4.6 ℃,可能表明 SET* 的预测能力在严寒地区冬季低温状况下比高温状况下更准确。

同理,根据 ASHRAE 标准界定的热感值±0.5 的方法,利用图 5.13 的拟合方程求得严寒地区冬季各级热感觉对应的 SET* 范围,见表 5.8。

表 5.8 严寒地区冬季各级热感觉对应的 SET* 范围

MTSV	热感觉	SET* /℃
−3	冷	<−15
−2	凉	−15～5
−1	微凉	5～25
0	适中	25～45
1、2、3	微暖	>45

3.热感觉与通用热气候指数(UTCI)的相关性分析

采用温度频率法,按照 1 ℃的间隔将通用热气候指数(UTCI)的变化范围分为若干个温度区间,以每一温度区间的中心温度作为自变量,对应区间的平均热感觉投票(MTSV)作为因变量,通过线性回归分析,最终获得通用热气候指数与平均热感觉投票的线性方程:

$$\text{MTSV}=-1.11+0.04\text{UTCI}(R^2=0.815) \tag{5.10}$$

为减小个体差异因素造成的结果偏差,使结果更具代表性,回归过程中权衡所有样本结果并剔除了区间样本量少于 3 个的分组,得到图 5.14。由图 5.14 可知,随着通用热气候指数的升高,高校学生的平均热感觉投票也不断增加,平均热感觉投票与通用热气候指数呈正相关,且有良好的线性关系,拟合优度 R^2 达到 0.815。通用热气候指数每升高 1 ℃,热感觉相应增加 0.04 个刻度,即通用热气候指数每升高 25 ℃,人体热感觉就会提高 1 个刻度。当 MTSV=0,即高校学生热感觉为“适中”时,UTCI 为 27.75 ℃,与 5.2.1 节得出的空气温度 19 ℃相差 8.75 ℃;当 MTSV=−2.0,即高校学生热感觉为“凉”时,UTCI 为−22.25 ℃,与对应的空气温度−9.6 ℃相差 12.65 ℃,可能表明 UTCI 在预测严寒地区室外热舒适时,整体数值在高温时相对空气温度偏高,在低温时相对空气温度偏低。

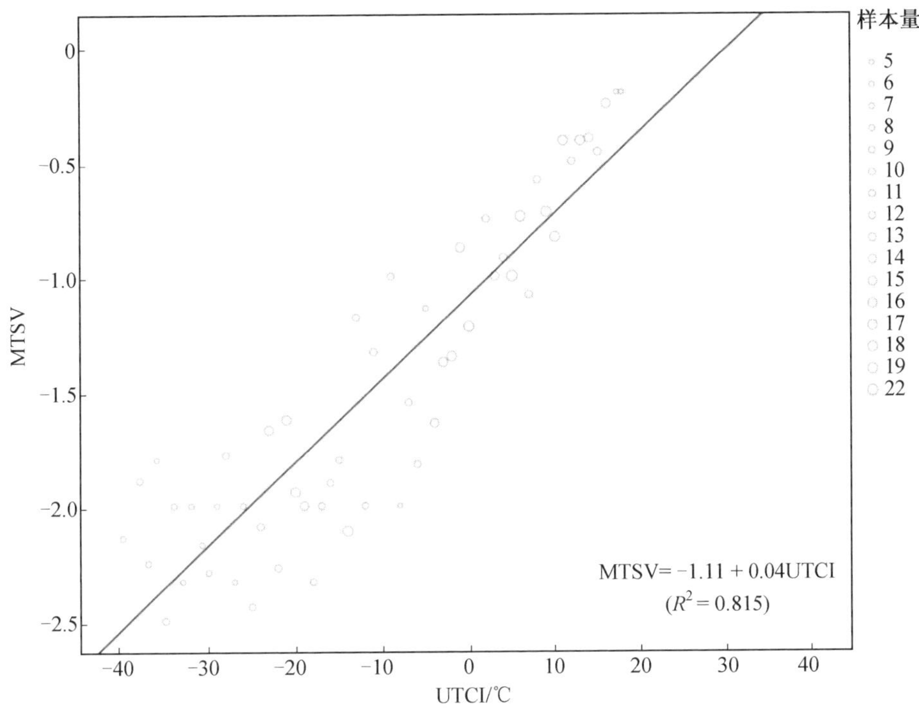

图 5.14　通用热气候指数(UTCI)与平均热感觉投票(MTSV)的关系

同理,根据 ASHRAE 标准界定的热感值±0.5 的方法,利用图 5.14 的拟合方程求得严寒地区冬季各级热感觉对应的 UTCI 范围,见表 5.9。

表 5.9　严寒地区冬季各级热感觉对应的 UTCI 范围

MTSV	热感觉	UTCI/℃
-3	冷	<-34.75
-2	凉	-34.75～-9.75
-1	微凉	-9.75～15.25
0	适中	15.25～40.25
1、2、3	微暖	>40.25

综合表 5.7～5.9 可得到严寒地区冬季室外各级热感觉对应的不同热舒适指标的范围,见表 5.10。

表 5.10　严寒地区冬季各级热感觉对应的不同热舒适指标的范围

MTSV	PET/℃	SET* /℃	UTCI/℃
−3	<−19	<−15	<−34.75
−2	−19～−2.3	−15～5	−34.75～−9.75
−1	−2.3～14.3	5～25	−9.75～15.25
0	14.3～31	25～45	15.25～40.25
1、2、3	>31	>45	>40.25

综上所述，热感觉与不同热舒适指标的相关性从强到弱排序为：PET>UTCI>SET*，即严寒地区冬季 PET 热敏感性最强，UTCI 次之，SET* 最低。

箱线图可以判断因变量是否以递增的形式输出，同时也可以显示原始数据的分布特征等，以剔除不合理数据，增加数据的合理性。另外，通过箱线图，人们可以很直观地观察到数据的离散情况和聚集范围。Edward Ng 等根据箱线图发现在 MTSV=0 的人群中有 50%的受访者认为夏季热舒适的 PET 范围集中分布在 27～29 ℃之间。图 5.15 是冬季在 MTSV=0 的条件下 PET、SET* 和 UTCI 的箱线图。按照 Edward Ng 等人的观点，本次测试中 PET、SET* 和 UTCI 的温度分布范围分别为 9.23～16.66 ℃、10.56～19.56 ℃和−0.38～13.8 ℃。UTCI 的数据相对较离散，PET、SET* 的数据相对集中。

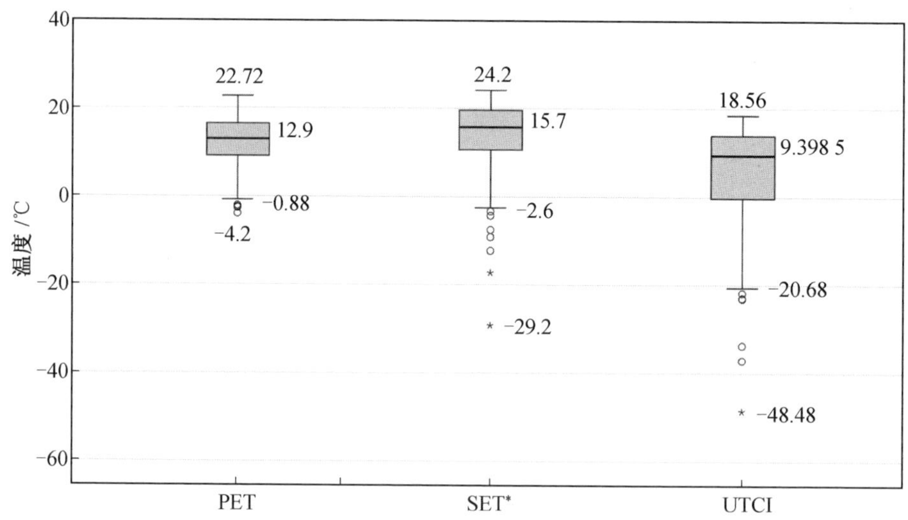

图 5.15　冬季不同热舒适指标在 MTSV=0 时的箱线图

热舒适投票作为众多主观指标中的另一个重要因素之一，直接影响着人体热舒适。下面分别对选取的 3 个热舒适指标 PET、SET* 、UTCI 与热舒适投票进行相关性分析，得出不同热舒适指标的热舒适域。

4. 热舒适与生理等效温度(PET)的相关性分析

采用温度频率法，按照 1 ℃的间隔将生理等效温度(PET)的变化范围分为若干个温度区间，以每一温度区间的中心温度作为自变量，对应区间的平均热舒适投票(MTCV)作为因变量，通过线性回归分析，最终获得生理等效温度与平均热舒适投票的线性方程：

$$\text{MTCV}=-1.09+0.02\text{PET}(R^2=0.636) \tag{5.11}$$

为减小个体差异因素造成的结果偏差，使结果更具代表性，回归过程中权衡所有样本结果并剔除了区间样本量少于 3 个的分组，得到图 5.16。由图 5.16 可知，随着生理等效温度的升高，高校学生的平均热舒适投票也不断增加，平均热舒适投票与生理等效温度呈正相关，且有良好的线性关系，拟合优度 R^2 达到

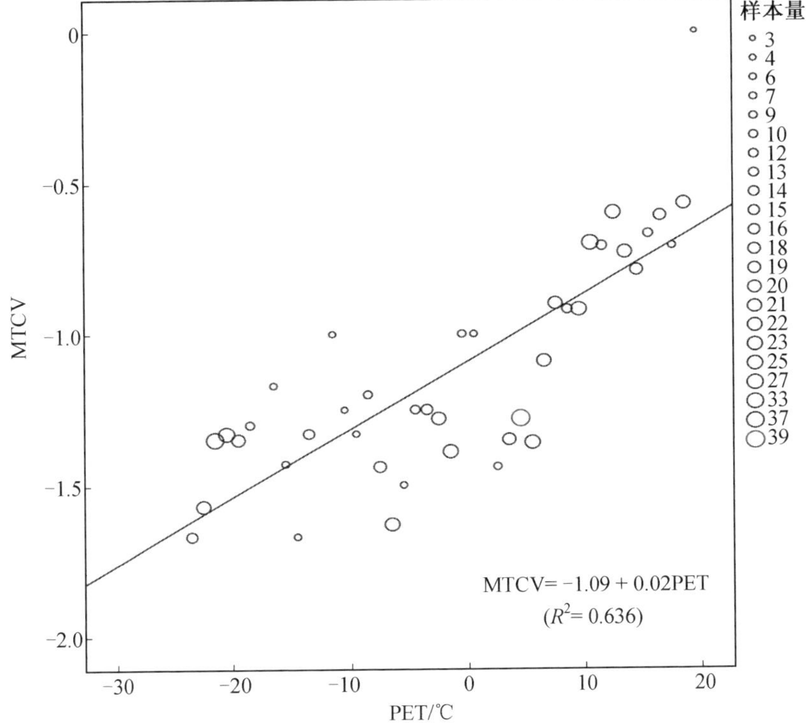

图 5.16　生理等效温度(PET)与平均热舒适投票(MTCV)的关系

0.636。生理等效温度每升高 1 ℃，热舒适相应增加 0.02 个刻度。当 MTCV=−1.0，即受访者的舒适状态为“轻微不舒适”时，PET 为 4.5 ℃，但由于测试季节在冬季，所以可认为超过4.5 ℃的值都处于舒适状态。

5. 热舒适与标准有效温度(SET*)的相关性分析

采用温度频率法，按照 1 ℃的间隔将标准有效温度的变化范围分为若干个温度区间，以每一温度区间的中心温度作为自变量，对应区间的平均热舒适投票(MTCV)作为因变量，两者关系如图 5.17 所示。

为减小个体差异因素造成的结果偏差，使结果更具代表性，回归过程中权衡所有样本结果并剔除了区间样本量少于 3 个的分组，发现 SET* 和 MTCV 呈良好的二次函数关系，拟合优度 R^2 达到 0.725。随着 SET* 的不断升高，高校学生的平均热舒适投票出现先下降后上升的趋势，在 SET* = −4.24 ℃时，出现拐点。

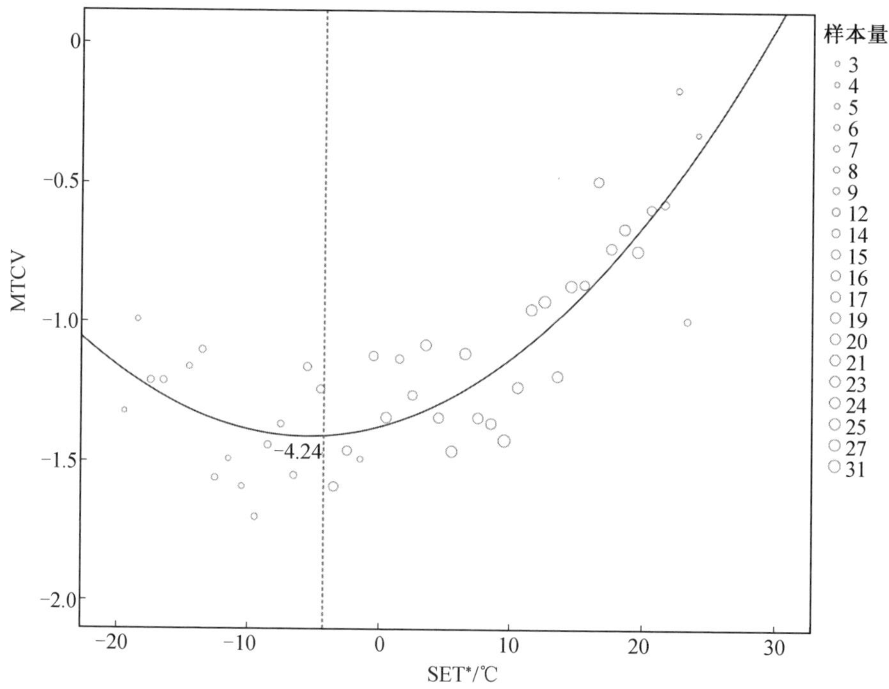

图 5.17 标准有效温度(SET*)与平均热舒适投票(MTCV)的关系

6. 热舒适与通用热气候指数(UTCI)的相关性分析

采用温度频率法，按照 1 ℃的间隔将通用热气候指数的变化范围分为若干个温度区间，以每一温度区间的中心温度作为自变量，对应区间的平均热舒适投票(MTCV)作为因变量，两者关系如图 5.18 所示。

为减小个体差异因素造成的结果偏差，使结果更具代表性，回归过程中权衡所有样本结果并剔除了区间样本量少于 3 个的分组，发现 UTCI 和 MTCV 呈良好的二次函数关系，拟合优度 R^2 达到 0.616。随着 UTCI 的不断升高，高校学生的平均热舒适投票出现先下降后上升的趋势，在 UTCI＝－19.76 ℃时出现拐点。

综上所述，平均热舒适投票与不同热舒适指标的相关性从强到弱排序为：SET* ＞PET＞UTCI。

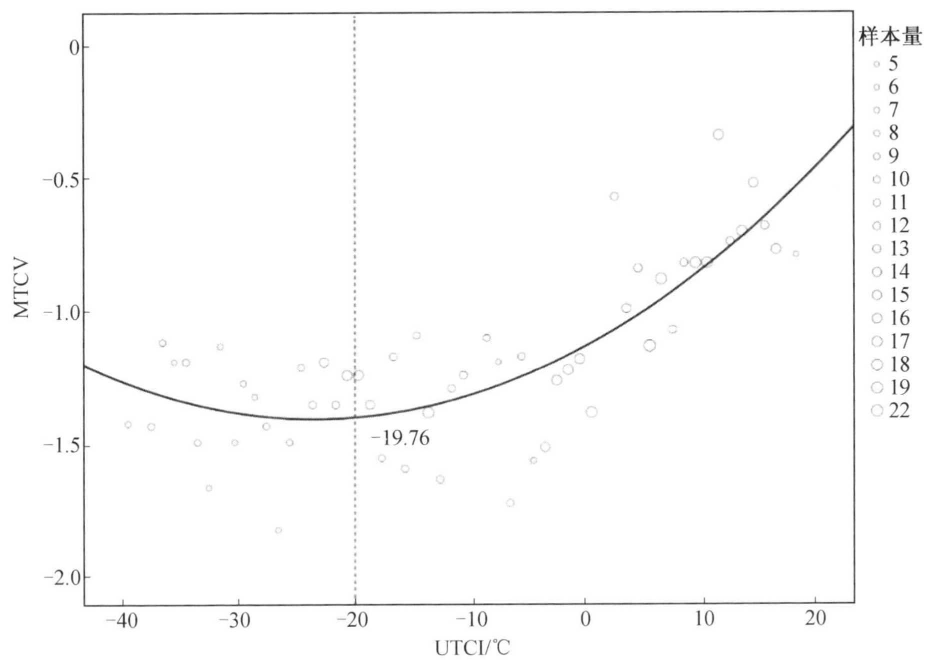

图 5.18　通用热气候指数(UTCI)与平均热舒适投票(MTCV)的关系

基于舒适状态下(MTCV＝0)所对应的不同热舒适指标 PET、SET* 、UTCI 数据，采用箱线图的方法进行分析，并将 50％的投票数据作为冬季不同热舒适指标的热舒适域的界定依据(图 5.19)。

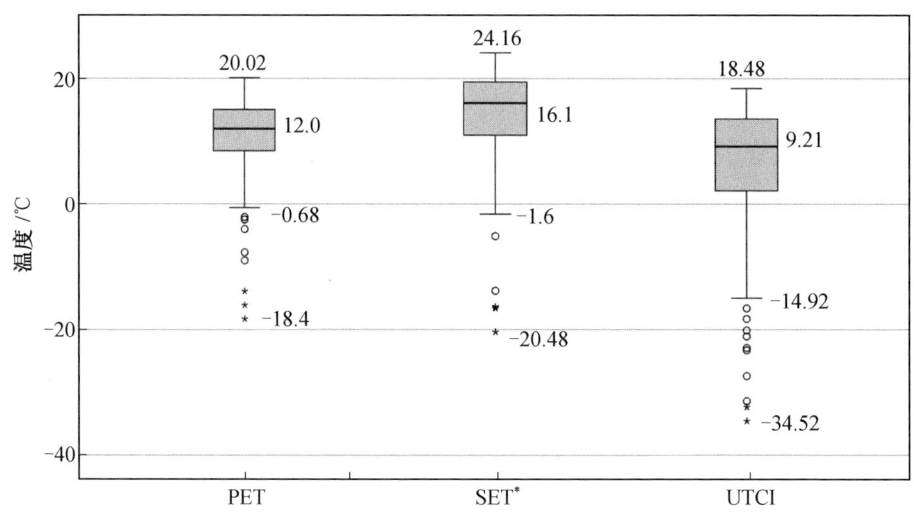

图 5.19 冬季不同热舒适指标在 MTCV=0 时的箱线图

分析得出,PET 的热舒适域为 8.56~14.94 ℃,SET* 的热舒适域为10.87~19.56 ℃,UTCI 的热舒适域为 2.16~13.56 ℃。除了 SET* 的热舒适值稍稍偏出热舒适域之外,PET 和 UTCI 的热舒适值均远远超出热舒适域。分析原因如下:在人们认为可以接受的环境条件下,即使实测时已经偏热或偏冷,受其他因素(期望、心理准备、心情等)影响仍存在受访者评价当下状态为舒适的情况。箱线图是在这些评价数据的基础上进行分析的,其得出的范围必然会在实测的气象参数范围内,而舒适值是根据拟合方程的外推,因此会存在舒适值偏出热舒适域的情况。

对室外热环境的接受情况是表征人们对外环境认可度的重要指标,可接受的外环境状况是人们使用外环境的前提,因此如何创造接受情况良好的外环境是设计师必须考虑的问题。为研究严寒地区冬季高校学生对室外热环境的可接受情况,本部分引入 PET、SET* 和 UTCI 3 个热舒适指标,采用直接询问的方式来确定受访者对当下环境的接受情况,然后将主观评价结果与客观热舒适指标建立联系,以界定不同指标下的可接受范围,为使用者和设计者判断室外热环境状态提供准确的依据。根据 ASHRAE 标准,在舒适性要求较高的热环境中,接受率应达到 90%(不接受率大于 10%),所以本节选择不接受率大于 10%时所对应的热舒适指标范围为可接受范围。

7. 可接受 PET 范围分析

线性回归不能解决所有的问题，尽管有可能通过一些函数的转换，在一定范围内将因变量与自变量之间的关系转换为线性关系，但这种转换有可能导致更为复杂的计算或失真，因此 IBM SPSS Statistics 25（一款常用的统计分析软件）提供了 11 种不同的曲线回归模型。

为了准确探究不接受率（URV）与 PET 之间准确的回归关系，按照以往的经验，即按照 1 ℃的间隔将生理等效温度（PET）的变化范围分为若干个温度区间，以每一温度区间的中心温度作为自变量，对应同组的热环境可接受情况投票计算出不接受投票的占比，作为因变量。分别采用线性回归、二次函数模型、三次函数模型进行曲线估算，对得出的结果进行分析可知，以 1 ℃为区间进行划分时得出的回归结果的拟合度和显著性均不理想，故以 2 ℃、3 ℃的间隔对生理等效温度（PET）的变化范围进行重新划分，发现以 2 ℃的间隔进行划分较为合理。同理，在 2 ℃间隔前提下对两者的回归关系进行曲线估算，估算参考值和估算示意图分别见表 5.11 和如图 5.20 所示。

表 5.11　不接受率与 PET 回归模型估算参考值

因变量为 URV									
模型摘要						参数估算值			
方程	R^2	F	自由度 1	自由度 2	p	常量	$b1$	$b2$	$b3$
线性	0.357	10.013	1	18	0.005	15.925	−0.416		
二次	0.567	11.158	2	17	0.001	20.445	−0.522	−0.028	
三次	0.575	7.225	3	16	0.003	20.227	−0.665	−0.025	−0.001
自变量为 PET									

由表 5.11 可知，不接受率与 PET 的三种回归模型——简单线性、二次函数、三次函数的 p 值均小于 0.05，但是二次函数和三次函数的拟合优度 R^2 接近且大于线性关系下的 R^2，故首要选取二次函数或三次函数建立两者之间的回归模型。由图 5.20 可得出，不接受率与 PET 的二次和三次回归模型在PET=−20 ℃时出现交点，此后随着 PET 的不断升高，两个曲线走势相差不大；在PET<−20 ℃范围时，即低温条件下，二次函数确立的回归关系下的不接受率均高于三次函数确立的回归关系下的不接受率。图 5.21(a)和图 5.21(b)分别显示了二次函数和三次函数模型下两者的回归关系。根据 ASHRAE 标准，在舒适性要求较高的热环境中，不接受率应大于 10%，故在二次函数模型下，严寒地区

冬季 PET 的可接受温度范围为−37.95～13.95 ℃；在三次函数模型下，严寒地区冬季 PET 的可接受温度范围为−26.95～11.46 ℃。统计所有样本计算出实际 PET 的范围为−25.1～22.1 ℃，结合通过软件拟合出的理论 PET 可接受范围可知，三次函数模型下得出的 PET 可接受范围更加符合实际；若要采用二次函数模型来体现两者之间的拟合关系，可以在以后的研究中增加低温状态下的样本量，确定−37.95～−25.1 ℃的温度区间是否合理和有效。

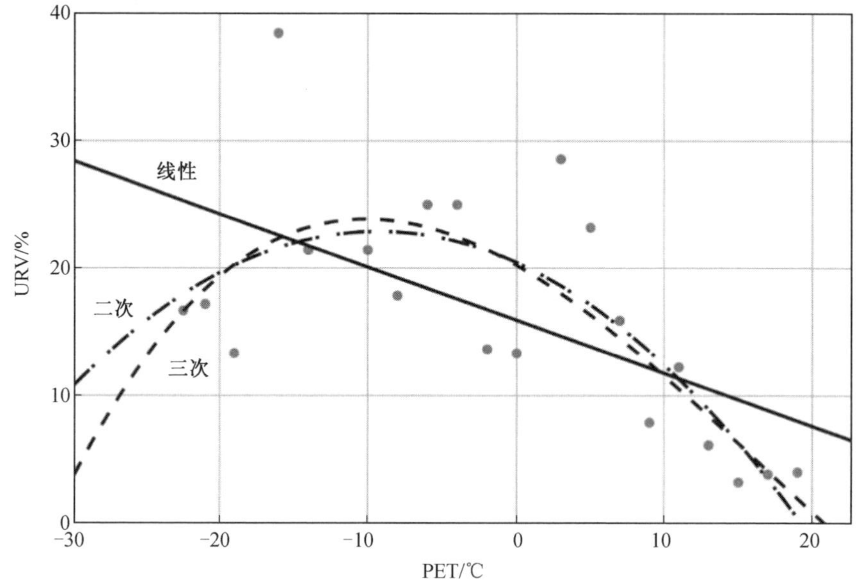

图 5.20 不接受率与 PET 拟合曲线估算示意图

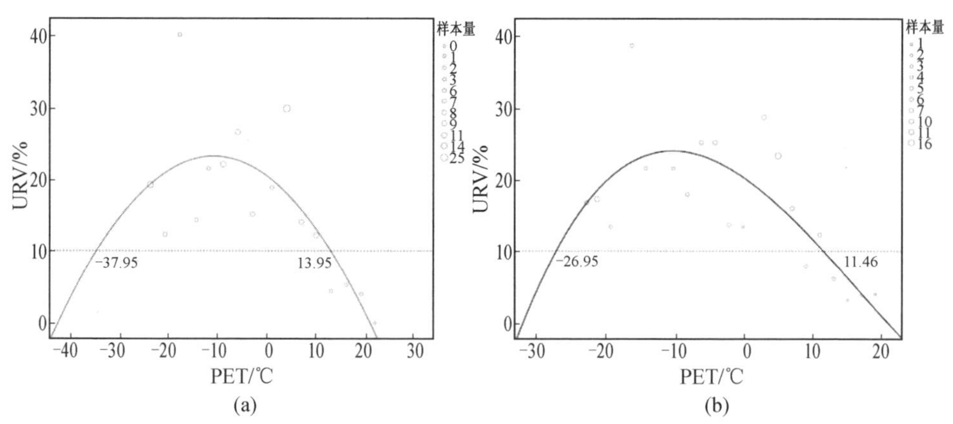

图 5.21 二次函数和三次函数模型下不接受率与 PET 的回归关系

综上所述，受访者冬季 PET 的可接受范围为－26.95～11.46 ℃，跨度为 38.41 ℃，表明高校学生对低温耐受程度较好。

8. 可接受 SET* 范围分析

根据研究 PET 的方法和经验，按照 2 ℃的间隔将标准有效温度（SET*）的变化范围分为若干个温度区间，以每一温度区间的中心温度作为自变量，对应同组的热环境可接受情况投票计算出不接受投票的占比，作为因变量，通过二次函数模型确立拟合方程如下：

$$URV=21.64-0.3SET^{*}-0.03SET^{*2}\ (R^2=0.462) \tag{5.12}$$

图 5.22 是二次函数模型下不接受率与 SET* 的回归关系。根据 ASHRAE 标准，在舒适性要求较高的热环境中，不接受率应大于 10%，故严寒地区冬季 SET* 的可接受温度范围为－25.32～15.32 ℃，跨度为 40.64 ℃。

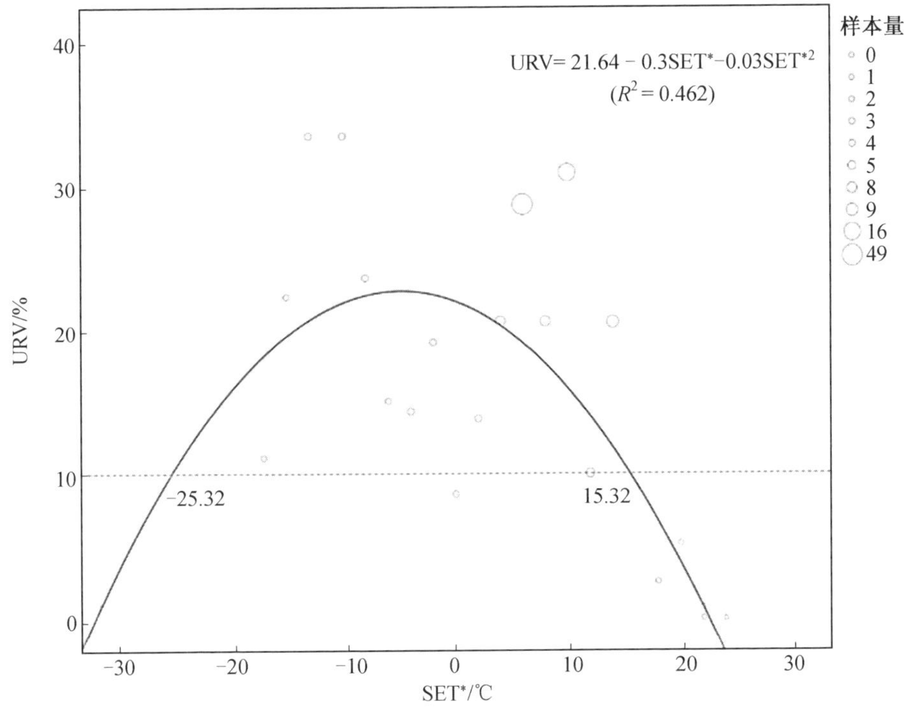

图 5.22　二次函数模型下不接受率与 SET* 的回归关系

9. 可接受 UTCI 范围分析

根据研究 PET 和 SET* 的方法和经验，同样以 3 个不同的温度区间研究 UTCI，进行曲线估算后，确定以 2 ℃为间隔区间进行划分。按照 2 ℃的间隔将通用热气候指数(UTCI)的变化范围分为若干个温度区间，以每一温度区间的中心温度作为自变量，对应同组的热环境可接受情况投票计算出不接受投票的占比，作为因变量，通过二次函数模型确立拟合方程如下：

$$URV = 18.45 - 0.63UTCI - 0.02UTCI^2 \ (R^2 = 0.516) \tag{5.13}$$

图 5.23 是二次函数模型下冬季不接受率与 UTCI 的回归关系。根据 ASHRAE 标准，在舒适性要求较高的热环境中，不接受率应大于 10%，故严寒地区冬季 UTCI 的可接受温度范围为 −41.65～10.15 ℃，跨度为 51.8 ℃。相比 PET、SET* 的可接受范围，UTCI 的跨度较大，下限温度偏出较多，但 3 个指标的可接受范围均在实际测量计算得出的温度区间内。

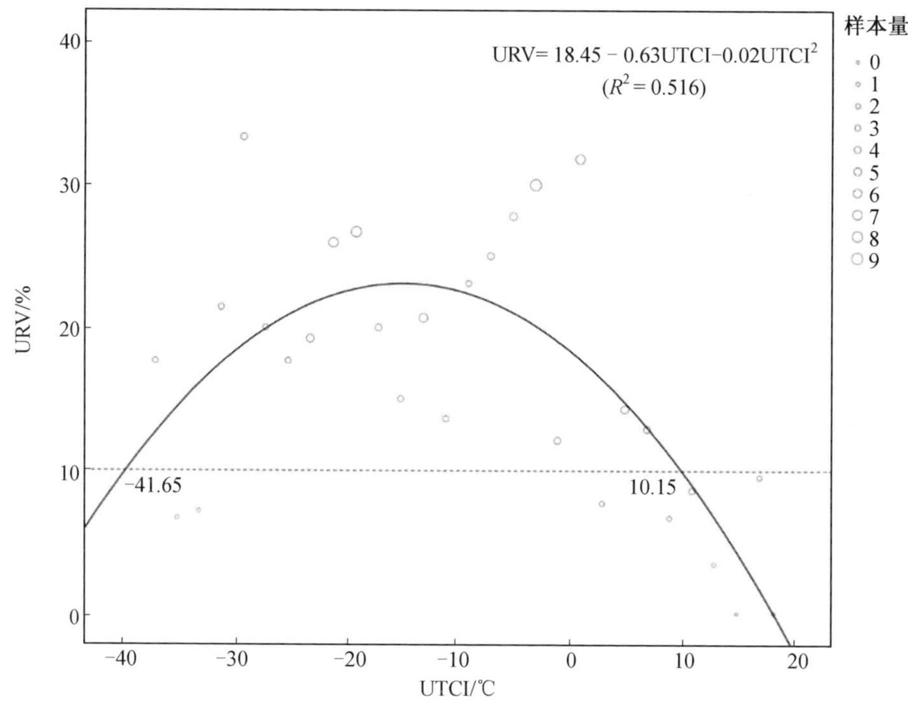

图 5.23　二次函数模型下不接受率与 UTCI 的回归关系

5.2.3　主观评价指标相关性分析

本节首先对实际热感觉和热舒适的分布情况做统计，然后以主观评价指标热感觉投票作为依据，分析其与其他主观评价指标的相关性，包括热舒适与不接受率。

人体对周围环境的热反应是一个非常复杂的过程，不仅存在热湿交换，而且存在人的主观意识作用和客观生理调节。目前普遍采取问卷调查法直接询问受试者对环境的评价，如被广泛使用的热感觉投票、热舒适投票、期望投票、可接受度投票等。本节主要分析热感觉、热舒适投票的分布以及两者之间的关系。

1. 热感觉、热舒适投票分布

人对热环境的感觉是一项非常重要的衡量指标。所谓热感觉是人对周围环境“冷”或“热”的主观描述。人需要通过位于皮肤下的神经末梢感受冷热刺激，不能直接感觉到温度。因此，人的冷热感觉一定程度上还包含了心理上的主观描述。将冷热设置成某种等级标度，让受试者根据这些标度结合实际感觉进行投票，这种方式称为热感觉投票（TSV）。问卷中，热感觉投票（TSV）为－3～3 的 7 级标度对应的热感觉如图 5.24(a)所示，各级热感觉的分布如图 5.25(a)所示。

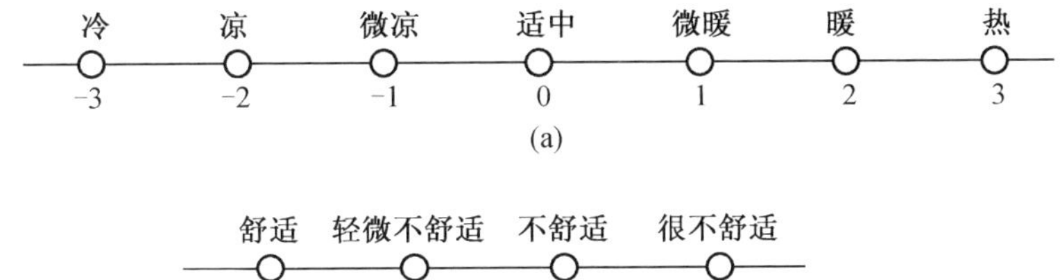

图 5.24　冬季热感觉投票、热舒适投票对应的各级热感觉

在严寒地区的冬季，79.1％的受访者的热感觉投票分布在“0”，即“适中”以下，投票为“－2”（凉）的占比最高，为 30.9％，感觉“冷”和“微凉”的占比相差不大，分别为 24.0％和 24.2％；投票为“1”（微暖）的占比仅为 1.1％，投票为“2”（暖）的占比仅为 0.4％。

热舒适是人体将自身的热平衡和感觉到的环境状况综合起来获得是否舒适的感觉。它是由生理和心理综合决定的，且更偏重心理上的感觉。ASHRAE 标准将热舒适定义为人体对热环境满意的一种意识状态，强调对热舒适性的主观评价。在研究人体热反应时需要设置评价热舒适程度的热舒适投票（TCV）。问卷中，热舒适投票（TCV）为－3～0 的 4 级标度对应的热感觉如图5.24(b)所示，各级热感觉的分布如图 5.25(b)所示。

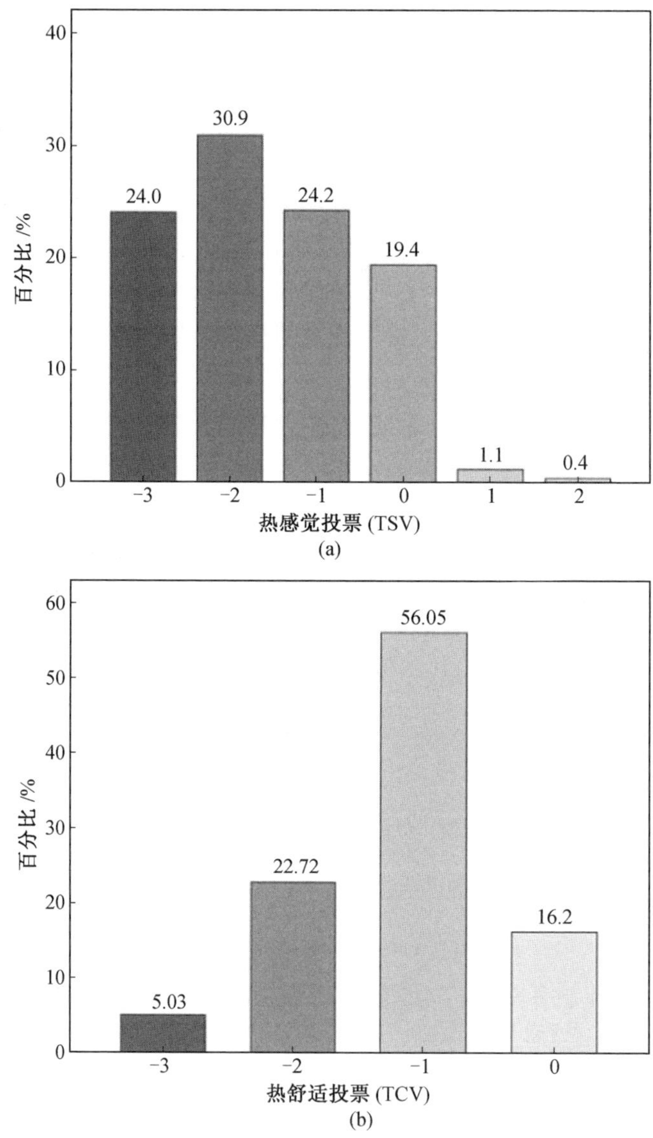

图 5.25　冬季热感觉投票、热舒适投票对应的各级热感觉的分布

在严寒地区的冬季，所有受访者中投票为“0”（舒适）的占比为 16.2%，投票占比最高的为“－1”（轻微不舒适），占比为 56.05%，投票为“－2”（不舒适）次之，占比为 22.72%，在低温状况下有 5.03%的受访者感觉“很不舒适”。证明大多数受访者介于“舒适”与“不舒适”之间的状态，即“轻微不舒适”，感觉有一点冷，但还可以接受。

2. 同一热感觉投票下的不同热舒适分布

热舒适是人体对热环境感觉满意的一种意识状态，是受环境、心理和生理等因素影响的综合结果，热感觉是对热环境的冷热感觉。然而，就二者是否等价这一问题，学者们莫衷一是。Gagge 和 Fanger 等人认为热感觉与热舒适是等价的，即中性热感觉（TSV＝0）时就是热舒适状态；而赵荣义认为热舒适是一个非持久的动态过程，在处于动态环境下体验较明显，当处于稳态环境下，则只涉及热感觉指标。从前文的研究结果可知，不同评价指标下的中性范围、舒适范围和接受范围均存在差异，表明在调研区域室外热环境条件下，受访者的中性热感觉与热舒适不完全一致。

图 5.26 显示了不同热感觉投票下热舒适投票的分布情况：在热感觉投票为“－1”（微凉）的样本中，10％的受访者感觉“不舒适”，71.5％的受访者感觉“轻微不舒适”，只有 15.4％的受访者感觉“舒适”；热感觉投票为“0”（适中）的样本中，51％的受访者感觉“舒适”，47％的受访者感觉“轻微不舒适”，只有 2％的受访者感觉“不舒适”；热感觉投票为“1”（微暖）的样本中，感觉为“轻微不舒适”和“不舒适”的占比均为 16.65％，66.7％的受访者感觉“舒适”，可能在本该寒冷的冬季，过高的气温也会给高校学生带来不舒适感；热感觉投票为“－2”（凉）的样本中感

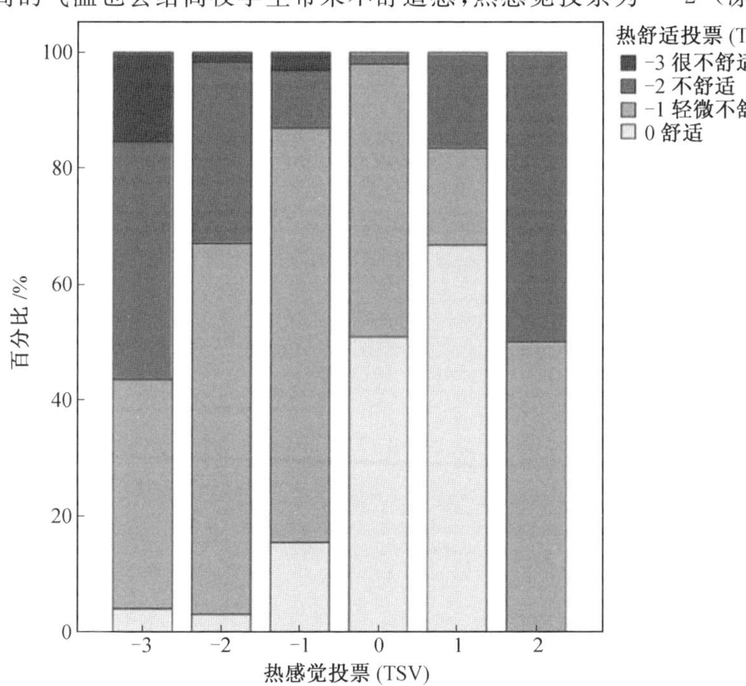

图 5.26　冬季不同热感觉投票下热舒适投票的分布情况

觉“轻微不舒适”的占比最多，为 64%；热感觉投票为“－3”(冷)的样本中，感觉“不舒适”占比最多，为 41%；热感觉投票为“2”(暖)的样本仅有 2 个，故在此处不做分析。

3. 热感觉与热舒适的相关性

在相同热环境下，受访者的性别、年龄、着装等因素都会对个体热舒适产生一定程度的影响。因此，在统计分析过程中，采用相同投票取均值的方法将人体热反应的个体差异尽量减小。将相同热感觉投票对应的热舒适投票作为同一组，对同组的热舒适投票取平均值，作为该热感觉投票对应的热舒适投票值，根据投票标度共分为 5 组，通过 IBM SPSS Statistics 25 进行回归分析，TSV 与 MTCV 的线性方程为：

$$MTCV = -0.65 + 0.24TSV - 0.04TSV^2 \ (R^2 = 0.971) \tag{5.14}$$

图 5.27 显示了热感觉投票(TSV)与平均热舒适投票(MTCV)的关系，由此可知，随着热感觉投票的升高，高校学生的平均热舒适投票也不断增加，热感觉投票与热舒适投票呈正相关，且有良好的二次函数关系，拟合优度 R^2 达到 0.971。当热感觉投票为“0”(适中)时，受访者并没有感觉“舒适”，而是热舒适投

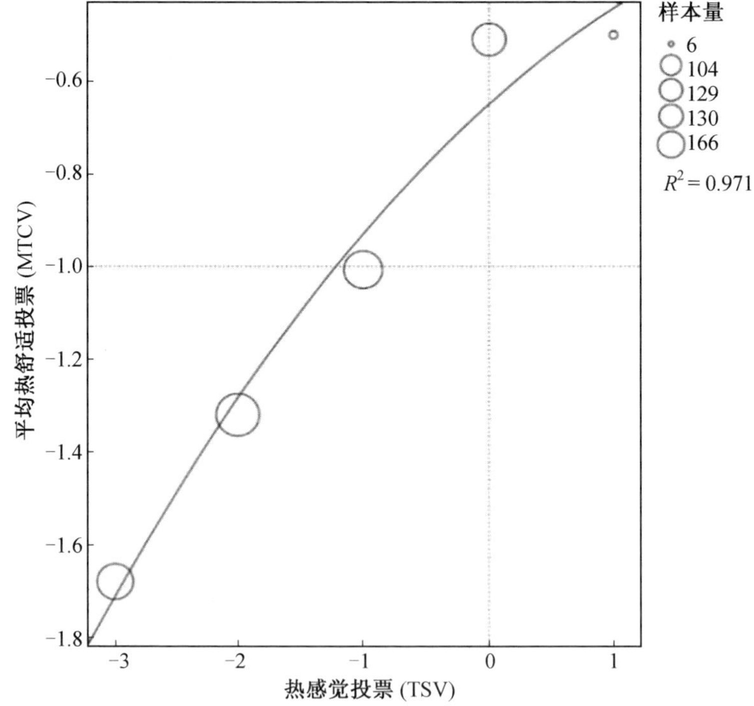

图 5.27　冬季热感觉投票(TSV)与平均热舒适投票(MTCV)的关系

票接近于“－1.0”(“－0.65”)，即“轻微不舒适”状态下热感觉为“适中”。这可能是由于严寒地区冬季室外温度较低，受访者期望更高的热感觉来获得良好的舒适体验。当热舒适投票为“－1.0”(轻微不舒适)时，受访者的热感觉投票为“－1.2”，接近于“微凉”，此时受访者的舒适状态与周围热环境状态较吻合。而理论上受访者的舒适状态，即 MTCV＝0 时，TSV＝3，进一步说明了在寒冷的冬季，受访者期望更高的热感觉来获得良好的舒适体验。

4. 热感觉与不接受率

按照分析热感觉与热舒适相关性的方法，将相同的热感觉投票分为一组，对应同组可接受投票计算出不接受投票的占比，作为该组热感觉投票的不接受率，通过 IBM SPSS Statistics 25 进行回归分析，TSV 与 URV 的线性方程为：

$$URV = 6.76 - 4.55TSV + 1.22TSV^2 \ (R^2 = 0.899) \qquad (5.15)$$

图 5.28 是冬季热感觉投票(TSV)与不接受率(URV)的关系。根据 ASHRAE 标准，在舒适性要求较高的热环境中，不接受率应大于 10%，所以本节选择不接受率大于 10%所对应的热感觉投票范围为可接受范围。故严寒地区冬季室外热感觉投票可接受范围为－0.6～4.3。本次热舒适调研中采用的热感觉

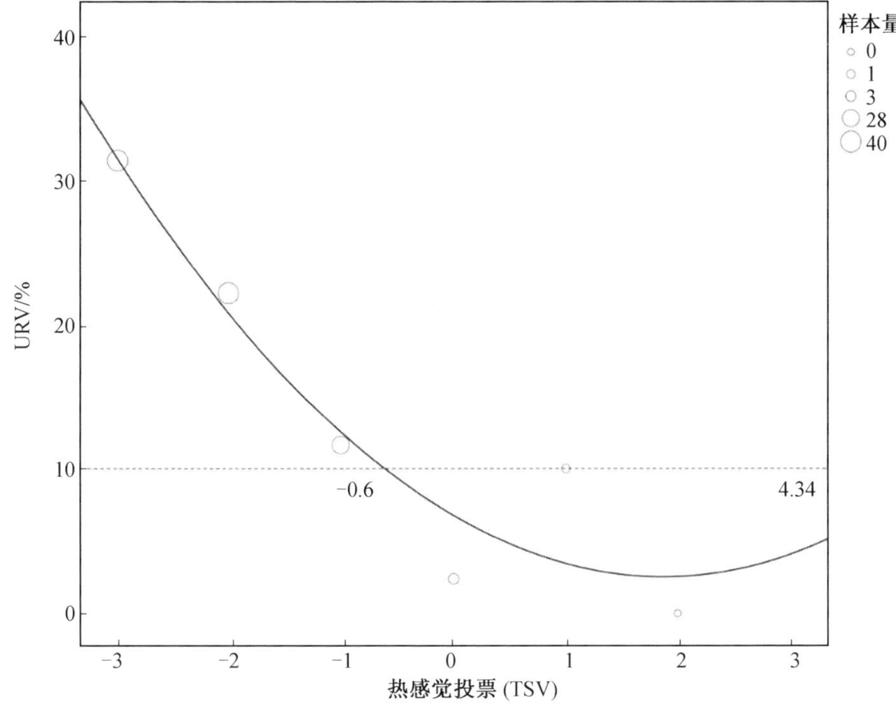

图 5.28　冬季热感觉投票(TSV)与不接受率(URV)的关系

分级标度为 7 级，即－3～3，故结合实际情况，针对所有高校学生，热感觉投票高于“－0.6”(接近于微凉)的热环境，均可以接受。从前文推导出的 TSV 与 MTCV 的方程式可知，当 TSV＝－0.6 时，MTCV＝－0.81，热舒适状态接近于“－1”，即轻微不舒适，证明前文提到的这种不冷不热的状态就是受访者可接受的状态。

5.2.4 哈尔滨市的区域概况及气候

本书的研究地点选择中国历史文化名城——哈尔滨。哈尔滨地处中国东北地区、东北亚中心地带，是中国东北地区北部经济、文化和交通中心，被誉为欧亚大陆桥的明珠，是第一条欧亚大陆桥和空中走廊的重要枢纽。同时，哈尔滨是哈大齐工业走廊(黑龙江省新型工业经济园区，包括哈尔滨、大庆、齐齐哈尔、肇东、安达、杜尔伯特)的起点，是国家战略定位的沿边开发开放中心城市及对俄合作中心城市。

哈尔滨的气候属中温带大陆性季风气候，基于我国建筑热工设计分区属于严寒地区，冬长夏短，全年平均降水量 569.1 mm，降水主要集中在 6～9 月，夏季占全年降水量的 60%，集中降雪期为每年 11 月至次年 1 月。四季分明，冬季 1 月平均气温约－19 ℃，夏季 7 月的平均气温约 23 ℃。

5.2.5 确定研究地点及测点分布

考虑到本书的研究对象为高校学生，研究地点选在哈尔滨工业大学一校区校园内，使数据具有针对性。测点 A 位于哈尔滨工业大学一校区图书馆广场前，考虑到广场的功能性，人员聚集性强，多数学生进出图书馆、上下课都会经过该广场，主要活动类型有散步、静坐、休息等；测点 B 位于校内步行街和中央红小月亮超市(现天猫校园)门前步行街的交汇处，步行街两侧有教学楼、食堂等功能性场所，是学生上下课、就餐的必经之路，具有一定代表性，活动类型主要有散步、休息、运动等。这两个测点的选取可以满足问卷数量的需求。

5.2.6 主观问卷调查

本研究在 2018 年 10 月～12 月期间一共进行了 4 次主观问卷的发放，共收集 686 份有效问卷。为排除气候因素带来的影响，调研日均选取晴朗无雨雪的天气；为错开大量学生经过测点附近去上课的高峰时间段，工作人员于早上 9:00 开始发放主观问卷；考虑到季节因素，工作人员于 17:00 结束发放问卷。

问卷由两部分组成，第一部分是主观评价指标，包括热感觉、热舒适、期望、偏好、可接受度、活动量等，见表 5.12。其中，热感觉按照 ASHRAE 标准的 7 级标度划分，即－3～3；热舒适按照 4 级标度划分，即－3～0；期望分为 3 级标度；

偏好分为 5 级标度；活动量是根据高校学生途径测点的活动类型划分的，为了获取准确的代谢水平，本研究采集的是受访者 10 min 之内的活动类型，具体内容见表 5.13，根据 ASHRAE Standard 55—2017 的规定来代入计算。问卷第二部分见表 5.14，包括年龄、性别、着装情况，问卷中着装列表是基于 ASHRAE Standard 55—2004 和 ISO 7730 标准产生的。

表 5.12　问卷第一部分

<table>
<tr><td colspan="10">室外热舒适</td></tr>
<tr><td colspan="5">日期：2018 年　　月　　日</td><td colspan="5">地点：　　　　　（晴朗/多云）</td></tr>
<tr><td colspan="10">1. 您现在的感受：</td></tr>
<tr><td colspan="2">冷
（−3）</td><td>凉
（−2）</td><td>微凉
（−1）</td><td>适中
（0）</td><td>微暖
（1）</td><td colspan="2">暖
（2）</td><td colspan="2">热
（3）</td></tr>
<tr><td colspan="2"></td><td></td><td></td><td></td><td></td><td colspan="2"></td><td colspan="2"></td></tr>
<tr><td colspan="6">2. 您对周围环境的感受：</td><td colspan="4">3. 您期望的变化：</td></tr>
<tr><td rowspan="2">空气温度</td><td>很低
（−2）</td><td>低
（−1）</td><td>适中
（0）</td><td>高
（1）</td><td>很高
（2）</td><td rowspan="2">空气温度</td><td>降低
（−1）</td><td>不变
（0）</td><td>升高
（1）</td></tr>
<tr><td></td><td></td><td></td><td></td><td></td><td></td><td></td><td></td></tr>
<tr><td rowspan="2">相对湿度</td><td>很干燥
（−2）</td><td>较干燥
（−1）</td><td>适中
（0）</td><td>稍潮湿
（1）</td><td>很潮湿
（2）</td><td rowspan="2">相对湿度</td><td>变干
（−1）</td><td>不变
（0）</td><td>变潮
（1）</td></tr>
<tr><td></td><td></td><td></td><td></td><td></td><td></td><td></td><td></td></tr>
<tr><td rowspan="2">风速</td><td>很小
（−2）</td><td>小
（−1）</td><td>适中
（0）</td><td>大
（1）</td><td>很大
（2）</td><td rowspan="2">风速</td><td>变小
（−1）</td><td>不变
（0）</td><td>变大
（1）</td></tr>
<tr><td></td><td></td><td></td><td></td><td></td><td></td><td></td><td></td></tr>
<tr><td rowspan="2">太阳辐射</td><td>很弱
（−2）</td><td>弱
（−1）</td><td>适中
（0）</td><td>强
（1）</td><td>很强
（2）</td><td rowspan="2">太阳辐射</td><td>减弱
（−1）</td><td>不变
（0）</td><td>增强
（+1）</td></tr>
<tr><td></td><td></td><td></td><td></td><td></td><td></td><td></td><td></td></tr>
<tr><td colspan="6">4. 您此刻的舒适状态：</td><td colspan="4">5. 您此前 20 分钟进行的活动：</td></tr>
<tr><td>舒适</td><td colspan="2">轻微不舒适</td><td>不舒适</td><td colspan="2">很不舒适</td><td colspan="2">A. 运动</td><td>B. 散步</td><td>C. 休息</td></tr>
<tr><td></td><td colspan="2"></td><td></td><td colspan="2"></td><td colspan="2">D. 工作（上课）</td><td>E. 静坐</td><td>F. 其他</td></tr>
<tr><td colspan="10">6. 您对现在热环境的接受状况：</td></tr>
<tr><td colspan="5">可接受（0）</td><td colspan="5">不接受（1）</td></tr>
<tr><td colspan="5"></td><td colspan="5"></td></tr>
</table>

表 5.13　ASHRAE Standard 55—2017 中规定的代谢率

活动			代谢率		
			单元	W/m^2	Btu/(h·ft^2)
休息	睡觉		0.7	40	13
	斜躺		0.8	45	15
	安静地坐着		1.0	60	18
	轻松地站着		1.2	70	22
步行（在水平面）	0.9 m/s,3.2 km/h		2.0	115	37
	1.2 m/s,4.3 km/h		2.6	150	48
	1.8 m/s,6.8 km/h		3.8	220	70
办公室活动	阅读,坐着		1.0	55	18
	写作		1.0	60	18
	打字		1.1	65	20
	处理文件,坐着		1.2	70	22
	处理文件,站着		1.4	80	26
	步行		1.7	100	31
	打包		2.1	120	39
开车/飞行	汽车		1.0～2.0	60～115	18～37
	飞机,常规		1.2	70	22
	飞机,着陆		1.8	105	33
	飞机,作战		2.4	140	44
	重型车辆		3.2	185	59
其他职业活动	烹饪		1.6～2.0	95～115	29～37
	打扫屋子		2.0～3.4	115～200	37～63
	洗漱,重肢体运动		2.2	130	41
	机器工作	锯切(台锯)	1.8	105	33
		光(电气工业)	2.0～2.4	115～140	37～44
		重型	4.0	235	74
	举起 50 kg 的袋子		4.0	235	74
	镐铲工作		4.0～4.8	235～238	74～88

续表

活动		代谢率		
		单元	W/m²	Btu/(h·ft²)
其他休闲活动	舞蹈,社会的	2.4～4.4	140～255	44～81
	健美操/运动	3.0～4.0	175～235	55～74
	网球,单独的	3.6～4.0	210～270	66～74
	篮球	5.0～7.6	290～440	90～140
	摔跤,竞争	7.0～8.7	410～505	130～160

表 5.14　问卷第二部分

性别：□男　□女

年龄：□<10　□11～20　□21～30　□31～40　□41～50　□51～60　□61～70　□>71

人员构成：□企业职工　□技术人员　□教师　□学生　□农民　□退休　□军人　□其他

您现在的着装：组合式多选题，如羽绒服＋毛衣＋短袖等

上装：□短袖　□薄长袖(衬衫、T 恤)　□连衣裙(布裙/线裙)　□风衣　□毛衣　□短外套(薄、厚)/长外套(薄、厚)　□羽绒服(轻便薄款/厚短款/厚长款)　□保暖衣/秋衣　□棉衣　□羽绒马甲

下装：□短外裤/裙　□长外裤/裙　□丝袜　□秋裤　□保暖裤(薄/厚)　□棉裤　□打底裤(薄/厚)

鞋：□凉鞋　□运动鞋　□皮鞋　□布鞋　□棉鞋

帽子：□布料单帽/布料棉帽　□皮绒料帽　□毛线帽　□其他(薄/厚)　**没带不用勾选**

手套：□毛线手套　□布手套　□皮手套　□其他(薄/厚)　**没带不用勾选**

5.2.7　热环境测量

室外热环境参数的测量旨在将包括空气温度(T_a)、相对湿度(RH)、风速(V_a)、平均辐射温度(T_{mrt})4 个主要热环境要素与人体的实际热感觉联系起来，最终通过评价指标和人体热舒适的定量关系来预测人体的热感觉。然而与室外热环境不同的是，动态的室外热环境参数往往变化幅度较大，且各参数之间相互影响、相互作用，这无疑增加了实验难度。因此，如何结合实际选择适合的正确

测量方法至关重要。

图 5.29 显示了实际测试情况和仪器照片。相关测量在 9:00—17:00 期间自动记录每分钟的均值,其中以黑球温度变量代表平均辐射温度数据。仪器选择均参照 ISO 7726 标准,固定于距地面 1.1 m 高度的位置。采用手持气象站和标准雾面黑漆球体(直径 7cm)分别获取每分钟的风速和平均辐射温度均值,将温度传感器和湿度传感器置于高度反光的锡膜包裹的纸盒内并保证水平两侧的自然通风顺畅。所有仪器的型号、量程和精度等技术参数见表 5.15。

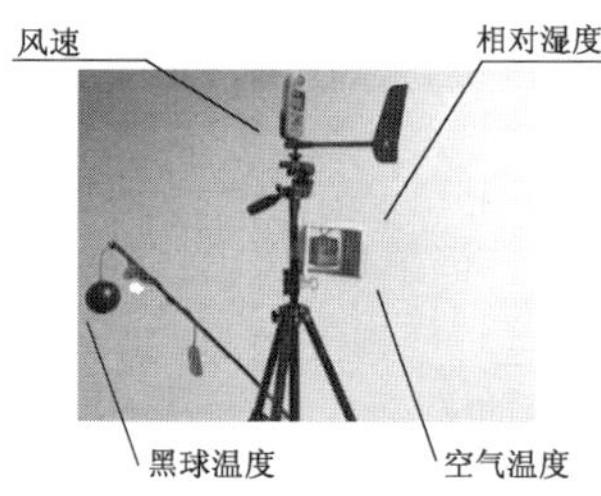

图 5.29 实际测试情况和仪器照片

表 5.15 微气候测量仪器参数表

气象参数	仪器型号	量程	精度
空气温度	BES－01 温度传感器	－30～50 ℃	±0.5 ℃
相对湿度	BES－02 湿度传感器	0%～90%	±3%
风速	Kestrel 5500 手持气象站	0.6～60 m/s	±0.1 m/s
黑球温度	BES－03 黑球温度传感器	－30～50 ℃	±0.5 ℃

5.2.8 数据处理方法

1. 平均辐射温度(T_{mrt})的计算

平均辐射温度(T_{mrt})是指一个假设的等温围合面的表面温度,其与人体间的辐射热交换量等于人体周围实际的非等温围合面与人体间的辐射热交换量。它包含长波与短波的直射和反射,并随人们的方位角、姿态和服装热阻的改变而改变,是影响人体能量平衡和室外热舒适计算的重要参数之一。既往研究常基于平均辐射温度(T_{mrt})来研究太阳辐射对热环境的影响,平均辐射温度(T_{mrt})有多种获得方法,如辐射积分法、角系数法、灰球温度间接测量法和黑球温度间接测量法等,本章选用黑球温度间接测量法来推导平均辐射温度(T_{mrt})进而来研究太

阳辐射对热环境的影响。

黑球温度间接测量法是基于热平衡原理计算平均辐射温度的最常用方法之一，其表示在辐射热环境中，人或物体受对流和辐射热综合作用时以温度表示出来的实际感觉，一般比空气温度高。测量装置由一个表面涂抹均匀的黑色空心铜球球体和内置温度计组成，温度计的感温装置位于铜球中心。测试时将黑球悬挂于距地面 1.1 m 高度的位置，使其与周围环境达到热平衡。黑球温度计与周围环境达到稳定状态需要一定时间，因此本书的研究选取测试开始 15 min 后的黑球温度作为原始数据。平均辐射温度的整个计算过程需要引入 3 个参数，分别是黑球温度、风速和空气温度，因此使用该计算方法会引入上述 3 个参数的测量误差，所以在选择仪器时应充分考虑仪器的精度、量程和在严寒气候下的适用情况。计算方程为：

$$T_{mrt}=\left[(T_g+273.15)^4+\frac{1.1\times10^8V_a^{0.6}}{\varepsilon D^{0.4}}\times(T_g-T_a)\right]^{0.25}-273.15 \quad (5.16)$$

式中　T_g——黑球温度；

T_a——空气温度；

V_a——风速；

ε——发射率，对于黑球来说，发射率为 0.95；

D——黑球直径。

2. 热舒适指标的计算

本章选取的热舒适指标包括生理等效温度（PET）、标准有效温度（SET*）、通用热气候指数（UTCI）。需要输入的物理参数包括空气温度（T_a）、风速（V_a）、相对湿度（RH）和平均辐射温度（T_{mrt}）。个体参数包括年龄、性别、身高、体重、代谢率和服装热阻。根据每份问卷的时间对应的 4 个物理参数，以及代谢率与服装热阻，即可使用相应软件计算对应的热舒适指标。表 5.16 是不同热舒适指标计算所需参数及软件，图 5.30 显示了 RayMan Pro 和 BioKlima 的计算界面。

表 5.16　不同热舒适指标计算所需参数及软件

指标	计算所需参数	计算软件
PET	T_a、RH、V_a、T_{mrt}	RayMan Pro
SET*	T_a、RH、V_a、T_{mrt}、M、I	RayMan Pro
UTCI	T_a、RH、V_a、T_{mrt}	BioKlima

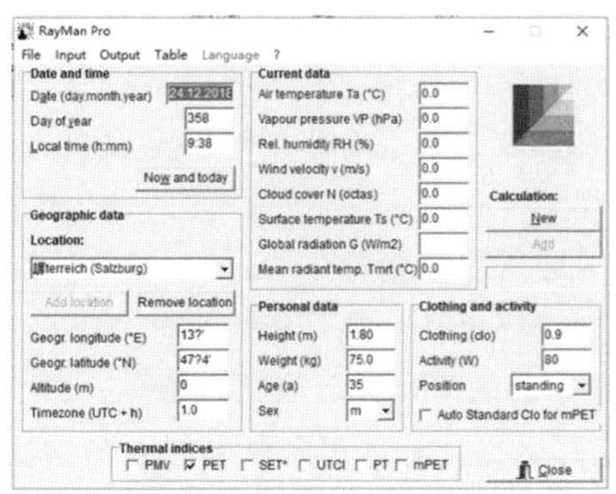

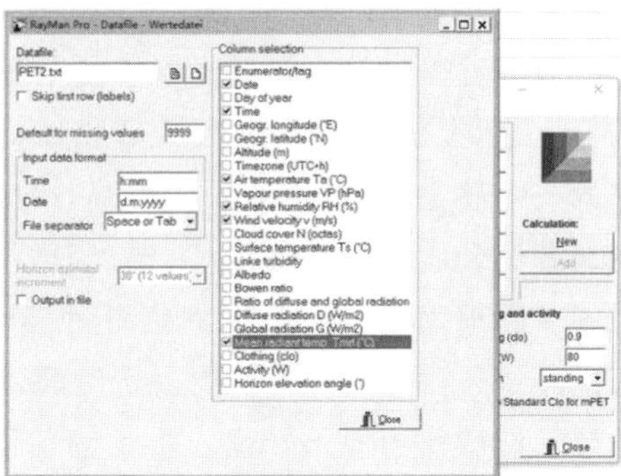

图 5.30　RayMan Pro 和 BioKlima 的计算界面

3. 分析方法

(1)回归分析。

回归分析是对变量之间的数量伴随关系的一种描述,通过一定的数学表达式量化一个或多个变量变化时对另外一个特定变量的影响程度,即把数据之间的关系以数学表达式的形式呈现。在进行回归分析时,将被预测的变量定义为因变量,将用于解释或预测或能引起因变量变化的变量定义为自变量。在本书的研究中,室外热环境的热舒适性是需要根据热环境参数和个体参数来预测的,因此热舒适性是因变量,由于热环境参数和个体参数的变化能引起热舒适性的改变,所以热环境参数和个体参数被定义为自变量。热舒适评价指标是综合上述多种自变量后的单一变量,用于描述室外热舒适状态,但由于评价指标的适用性存在地区差异,所以应建立热舒适性(因变量)与参数(自变量)之间的数学关系式,继而从多个方面分析热舒适性。

(2)曲线估算。

线性回归不能解决所有的问题,尽管有可能通过一些函数的转换,在一定范围内将因变量与自变量之间的关系转换为线性关系,但这种转换有可能导致更为复杂的计算或失真。IBM SPSS Statistics 25 提供了 11 种不同的曲线回归模型。如果线性模型不能确定哪一种为最佳模型,可以尝试选择曲线拟合的方法建立一个简单而又比较合适的模型,如二次函数曲线、三次函数曲线、指数函数曲线等。

(3)相关分析。

相关分析是研究两个或两个以上处于同等地位的随机变量间的相关关系的统计分析方法。例如,人的身高和体重的关系、相对湿度和降雨量的关系等都是

相关分析研究的问题。相关分析与回归分析的区别：回归分析侧重于研究随机变量间的依赖关系，以便用一个变量去预测另一个变量；相关分析侧重于发现随机变量间的种种相关特性。当两个变量中有一个为分类变量时，即变量值是定性的，表现为互不相同的属性（如热感觉投票、热舒适投票等），应采用 Spearman 相关分析；当两个变量都是连续变量（如空气温度、相对湿度等），应采用 Pearson 相关分析。

（4）温度频率法。

为了得到热舒适评价指标与热感觉的数学模型，早在 1936 年，Bedford 教授就采用回归分析的方法对人体热舒适进行了研究，至今该分析方法仍然是热舒适性研究领域的主要方法之一。然而由于个体间存在差异，加上心理和生理等因素的影响，即使在同一环境下人们的热感觉也不尽相同。从图 5.31 可看出 TSV 与 PET 之间的决定系数 R^2 仅为 0.312，其他评价指标与 TSV 的相关系数同样较低。因此，直接采用 TSV 来建立人体热感觉模型显然是不够准确的。

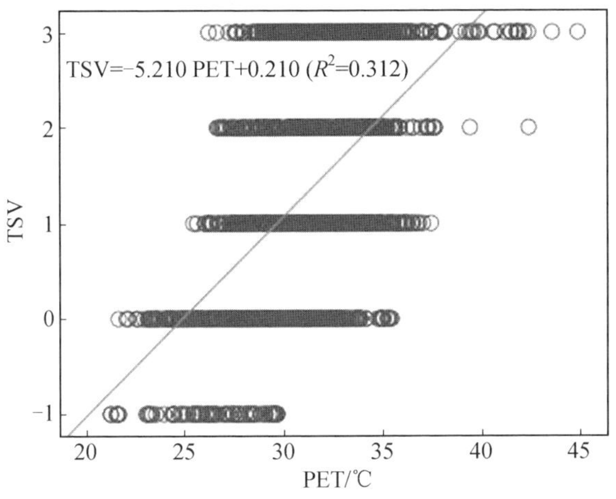

图 5.31　PET 与 TSV 的关系

本章根据以往研究中学者的经验采用温度频率法，即按照一定的间隔将温度的变化范围分为若干个温度区间，以每一温度区间的中心温度作为自变量，平均热感觉投票（MTSV）作为因变量，通过线性回归分析，最终建立以下一般式：

$$\mathrm{MTSV}=a\times X+b \tag{5.17}$$

式中变量之间的相关程度采用决定系数 R^2 来表示。系数越高，说明越能够有效地反映人体的平均热感觉。而若令 MTSV＝0，则 $X=-b/a$ 称为中性值。

5.3 高校学生与大众样本调研结果的差异性比对

本节将本次调研所得数据与大众随机样本进行比较(大约 2 000 个样本),得出高校学生的室外热舒适特性,为以后针对高校学生这一特殊群体的研究提供了参照。

从室外热环境的角度出发,本次研究选择 3 个前文提到的热舒适指标 PET、SET*、UTCI,将热舒适指标与热感觉的关系图与大众样本下的关系图进行分析比较,得出高校学生的室外热舒适特性。

1. 平均热感觉投票与生理等效温度(PET)关系图的对比

为了进一步研究严寒地区冬季高校学生的室外热舒适特性,选择之前同样在哈尔滨地区进行的一项有关室外热舒适的研究,样本量大约为 2 000 个,年龄范围具有随机性。将两者的平均热感觉投票与生理等效温度的线性方程进行对比,如图 5.32 所示,两者的拟合方程如下:

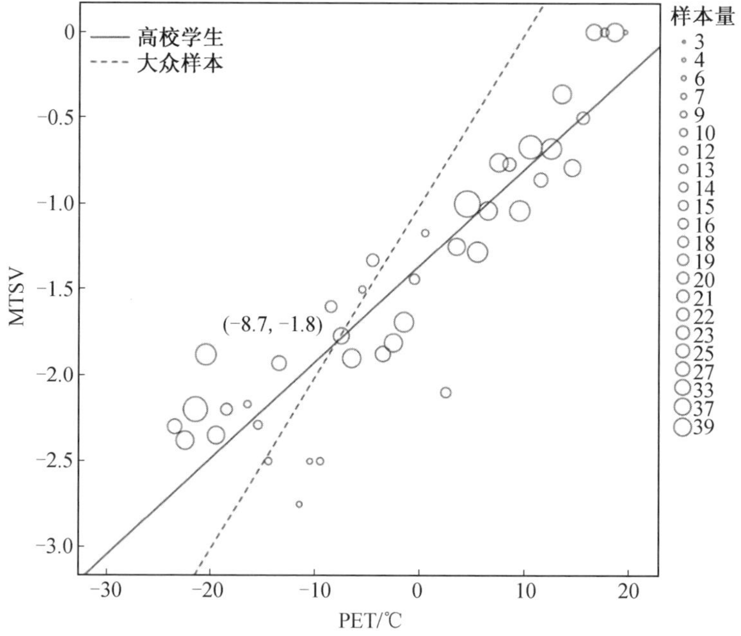

图 5.32 冬季不同样本下 PET 和 MTSV 拟合关系图对比

本次研究：

$$MTSV=-1.36+0.06PET\ (R^2=0.833) \tag{5.18}$$

以前学者的研究：

$$MTSV=-1.01+0.1PET\ (R^2=0.799) \tag{5.19}$$

下面用“高校学生”代表本次研究，“大众样本”代表以前学者的研究。随着生理等效温度(PET)的增加，两者对应的平均热感觉投票(MTSV)均不断上升，相比较而言“大众样本”增加得更快，即生理等效温度上升 1 ℃，“高校学生”的平均热感觉投票提高 0.06 个刻度，而“大众样本”的平均热感觉投票提高 0.1 个刻度。PET＝－8.7 ℃时，MTSV＝－1.8，即当 PET＞－8.7 ℃时，随着 PET 的增加，“高校学生”比“大众样本”感觉更“凉”；当 PET＜－8.7 ℃时，随着 PET 的增加，“高校学生”比“大众样本”感觉更“暖”。根据热感觉与热舒适指标相关性分析划分的不同热感觉投票分类下的 PET 范围可知，“－8.7 ℃”处于 MTSV＝－2.0(凉)对应的－19～－2.3 ℃范围内，证明在低温状态下，“高校学生”比“大众样本”更易接受所处环境。综上所述，高校学生对严寒地区冬季室外热环境的变化不是很敏感(相较于“大众样本”)。

2. 平均热感觉投票与标准有效温度(SET^*)关系图的对比

选择之前同样在哈尔滨地区进行的一项有关室外热舒适的研究，样本量大约为 2 000 个，年龄范围具有随机性。将两者的平均热感觉投票与标准有效温度的线性方程进行对比，如图 5.33 所示，两者的拟合方程如下：

本次研究：

$$MTSV=-1.75+0.05SET^*\ (R^2=0.730) \tag{5.20}$$

以前学者的研究：

$$MTSV=-2.62+0.08SET^*\ (R^2=0.776) \tag{5.21}$$

随着标准有效温度(SET^*)的增加，两者对应的平均热感觉投票(MTSV)均不断上升，相比较而言“大众样本”增加得更快，即标准有效温度上升 1 ℃，“高校学生”的平均热感觉投票提高 0.05 个刻度，而“大众样本”的平均热感觉投票提高 0.08 个刻度。SET^*＝29 ℃时，MTSV＝－0.3，即当 SET^*＞29 ℃时，随着 SET^* 的增加，“高校学生”比“大众样本”感觉更“凉”；当 SET^*＜29 ℃时，随着 SET^* 的增加，“高校学生”比“大众样本”感觉更“暖”。根据热感觉与热舒适指标相关性分析划分的不同热感觉投票分类下的 SET^* 范围可知，“29 ℃”处于 MTSV＝0(适中)对应的 25～45 ℃范围内，而本次受访者的平均热感觉投票有 80%分布在“0”(适中)以下，证明随着 SET^* 的降低，“高校学生”比“大众样本”更易接受低温所带来的热环境感觉，即高校学生对严寒地区冬季室外热环境的变化不是很敏感(相较于“大众样本”)。

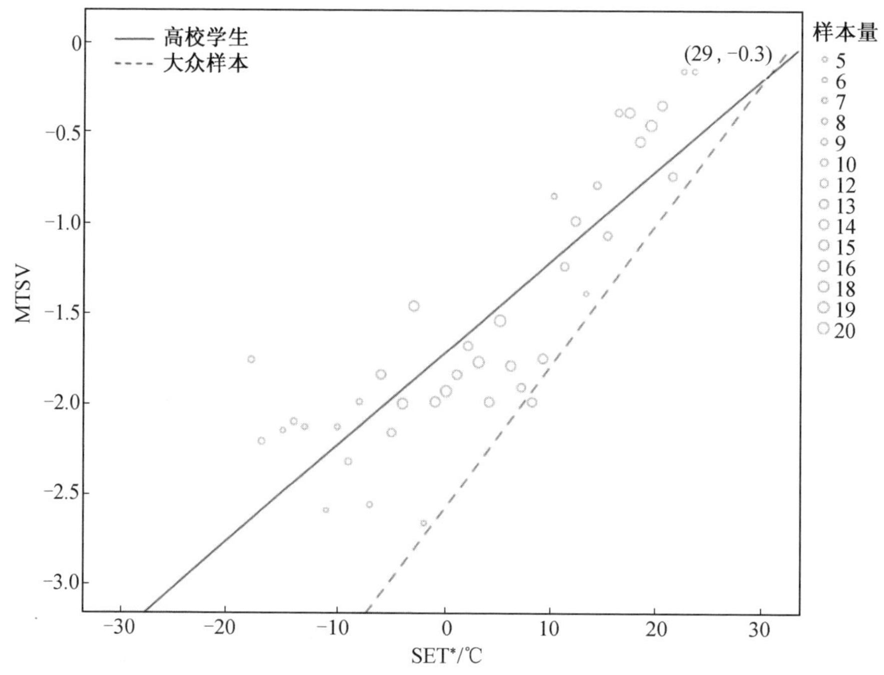

图 5.33　冬季不同样本下 SET* 和 MTSV 拟合关系图对比

3. 平均热感觉投票与通用热气候指数(UTCI)关系图的对比

选择之前同样在哈尔滨地区进行的一项有关室外热舒适的研究，样本量大约为 2 000 个，年龄范围具有随机性。将两者的平均热感觉投票与通用热气候指数的线性方程进行对比，如图 5.34 所示，两者的拟合方程如下：

本次研究：

$$MTSV = -1.11 + 0.04UTCI \ (R^2 = 0.815) \tag{5.22}$$

以前学者的研究：

$$MTSV = -1.5 + 0.05UTCI \ (R^2 = 0.732) \tag{5.23}$$

随着通用热气候指数(UTCI)的增加，两者对应的平均热感觉投票(MTSV)均不断上升，相比较而言"大众样本"增加得更快，即通用热气候指数上升 1 ℃，"高校学生"的平均热感觉投票提高 0.04 个刻度，而"大众样本"的平均热感觉投票提高 0.05 个刻度。UTCI=39 ℃时，MTSV=−0.45，即当 UTCI>39 ℃时，随着 UTCI 的增加，"高校学生"比"大众样本"感觉更"凉"；当 UTCI<39 ℃时，随着 UTCI 的增加，"高校学生"比"大众样本"感觉更"暖"。根据热感觉与热舒适指标相关性分析划分的不同热感觉投票分类下的 UTCI 范围可知，"39 ℃"处于 MTSV=0(适中)对应的 15.25～40.25 ℃范围内，而本次受访者的平均热感

觉投票有 80%分布在“0”(适中)以下，证明随着 UTCI 的降低，“高校学生”比“大众样本”更易接受低温所带来的热环境感觉，即高校学生对严寒地区冬季室外热环境的变化不是很敏感(相较于“大众样本”)。

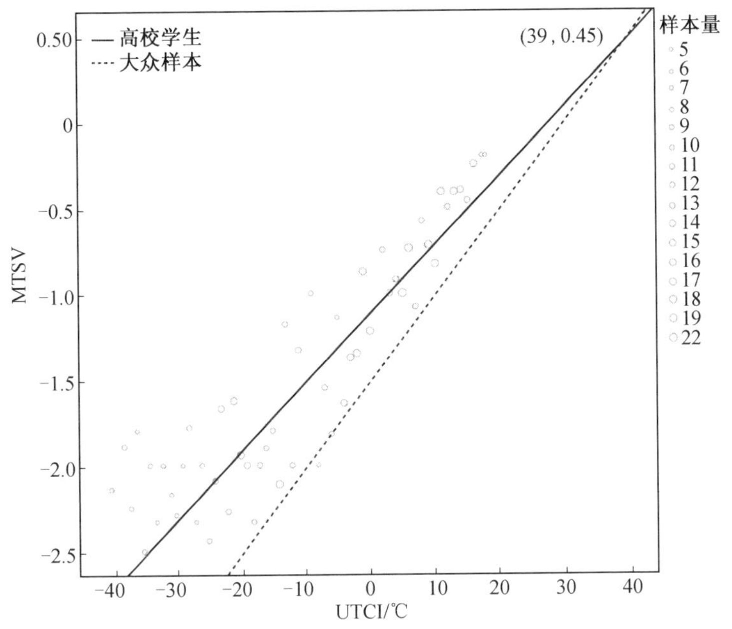

图 5.34　冬季不同样本下 UTCI 和 MTSV 拟合关系图对比

通过对不同热舒适指标和平均热感觉投票(MTSV)拟合关系下“高校学生”和“大众样本”的对比可知，高校学生对严寒地区冬季室外热环境的变化不是很敏感。所以在研究严寒地区冬季室外热舒适的过程中，样本年龄应该作为一个重要因素加以考虑。

5.4　通用热舒适指标对寒地城市高校校园热环境的适用性评价探讨

5.4.1　指标适用性评价方法的选取

热舒适指标用于室外热舒适的定量评价，不同的热舒适指标有不同的特点、计算模型及公式。然而，目前尚无相关标准规定哪一类或哪一个热舒适指标适用于评价室外热舒适。为了定量评价不同设计方案的热环境改善效果，提高室外热舒适状况，室外热舒适评价指标的选取也成为室外热舒适研究课题中的一个主要研究方向。本节主要分析不同热舒适指标在严寒地区冬季校园室外空间适用性的评价效果，得出最适合评价严寒地区冬季校园室外热舒适的指标，为高校学生的室外热环境设计提供评价指标。本节选取 3 个统计指标和 2 个定性指标评价不同热舒适指标在严寒地区冬季校园室外空间的适用性。

1. 统计指标评价方法

3 个统计指标分别为：①决定系数，即热舒适指标计算参数对热感觉投票的决定系数；②相关系数，即热舒适指标值与热感觉投票的 Spearman 相关系数；③正确预测百分比，即热舒适指标评价正确预测热感觉投票的百分比。

3 个指标的含义和计算方法分别为：①决定系数，热舒适指标计算参数与热感觉投票（TSV）的决定系数用于描述热舒适模型的预测潜力，即热舒适指标计算参数对热感觉投票的决定性，计算时首先分别计算每次调研对应的热舒适指标值，然后对所得数据按照热舒适指标进行分组（1 ℃为一组），统计各组对应的热舒适指标计算参数和热感觉投票的平均值，并在热舒适指标计算参数和热感觉投票之间做多元线性回归得到决定系数 R^2；②相关系数，热舒适指标值与热感觉投票的 Spearman 相关系数用于评价人们对热舒适指标值的敏感性，同理，计算时首先分别计算每次调研对应的热舒适指标值，然后对所得数据按照热舒适指标进行分组（1 ℃为一组），统计各组热舒适指标值和热感觉投票的平均值，并在热舒适指标值和热感觉投票之间做双变量相关分析得到 Spearman 相关系数；③正确预测百分比，热舒适指标评价正确预测热感觉投票的百分比是指热舒适指标预测的反应分类与热感觉投票的吻合百分比，即指标的实际预测能力，计算公式如下：

$$\eta=(Q_{\mathrm{TSV_p-TSV}}/Q_{总})\times 100\% \tag{5.24}$$

2. 定性指标评价方法

2 个定性指标的评价方法分别为：①热舒适指标的分类预测百分比与热感觉投票百分比的比较；②热舒适指标分类预测下的热感觉投票分布。采用正确预测百分比及这 2 个定性指标进行评价时需要定义不同反应分类分别对应的热舒适指标范围。热中性值是指人体在室外热环境中热感觉为“适中”（TSV＝0）时所对应的相关参数值，中性温度是指人们感觉不冷不热的温度，Fanger 等学者认为热感觉为“适中”时即达到舒适状态，因此，热中性值是室外热环境舒适程度的重要评判依据。ASHRAE 标准界定各级热感觉的范围为该热感值±0.5，如热中性值为 TSV＝0，热中性范围则为－0.5～0.5，以此类推根据各级热感觉的范围界定对应热舒适指标的范围（表 5.10），也就是不同反应分类下的热舒适指标范围。

由于调研地点处于严寒地区，从主观评价指标相关性分析的结论可看出绝大部分热感觉投票集中在－3～0 这个范围内，热感觉投票为“1”和“2”的百分比不足 2%，为了方便评价指标的计算，这里重新对热感觉投票进行划分，将热感觉

投票划分为 3 个标度:冷——“－3”(TSV＝－3),凉——“－2”(TSV＝－2),一般——“－1”(TSV＝－1、0、1、2),从而归纳出 3 个新的不同热感觉反应类别,见表 5.17。

表 5.17 不同热感觉反应类别对应的热舒适指标范围

MTSV	PET/℃	SET* /℃	UTCI/℃
冷(－3)	<－19	<－15	<－34.75
凉(－2)	－19～－2.3	－15～5	－34.75～－9.75
一般(－1、0、1、2)	>－2.3	>5	>－9.75

PET、SET* 和 UTCI 的统计方法为:分别计算每次测试调研对应的热舒适指标值,按表 5.17 所定义的不同热感觉反应类别对应的热舒适指标范围,对每次测试调研的热舒适状况进行分类,分类结果与热感觉投票进行比对,确定 3 个热舒适评价指标。

5.4.2 基于统计指标的指标适用性分析

本小节详细论述基于 3 个统计指标的不同热舒适指标(PET、SET* 、UTCI)适用性分析,包括具体计算方法、计算结果分析等。

1. 决定系数分析

热舒适指标计算参数与热感觉投票的决定系数需知晓不同热舒适指标(PET、SET* 、UTCI)计算所需参数(表 5.16),并通过 IBM SPSS Statistics 25 进行多元线性回归从而得到决定系数。

根据不同热舒适指标的计算参数,分别将 PET、SET* 、UTCI 3 个热舒适指标以 1 ℃区间进行分组,对应的计算参数和平均热感觉投票进行多元线性回归得到决定系数,3 个决定系数分别为 0.467、0.479、0.778。但从计算结果得知,分组后的不同热舒适指标的计算参数平均值和平均热感觉投票多元回归之后的显著性 p 均大于 0.05,证明两者之间的假设不成立。从统计学角度出发,不采用决定系数来评价热舒适指标在严寒地区的适用性。

2. 相关系数分析

如果 2 个变量均为连续变量(如身高、年龄、体重等),采用 IBM SPSS Statistics 25 进行相关性分析时应选取 Pearson 相关系数;若 2 个变量有一个是分类变量,即变量值是定性的,表现为互不相同的类别或属性,采用 IBM SPSS Statistics 25 进行相关性分析时应选取 Spearman 相关系数。热舒适指标和热感觉投票其中有一个为分类变量,应选取 Spearman 相关系数进行相关性分析。计算时分别将 PET、SET* 、UTCI 3 个热舒适指标以 1 ℃区间进行分组,并与对应的平均热感觉投票进行相关性分析，得到 Spearman 相关系数如下：0.829、0.782、0.803，相关系数从大到小的排序为 PET＞UTCI＞SET*。

3. 正确预测百分比分析

热舒适指标评价正确预测热感觉投票的百分比是指热舒适指标预测的反应分类与热感觉投票的吻合百分比，即指标的实际预测能力。综合上述分析过程，以及式(5.24)、表 5.17，得出热舒适指标分类预测下的热感觉投票(PTSV)和热感觉投票交叉表，见表 5.18～5.20。

表 5.18　PET 预测下的热感觉投票和热感觉投票交叉表

PET		TSV			合计
		−3	−2	(−1、0、1、2)	
PTSV	−3	55	47	22	124
	−2	50	66	45	161
	−1	22	67	312	401
合计		127	180	379	686

表 5.19　SET* 预测下的热感觉投票和热感觉投票交叉表

SET*		TSV			合计
		−3	−2	(−1、0、1、2)	
PTSV	−3	18	19	8	45
	−2	73	88	66	227
	−1	27	60	289	376
合计		118	167	363	648

表 5.20　UTCI 预测下的热感觉投票和热感觉投票交叉表

UTCI		TSV			合计
		−3	−2	(−1、0、1、2)	
PTSV	−3	24	26	8	58
	−2	86	101	70	257
	−1	17	53	300	370
合计		127	180	378	685

$$\eta_{PET}=(55+66+312)/686\times100\%=63.12\% \tag{5.25}$$

$$\eta_{SET^*}=(18+88+289)/648\times100\%=60.96\% \tag{5.26}$$

$$\eta_{UTCI}=(24+101+300)/685\times100\%=62.04\% \tag{5.27}$$

综上可得出热舒适指标正确预测百分比从大到小的排序为 PET>UTCI>SET*。综合本小节内容得出，不同热舒适指标的决定系数、相关系数、正确预测百分比的结果对比见表 5.21。从表 5.21 中可以看出，3 个热舒适指标的相关系数和正确预测百分比从大到小的排序为：PET>UTCI>SET*。通过分析统计指标得出 PET 对严寒地区冬季校园室外热舒适的适用性最好。

表 5.21　不同热舒适指标的决定系数、相关系数、正确预测百分比的结果对比

指标	决定系数	相关系数	正确预测百分比
PET	0.467	0.829	63.12%
SET*	0.479	0.782	60.96%
UTCI	0.778	0.803	62.04%

5.4.3　基于定性指标的指标适用性分析

1. 热舒适指标分类预测与热感觉投票百分比的比较

表 5.17 界定了不同热感觉反应类别对应的热舒适指标范围，由此可推导出热舒适指标的分类预测百分比。以生理等效温度(PET)为例，在重新划分的 3 个热感觉投票分类中“−3”(冷)对应的 PET 范围为<−19 ℃，统计所有 PET 数值对应的个数为 686 个，在 PET<−19 ℃范围内的指标个数为 124 个(表 5.18)，故在“−3”(很冷)对应的 PET 的预测百分比为(124/686)×100%=18.08%。在重新划分的 3 个热感觉投票分类中“−2”(凉)对应的 PET 范围为−19～−2.3 ℃，统计所有 PET 数值对应的个数为 686 个，PET 在−19～−2.3 ℃范围内的指标个数为 161 个，故在“−2”(凉)对应的 PET 的预测百分比为(161/686)×100%=23.47%。在重新划分的 3 个热感觉投票分类中“−1”(一般)对应的 PET 范围为>−2.3 ℃，统计所有 PET 数值对应的个数为 686 个，在PET>−2.3 ℃范围内的指标个数为 401 个，故在“−1”(一般)对应的 PET 的预测百分比为(401/686)×100%=58.45%。以此类推，计算其他 2 个热舒适指标 SET*、UTCI 的分类预测百分比。而热感觉投票百分比经统计：“−3”(冷)为 18.66%，“−2”(凉)为 26.24%，“−1”(一般)为 55.10%。综上所述，得出热舒适指标的分类预测百分比与热感觉投票百分比的比较，见表 5.22。

表 5.22　热舒适指标的分类预测百分比与热感觉投票百分比的比较

	冷(－3)	凉(－2)	一般(－1)
TSV	18.66%	26.24%	55.10%
PET	18.08%	23.47%	58.45%
SET*	6.94%	35.03%	58.03%
UTCI	8.47%	37.52%	54.01%

从高校学生热感觉投票百分比可以看出,“一般”的比例最高,为 55.10%,“凉”次之,为 26.24%,“冷”的比例最低,为 18.66%。PET 的分类预测百分比与实际值吻合程度最高,3 种反应类别占比分别为 58.45%、23.47%、18.08%。而 SET* 与 UTCI 预测的“一般”百分比与实际值吻合程度较好;但在预测“凉”的百分比上,比实际值偏高;在预测“冷”的百分比上却低于实际值很多。综上所述,3 个热舒适指标中,PET 的分类预测百分比与实际值吻合程度最高,故首先采用 PET 作为严寒地区冬季校园室外热舒适的研究对象。

2.热舒适指标分类预测下的热感觉投票分布

表 5.18～5.20 是不同热舒适指标预测下的热感觉投票和热感觉投票交叉表,将表中的数字转化为百分比并结合表 5.22 中热舒适指标的分类预测百分比与热感觉投票百分比的比较,可得出表 5.23,表 5.23 为热舒适指标分类预测下的热感觉投票分布,即热舒适指标预测反应分类(冷、凉、一般)下的高校学生热感觉投票分布,表格中每一行相加之和为 100%。表格的第一行为热感觉投票分布,“－1”(一般)比例最高,为 55.10%;“－2”(凉)次之,为 26.24%;“－3”(冷)最低,为 18.66%。表格的第一列为热舒适指标的分类预测。

表 5.23　热舒适指标分类预测下的热感觉投票分布

SET* \ TSV	－3(占比 18.66%)	－2(占比 26.24%)	－1(占比 55.10%)
－3(占比 6.94%)	40.00%	42.23%	17.77%
－2(占比 35.03%)	32.16%	38.77%	29.07%
－1(占比 58.03%)	7.18%	15.96%	76.86%
PET \ TSV	**－3(占比 18.66%)**	**－2(占比 26.24%)**	**－1(占比 55.10%)**
－3(占比 18.08%)	44.35%	37.91%	17.74%
－2(占比 23.47%)	31.06%	40.99%	27.95%
－1(占比 58.45%)	5.49%	16.71%	77.80%

第6章

基于室外热舒适的寒地大型户外冰雪游乐场所设计的研究探索

本章以哈尔滨冰雪大世界作为研究对象开展游园实验，实验设定受试者均在园区中自由活动，记录受试者主观反馈、环境参数、身体参数并展开分析。研究结果对基于热舒适体验的严寒地区城市户外大型游园规划设计具有参考价值。

6.1　户外游园的发展概况与设计指导思想

6.1.1　户外游园的发展概况

游园的功能性在城市公共空间中的重要程度不言而喻，它不仅可以改善城市居民的居住环境以提高日常生活质量，还能够体现城市的地域特色、人文风情等。城市户外游园可以提高环境的质量，是如今城市居民休闲生活中不可或缺的休憩、交流场所。

游园过去的形式比较单一，以园林为主。在中国历史上，户外游园最早出现在殷周时期，那时的形式是以狩猎和游玩为主的“囿”和“猎苑”；秦汉时期供帝王游玩、休憩的场所称为“苑”或“宫苑”，官员和私人游玩、休憩的场所称为“园”“园池”“宅园”“别业”等；“园林”一词多出现在西晋以后的诗词中；唐宋之后，“园林”一词的应用变得更为广泛，泛指各种游憩场所。

可以说，中国园林体系（东方园林体系的主干，东方园林体系以中国为根，以自然式园林为主，典雅精致，意境深远）源远流长，并且风格独树一帜，作为世界园林之母，与欧洲园林体系（又称西方园林体系）、伊斯兰园林体系并称为世界三大园林体系。城市户外游园，可以说是古典园林的现代化产物，是顺应当今城市居民生活而存在的。随着西式现代造园思想的引入、全球化带来的文化交流与碰撞、中国城市化进程的快速推进，中国现代游园也迅速发展。解构、后现代、生态、极简等西方游园设计手法的中国化，在很大意义上推进了中国现代游园的多元化发展。

西方园林的起源可以追溯到古埃及时期，从古代墓画中可以了解到当时规则式园林的设计思想。自 17 世纪开始，英国把供贵族游玩的私园开放供大众使用，之后欧洲各国开始效仿，西方的园林学家开始对“公园”进行研究。按照年代划分，西方现代游园的发展分为 4 个阶段：现代主义、后现代主义、解构主义、多元化发展阶段。现代主义重视功能、空间的组织以及形式创新;后现代主义讲究艺术性、生态性和文脉的延续;解构主义讲究反中心化、冲突、错位;多元化发展则是西方现代游园的高潮时期,其由于众多思想的碰撞和冲突而走向多元化的发展路线,讲究多样性与包容性。

伊斯兰园林源于古巴比伦和古波斯园林,其特征是典型的十字形园林布局、封闭式建筑结合特殊的节水灌溉系统,以及丰富细致的建筑设计和装饰色彩。阿拉伯人习惯于用栅栏或围墙形成方形、笔直的花园,便于划清自然与人工的界限。花园以"田野"的形式布局,纵轴线和横轴线将花园分为 4 个区域,轴线被建造成十字路口,十字路口通常有一个中央水池。从那时起,水的作用发生了演变,从单一的中央水池演变为各种开放的水道、地下沟渠、水井,并相互联系。这种水的应用对欧洲各国的园林产生了深远的影响。

之后,欧洲兴起了以绿地、广场、花园与设施组合,再与音乐、表演等活动结合的娱乐花园,这就是现代游园的原始形态。1955 年沃尔特·迪士尼在洛杉矶阿纳海姆建立了第一个迪士尼乐园,这代表世界第一个具有现代概念的主题公园诞生。迪士尼乐园的出现让融合文化创意的主题游园成为潮流,这一新颖的理念在全球各大城市迅速传播。

部分地区由于气候因素,开展了一些跟冰雪相关的历史活动,这些活动发展到今天逐渐形成了具有地方特色的冰雪文化,其中一部分与游园相结合,就形成了供人们游玩的户外园区即户外冰雪游园。

6.1.2 户外游园的特征

游园的概念非常广泛,在一定意义上是供人们游玩、休憩的场所,可以分为室内和户外两大类。其中,户外游园可设于城市广场附近、高校校园内、景区周边等,是人们生活中不可缺少的休闲场所,部分主题游园甚至成为一个城市的文化输出载体,从而演变为一年一度的主题节日场所。这类游园通常具有明显的特征——文化性、开放性、连续性、多功能性、独特性。

1. 文化性

地域文化是一个地区的历史沉淀,地域文化的物化表达是当地文化传播、传承和延续的重要手段。与自然风光不同,游园中的景点设置多考虑人的行为活动,游园的"游"体现在听觉、味觉、视觉、嗅觉、触觉等依托人的主观体验,通过感觉器官的即刻感受,在内心产生综合的意境体验。游园的设计必定会围绕这些感觉去尽可能输出其想要体现的文化,而脱离文化性的游园则通常是单一功能的小规模游园,但随着时间的推移,游览者在其中的活动久而久之也会形成一种

文化，比如早期一些城市社区的设计缺乏文化娱乐的场所，居住者在其中某些小游园长时间地进行单一性质的活动（如下棋、跳广场舞等）从而形成一种“约定”，这种“约定”就赋予了这个区域文化的特质。

中国现代游园的发展离不开中国传统文化，从传统文化中挖掘设计语言，并用现代的手法加以表现，是中国现代游园顺承历史发展的出路。

2. 开放性

户外游园相比于其他的城市功能区来说有着明显的开放性优势。根据主题的不同，户外游园有湖泊、植物景观、冰雪、动物等元素，是城市的开放界面，调和了城市的建筑空间，塑造了城市的开放形象。同时，户外游园因具有开放性的特征会吸引一大批人群（包括本市远距离人群和外地人群）来此感受其地域性的特质或文化性的特质，从而增加地区的活力。

3. 连续性

户外游园的空间规划是点、线、面的结合，受游园性质的影响，游园的设计往往基于游玩的主题沿一条主干线展开，逐步形成多层次的空间序列。这使得游客的游玩、休憩活动在空间上具有连续性，视觉感知上虽然会有物化形式的外在不同，但为了凸显主题文化，仍然具有视觉上的连续性。

4. 多功能性

游园是结合了自然景观与基础设施的场所，应当具备游玩、休憩、交流的功能属性，以便为游览者提供多重游玩体验。同时，大型的游园还可设有商业贸易区，如与主题相关的周边产品售卖区、大型餐饮和购物中心等。

5. 独特性

游园是体现城市特色和塑造城市形象的场所，因其独特的地域性条件，往往具有不可复制性，其中的特色活动也会逐步发展为其独特性的重要组成部分。比如哈尔滨冰雪大世界与中国·哈尔滨国际冰雕比赛，使得冰雪大世界这个户外游园成了哈尔滨的“名片”。

6.1.3　户外游园设计的指导思想

户外游园设计是一种共生设计，首先，设计需要考虑历史、自然、城市、功能、文化等诸多因素。其次，设计应包含城市生态系统的平衡方法，包括安全性、历史性、当地人的生活方式，以及其他物质层面和精神上的继承。

户外游园设计还要考虑环境与城市结构的关联性。采用多种设计和可持续发展模式，贯彻以下指导思想。

1. 尊重自然

原生态环境的保护和人们的需求常常存在着矛盾。要坚持适度开发的原则，实现可持续发展。游园有其自身的旅游价值，自然资源作为旅游资源中的重要组成部分，在游园设计的各个节点上，都需要优先予以考虑。

2. 美观与实用相结合

户外游园作为城市居民及外地游客的休闲、参观、娱乐场所，是城市中公共活动空间的重要组成部分。因此，设计中美观性也是需要考虑的重要方面。但在考虑美观性的同时，也不能忽视游园的实用性。美观性是外在的美，可以给游客一个良好的第一印象，而实用性则是丰满的内在，能在游览过程中给游客带来良好的体验。所以在设计之初就将美观与实用相结合，是创造一个好的游园的关键。

3. 与城市功能相结合

城市游园设计的最终目的是让人参与进来。所以，将游园与城市功能相结合，使其成为人们生活中的一部分，在呼应游园主题的情况下尽可能地融入人们日常生活中休憩的元素或功能。这样一来，游园与城市的关系就会更加紧密。

4. 突出公共性

游园所拥有的功能是复杂而丰富的，但作为公共开放空间系统的重要组成部分，游园必须提供以服务大众为首要建设目的的空间。

5. 凸显地域文化

游园的设计要凸显当地独特的地域文化，打造区别于其他城市或地区的景观或服务，如此才能使游客记忆深刻。

6. 以人为本

游园的设计应以人为主体，考虑人的生理需求、行为偏好和习惯、心理活动特征及思维方式，使人在场所中能够切身感受到设计带来的便利。户外游园设计应考虑人在其中的各种生理活动和行为特征，使人产生认同感从而达到舒适的状态。

7. 公众参与

公众是游园最终的使用者，所以，游园设计的各个环节都需要积极调动公众的参与度，让设计成为公众的设计，集思广益，真正做到服务于民。游园建成后使其成为公众喜爱的户外游园，提高其建成后的使用率与好评度。

6.1.4　户外游园的空间规划方法

在户外游园的空间规划设计中，设计者必须考虑设计与生态的共存，如很多植物游园中存在包括水生生态系统、陆地生态系统在内的多个生态系统，这些生态系统是游园的敏感区。在户外游园设计中设计者应该最大限度地保留原有的生态圈，使得游园自身的生态系统保持完整，同时结合游园的主题添加人文色彩。

设计者除了考虑设计与生态的关系，还需呈现地域文化。设计讲究与众不同和创新，而文化从本质上来说具有地域性和独特性，这一点与设计的初衷不谋而合。所以，文化在设计中的表达是突出设计内涵的优秀手段。设计应结合地域文化，两者相辅相成。利用地域文化作为设计的内涵，就是从场地、地区遗留下来的文脉出发，延续该地区的历史和文化，用现代的手法传承历史使不同地域的户外游园呈现不同的特征和内涵，从而杜绝了设计的千篇一律，也从根本上丰富了户外游园的可玩性。

户外游园设计因地域性影响必定会呈现不同地方特色的空间特征，这些特征都是经过长期演变、发展和整合而形成的复杂整体，使户外游园最终呈现出一个极具特色的形态。设计者需要在复杂的空间特征中去实现游览者在时间和空间上的需求，因此对于空间序列及其组织形式应重点考虑。户外游园中的游览线路是连接各节点的连续的线性要素，具有明显的引导性；游玩景点作为最基本的空间单元，可以通过控制景点的设置制约游览者的游玩心理和视觉感受，并且具有指示的功能。空间序列的结构就是由点、线组合而成的空间关系，合理的空间序列可以使游览者在其中有舒适的体验感，从而可以使设计发挥更大的作用。

6.1.5　户外游园的设计原则

为了满足地区、文化、人的发展等方面的需求，户外游园的设计必须遵循四大原则。

1. 生态和谐原则

人与自然的和谐相处是人类从事生产活动中必须要重点考虑的因素，生态和谐原则在国内外大型游园的规划设计中得到了充分体现。2008 年，Rusty Keeler 提出了引入自然景观和冒险元素增加户外游园规划设计的生态性和互动性，旨在通过人与自然的亲密接触激发游客的探索欲望。2012 年，Heather Venhaus 提出户外游园可持续场地设计的原则，即在选址、施工过程以及后续维护使用的全流程中，降低不可再生资源的消耗，让户外游园设计在注重视觉、美学等方面的同时，也要积极延续生态优先的原则，实现协调发展。

2. 文化传承原则

不同的地域、气候、风土人情、民俗等催生了不同的地域文化特色。以浙江横店影视城为例，中国古老的阴阳、八卦、五行等本土文化要素塑造了该户外游园独有的文化特色与竞争力。另外，还需要注意处理好本土文化与外来文化元素的关系，既要博采众长，充分吸收外来文化元素的优点，又不能盲目地生搬硬套，为借鉴外来文化元素而迷失了自我。传统文化才是地域特色的根基，所以，传统文化的传承势必要在户外游园设计和规划中得到体现，这是户外游园设计的基本原则之一。

3. 技术创新原则

合适的技术手段对于减少不可再生资源消耗量，实现户外游园设计 3R (reduce, reuse, recycle)原则具有重要意义。例如，构建复层植物群落技术能够保证游园植物种类的多样性，维护游园植物生态体系的稳定；生态驳岸技术可以保证驳岸的生态化设计和户外游园中景观的和谐性；雨水收集技术能够有效防治降水较多地区的户外游园的水涝灾害，在水资源短缺的城市和地区能够提高水资源的利用率，降低成本；低影响开发技术可以降低游园开发建设与维护成本，保证户外游园的可持续发展。

4. 人本主义原则

人的发展就是确立人的历史主体地位，培养人的主体性，强调人在社会历史发展中的主导作用。同时，只有以人为社会发展主体的社会才能实现真正的发展。这是一种体现主体地位、客体地位、主体角色、尊重人、解放人、依赖人、视人为人的价值取向。当人们分析、思考和解决问题时，必须设定人性化的标准，实施人性化的服务。

更具体地说，在人与自然的关系中，以人为本是为了提高人们的生活质量。在人与社会的关系中，以人为本是推动力，尊重并考虑人的发展及其需求，使所有人受益；以人为本是以人为中心，关注弱势群体，尊重能力差异，尊重独立人格，满足人的更高层次需求。

在满足上述要求的同时，针对特殊的自然气候条件，还需要聚焦人的舒适性，提高人在游玩过程中的游玩“质量”，尊重个体差异，满足特殊人群的需求，在建设服务设施及场地规划中有一定的针对性，将以人为本的观念落到实处、落到细节。

6.2 哈尔滨冰雪大世界基本概况

6.2.1 哈尔滨冰雪大世界的地理位置

哈尔滨市境内的大小河流均属于松花江水系和牡丹江水系，其中松花江由西南向东北流经市区。哈尔滨冰雪大世界地处松花江段江心沙滩，全长1 030 m，最宽处25 m。

6.2.2 哈尔滨冰雪大世界的背景

1. 冰雪文化的产生

严寒地区居民在历史中以地方冰雪环境和资源为基础而形成的一种集生产、传统习俗以及思想价值于一体的特色文化就是冰雪文化。黑龙江省的冰雪文化以松花江流域为起点，冰雪气候、生态为条件，冰雪符号为形式，城市风貌和历史为载体，在历史的发展中，逐渐融合物质、风俗、科技、思想而形成系统的冰雪文化。

(1)物质方面：冰雪文化往往是以贴近人们生活的形态展示的，包括衣、食、住、行等方面的具体物质形式。

(2)风俗方面：生活在这种冰雪自然环境中的人们在历史中发生并传承生活习惯、行为习惯、生存方式等一切物质、非物质的存在。

(3)科技方面：为了适应冰雪自然环境、更好地生存，人们慢慢形成冰雪建筑、冰灯等创作工艺的知识体系。

(4)思想方面：当地人们在历史中形成的审美情趣、人文情怀等内容，是整个冰雪文化体系中最具文化价值的部分，同时也是特色所在。思想文化活动内容影响力大，影响群众广泛。

2. 我国冰雪旅游业的兴起

冰雪旅游是随着冰雪娱乐、体育运动的发展逐渐发展起来的，我国的冰雪旅游资源集中在北方，黑龙江省的冰雪旅游尤其火热。

以前人们对冰雪仅限于欣赏，并没有形成规模化的旅游市场。直到1985年，哈尔滨正式确立以冰雪为主题的节日——第一届哈尔滨冰雪节开办，哈尔滨冰雪旅游才逐渐形成规模。1996年，第三届亚洲冬季运动会在哈尔滨开幕，哈尔滨冰雪旅游开始走向国际，也拉开了我国冰雪旅游真正发展的序幕。此后，国内其他北方地区也开始加强冰雪旅游业的发展。

3. 黑龙江省冰雪旅游发展的条件

黑龙江省冬季漫长，降雪可持续长达 4 个月。全省山区面积占总面积的 60%，部分山脉海拔在 300～1 000 m 之间，非常适合滑雪。黑龙江省现有 S 级及滑雪场 26 个，其中，SSSSS 级滑雪场 4 个，SSSS 级滑雪场 6 个，SSS 级滑雪场 5 个，SS 级滑雪场 8 个，S 级滑雪场 3 个。

6.2.3 哈尔滨冰雪大世界的发展

为迎接 2000 年的到来，国家旅游局（现文化和旅游部）和中央电视台（现中央广播电视总台）在世纪庆典之际举办千年庆典活动。哈尔滨作为中国北方最具特色的旅游名城之一成为与国家旅游局联办“2000 年神州世纪游”的城市。1999 年 12 月 31 日，作为“2000 年神州世纪游”的亮点，哈尔滨冰雪大世界在松花江正式开幕。截至 2020 年冬季，哈尔滨冰雪大世界已经举办至第二十二届，展示了哈尔滨冰雪文化的独特魅力。

哈尔滨冰雪大世界自成立以来共经历了 4 次变更。这 4 次变更使冰雪大世界从政府主导模式转变为市场营销模式，从国内旅游市场拓展到国际旅游市场。

历届哈尔滨冰雪大世界的主题及时间见表 6.1。

表 6.1　历届哈尔滨冰雪大世界的主题及时间

届数	主题	时间/年
第一届	“最大的人工冰雪游乐园”	1999—2000
第二届	“奇幻多姿，人间仙境”	2000—2001
第三届	“展现地域特色景观”	2001—2002
第四届	“八大景区，展现变换”	2002—2003
第五届	“盛世中华，腾飞龙江”	2003—2004
第六届	“中俄友好年”	2004—2005
第七届	“中俄友好，冰雪情深”	2005—2006
第八届	“中韩友好冰世界”	2006—2007
第九届	“冰雪世界，奥运梦想”	2007—2008
第十届	“冰雪大世界、喜迎大冬会”	2008—2009
第十一届	“冰雪建筑华章，欢乐相约世界”	2009—2010

续表

届数	主题	时间/年
第十二届	“冰雪世界，童话王国”	2010—2011
第十三届	“林海雪原，动漫天地”	2011—2012
第十四届	“梦幻林海雪原，神奇冰雪动漫”	2012—2013
第十五届	“世界冰雪之梦，环球动漫之旅”	2013—2014
第十六届	“雪国胜境，冰天大观”	2014—2015
第十七届	“冰筑丝路，雪耀龙疆”	2015—2016
第十八届	“冰雪欢乐颂，相约哈尔滨”	2016—2017
第十九届	“冰雪百花园·奇幻大世界”	2017—2018
第二十届	“筑梦冰天雪地，共享金山银山”	2018—2019
第二十一届	“冰雪共融 欢乐同行”	2019—2020
第二十二届	“冰雪共融 欢乐同行” （与第二十一届主题相同）	2020—2021

6.3 哈尔滨冰雪大世界的游园实验

6.3.1 实验时间、地点及评价指标的选择

哈尔滨又被称作“冰城”，户外冰雪旅游资源丰富，哈尔滨冰雪大世界就是其户外冰雪旅游景点的代表。

根据中国天气网哈尔滨地区的气候数据，哈尔滨冬季平均日最低气温为－25 ℃，而游客游玩的时间大多集中在15:00—22:00之间，该时间段的温度通常比当日最低温度高3～6 ℃。每年哈尔滨冰雪大世界园区的开放时间段因气候原因而有所不同，大多集中在12月中下旬至次年2月中下旬，第二十二届哈尔滨冰雪大世界于2020年12月24日开园。根据天气状况选择15:00—22:00之间温度满足要求的日期进行实验。为了保证本次实验数据的准确性和统一性，实验需要一次完成。实验时间为2020年12月31日20:00—21:30，实验当天测试时间段的平均温度为－20.08 ℃，符合实验预期要求。实验当天温度如图6.1所示。

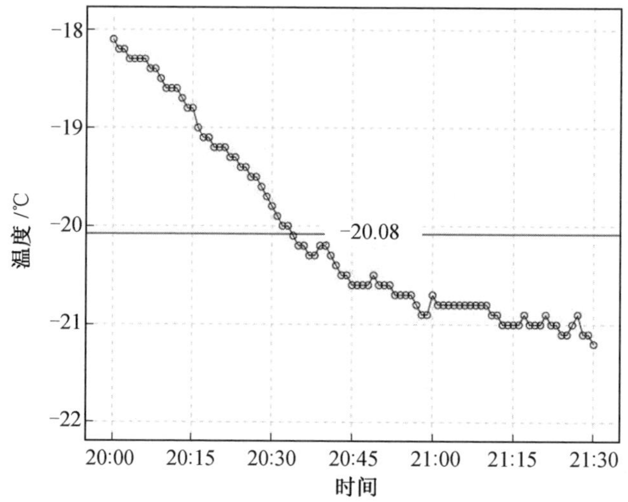

图 6.1　实验当天温度

户外游园游览者的热舒适评价，综合了环境因素、人体体温系统、人体与热环境的热交换、个人主观情绪等的影响。在以往的研究中，热舒适评价指标是在气象学、热动力学、生物学等学科的数学和物理模型的基础上建立的。这种综合性的评价体系优化了以单一环境参数作为评价标准的不可靠性和局限性，目前研究中常用的热舒适指标有生理等效温度（PET）、标准有效温度（SET*）和通用热气候指数（UTCI）。

1. 生理等效温度（PET）

基于 MEMI 模型推导出的热舒适评价指标——生理等效温度（PET）是借用典型房间内的空气温度对测试环境温度的修正计算。在初始阶段根据现场测试数据输入空气温度、相对湿度、风速、平均辐射温度、测试日期和时间段、地理位置，以及模拟基础对象的年龄、性别、体重、身高、活动强度和服装热阻等参数值，进而计算得出不同测点的 PET 值，其中活动的代谢率取 1 Met，服装热阻取 0.9 clo。

2. 标准有效温度（SET*）

标准有效温度以二节点模型为基础，在有效温度（ET*）的基础上加入个体差异性因素（如衣着量，活动类型等）的影响。当 SET* 的模拟基础对象为 0.6 clo服装热阻以及 1 Met 基础代谢量的人，处于空气温度、相对湿度、风速为固定值的特定环境中时，且皮肤温度与实际情况相同，则特定环境中的空气温度

即为实际环境中的标准有效温度。

3. 通用热气候指数(UTCI)

基于 Fiala 多节点模型的综合性指标，其计算模型在考虑个体性差异（如衣着量等）的基础上，根据地域划分整理各地户外活动人群的不同衣着类型等差异，假定模拟基础对象是一名代谢率为 135 W/m^2 的成年人，在风速、空气温度、水蒸气渗透压力、相对湿度等环境因素处于固定值的特殊情况下，该基础模拟对象的机体应变指标与实际环境中相同，则该特殊环境的空气温度为实际环境中的 UTCI。

热舒适指标将结论表现为一个单一变量，虽然较单一物理参数评价更为可靠，但也有其不完整、不直观的地方。

这些数学理论模型指标对于室外热环境（真实的室外热环境往往是不稳定、不均衡、具有瞬变性的）的评估是以人体在室内稳定的热环境中模拟室外热环境（将室内空气温度、湿度、辐射热等调至研究目标环境的范围内，往往在室内实验室中进行）的状态下进行的。但是，人体对于热环境的感受往往还包括非热环境的影响，如心理方面的影响。例如，人在有大面积绿植的自然环境中，对于热的反应阈值比相同热环境的室内条件下有所提高。所以，使用多维度的评价指标更为可靠。

1. 主观热舒适指标

处于真实室外热环境中的人群，由于地域性差异、生理状况差异、热经历差异等，个体的热舒适体验是不同的。比如秋季的哈尔滨，本地人由于受到地方寒冷气候的长期影响，他们的主观感受是虽然体感“微凉”，但是整体是舒适的。所以，有必要从多维度去进行评价，这样结论才更为精准。本次研究以热感觉、热舒适作为室外热环境评价的综合指标。

2. 客观热舒适指标

人体与热环境之间的“交流活动”主要是由皮肤来完成的，人体皮肤温度传达了人体热量与热环境换热的基本信息，当人们觉得“热”或者“冷”的时候，分布在人体各部位的“温度感受器”在受到冷热刺激的情况下向下丘脑发送信号，使人产生了冷或热的感觉。所以，很多相关研究将人体皮肤温度作为研究人体热舒适的一大指标。本次研究选择人体皮肤温度作为人在室外热环境中的生理热舒适指标，以对人的热舒适状态进行客观评估。

3. 游玩意愿指标

情绪是人在当前环境、当前状态下的即刻感受的心理反应，是人对于客观事物的态度体验，游玩意愿就是游客在游玩期间即时的情绪反馈。游客在游玩过程中的心理情绪是时刻改变的，受多方面因素的影响，如对环境的忍耐程度、当下的心情等。本次实验中，游客在游玩过程中想要继续游玩的欲望也是一种即时的情绪，用游玩意愿度来表示。

本次研究在哈尔滨冰雪大世界展开实地实验，受试者在游玩的过程中势必会对场所产生一种心理评价，这种心理评价是当前环境下所有影响因素的综合反馈，并且这种心理评价会影响人对于当前环境的评判结果，继而影响其下一步行为活动的选择。

6.3.2 受试者的选择与皮肤测点的确定

1. 受试者的选择

非稳定热环境下的动态热舒适性研究，尤其是以局部皮肤温度的实时监测与记录作为客观指标的研究，其样本量通常相对较少。首先，这方面的研究往往需要在受试者身体的相应部位提前布置测量、记录仪器，工作较为烦琐；其次，测试的时间往往较长且是连续性的，加上前期的准备工作、身体各相关指标的稳定时间、测试结束的仪器回收等，往往需要 2～4 h，甚至更久；最后，因为是动态的热舒适性研究，所以人体局部皮肤温度的测量与记录仪器不能太复杂，常用的符合实验要求的纽扣式温度记录仪比较轻便，但是整个记录过程的数据不可见，这意味着在实验过程中如果仪器发生故障或粘贴不牢固就会白白浪费所做的工作。

目前，该相关方向的研究样本量，通常在 3～20 人之间。本次研究选择 12 名在读硕士研究生(其中哈尔滨工业大学硕士研究生 11 名，外校在读研究生 1 名，共计 12 名)，男女生各 6 名，开展以严寒地区冬季户外景点——哈尔滨冰雪大世界为实验地点的动态热舒适性研究。所有受试者身体状况良好，无不良嗜好，且均未在哈尔滨冰雪大世界游玩过。受试者的基本信息见表 6.2。

表 6.2 受试者的基本信息

序号	性别	身高/m	体重/kg	BMI(身体质量指数，即体重与身高的平方的比值)	编号
1	男	1.80	75.00	23.15	M1
2	男	1.80	78.00	24.07	M2
3	女	1.71	55.00	18.81	W1
4	男	1.73	65.00	21.72	M3
5	女	1.70	52.00	17.99	W2

续表

序号	性别	身高/m	体重/kg	BMI(身体质量指数,即体重与身高的平方的比值)	编号
6	女	1.65	48.00	17.63	W3
7	女	1.70	46.00	15.92	W4
8	男	1.78	77.00	24.30	M4
9	女	1.73	56.00	18.71	W5
10	男	1.81	79.00	24.11	M5
11	男	1.85	75.00	21.91	M6
12	女	1.68	51.00	18.07	W6

2.皮肤测点的确定

皮肤温度可作为直接反映人体热状态的客观参数。人体的冷热感觉是人体皮肤受到环境的热刺激,皮肤中的冷热感觉神经向下丘脑传递信号而产生的感觉。此外,还有研究显示,手部和脚部的温度总是比身体的其他部位更低一些,而头部则温度最高,身体其余部分的热感觉和舒适度介于头部和脚部之间,它们的温度通常比头部更低,但比手部和脚部更高。

本次研究在冬季的哈尔滨户外开展实验,人们的身体躯干部位会有充分的保暖措施,最直观感受冷热变化的就是面部、手部和脚部。综上所述,结合实验设备使用的影响,本次研究将额头、手部、脚部作为测量皮肤温度的测点。

6.3.3 问卷设计

本次研究的主观问卷分为两部分,第一部分为受试者的基本信息,第二部分为受试者在所处环境、状态下的热舒适指标和游玩意愿的量化评价。

第一部分记录受试者的基本信息主要为了方便后续记录实验数据。在后续数据的分析中,为了排除或分析个人因素对实验结果的影响,性别、身高、体重、着装等基本信息的记录是有必要的。

第二部分为受试者的热舒适、游玩意愿主观评价指标以及当下的游玩选择,由“整体平均热感觉投票”“各部位的局部热感觉投票”“热舒适投票”“热接受情况投票”“游玩意愿投票”和“游玩选择”组成,根据 ASHRAE 标准将热感觉界定为7级标尺:“冷”“凉”“微凉”“适中”“微暖”“暖”“热”,分别用数字“－3”“－2”“－1”“0”“1”“2”“3”表示。一些学者为了适应自己研究方向的特殊环境在此基础上做出了改动，如采用 11 级标尺，增加了对极端环境的描述。鉴于本次研究的特殊环境，“整体平均热感觉投票”和“各部位的局部热感觉投票”采用 9 级标尺来对受试者的热感觉情况进行评价：“－5”“－4”“－3”“－2”“－1”“0”“1”“2”“3”分别表示“非常冷”“很冷”“冷”“凉”“微凉”“适中”“微暖”“暖”“热”；“热舒适投票”采用 6 级标尺来对受试者的热舒适情况进行评价：“－5”“－4”“－3”“－2”“－1”“0”分别表示“极不舒适”“非常不舒适”“很不舒适”“不舒适”“轻微不舒适”“适中”；“热接受情况投票”采用 6 级标尺来对受试者的热接受情况进行评价：“－5”“－4”“－3”“－2”“－1”“0”分别表示“完全不接受”“很不接受”“不接受”“有点不接受”“稍微不接受”“接受”；“游玩意愿投票”采用 11 级标尺来对受试者的游玩意愿情况进行评价：“－5”“－4”“－3”“－2”“－1”“0”“1”“2”“3”“4”“5”分别表示“极不想玩”“非常不想玩”“不想玩”“有点不想玩”“稍微不想玩”“适中”“稍微想玩”“有点想玩”“想玩”“非常想玩”“极其想玩”；“游玩选择”是为了记录受试者的整体游玩过程有没有受到室内热环境换热的影响，或受试者在户外持续游玩时间的阈值等，分为“继续游玩”和“回到室内休息取暖/正在室内”。

6.3.4 实验流程

1. 准备阶段

受试者被要求在实验前 24 h 内禁止摄入刺激性食物及饮品（如麻辣火锅、酒精饮品、咖啡等），并且被要求禁止参与剧烈活动。对受试者的衣着等不做硬性要求，确保受试者以游客的身份参与本次实验，充分保证实验的客观性。在所有准备工作完成之后，受试者到达实验地点的入场大厅，静候 30 min 以使身心状态达到舒适。

2. 实验阶段

12 位实验参与者自由游玩，游玩期间每 5 min 填写一次问卷，游玩时间共 90 min（游玩时长以 1 h 为基础，考虑极端天气的影响，此后每 15 min 综合受试者意愿考虑是否结束实验）。实验结束后，受试者到出口集合。实验期间对受试者不做任何硬性要求（路线、游玩速度、游玩项目的选择等），但有特殊行为（如进食、进入室内休息等）需进行标注。

3. 恢复阶段

实验结束后，受试者回到室内温暖环境。

6.4　基于热舒适的寒地大型户外冰雪游乐场所设计策略

6.4.1　皮肤温度实测结果分析

本次实验受试者局部保暖措施统计见表 6.3。由于实验中设备故障等原因，本次实验并未获取全部完整的 12 名受试者的相关数据，以下研究以各项目实际统计数据为准。

表 6.3　受试者局部保暖措施统计

编号	性别	有无头部保暖措施	有无手部保暖措施
M1	男	×	√
M2	男	×	×
W1	女	√	√
M3	男	√	√
W2	女	√	√
W3	女	×	×
W4	女	√	×
M4	男	√	×
W5	女	×	×
M6	男	√	√

注：不同于一般的物理环境，在该极端条件下，一般的服装热阻计算方式低效甚至可能不准确从而导致结果的偏差。在本次实验中，将单帽、衣服自带的薄帽(包括部分不充绒的羽绒服自带的帽子)，以及单薄、透风的手套定义为低效的保暖措施，不计入做了相应部位的保暖措施。

1. 额头温度实测结果分析

图 6.2、图 6.3 显示了受试者(受试者分成 A、B 两组，其中 A 组受试者一直在户外游玩，B 组受试者在户外游玩 40 min 后进入室内休息取暖 20 min 后再回到户外完成实验)在游玩哈尔滨冰雪大世界期间，额头皮肤温度的实时监测数值。

从整体来看，在户外游玩期间所有受试者在实验前期的一段时间(约前 15 min)都会经历额头皮肤温度的骤降阶段，而后进入平稳期，在较小范围内波动；在着装方面有头部保暖措施的受试者 M3、M4、M6、W1、W2、W4，无论是实验开始时的初始皮肤温度还是实验结束时的最终皮肤温度都高于无头部保暖措施的受试者 M1、M2、W3、W5。

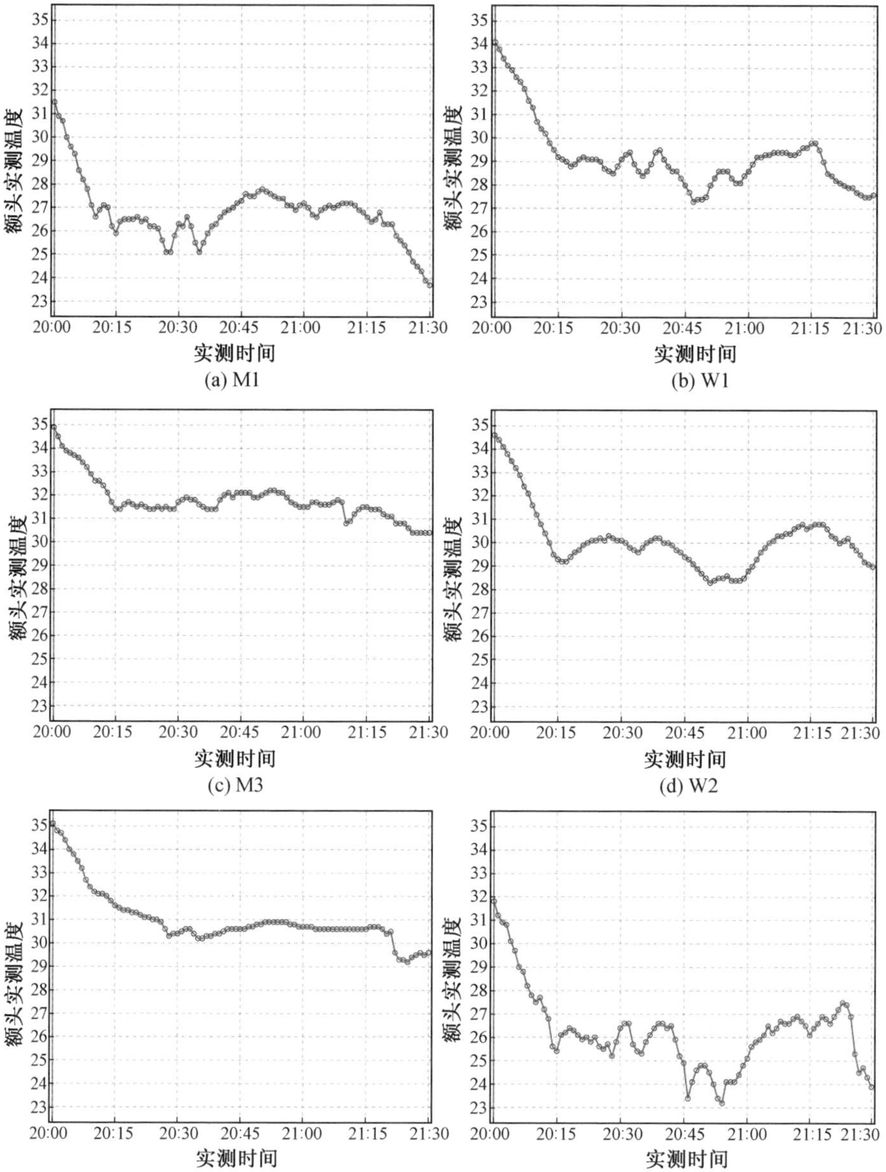

(a) M1

(b) W1

(c) M3

(d) W2

(e) M4

(f) W3

图 6.2　A 组额头皮肤温度实测图(左侧为男性,右侧为女性)

从整个实验过程中的皮肤温度波动情况来看,进入平稳期后,在户外游玩的过程中有头部保暖措施的受试者 M3、M4、M6、W1、W2、W4 的额头皮肤温度的波动性小于无头部保暖措施的受试者 M1、M2、W3、W5。这说明前者的温度稳

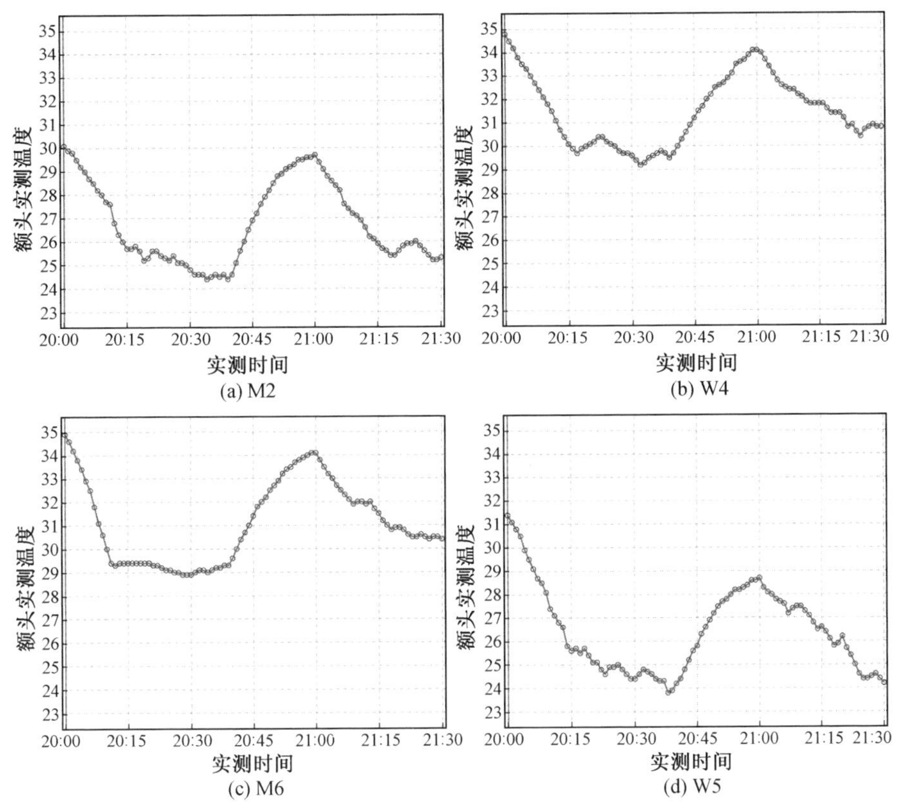

图 6.3　B 组额头皮肤温度实测图(左侧为男性,右侧为女性)

定性高于后者。

从 A、B 组的对比情况来看,B 组进入室内休息,额头的皮肤温度上涨 3～5 ℃不等,并且 B 组从室内重新回到室外 30 min 内额头的皮肤温度持续降低,但始终高于进入室内前的水准;A 组由于没有进入室内,之后一直处于平稳期,额头的皮肤温度在一定范围内波动。

2. 手部温度实测结果分析

图 6.4、图 6.5 显示了 A 组和 B 组受试者在游玩哈尔滨冰雪大世界期间,手部皮肤温度的实时监测数值。

从整体来看,在户外游玩期间,几乎所有受试者的皮肤温度都会经历 2 个阶段,首先是持续下降阶段,而后进入平稳阶段,在较小范围内波动。

在着装方面有手部保暖措施的受试者为 M1、M3、M6、W1、W2,其中男性受试者 M1、M3、M6 的第一阶段维持了 15 min 左右,而女性受试者 W1、W2 的第一

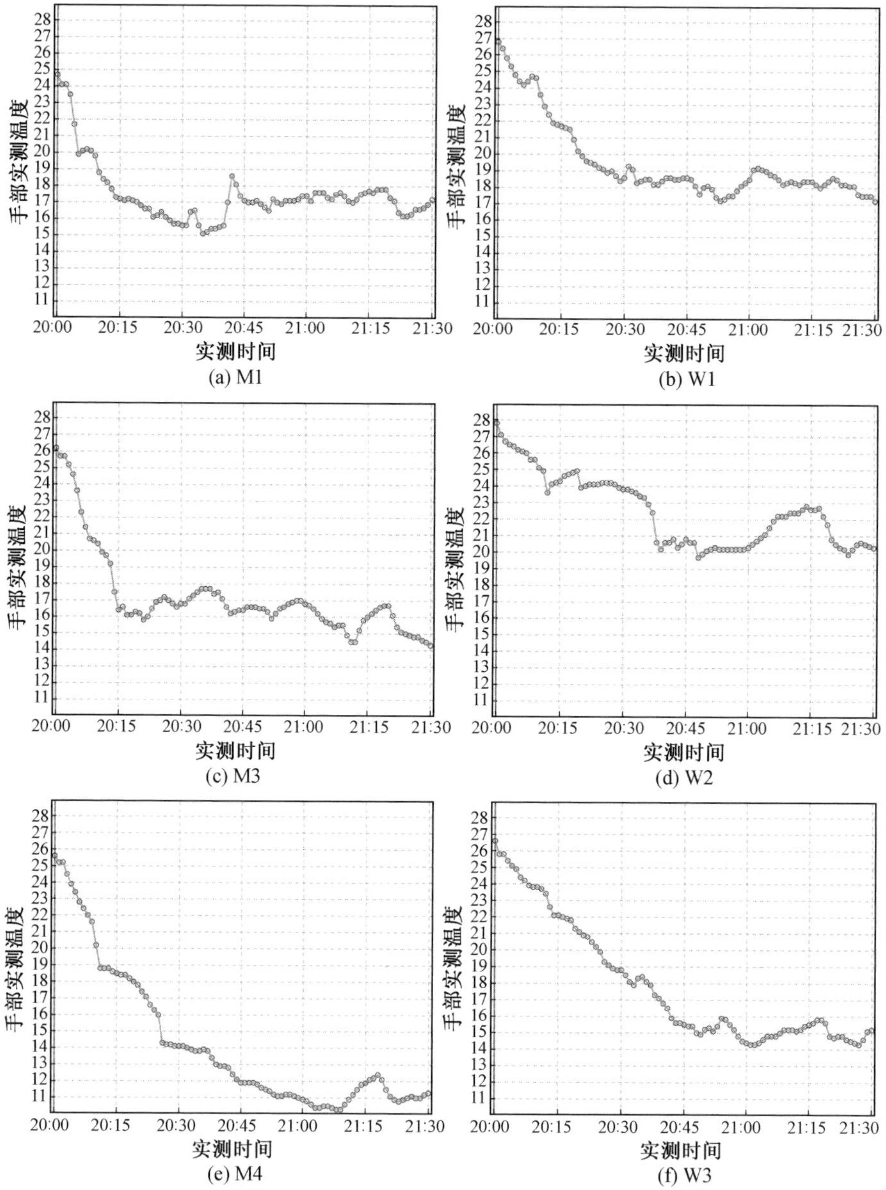

(a) M1

(b) W1

(c) M3

(d) W2

(e) M4

(f) W3

图 6.4　A 组手部皮肤温度实测图(左侧为男性,右侧为女性)

阶段维持了 30～40 min;在着装方面无手部保暖措施的受试者为 M2、M4、W3、W4、W5,其中男性受试者 M2、M4 手部皮肤温度变化的第一阶段维持了 45 min 左右,而女性受试者 W3、W4、W5 手部皮肤温度变化的第一阶段维持了 40 min 左右(并

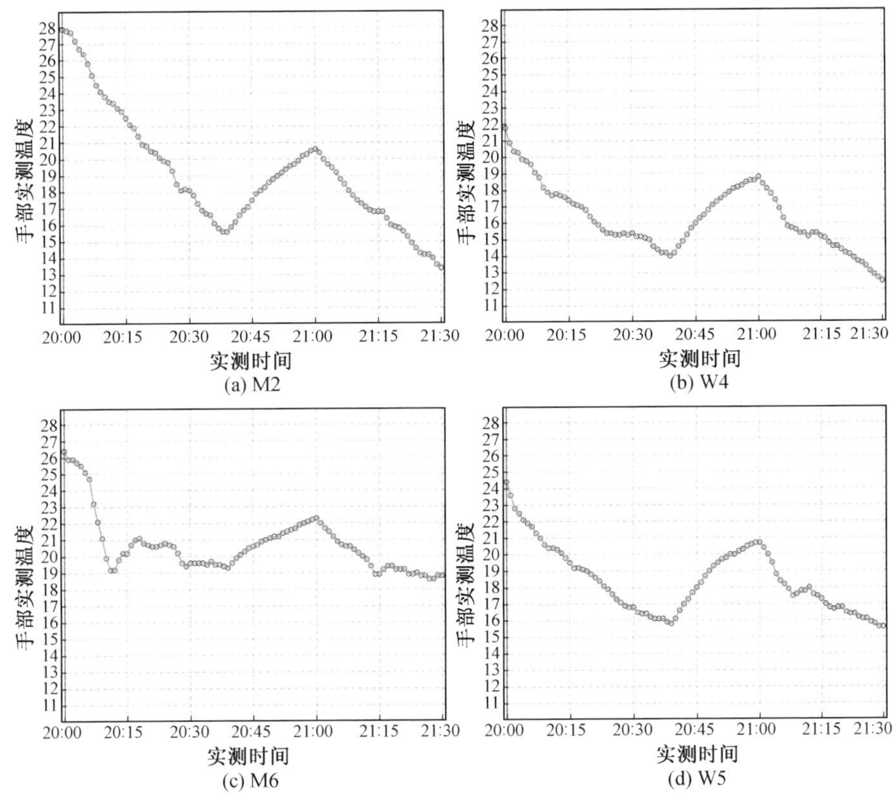

图 6.5　B 组手部皮肤温度实测图(左侧为男性,右侧为女性)

且 W4、W5 还有继续下降的可能性,但由于进入室内休息,第一阶段终止)。

从 A、B 组情况来看,B 组进入室内休息,手部的皮肤温度上涨 3～5 ℃不等,并且有手部保暖措施的受试者 M6 的上升幅度小于无手部保暖措施的受试者 M2、W4、W5;在重新回到室外后有手部保暖措施的受试者 M6 的手部皮肤温度经历了约 8 min 的稳定期,而后开始小幅降低并快速进入稳定期,而手部保暖措施的受试者 M2、W4、W5 在重新回到室外后手部皮肤温度骤降并且有持续降低的趋势。

此外,在无手部保暖措施的受试者中,W4、W5 的手部实测温度在 10 min 以内重新回到进入室内前的水准,但男性受试者 M2 约 25 min 后才重新回到进入室内前的水准。A 组由于没有进入室内,之后一直处于平稳期,手部的皮肤温度在一定范围内波动。

3. 脚部温度实测结果分析

图 6.6、图 6.7 显示了 A 组和 B 组受试者在游玩哈尔滨冰雪大世界期间，脚部皮肤温度的实时监测数值。

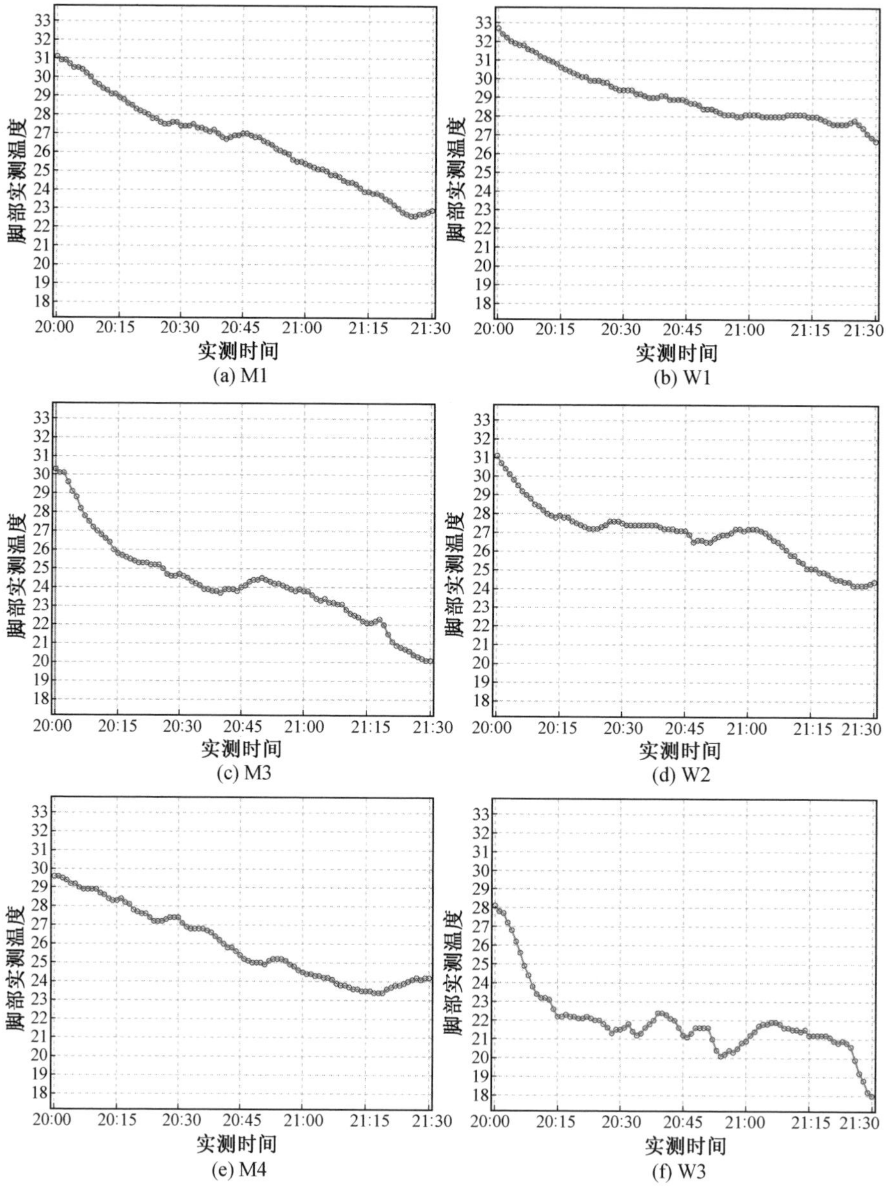

(a) M1

(b) W1

(c) M3

(d) W2

(e) M4

(f) W3

图 6.6 A 组脚部皮肤温度实测图(左侧为男性，右侧为女性)

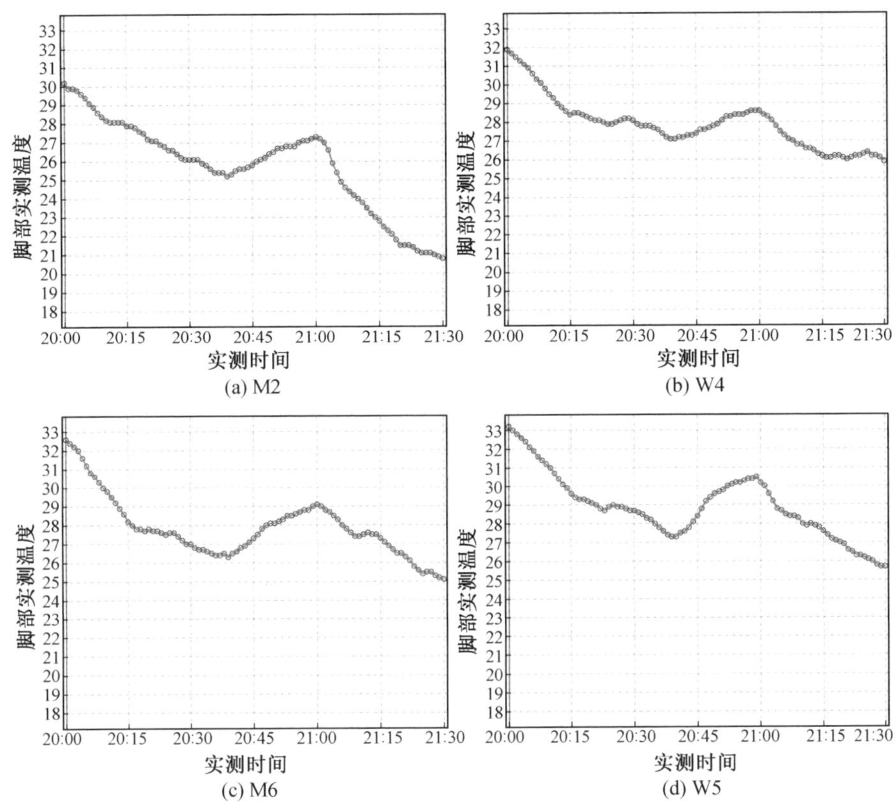

图 6.7　B 组脚部皮肤温度实测图(左侧为男性,右侧为女性)

从整体情况来看,实验的全过程中受试者的脚部皮肤温度几乎呈直线下降趋势,其中有 60%的受试者在实验开始 15 min 内脚部皮肤温度呈快速下降趋势,而后趋于稳定下降。

从 A、B 组情况来看,B 组进入室内休息,脚部的皮肤温度上涨 1～3 ℃不等,并且 B 组从室内重新回到室外 10～20 min 以内脚部皮肤温度回到进入室内之前的水准,而 A 组则多呈持续下降的趋势。

6.4.2　主观指标调研结果分析

1. 局部热感觉调研结果分析

(1)额头热感觉调研结果分析。

图 6.8、图 6.9 显示了 A 组和 B 组受试者在游玩哈尔滨冰雪大世界期间,额头热感觉投票的实时数值。

从整体来看，每个人的额头热感觉投票数值基本都保持在某一水准或者在某一数值附近有微小波动并且处于中部区间（绝大多数时刻变化数值不超过“2”）；与额头实测皮肤温度对比可知，受试者对额头局部温度的感知程度较弱。实验结束时，50％的受试者的额头热感觉投票值不低于“0”（适中），另外50％的受试者的额头热感觉投票值处于－1～－3（微凉－冷）之间，且分布均匀。

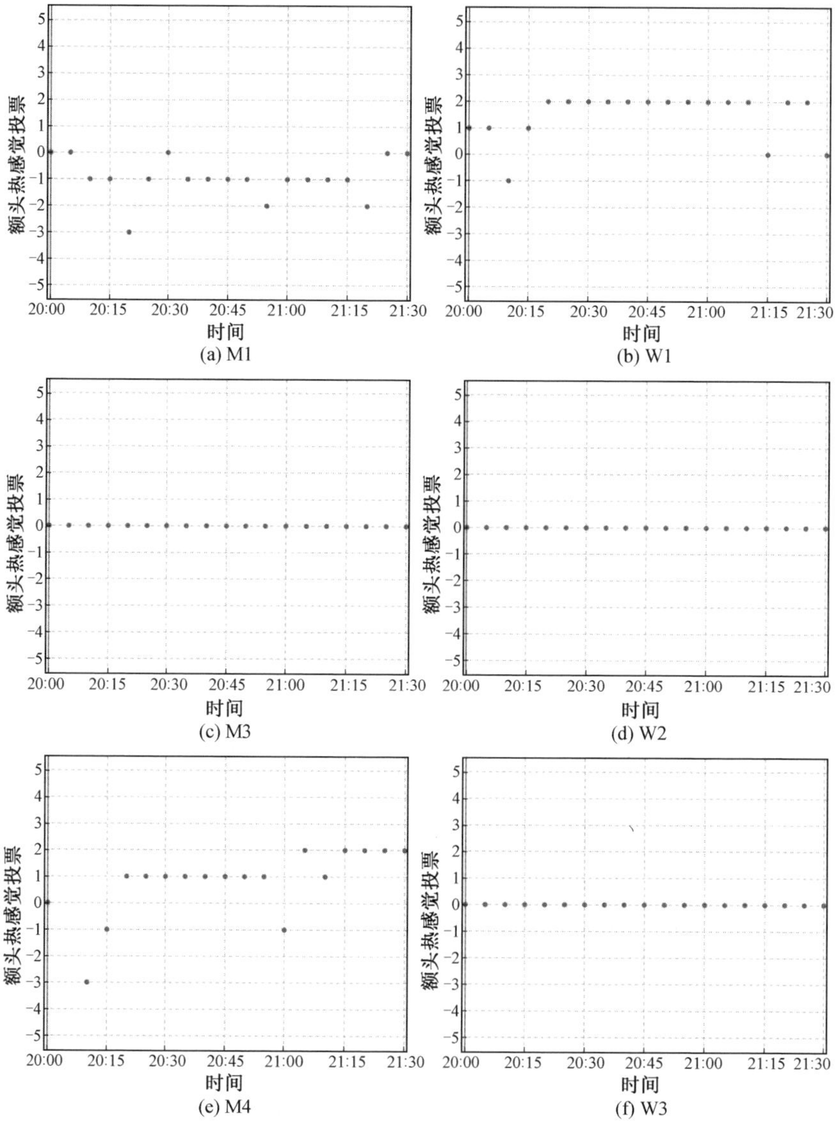

(a) M1

(b) W1

(c) M3

(d) W2

(e) M4

(f) W3

图 6.8　A组额头热感觉投票－时间分布图（左侧为男性，右侧为女性）

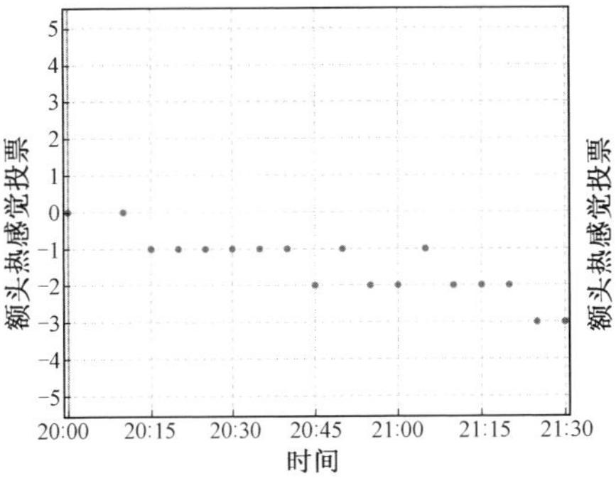

(g) M5 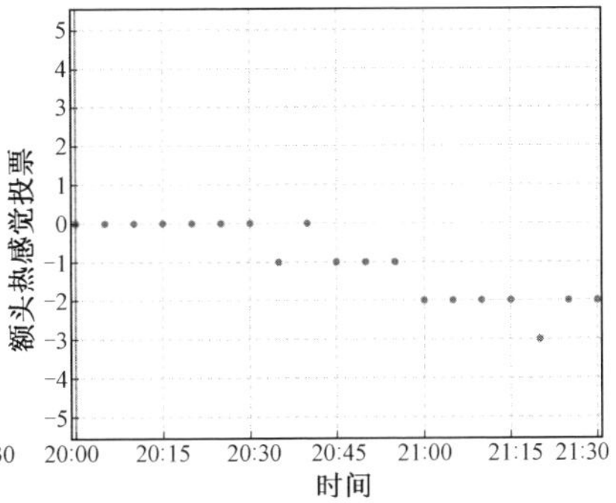　　(h) W6

图 6.8(续)

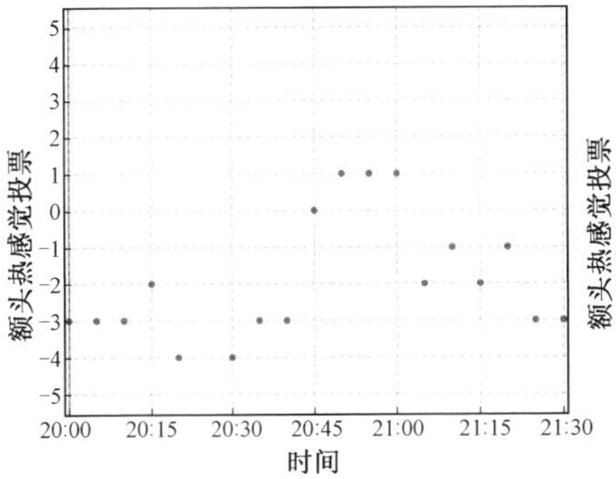

(a) M2 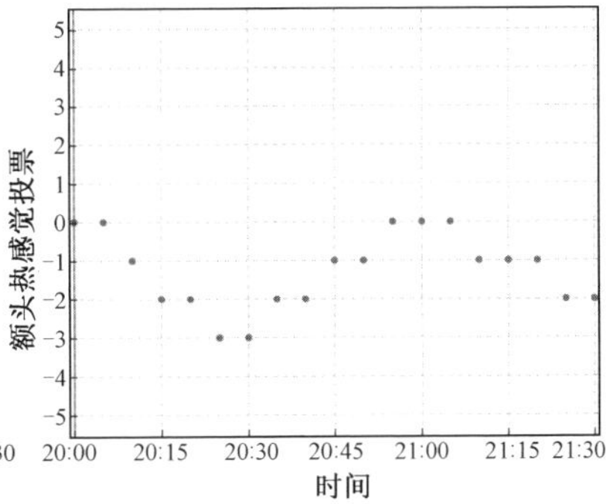　　(b) W4

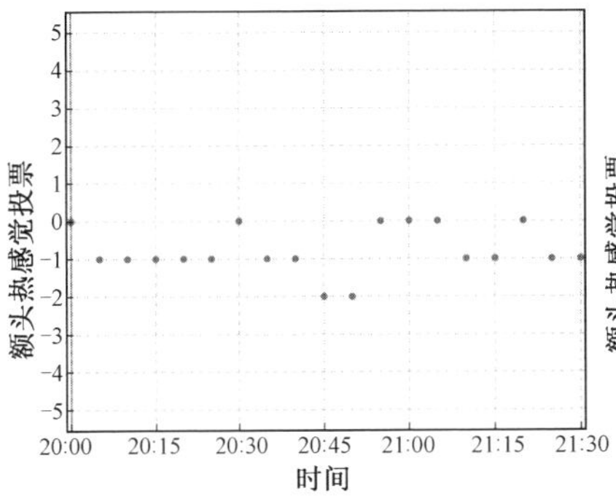

(c) M6 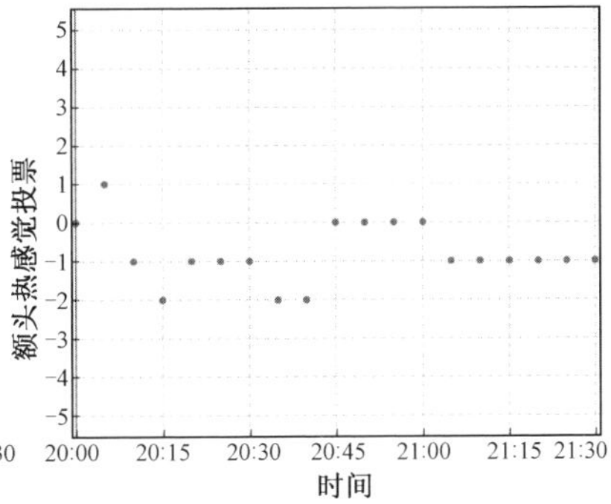　　(d) W5

图 6.9　B 组额头热感觉投票—时间分布图(左侧为男性,右侧为女性)

从 A、B 组情况来看,在实验全过程中 A 组 37.5%的受试者的额头热感觉没有波动,25%的受试者的热感觉呈一次函数关系缓慢下降(最大差值为 3),其余 37.5%的受试者的热感觉基本维持稳定,在一个稳定数值附近波动;B 组回到室内后,额头热感觉投票都略有上升,50%的受试者额头热感觉投票的最大上升幅度为 2,25%仅为 1,剩下的 25%为 4。

(2)手部热感觉调研结果分析。

图6.10、图6.11显示了A组和B组受试者在游玩哈尔滨冰雪大世界期间，手部热感觉投票的实时数值。

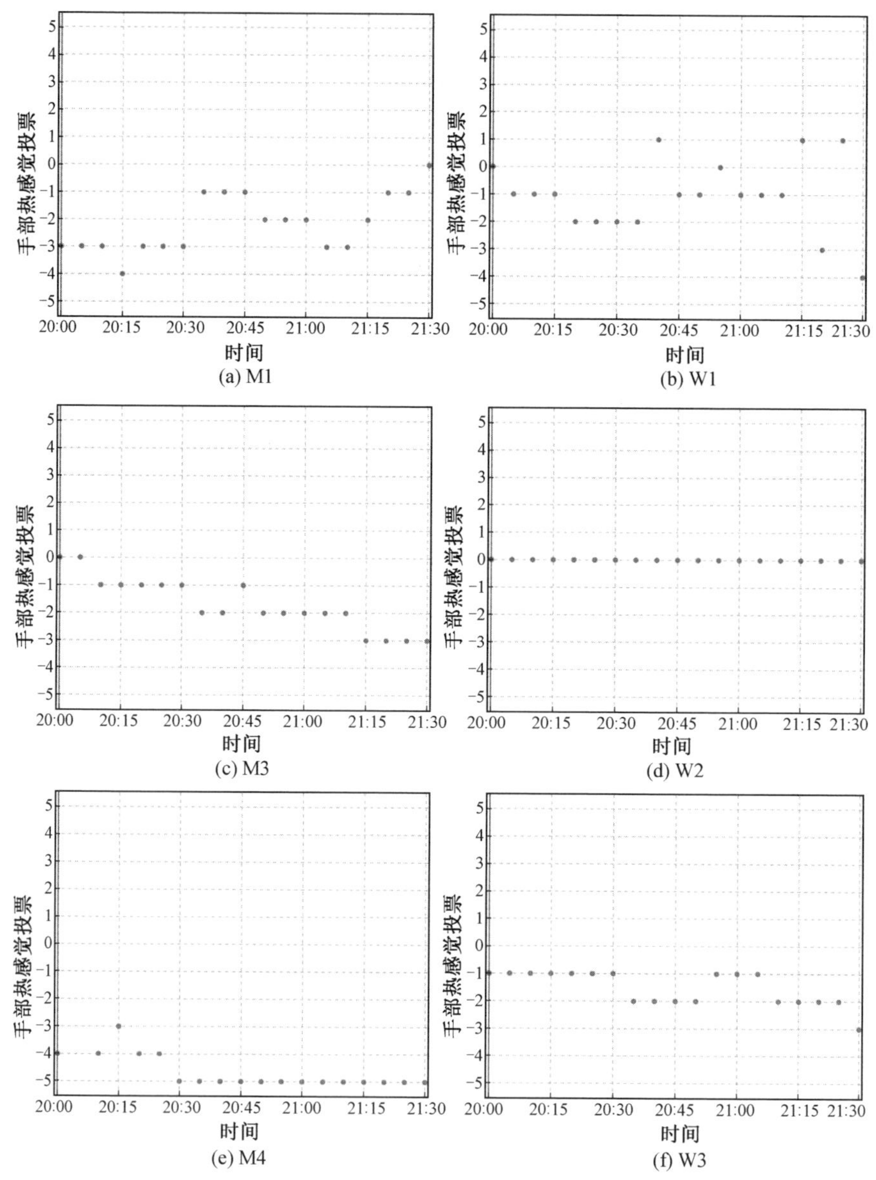

图6.10 A组手部热感觉投票—时间分布图(左侧为男性，右侧为女性)

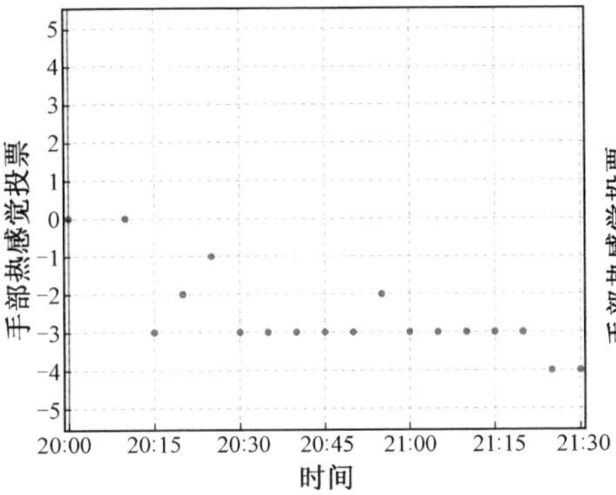

(g) M5

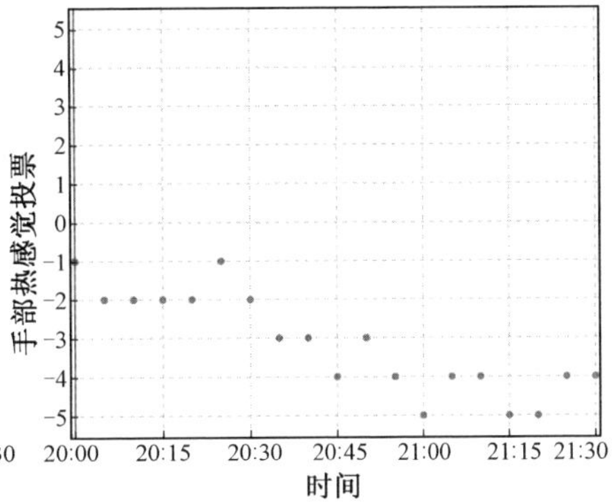

(h) W6

图 6.10(续)

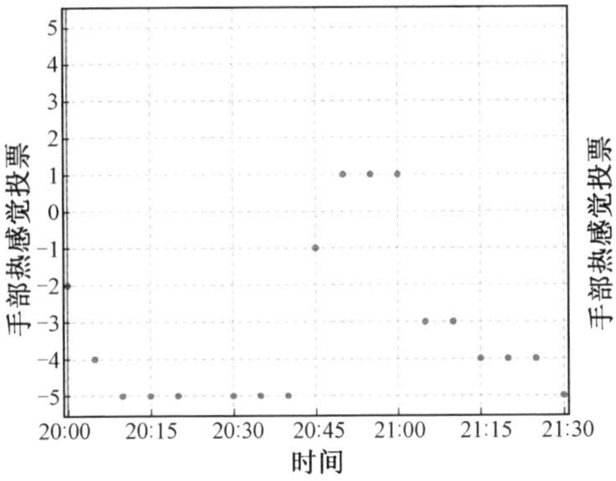

(a) M2

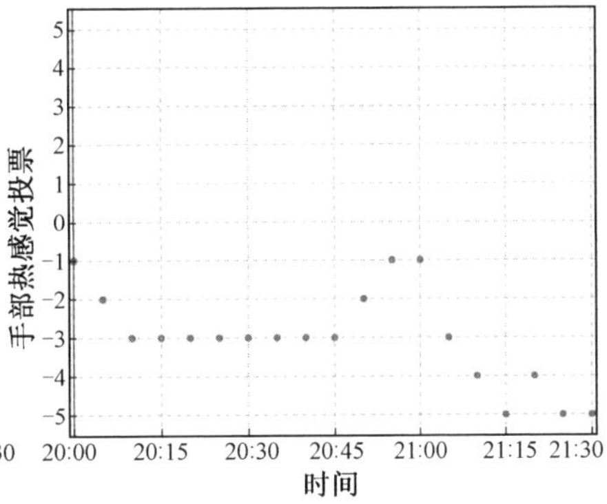

(b) W4

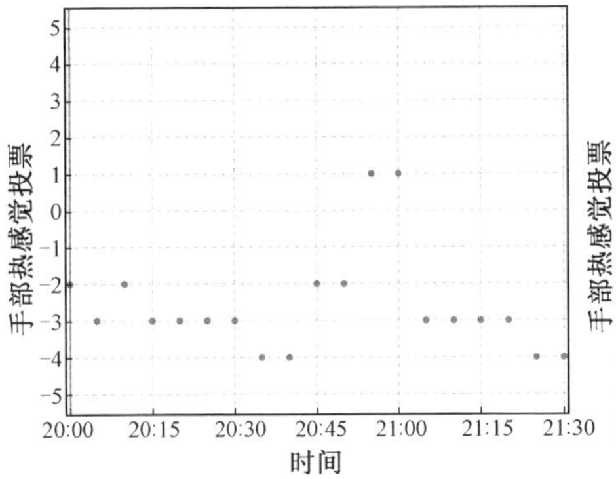

(c) M6

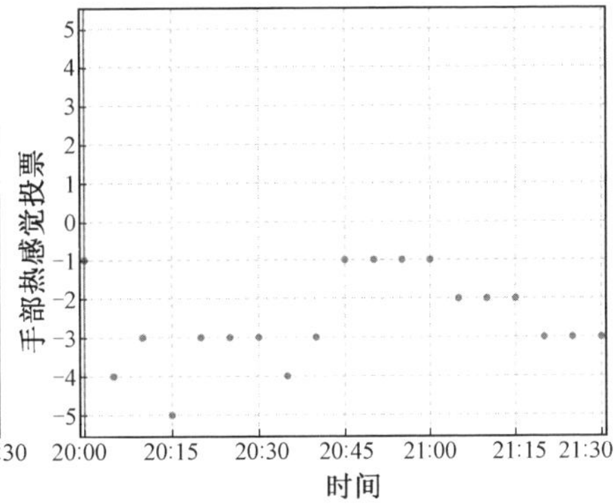

(d) W5

图 6.11　B 组手部热感觉投票时间分布图(左侧为男性,右侧为女性)

从整体来看,在实验结束时,83.3%的受试者的手部热感觉投票值在较低水平,投票值在−5～−3(非常冷—冷)之间,其中,30%的受试者的热感觉投票值为

“－3”(冷)，40％的受试者的热感觉投票值为“－4”(很冷)，30％的受试者的热感觉投票值为“－5”(非常冷)；剩余16.7％的受试者的热感觉投票值为“0”(适中)。

从A、B组情况来看，A组中，62.5％的受试者的手部热感觉投票为下降趋势，其中，20％的受试者在实验30 min后降至最低“－5”(非常冷)后保持不变；实验过程中，25％的受试者的手部热感觉投票保持相对稳定；12.5％的受试者的手部热感觉投票变化趋势呈现波动的上升趋势。B组回到室内后，整体波动较大；重新回到室外游玩的30 min内，75％的受试者的热感觉投票不低于休息前的水准；另外，男性手部热感觉投票的最大上升幅度区间为5～6，而女性仅为2。

(3)脚部热感觉调研结果分析。

图6.12、图6.13显示了A组和B组受试者在游玩哈尔滨冰雪大世界期间，脚部热感觉投票的实时数值。

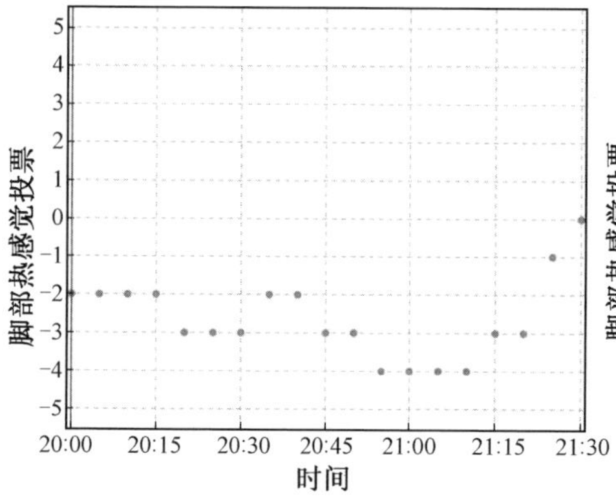

(a) M1

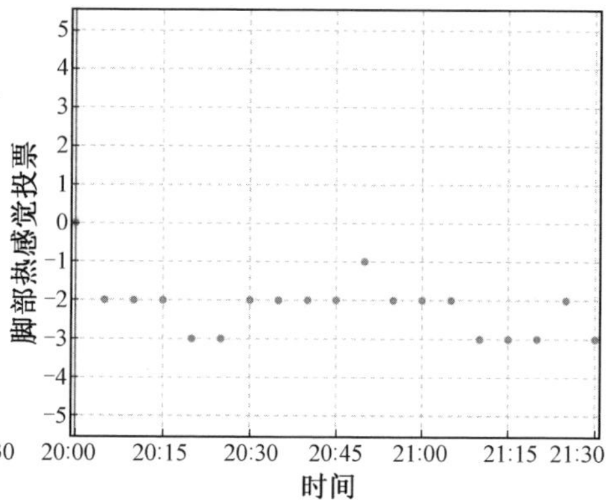

(b) W1

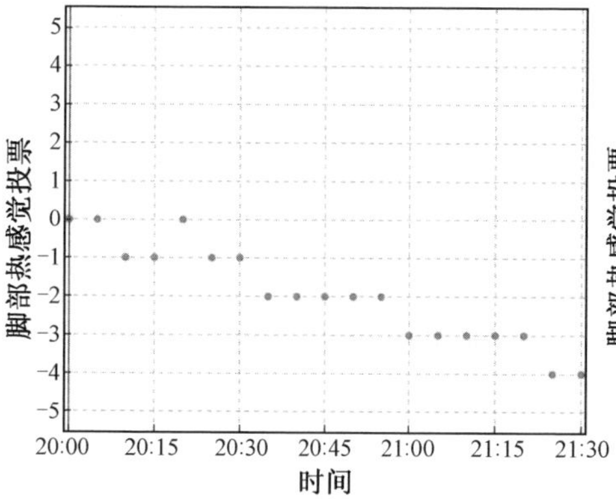

(c) M3

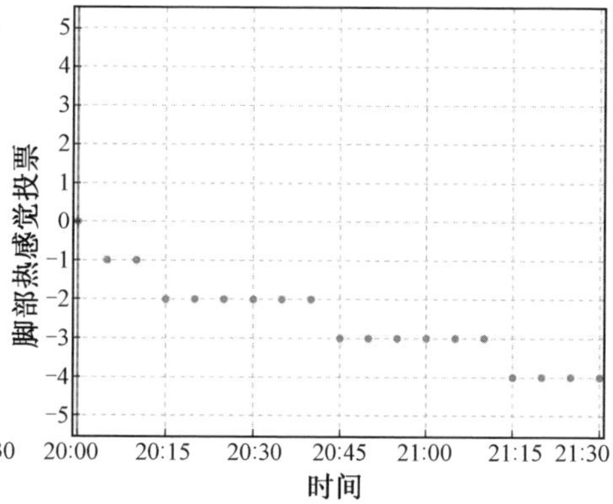

(d) W2

图6.12　A组脚部热感觉投票—时间分布图(左侧为男性，右侧为女性)

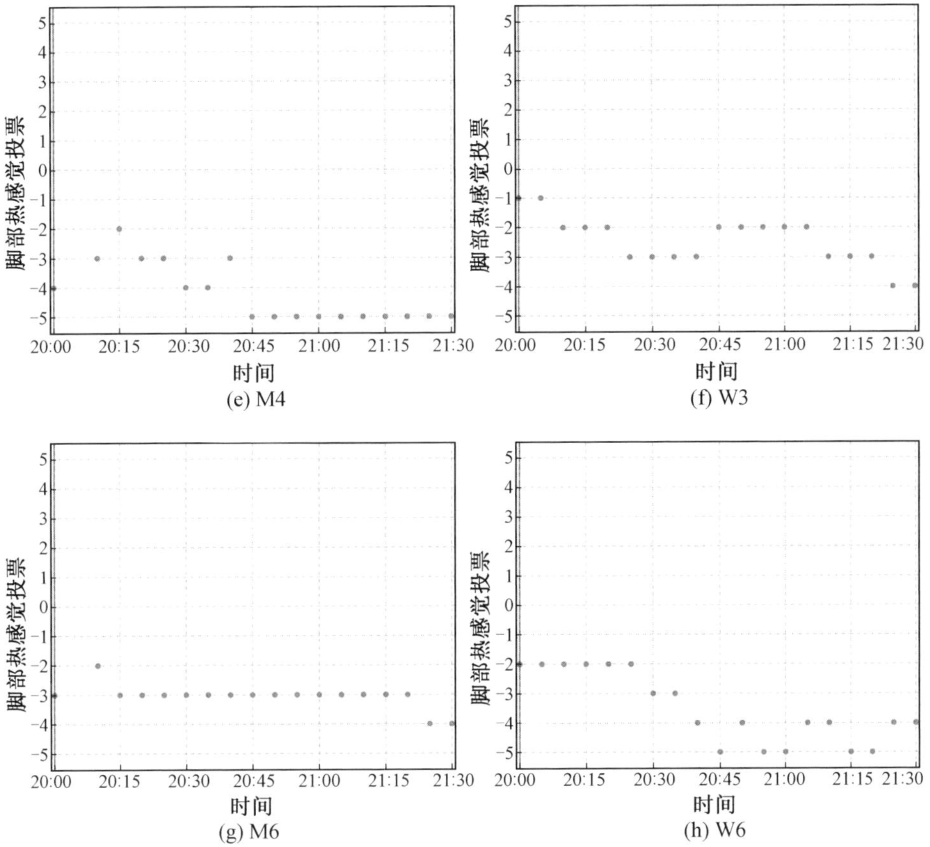

(e) M4

(f) W3

(g) M6

(h) W6

图 6.12(续)

从整体来看，在实验结束时，91.7%的受试者的脚部热感觉投票值在较低水平，投票值在−5～−3(非常冷—冷)之间，其中，9.1%的受试者的热感觉投票值为“−3”(冷)，63.6%的受试者的热感觉投票值为“−4”(很冷)，27.3%的受试者的热感觉投票值为“−5”(非常冷)；其余 8.3%的受试者的热感觉投票值为“0”(适中)。

从 A、B 组情况来看，A 组中，62.5%的受试者的脚部热感觉投票为下降趋势；25%的受试者的脚部热感觉投票在−3～−2(冷—凉)之间波动；12.5%的受试者的脚部热感觉投票呈现先降低后上升的趋势。B 组中，在重新回到室外游玩的 30 min 内，75%的受试者的脚部热感觉投票水平不低于休息前的水准；另外，受试者的脚部热感觉投票最大上升幅度为 4。

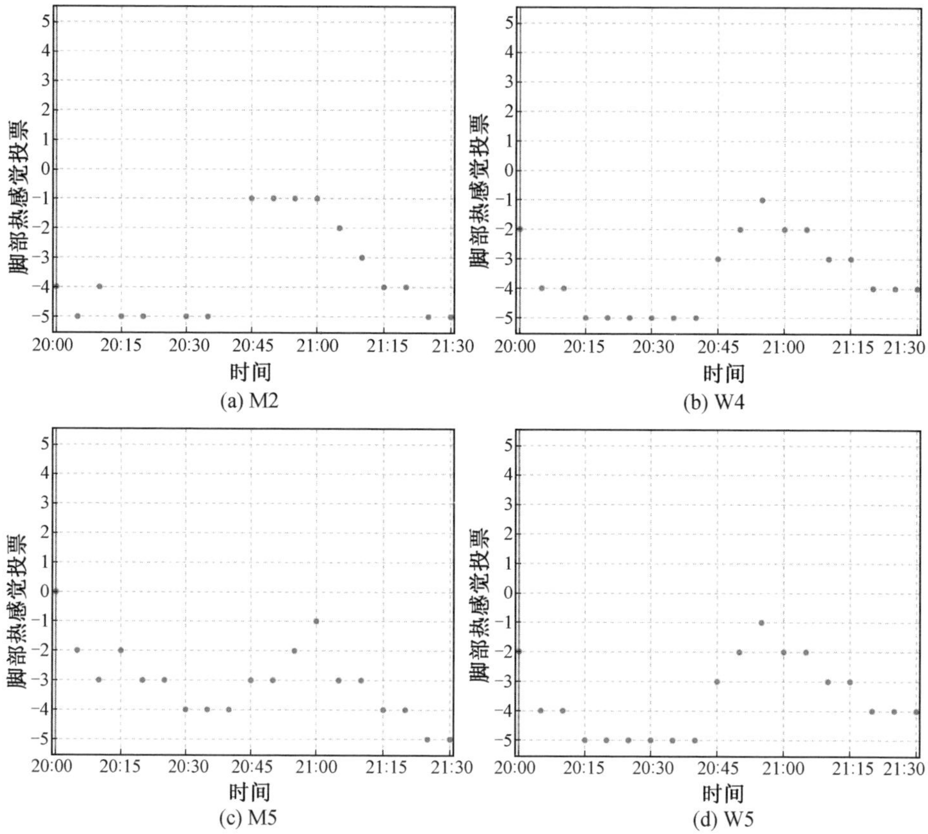

(a) M2

(b) W4

(c) M5

(d) W5

图 6.13　B 组脚部热感觉投票—时间分布图(左侧为男性,右侧为女性)

2. 整体平均热感觉调研结果分析

图 6.14、图 6.15 显示了 A 组和 B 组受试者在游玩哈尔滨冰雪大世界期间,整体平均热感觉投票的实时数值。

从整体来看,在实验结束时,75%的受试者的整体平均热感觉投票处于较低区间,投票值在−5～−3(非常冷—冷)之间,其中,22.2%的受试者的热感觉投票值为“−3”(冷),55.6%的受试者的热感觉投票值为“−4”(很冷),22.2%的受试者的热感觉投票值为“−5”(非常冷);其余 25%的受试者的热感觉投票值为“0”(适中)。在户外游玩时,游客热感觉投票随时间增长而降低,适当休息取暖后再回到户外,热感觉投票降低趋势明显。适当休息取暖后的一段时间内,相比于一直在户外游玩,游客的热感觉投票值会增加,即游客有了更好的游玩体验,也能适当增加游玩时长。

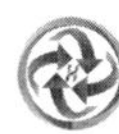

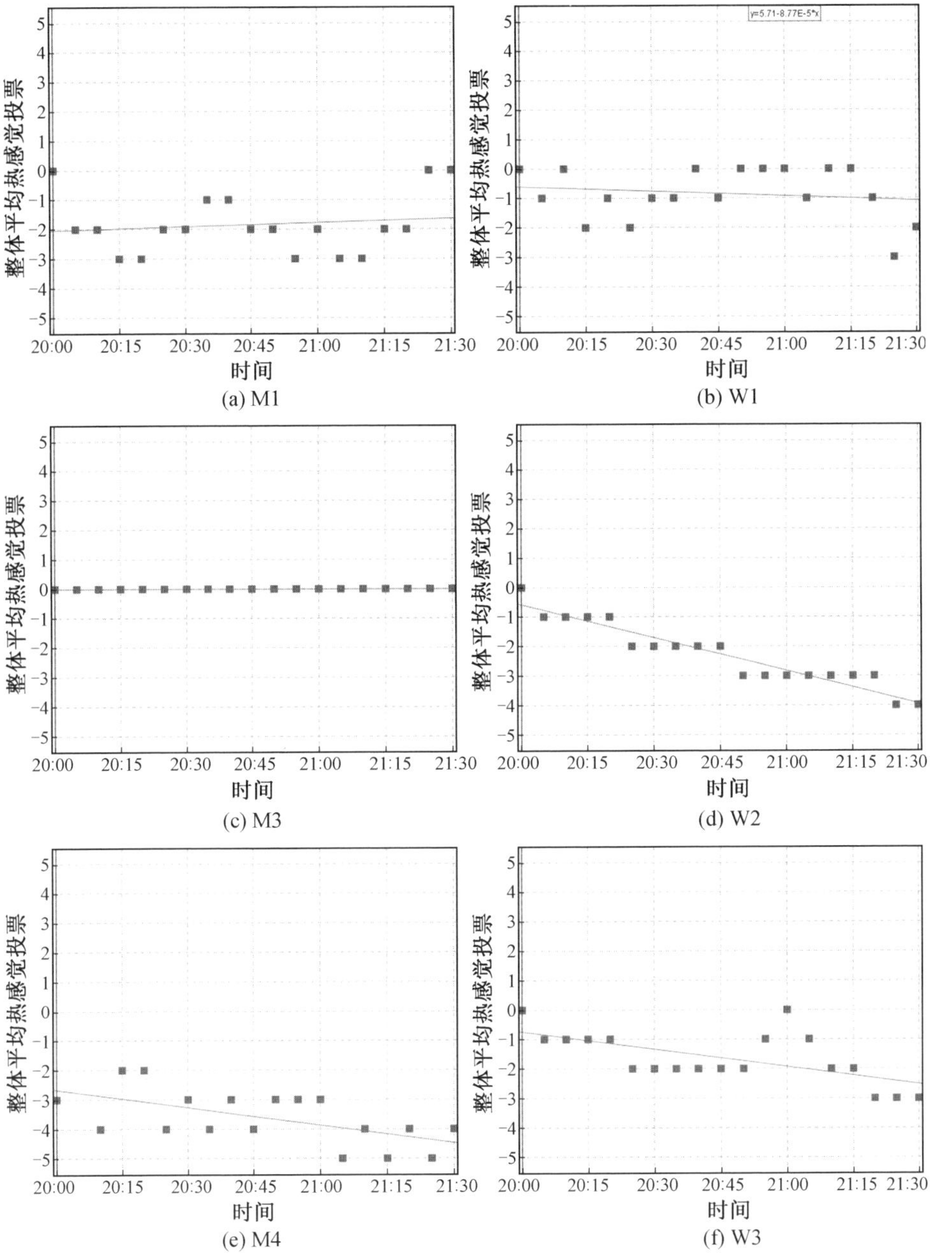
整体平均热感觉投票
时间
y=5.71-8.77E-5*x
(a) M1
(b) W1
(c) M3
(d) W2
(e) M4
(f) W3

图 6.14　A 组整体平均热感觉投票—时间分布图(左侧为男性,右侧为女性)

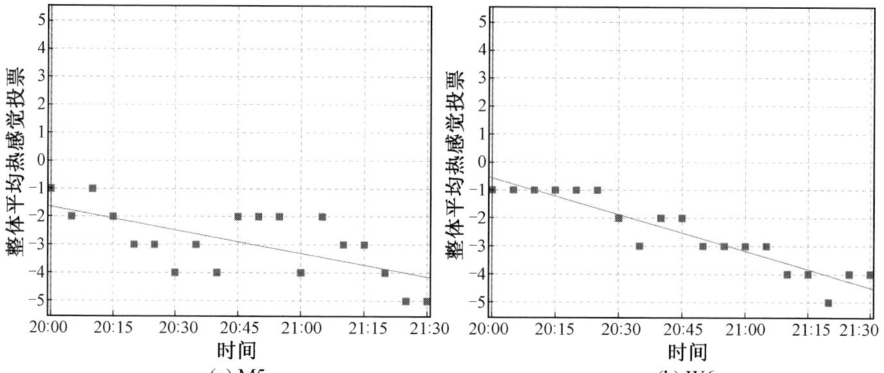

(g) M5

(h) W6

图 6.14(续)

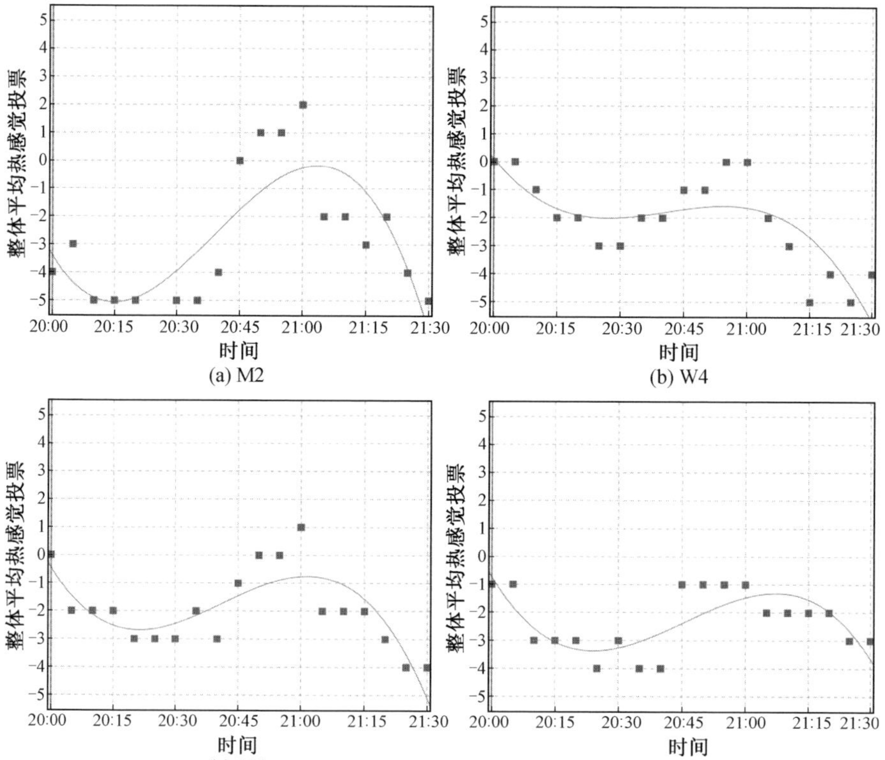

(a) M2

(b) W4

(c) M6

(d) W5

图 6.15　B组整体平均热感觉投票—时间分布图(左侧为男性，右侧为女性)

从 A、B 组情况来看，A 组中，62.5%的受试者的整体平均热感觉投票为下降趋势；12.5%的受试者的整体平均热感觉投票在“−2”(凉)上下波动，全程呈略微上升趋势；12.5%的受试者的整体平均热感觉投票在“−1”(微凉)上下波动，

全程呈略微下降趋势；12.5％的受试者的整体平均热感觉投票始终为“0”（适中）。B组中，在休息取暖期间，男性的整体平均热感觉投票最大上升幅度区间为 4～6，女性为 2～3；在重新回到室外后，整体平均热感觉投票都呈快速下降趋势；休息取暖后再回到户外，虽然整体平均热感觉投票降低趋势明显，但是在一定时间内（75％的受试者为 20 min 左右），游客整体平均热感觉投票区间不低于休息取暖之前的水准。

3. 热舒适与游玩意愿调研结果分析

(1)热舒适调研结果分析。

如图 6.16 所示的 A 组女性受试者（左侧），其时间—热舒适投票拟合曲线大都分为 3 个阶段（占 A 组女性受试者 75％）：第一阶段为实验开始到 20～30 min（受试者刚刚接触室外环境，由于室内外温差较大，所以热舒适投票呈现下降的趋势）；第二阶段为实验 20～30 min 到 55～60 min（受试者逐渐适应当前热环境，热舒适投票呈缓慢上升或下降的趋势）；第三阶段为实验 55～60 min 到 90 min 实验结束（受试者的热舒适投票趋势骤降，直至实验结束降至－5～－3 区间）。其中，一名受试者（W6）的时间—热舒适投票拟合曲线的趋势较为特殊，呈一次函数规律。

如图 6.16 所示的 A 组男性受试者（右侧），其时间—热舒适投票拟合曲线大部分也分为 3 个阶段（占 A 组男性受试者的 75％）：第一阶段为实验开始到 10～15 min（占 A 组男性受试者的 50％）、35 min（占 A 组男性受试者的 25％），受试者刚刚接触室外环境，由于室内外温差较大，时间—热舒适投票拟合曲线呈下降趋势；第二阶段为实验 10～15 min 至 50～55 min、35～60 min，受试者逐渐适应当前热环境，时间—热舒适投票拟合曲线呈平稳趋势（缓慢上升或下降）；第三阶段为实验 50～55 min 至 90 min、35～60 min 至 90 min，热舒适投票拟合曲线呈大幅度降低趋势，直至实验结束降至－3～－5 区间。其中，一名受试者（M4）的时间—热舒适投票拟合曲线的趋势呈二次函数规律，第一阶段为实验开始至 15 min 期间，热舒适投票拟合曲线呈略微上升趋势；第二阶段为实验 15 min 至 90 min，为下降阶段。M4 实验全程的热舒适投票值绝大部分处于－5～－3 区间（极不舒适到很不舒适的区间）。

综合图 6.16 的 A 组图像来看，75％的受试者的时间—热舒适投票拟合曲线分为 3 个阶段（第一阶段下降、第二阶段趋于平缓、第三阶段大幅降低）。从受试者的热舒适投票值分布来看，实验前 2 个阶段，女性的热舒适投票值普遍高于男性，由于第三阶段女性热舒适投票值下降趋势大于男性，实验结束时的投票结果都处于－5～－3 区间，并且在实验最后 10 min（实验 80～90 min 期间）热舒适投票分布在－5～－3 区间各值的权重相差无几，所以男女热舒适体验趋于统一。

如图 6.17 所示的 B 组女性受试者（左侧），其时间—热舒适投票拟合曲线都分为 3 个阶段：第一阶段为实验开始到 20～25 min（受试者刚刚接触室外环境，

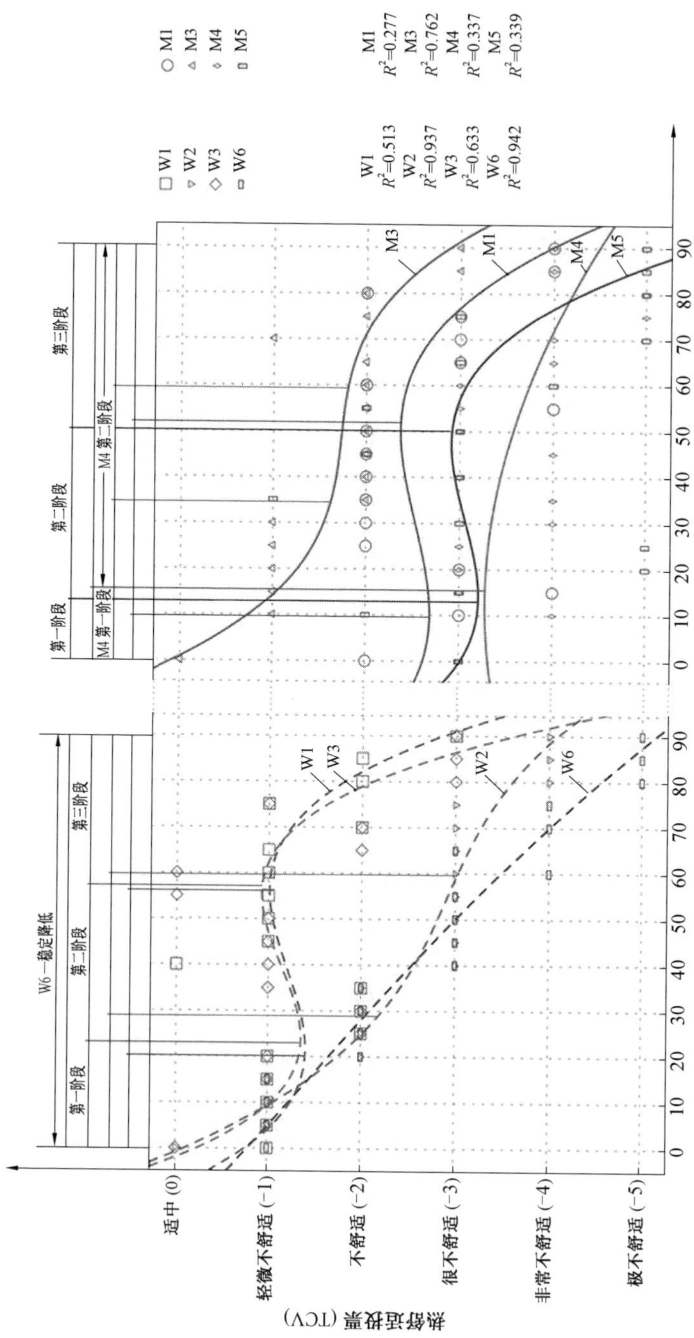

图 6.16 A 组时间 - 热舒适投票拟合曲线图

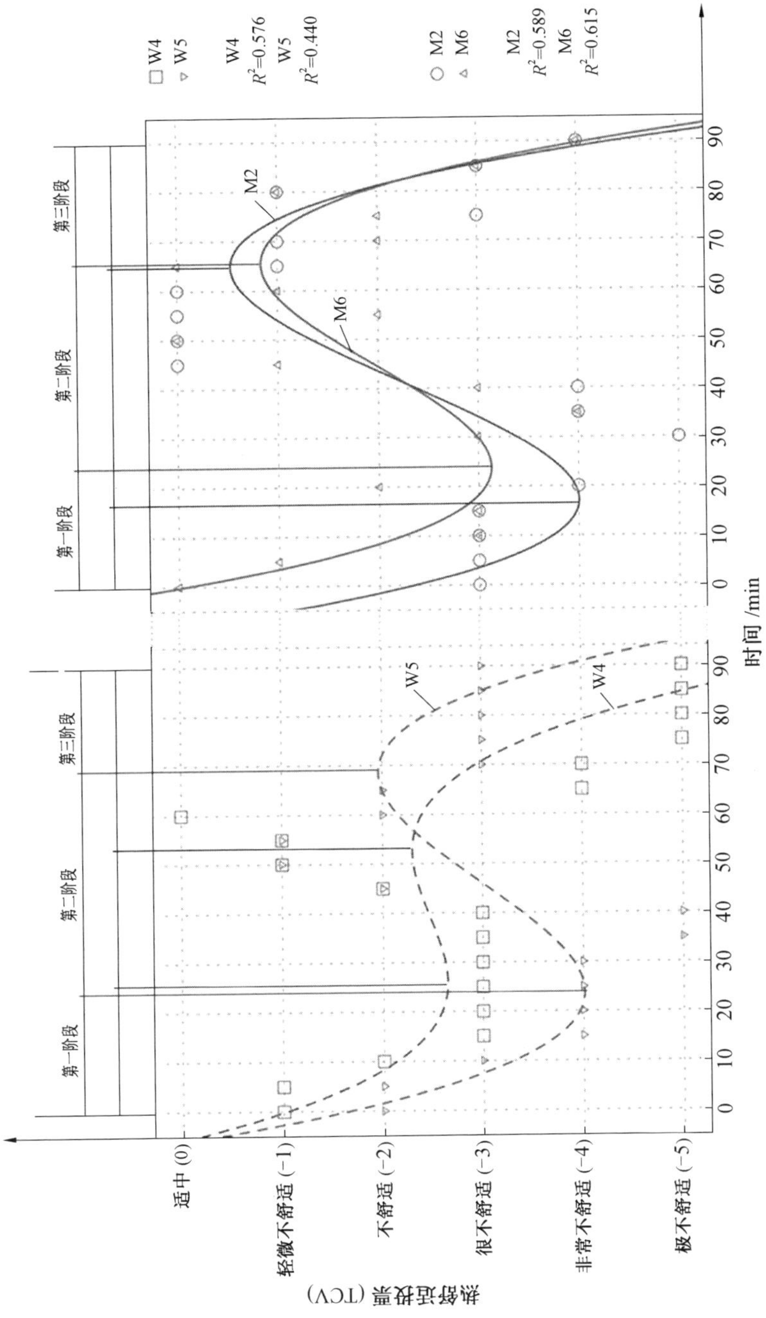

图 6.17　B 组时间 - 热舒适投票拟合曲线图

由于室内外温差较明显，拟合曲线呈现下降的趋势，且降低趋势较明显，看其投票值分布，这段时间内受试者热舒适投票的最大差值约为 2、3)；第二阶段为实验 20～25 min 至 60 min(拟合曲线受前后几个投票点影响会产生偏移)，此阶段呈上升趋势；第三阶段为实验第二阶段结束到 90 min 实验结束(受试者在此阶段初期重新接触室外环境)，热舒适投票趋势骤降。

如图 6.17 所示的 B 组男性受试者(右侧)，其时间一热舒适投票拟合曲线也分为 3 个阶段：第一阶段为实验开始到 15～25 min(受试者刚刚接触室外环境，由于室内外温差较大，拟合曲线呈现下降的趋势，且降低趋势明显，看其投票值分布，这段时间内受试者热舒适投票的最大差值约为 1、3)；第二阶段为实验15～25 min 至 60 min(拟合曲线受前后几个投票点影响会产生偏移，此处参考实验 65 min 投票值瞬降)，此阶段拟合曲线呈上升趋势；第三阶段为实验 60 min 至 90 min(受试者在此阶段初期重新接触室外环境)，热舒适投票趋势骤降。

综合图 6.17 的 B 组图像来看，受试者的时间一热舒适投票拟合曲线分为 3 个阶段(第一阶段降低逐渐趋于平缓，第二阶段上升，第三阶段骤降)。从受试者的热舒适投票值分布来看，实验第一阶段，女性的热舒适投票值普遍高于男性；实验第二阶段，虽然两者的时间一热舒适投票拟合曲线都是上升的(且较 A 组上升明显，证明适当休息取暖对于热舒适体验的提升是有帮助的)，但男性高于女性(证明适当休息取暖对于男性的热舒适体验提升的效果大于女性，即男性在休息期间的恢复性较强)，并且在第二阶段尾期男性的热舒适投票值反超女性；实验第三阶段，重新接触室外环境之后，男女受试者的时间一热舒适投票拟合曲线都开始大幅降低，男性的热舒适体验在此期间明显优于女性，但下降幅度及趋势也大于女性。

整体来看，户外游玩时游客的热舒适投票值随实验时间增加而降低；适当休息取暖可以有效提升游客的热舒适度；休息取暖后再回到户外，虽然热舒适投票降低趋势增大，但在一定时间内(75%的受试者为 20 min 左右)，游客热舒适投票区间不低于休息取暖之前的水准。所以，应当在游玩第二阶段末、第三阶段来临前让游客适当休息取暖，可以快速且大幅度提升游客的热舒适度。

(2)游玩意愿调研结果分析。

如图 6.18 所示的 A 组女性受试者(左侧)，其时间一游玩意愿投票拟合曲线都分为 3 个阶段：第一阶段为实验开始到 15～20 min(受试者刚刚接触室外环境，由于室内外温差较大，拟合曲线呈现下降趋势)；第二阶段为实验 15～20 min 到 50～60 min(受试者逐渐适应当前热环境)，属于恢复阶段(趋势缓慢上升或下降趋势减缓)；第三阶段为实验 50～60 min 到 90 min 实验结束，拟合曲线呈骤降趋势，直至实验结束降至－1～1 区间(稍微不想玩到稍微想玩的区间)。整体来看，女性受试者的游玩意愿投票几乎都是非负数值，游玩意愿普遍较高(仅 85～90 min 期间 1 人出现“－1”投票值)。

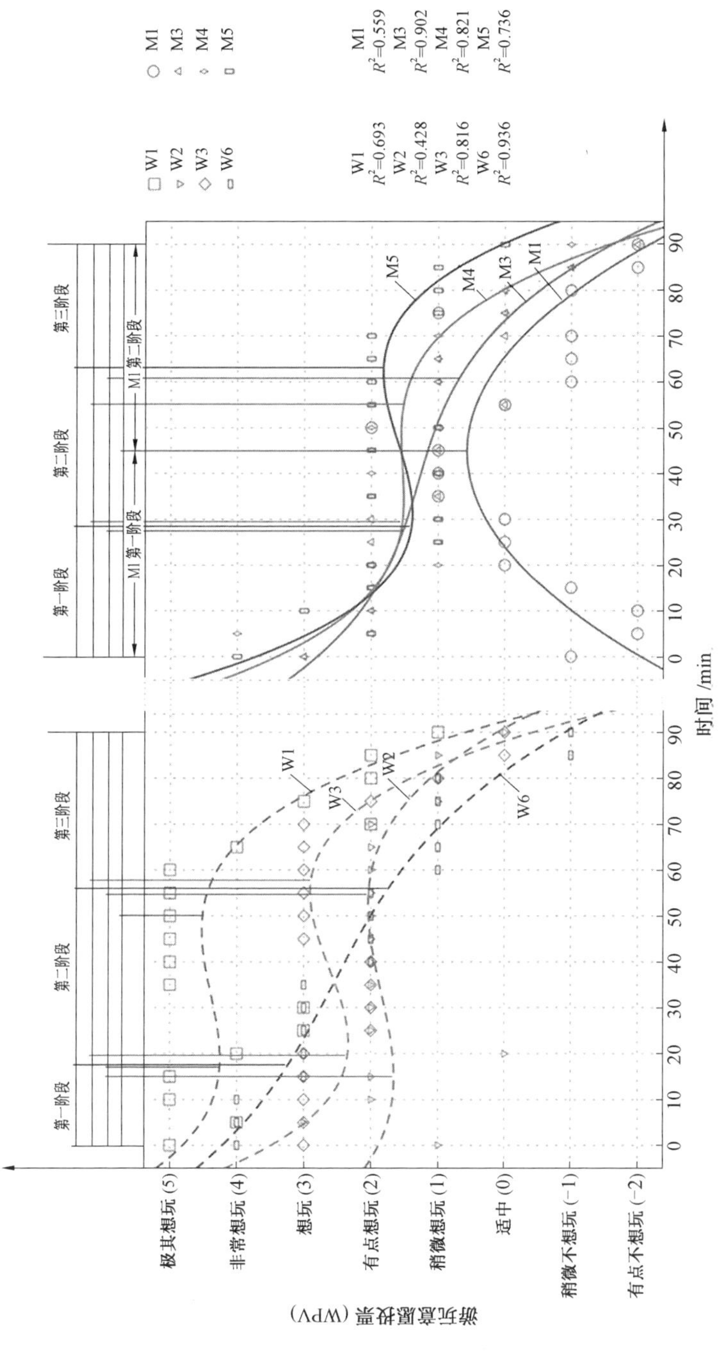

图 6.18　A 组时间－游玩意愿投票拟合曲线图

如图 6.18 所示的 A 组男性受试者(右侧),其时间—游玩意愿投票拟合曲线大都也分为 3 个阶段(占 B 组男性受试者的 75%):第一阶段为实验开始到 25～30 min(受试者刚刚接触室外环境,由于室内外温差较大,拟合曲线呈下降趋势);第二阶段为实验 25～30 min 至 55～65 min(受试者逐渐适应当前热环境),属于恢复阶段(趋势缓慢上升或下降);第三阶段为实验 55～65 min 至 90 min,拟合曲线呈骤降趋势,直至实验结束降至−2～0 区间(有点不想玩到适中的区间)。其中,一名受试者(M1)的时间—游玩意愿投票拟合曲线的趋势呈二次函数规律:第一阶段为实验 0～45 min,拟合曲线呈上升趋势;第二阶段为实验 45～90 min,拟合曲线呈下降趋势;M1 实验全程的热舒适投票值绝大部分处于−2～1 区间(有点不想玩到稍微想玩的区间),游玩意愿度不高。

综合图 6.18 的 A 组图像来看,75%的受试者的时间—游玩意愿投票拟合曲线规律分为 3 个阶段(第一阶段降低、第二阶段趋于平缓、第三阶段骤降)。女性的游玩意愿投票值几乎一直高于男性,并且保持一个较高的游玩意愿度。

如图 6.19 所示的 B 组女性受试者(左侧),其时间—游玩意愿投票拟合曲线都分为 3 个阶段:第一阶段为实验开始到 25～30 min(受试者刚刚接触室外环境,拟合曲线呈下降趋势);第二阶段为实验 25～30 min 到 65～70 min(拟合曲线受前后几个投票点影响会产生偏移,此处参考实验 65～70 min 投票值开始降低),拟合曲线呈上升趋势;第三阶段为实验 65～70 min 至 90 min 实验结束,拟合曲线呈骤降趋势,直至实验结束降至 1～2 区间(稍微想玩到有点想玩)。女性整体实验期间游玩意愿投票都大于“0”,游玩意愿较高。

如图 6.19 所示的 B 组男性受试者(右侧),其时间—游玩意愿投票拟合曲线也都分为 3 个阶段:第一阶段为实验开始到 25～30 min(受试者刚刚接触室外环境,拟合曲线呈下降趋势);第二阶段为实验 25～30 min 至 65～70 min(拟合曲线受前后几个投票点影响会产生偏移,此处参考实验 65～70 min 投票值开始降低),拟合曲线呈上升趋势;第三阶段为实验 65～70 min 至 90 min 实验结束,拟合曲线呈骤降趋势,直至实验结束降至−2～0 区间(有点不想玩到适中的区间)。

综合图 6.19 的 B 组来看,受试者的时间—游玩意愿投票拟合曲线规律都分为 3 个阶段(第一阶段降低、第二阶段趋于平缓、第三阶段骤降)。女性的游玩意愿投票值几乎一直高于男性并且长时间保持一个较高的游玩意愿度。进入室内休息取暖期间,男性的恢复程度高于女性(证明适当休息取暖对于男性的游玩意愿提升的效果大于女性,即男性在休息期间的恢复性较强)。实验第三阶段,男性的拟合曲线下降趋势大于女性。

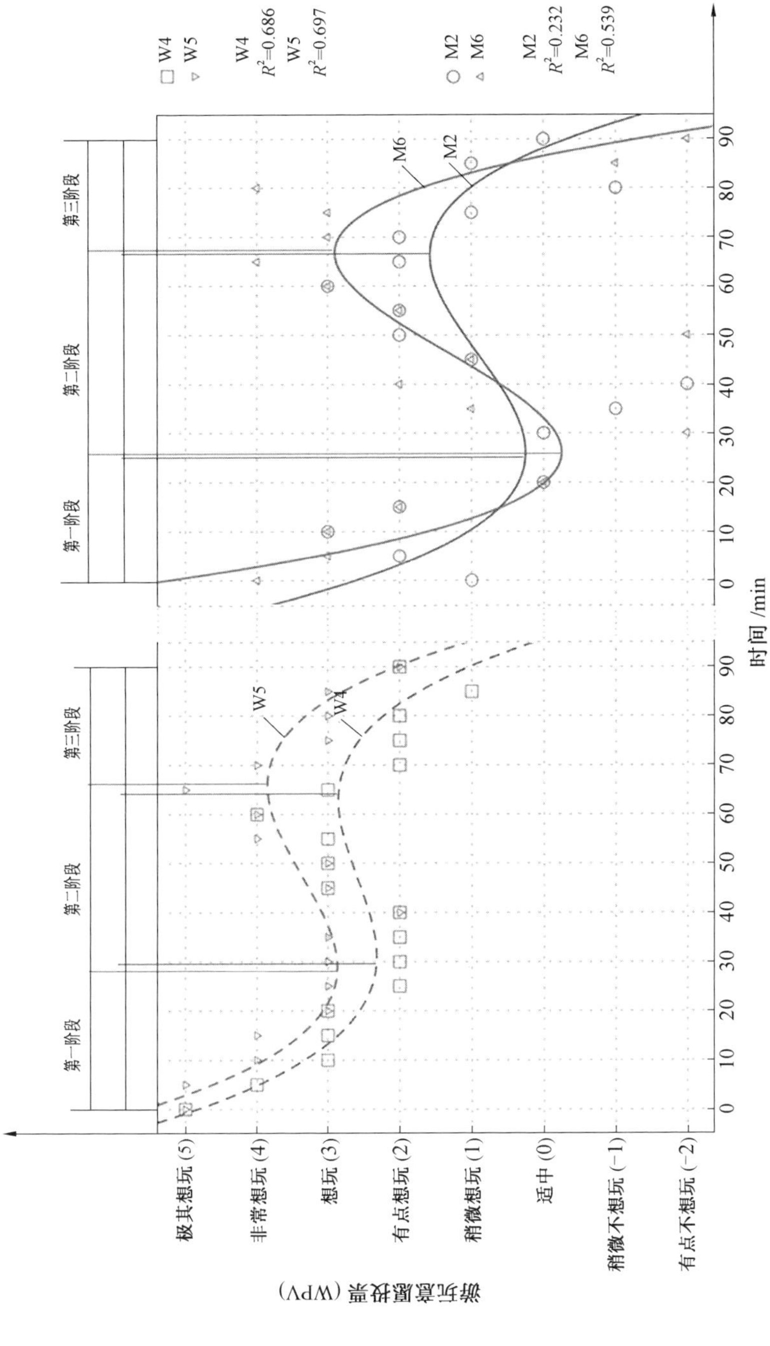

图 6.19　B 组时间 - 游玩意愿投票拟合曲线图

整体来看，游客的游玩意愿经历3个阶段（第一阶段下降，第二阶段稳定或上升，第三阶段大幅降低）。尽管重新回到室外环境，游客的游玩意愿度会较第一阶段加速降低，但选择合适的时间节点休息取暖可以达到提升游客游玩意愿的目的，提升游客的体验感，并且在后续游玩过程中其效果较为持久。应当在第二阶段末、第三阶段来临前让游客适当休息取暖，还可以结合性别差异在室内设计针对不同性别的服务类别，从而可以有效提升游客在哈尔滨冰雪大世界游玩的体验感。

(3)热舒适与游玩意愿调研结果对比。

实验全过程中，受试者热舒适投票的区间为－5～0（极不舒适到适中的区间），而游玩意愿投票的区间为－2～5（有点不想玩到极其想玩的区间）。这可能是由于受试者在当时的体验、游玩需求与现实低温环境共同作用下，产生了看似矛盾的结果导致的。换言之，在人们共同接受的大前提“人的行为选择受其生理、心理因素综合影响”之下，人们在有某一项活动需求时会克服一些环境带来的生理影响，这个结果就变得合理了。本次实验中，由于条件限制，实验过程的心理活动无法被捕捉，所以取某一时刻的状态进行对比分析。实验结束，91.7%的受试者（11人）表示就算条件允许也将不再选择继续游玩，尽管他们的游玩意愿度还没有那么低。实验结束时，受试者的游玩意愿投票集中在－2～0区间，热舒适投票集中在－5～－3区间，说明此刻受试者的热舒适度对于其游玩选择占据主导地位，即生理的不舒适性超过了主观想要游玩的心理意愿。这也表明，游客实际上还有游玩“潜力”没有被发掘。本次实验热舒适与游玩意愿的节点/区间统计见表6.4。

表6.4　热舒适与游玩意愿的节点/区间统计 min

	A组男性	A组女性	B组男性	B组女性
热舒适节点/区间1 （第一阶段与第二阶段转折）	10～15	20～30	15～25	20～25
热舒适节点/区间2 （第二阶段与第三阶段转折）	35～60	55～60	60	60
游玩意愿节点/区间1 （第一阶段与第二阶段转折）	25～30	15～20	25～30	25～30
游玩意愿节点/区间2 （第二阶段与第三阶段转折）	55～65	50～60	65～70	65～70

热舒适：第一阶段与第二阶段的转折区间比较，A 组男性为 10～15 min，B 组男性为 15～25 min；A 组女性为 20～30 min，B 组女性为 20～25 min；说明男性比女性更快适应当前的热环境。

游玩意愿：第一阶段与第二阶段的转折区间比较，A 组和 B 组男性均为 25～30 min；A 组女性为 15～20 min，B 组女性为 25～30 min；说明女性的游玩意愿较男性在当前环境下更快保持稳定（而非继续下降）。

第二阶段与第三阶段的转折区间比较，A 组男性的游玩意愿区间为 55～65 min，A 组女性为 55～60 min，他们的热舒适投票区间分别为 35～60 min 和 55～60 min；B 组受试者的游玩意愿区间为 65～70 min，而热舒适投票区间为 60 min（受试者离开室内重新接触室外环境的时间点为60 min），说明大多数情况下游玩意愿的降低较热舒适具有滞后性。

4. 主客观指标相关性分析

（1）分析方法。

本研究所针对的分析指标大多是人的主观感受（局部热感觉、整体平均热感觉），以及主客观指标之间的相关性，其本身就具有高度的综合性，如果使用偏相关进行分析（如用偏相关分析整体平均热感觉与某一局部热感觉之间的相关性，此时排除其他局部热感觉、热舒适等影响因素），可能导致原本高度相关的 2 个变量的相关性减弱，甚至变得完全不相关，这对研究结果来说影响甚大。此外，本次实验中的相关性研究仅为探究 2 个变量之间的简单关系，综合皮尔逊相关、斯皮尔曼等级相关的使用条件，本次实验更符合后者。

（2）整体平均热感觉与局部热感觉的相关性分析。

通过对受试者主观整体平均热感觉与局部热感觉的相关性分析，探究人们在此环境的游玩状态下，各部位的局部热感觉与整体平均热感觉的相关程度，来间接探究各部位的局部热感觉与整体平均热感觉的相互影响程度。

表 6.5 为男性受试者局部热感觉与整体平均热感觉的相关性分析。除去由于至少有一个变量为常量而无法计算相关性的相应数据后，男性额头的热感觉与整体平均热感觉呈显著相关的比例为 80%，耳朵的热感觉与整体平均热感觉呈显著相关的比例为 80%，脸部的热感觉与整体平均热感觉呈显著相关的比例为 80%，手部的热感觉与整体平均热感觉呈显著相关的比例为 80%，膝盖的热感觉与整体平均热感觉呈显著相关的比例为 60%，脚部的热感觉与整体平均热感觉呈显著相关的比例为 100%。

表 6.6 为女性受试者局部热感觉与整体平均热感觉的相关性分析。除去由于至少有一个变量为常量而无法计算相关性的相应数据后，女性额头的热感觉与整体平均热感觉呈显著相关的比例为 75%，耳朵的热感觉与整体平均热感觉

呈显著相关的比例为50%，脸部的热感觉与整体平均热感觉呈显著相关的比例为50%，手部的热感觉与整体平均热感觉呈显著相关的比例为80%，膝盖的热感觉与整体平均热感觉呈显著相关的比例为83.3%，脚部的热感觉与整体平均热感觉呈显著相关的比例为66.7%。

表6.5　男性受试者局部热感觉与整体平均热感觉的相关性分析

热感觉部位	整体热感觉(M1) $r(p)$	整体热感觉(M2) $r(p)$	整体热感觉(M3) $r(p)$	整体热感觉(M4) $r(p)$	整体热感觉(M5) $r(p)$	整体热感觉(M6) $r(p)$	显著相关数量合计
额头	0.621** (0.005)	0.867** (0.000)	a	−0.636** (0.005)	0.612** (0.007)	0.085 (0.730)	4
耳朵	0.531* (0.019)	0.841** (0.000)	a	−0.576* (0.012)	0.618** (0.006)	0.161 (0.510)	4
脸部	0.868** (0.000)	0.649** (0.004)	a	0.524* (0.025)	0.617** (0.006)	0.313 (0.192)	4
手部	0.588** (0.008)	0.921** (0.000)	a	0.409 (0.092)	0.672** (0.002)	0.814** (0.000)	4
膝盖	0.765** (0.000)	0.746** (0.001)	a	−0.207 (0.409)	0.633** (0.005)	−0.097 (0.692)	3
脚部	0.711** (0.001)	0.874** (0.000)	a	0.496* (0.037)	0.654** (0.003)	0.762** (0.000)	5

注：r表示相关系数；p表示显著性；**表示在0.01级别，相关性显著；*表示在0.05级别，相关性显著；a表示由于至少有一个变量为常量而无法计算相关性。

在此环境中的游玩状态下，受试者的整体平均热感觉与各部位的局部热感觉的相关率有一定差异，性别差异也较为明显。整体平均热感觉与各部位的局部热感觉的相关率均较高。其中整体平均热感觉与耳朵热感觉的相关率，男性为80%、女性为50%，具有一定的性别差异；整体平均热感觉与脸部热感觉的相关率，男性为80%、女性为50%，具有一定的性别差异；整体平均热感觉与膝盖热感觉的相关率，男性为60%、女性为83.3%，具有一定的性别差异；整体平均热感觉与脚部热感觉的相关率，男性为100%、女性为66.7%，具有一定的性别差异。

表 6.6　女性受试者局部热感觉与整体平均热感觉的相关性分析

热感觉部位	整体热感觉(W1) r(p)	整体热感觉(W2) r(p)	整体热感觉(W3) r(p)	整体热感觉(W4) r(p)	整体热感觉(W5) r(p)	整体热感觉(W6) r(p)	显著相关数量合计
额头	−0.051 (0.836)	a	a	0.624 * * (0.004)	0.876 * * (0.000)	0.931 * * (0.000)	3
耳朵	−0.112 (0.647)	a	a	0.392 (0.097)	0.815 * * (0.000)	0.948 * * (0.000)	2
脸部	0.038 (0.877)	a	a	0.382 (0.106)	0.763 * * (0.000)	0.832 * * (0.000)	2
手部	0.455 (0.050)	a	0.813 * * (0.000)	0.928 * * (0.000)	0.697 * * (0.001)	0.864 * * (0.000)	4
膝盖	0.224 (0.357)	0.935 * * (0.000)	0.802 * * (0.000)	0.747 * * (0.000)	0.794 * * (0.000)	0.867 * * (0.000)	5
脚部	0.279 (0.247)	0.918 * * (0.000)	0.853 * * (0.000)	0.419 (0.074)	0.847 * * (0.000)	0.770 * * (0.000)	4

注：r 表示相关系数；p 表示显著性；* * 表示在 0.01 级别，相关性显著；* 表示在 0.05 级别，相关性显著；a 表示由于至少有一个变量为常量而无法计算相关性。

综上，受试者的整体平均热感觉与各部位的局部热感觉的相关率均呈现较高水准。男性的整体平均热感觉与各部位的局部热感觉的相关率中最高的为脚部，女性为膝盖；而男性相关率中最低的为膝盖，女性为耳朵和脸部。

(3)皮肤温度与主观热感觉的相关性分析。

通过对受试者进行主客观指标的相关性分析，探究人们在此环境中的游玩状态下，各部位的主观热感觉与实际皮肤温度的相关程度。

表 6.7 为男性受试者皮肤温度与对应部位热感觉的相关性分析。除去由于至少有一个变量为常量而无法计算相关性的相应数据后，男性额头皮肤温度与对应额头的热感觉呈显著相关的比例为 50%，手部皮肤温度与对应手部的热感觉呈显著相关的比例为 60%，脚部皮肤温度与对应脚部的热感觉呈显著相关的比例也为 60%。

表 6.7　男性受试者皮肤温度与对应部位热感觉的相关性分析

各部位皮肤温度	对应热感觉(M1) r(p)	对应热感觉(M2) r(p)	对应热感觉(M3) r(p)	对应热感觉(M4) r(p)	对应热感觉(M6) r(p)	显著相关数量合计
额头	−0.060 (0.806)	0.544 * (0.019)	a	−0.705 * * (0.001)	0.274 (0.256)	2
手部	−0.325 (0.187)	0.187 (0.459)	0.724 * * (0.000)	0.770 * * (0.000)	0.707 * * (0.001)	3
脚部	0.197 (0.420)	0.039 (0.883)	0.963 * * (0.000)	0.770 * * (0.000)	0.929 * * (0.000)	3

注：r 表示相关系数；p 表示显著性；* * 表示在 0.01 级别，相关性显著；* 表示在 0.05 级别，相关性显著；a 表示由于至少有一个变量为常量而无法计算相关性。

表 6.8 为女性受试者皮肤温度与对应部位热感觉的相关性分析。除去由于至少有一个变量为常量而无法计算相关性的相应数据后，女性额头皮肤温度与对应额头的热感觉呈显著相关的比例为 100%，手部皮肤温度与对应手部的热感觉呈显著相关的比例为 50%，脚部皮肤温度与对应脚部的热感觉呈显著相关的比例为 40%。

表 6.8　女性受试者皮肤温度与对应部位热感觉的相关性分析

各部位皮肤温度	对应热感觉(W1) r(p)	对应热感觉(W2) r(p)	对应热感觉(W3) r(p)	对应热感觉(W4) r(p)	对应热感觉(W6) r(p)	显著相关数量合计
额头	−0.462 * (0.046)	a	a	0.945 * * (0.000)	0.734 * * (0.000)	3
手部	−0.046 (0.853)	a	0.518 * (0.023)	0.831 * * (0.000)	0.315 (0.188)	2
脚部	0.385 (0.104)	0.964 * * (0.000)	0.559 * (0.013)	0.057 (0.817)	0.330 (0.167)	2

注：r 表示相关系数；p 表示显著性；* * 表示在 0.01 级别，相关性显著；* 表示在 0.05 级别，相关性显著；a 表示由于至少有一个变量为常量而无法计算相关性。

在此环境中的游玩状态下，受试者的额头皮肤温度与对应部位的局部热感觉的相关率较高，但性别差异也较为明显。其中，男性的额头皮肤温度与对应部位热感觉的相关率为50%，女性的额头皮肤温度与对应部位热感觉的相关率为100%；受试者的手部皮肤温度与对应部位热感觉的相关率较高，其中，男性的手部皮肤温度与对应部位热感觉的相关率为60%，女性的手部皮肤温度与对应部位热感觉的相关率为50%；受试者的脚部皮肤温度与对应部位热感觉的相关率呈现出较小的性别差异，其中，男性的脚部皮肤温度与对应部位热感觉的相关率为60%，女性的脚部皮肤温度与对应部位热感觉的相关率为40%。

由此可以看出，受试者的额头、手部、脚部的皮肤温度与其对应部位的热感觉的相关率各有不同，有的还具有性别差异。这可能与热舒适、游玩意愿，甚至包括当下状态和即刻的心理活动等主观因素和性别这一客观因素的综合影响有关。下面通过对热舒适、游玩意愿与热感觉的相关性进行分析来验证性别差异性。

(4)局部热感觉与热舒适的相关性分析。

通过对受试者主观局部热感觉与热舒适的相关性分析，探究人们在此环境中的游玩状态下，各部位的主观热感觉与热舒适性的相关程度。

表6.9为男性受试者局部热感觉与热舒适的相关性分析。除去因至少有一个变量为常量而无法计算相关性的相应数据后，男性额头的热感觉与热舒适呈显著相关的比例为40%，手部的热感觉与热舒适呈显著相关的比例为66.7%，脚部的热感觉与热舒适呈显著相关的比例也为66.7%。

表6.9 男性受试者局部热感觉与热舒适的相关性分析

热感觉部位	热舒适(M1) $r(p)$	热舒适(M2) $r(p)$	热舒适(M3) $r(p)$	热舒适(M4) $r(p)$	热舒适(M5) $r(p)$	热舒适(M6) $r(p)$	显著相关数量合计
额头	0.263 (0.307)	0.925** (0.000)	a	−0.592** (0.010)	0.400 (0.100)	0.199 (0.414)	2
手部	0.513* (0.035)	0.890** (0.000)	0.807** (0.000)	0.455 (0.058)	0.271 (0.277)	0.617** (0.005)	4
脚部	0.121 (0.644)	0.910** (0.000)	0.773** (0.000)	0.443 (0.066)	0.516* (0.028)	0.554* (0.014)	4

注：r表示相关系数；p表示显著性；**表示在0.01级别，相关性显著；*表示在0.05级别，相关性显著；a表示由于至少有一个变量为常量而无法计算相关性。

表 6.10 为女性受试者局部热感觉与热舒适的相关性分析。除去因至少有一个变量为常量而无法计算相关性的相应数据后，女性额头的热感觉与热舒适呈显著相关的比例为 50%，手部的热感觉与热舒适呈显著相关的比例为 40%，脚部的热感觉与热舒适呈显著相关的比例为 83.3%。

由此可见，在此环境中的游玩状态下，受试者的额头热感觉与热舒适相关率较低，其中男性为 40%，女性为 50%，性别差异较小，具有普遍性；受试者的脚部热感觉与热舒适相关率较高，男性为 66.7%，女性为 83.3%，女性稍高于男性；受试者的手部热感觉与热舒适的相关率呈现出性别差异，其中，男性的手部热感觉与热舒适的相关率为 66.7%，呈现较高水准，而女性的手部热感觉与热舒适的相关率为 40%，呈现较低水准。

表 6.10　女性受试者局部热感觉与热舒适的相关性分析

热感觉部位	热舒适 (W1) $r(p)$	热舒适 (W2) $r(p)$	热舒适 (W3) $r(p)$	热舒适 (W4) $r(p)$	热舒适 (W5) $r(p)$	热舒适 (W6) $r(p)$	显著相关数量合计
额头	−0.109 (0.657)	a	a	0.458* (0.049)	0.427 (0.068)	0.885** (0.000)	2
手部	0.608* (0.006)	a	0.429 (0.067)	0.944 (0.000)	0.185 (0.449)	0.868** (0.000)	2
脚部	0.463* (0.046)	0.929** (0.000)	0.717** (0.001)	0.332 (0.165)	0.485* (0.035)	0.811** (0.000)	5

注：r 表示相关系数；p 表示显著性；** 表示在 0.01 级别，相关性显著；* 表示在 0.05 级别，相关性显著；a 表示由于至少有一个变量为常量而无法计算相关性。

(5)整体平均热感觉与热舒适、游玩意愿的相关性分析。

通过对受试者主观整体平均热感觉与热舒适、游玩意愿的相关性分析，探究人们在此环境中的游玩状态下，整体平均热感觉与热舒适、游玩意愿的相关程度。

表 6.11 为男性受试者整体平均热感觉与热舒适、游玩意愿的相关性分析。除去因至少有一个变量为常量而无法计算相关性的相应数据后，男性整体平均热感觉与热舒适呈显著相关的比例为 100%，整体平均热感觉与游玩意愿呈显著相关的比例为 40%。

表 6.12 为女性受试者整体平均热感觉与热舒适、游玩意愿的相关性分析。除去因至少有一个变量为常量而无法计算相关性的相应数据后，女性整体平均热感觉与热舒适呈显著相关的比例为 100%，整体平均热感觉与游玩意愿呈显著

相关的比例为83.3%。

表6.11　男性受试者整体平均热感觉与热舒适、游玩意愿的相关性分析

	整体热感觉(M1) $r(p)$	整体热感觉(M2) $r(p)$	整体热感觉(M3) $r(p)$	整体热感觉(M4) $r(p)$	整体热感觉(M5) $r(p)$	整体热感觉(M6) $r(p)$	显著相关数量合计
热舒适	0.751* (0.001)	0.902** (0.000)	a	0.761** (0.000)	0.608* (0.006)	0.612** (0.005)	5
游玩意愿	−0.099 (0.688)	0.416 (0.086)	a	0.511* (0.030)	0.738** (0.000)	0.388 (0.100)	2

注：r表示相关系数；p表示显著性；**表示在0.01级别，相关性显著；*表示在0.05级别，相关性显著；a表示由于至少有一个变量为常量而无法计算相关性。

表6.12　女性受试者整体平均热感觉与热舒适、游玩意愿的相关性分析

	整体热感觉(M1) $r(p)$	整体热感觉(M2) $r(p)$	整体热感觉(M3) $r(p)$	整体热感觉(M4) $r(p)$	整体热感觉(M5) $r(p)$	整体热感觉(M6) $r(p)$	显著相关数量合计
热舒适	0.548* (0.015)	0.917** (0.000)	0.770** (0.000)	0.943** (0.000)	0.918** (0.000)	0.913** (0.000)	6
游玩意愿	0.462* (0.046)	0.264 (0.275)	0.812** (0.000)	0.889* (0.000)	0.537* (0.018)	0.880** (0.000)	5

注：r表示相关系数；p表示显著性；**表示在0.01级别，相关性显著；*表示在0.05级别，相关性显著；a表示由于至少有一个变量为常量而无法计算相关性。

由此可见，在此环境中的游玩状态下，受试者的整体平均热感觉与热舒适显著相关，并且性别差异较小，具有普遍性；而受试者的整体平均热感觉与游玩意愿的相关性呈现出性别差异，女性的整体平均热感觉与游玩意愿的相关率较高，为83.3%，男性的整体平均热感觉与游玩意愿的相关率仅为40%，呈现较低水准。

(6)热舒适与游玩意愿的相关性分析。

通过对受试者热舒适与游玩意愿的相关性分析，探究人们在此环境中的游玩状态下，热舒适与游玩意愿的相关程度。

表6.13、表6.14分别为男性、女性受试者热舒适与游玩意愿的相关性分析。男性热舒适与游玩意愿呈显著相关的比例为83.3%，女性热舒适与游玩意愿呈显著相关的比例也为83.3%。

由此可见，在此环境中的游玩状态下，受试者的游玩意愿与热舒适显著相关，并且性别差异较小（相关率都为83.3%），具有普遍性。

表 6.13　男性受试者热舒适与游玩意愿的相关性分析

	热舒适（M1）r(p)	热舒适（M2）r(p)	热舒适（M3）r(p)	热舒适（M4）r(p)	热舒适（M5）r(p)	热舒适（M6）r(p)	显著相关数量合计
游玩意愿	0.383（0.130）	0.614＊＊（0.007）	0.761＊＊（0.000）	0.535＊（0.022）	0.465＊（0.045）	0.528＊（0.020）	5

注：r 表示相关系数；p 表示显著性；＊＊表示在0.01级别，相关性显著；＊表示在0.05级别，相关性显著；a 表示由于至少有一个变量为常量而无法计算相关性。

表 6.14　女性受试者热舒适与游玩意愿的相关性分析

	热舒适（W1）r(p)	热舒适（W2）r(p)	热舒适（W3）r(p)	热舒适（W4）r(p)	热舒适（W5）r(p)	热舒适（W6）r(p)	显著相关数量合计
游玩意愿	0.724＊＊（0.000）	0.366（0.124）	0.657＊＊（0.002）	0.800＊＊（0.000）	0.510＊（0.026）	0.963＊＊（0.000）	5

注：r 表示相关系数；p 表示显著性；＊＊表示在0.01级别，相关性显著；＊表示在0.05级别，相关性显著；a 表示由于至少有一个变量为常量而无法计算相关性。

6.4.3　哈尔滨冰雪大世界的设计原则与案例解析

1.哈尔滨冰雪大世界的设计原则

通过本次实验可得到以下结论：一直在室外游玩的A组，热舒适、游玩意愿投票都分为3个阶段。其中，第二阶段的投票值较为稳定，表明游客的身体机能逐渐适应了当前热环境，是可以继续进行游玩活动的。但是，此时游客的热舒适值与游玩意愿值都处于较低水准。换句话说，就是人们在不太舒适、不太愿意玩的状态下，因为一些心理（“来都来了”“还没看完”“忍一下就过去了”……）而继续进行游玩活动。

游客生理层面的游玩体验受环境温度影响，热舒适度低，生理表现为各部位实测温度与热感觉投票低，行为表现为越来越想离开。游玩意愿在整个游玩过程中大多起正向作用，表现为游客即使生理不舒适也选择继续游玩。当然，游玩意愿所起到正向作用的阈值也存在，超过一定限度人们对于生理舒适的需求将

超过游玩意愿。

实验结束，91.7%的受试者表示就算条件允许也将不再选择继续游玩，将这一结果与热舒适、游玩意愿投票结果进行对比就可以发现问题——人们的热舒适值“绝对”偏低，但游玩意愿值“相对”不低。说明人们还有希望继续游玩的意愿，但由于热舒适度的制约而选择终止。换言之，如果条件优化，游客将停留更久，也证明了本项研究的实际意义所在。

热感觉方面：如图 6.20 所示，A 组一直在室外游玩，游客热感觉随时间增加而降低；B 组适当休息取暖后再回到户外，热感觉投票降低趋势增加。适当休息取暖后的一段时间内，相比于一直在户外游玩，游客的热感觉投票值有所增加，即让游客有了更好的游玩体验，也能适当增加游玩时长。

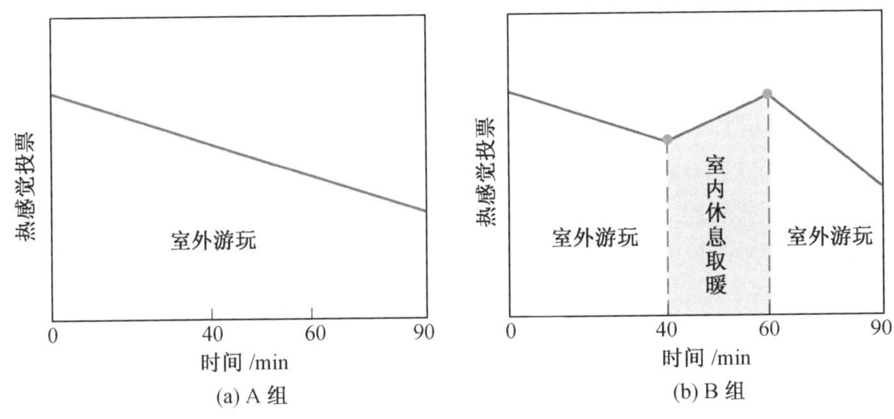

(a) A 组　　(b) B 组

图 6.20　A 组和 B 组受试者的热感觉趋势图

热舒适方面：如图 6.21 所示，A 组一直在室外游玩，游客热舒适经历 3 个阶段（第一阶段下降，第二阶段趋于平缓，第三阶段大幅降低）；B 组在游玩期间进入室内休息取暖，游客热舒适经历 3 个阶段（第一阶段先下降后逐渐趋于平缓，第二阶段上升，第三阶段骤降，实际上 B 组的第一阶段包括了 A 组的第一、二阶段）。

在室外游玩阶段，游客的热舒适投票随实验时间增加而降低；适当休息取暖可以有效提升游客的热舒适程度；休息取暖后再回到户外，虽然热舒适投票降低趋势增加，但是在一定时间内（75%的受试者为 20 min 左右），游客热舒适投票区间不低于休息取暖之前的水准。

所以，应当在游玩期间让游客适当休息取暖，可以快速且大幅提升游客的热舒适度。结合图 6.21 中 A 组的趋势图，建议在规划设计节点时，结合游玩路径、时长等因素，在游客游玩 35～60 min 区间（第二阶段末、第三阶段前）让游客适当休息取暖，从而可以有效提升游客热舒适度以及游客的游玩时长。

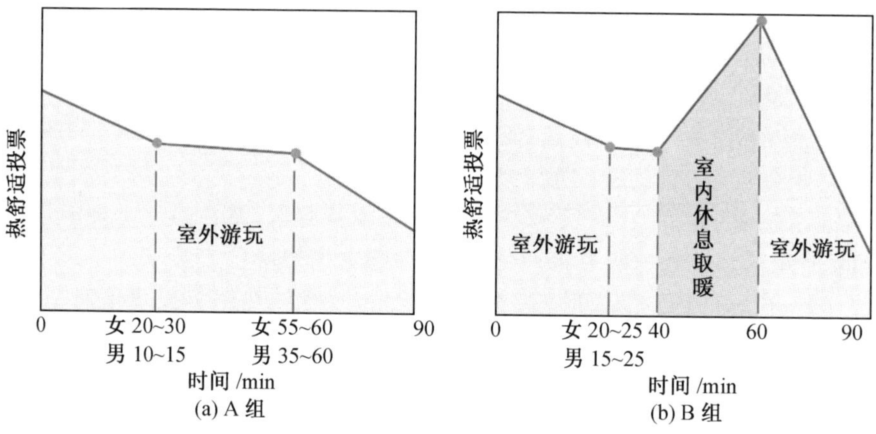

图 6.21　A 组和 B 组受试者的热舒适趋势图

游玩意愿方面：如图 6.22 所示，A 组一直在室外游玩，游客游玩意愿经历 3 个阶段（第一阶段下降，第二阶段趋于平缓，第三阶段大幅降低）；B 组在游玩期间进入室内休息取暖，游客游玩意愿经历 3 个阶段（第一阶段先下降后逐渐趋于平缓，第二阶段上升，第三阶段骤降，实际上 B 组的第一阶段包括了 A 组的第一、二阶段）。尽管重新回到室外环境，游客的游玩意愿度会较第一阶段加快降低，但选择合适的时间节点休息取暖，可以达到提升游客游玩意愿的目的，进而提升游客的体验感，并且在后续游玩过程中效果较为持久。

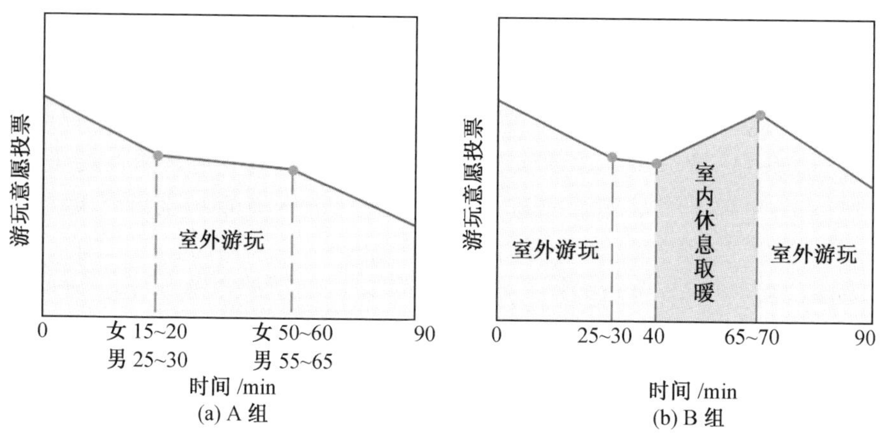

图 6.22　A 组和 B 组受试者的游玩意愿趋势图

所以，应当在游玩期间让游客适当休息取暖，以便快速提升游客的游玩意愿度。结合图 6.22 中 A 组的趋势图，建议在规划设计节点时，结合游玩路径、时长等因素，在游客游玩 50～65 min 区间（第二阶段末、第三阶段前）让游客适当休息取暖，还可以结合性别差异在室内设计针对不同性别的服务类别，从而可以有效提升游客在哈尔滨冰雪大世界游玩的体验感。

此外，在人文关怀或取暖装备租售上，建议室内取暖点针对手部、脚部设置相关取暖设施，针对女性游客还应提供膝盖部位的保暖设施，提供人性化的“暖心服务”，并且利用指示牌或游玩注意事项引导游客在园区游玩 1 h 左右进入室内休息取暖。同时，根据各部位、整体恢复速率的性别差异，可合理分配给女性游客更多的取暖资源，帮助其提高恢复速率，提升游客在哈尔滨冰雪大世界游玩的体验感。

综上，人本主义下的基于热舒适与游玩意愿的哈尔滨冰雪大世界规划设计中，应遵循以下设计原则。

(1)整体规划设计上，首先，设计者应对哈尔滨冰雪大世界户外园区的冰雪游玩项目的游玩时间有大致评估。其次，设计者应进行主题的确定、组织形式的确定以及各项目的空间排布设计，对各项目之间的距离及行进时间也需有大致的评估。最后，设计者应计算出各主题区域的综合游玩时间，构建游园项目的时间地图。在此基础上，设计者应在场地中合理布局室内取暖空间，保证游客在有不舒服的体验感时能尽快回到室内空间休息取暖。

(2)游玩路线规划上，设计者应尽量避免重复路线的设置。并联式的景点联系模式虽可以让游客拥有相对较多的选择权，却会使游客在游玩完一个景点后重复走一部分之前的行进路线进入下一个景点；串联式的景点联系模式虽然“牺牲了”游客的部分选择权，却保证了游玩的连续性，更重要的是在此类极端环境下节约了游客的时间，即在有限的游玩时间内体验更多的冰雪乐趣；无联系的自由分布模式不可取，游客在游玩过程中虽有更多的选择性，但也会有更多迷路和走回头路等的可能性，此刻的“自由”意味着混乱、无逻辑，在此类极端环境下，此种布局模式显然不妥。所以，景点之间尽量采取串联式布局模式，让游客在有限的游玩时间内得到更多的游玩体验。

(3)取暖空间设置上，设计者应在游客游玩 50～65 min 区间设置大型室内休息取暖空间，满足游客的使用需求。根据游玩项目相应设置较为分散的中小型室内休息取暖空间或取暖装备租售点，供游客在后续游玩过程中灵活选择。平面规划上表现为在进入景区的一段距离（游客游玩 50～65 min 区间）有大型室内休息取暖空间（休息取暖空间也可以组团形式存在），其他游玩区域少量分布中小型室内休息取暖空间或设施。这样可以提升游客的热舒适与游玩意愿，让游客在生理、心理层面得到更好的体验感。

2.哈尔滨冰雪大世界的案例解析

(1)第十七届哈尔滨冰雪大世界。

概述：第十七届哈尔滨冰雪大世界以“冰筑丝路，雪耀龙疆”为主题，聘请哈尔滨工业大学建筑设计研究院有限公司和荷兰一家设计集团组成设计团队，对这个由冰雪构成的风景区进行规划设计。园中的亮点为主塔，以“丝绸之路”为设计理念，以“丝绸旋转”为设计灵感，展现了刚柔相济、强与美、丝绸之路与冰雪文化的完美交织。

解析：如图 6.23 所示，图中虚线组成的圆圈部分代表休息取暖区，共 4 个组团，中心区域为主要休息取暖区，剩余 3 个均匀分布于整个场地之中，室内休息取暖空间的布置形式为：大型组团集中向心＋小型组团分散错落。这较符合基于热舒适和游玩意愿的设计出发点（因哈尔滨冰雪大世界的建造特殊性，无法考量当年的现实情况，只能通过平面图利用位置关系进行比较分析），并且规模可满足游客使用。

此外，可以看出游玩景点与休息取暖点配备较为合理。但场地中部分较远的游玩景点并没有覆盖休息取暖点，会导致在这里游玩的游客临时有休息取暖的需求时不得不折返，不能使游客在游憩层面有一个闭合便捷的流线。第十七届哈尔滨冰雪大世界取暖区域、游玩路线示意图如图 6.24 所示。

(2)第二十届哈尔滨冰雪大世界。

概述：第二十届哈尔滨冰雪大世界的主题是“筑梦冰天雪地，共享金山银山”。景区共百余个景观群，园区内共规划一轴——“筑梦二十年”，六大主题区——“经典回眸”“祈福区”“冰雪运动区”“冰雪王者区”“童趣互动区”“国际赛事区”。建设总用冰量为11 万 m^3，总用雪量为 12 万 m^3，是规模和体量较大的大型户外冰雪乐园。其中最受瞩目的当属高 42.85 m 的 1999 世纪光塔，象征着新的历史起点。

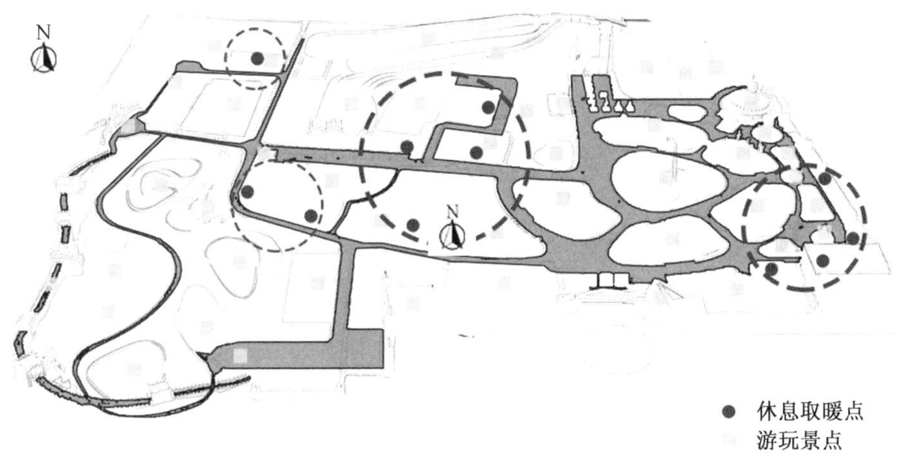

图 6.23　第十七届哈尔滨冰雪大世界平面图

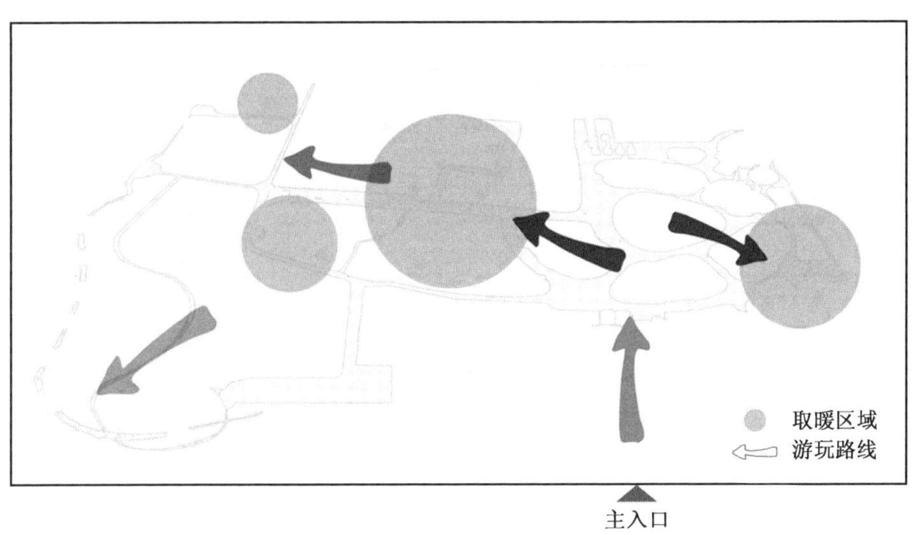

图 6.24　第十七届哈尔滨冰雪大世界取暖区域、游玩路线示意图

解析：如图 6.25 所示，图中虚线组成的圆圈部分代表休息取暖区，共 8 个组团，室内休息取暖空间的布置形式为中型组团散点式均匀分布。其服务半径基本覆盖整个园区，极大地满足了游客的休息取暖需求，流线完整。但是，这种规划方式存在休息取暖资源过剩的问题，表现为休息取暖点过于密集，其服务半径重合覆盖率较大。

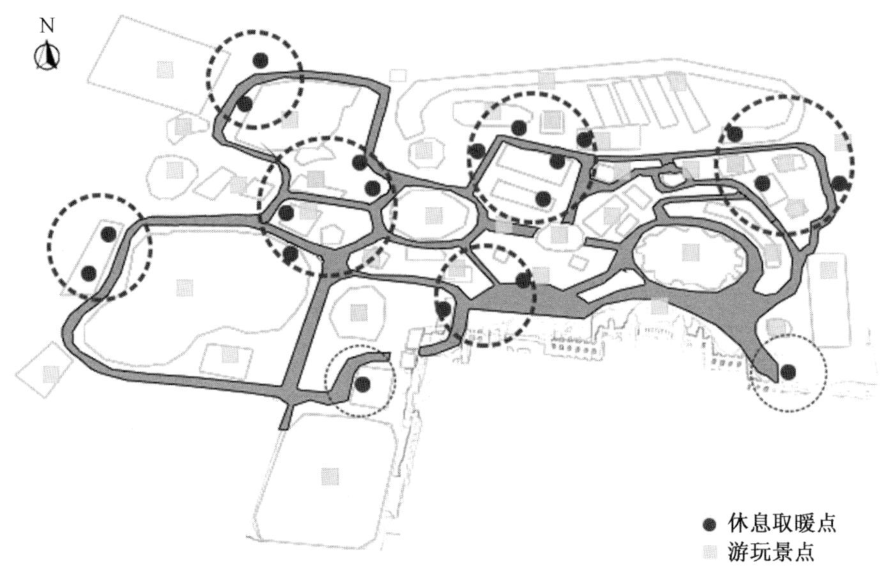

图 6.25　第二十届哈尔滨冰雪大世界平面图

改进方式:将处于中心位置的 3 个中型组团合并成 1 个大型休息取暖区,加强其集中性,同时减小游玩边界区的取暖点规模,避免资源浪费。第二十届哈尔滨冰雪大世界取暖区域、游玩路线示意图如图 6.26 所示。

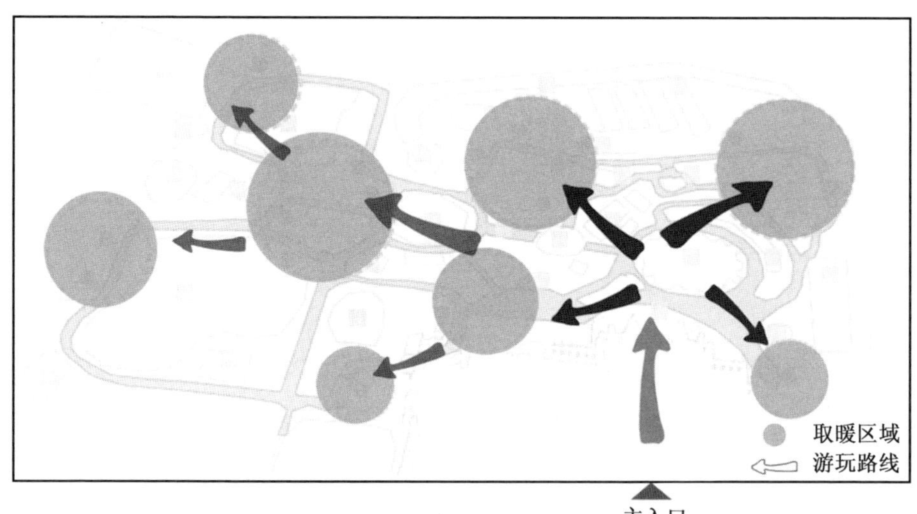

图 6.26　第二十届哈尔滨冰雪大世界取暖区域、游玩路线示意图

(3)第二十二届哈尔滨冰雪大世界。

概述:第二十二届哈尔滨冰雪大世界的主题是“冰雪共融 欢乐同行”,汇聚多个国家和地区的文化和风情。主塔“冰城之心”顶部水晶体随着灯光的改变,形成悬浮的视觉效果。设计方面,通过冰雪融合建筑,打造了大体量的冰雪景观;冰雪融合娱乐,为游客提供了一道亮丽的风景线;冰雪融合赛事,打造景区最受欢迎的娱乐场景;冰雪融合互动,带来激情和速度;冰雪融合科技,采用全新技术建造火锅冰屋,带来别样体验。

解析:如图6.27所示,图中虚线组成的部分代表休息取暖区,处于中心位置的大型休息取暖区符合集中性与辐射范围的规定,同时周边小型休息取暖点采取带状分布的形式,布置形式整体上为:大型组团集中向心+小型组团沿周边带状分布。中心位置的大型休息取暖区位置设置合理,能够满足大量游客的使用需求。带状休息区将西侧游玩区域与中间区域分隔开,满足分隔区域后东西两侧各有一处较大、较开阔的游玩区域的游玩需求,同时也使景区功能分区更明确。对于第一次来游玩的大多数游客来说,在这样的园区中游玩更容易摸清游玩与休息取暖路线。

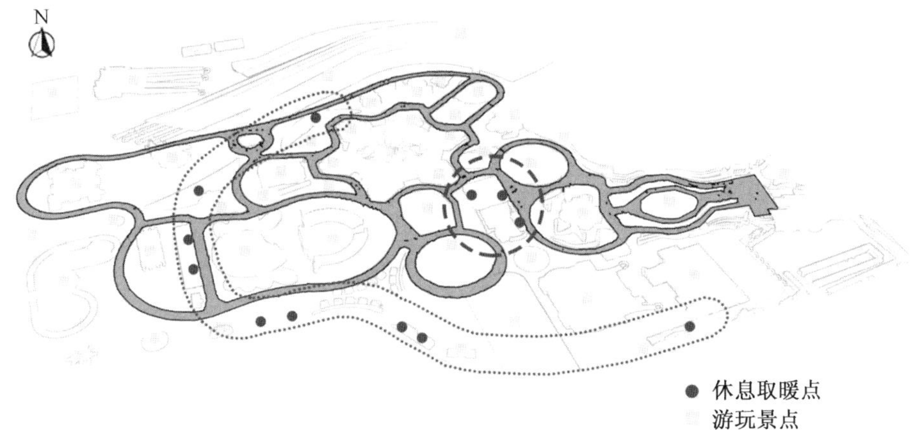

图6.27　第二十二届哈尔滨冰雪大世界平面图

但是,在本次实验的实际体验中,受试者表示除了中心位置的室内餐饮区较为显眼,其他室内休息取暖点“很隐蔽”,这也体现了休息取暖点设置位置、游客引导层面的不合理。整体来说,园区规划设计较为合理,但要注意给予游客更多引导,使休息取暖资源得到充分利用,保证游客游玩体验感的同时避免资源浪费。第二十二届哈尔滨冰雪大世界取暖区域、游玩路线示意图如图 6.28 所示。

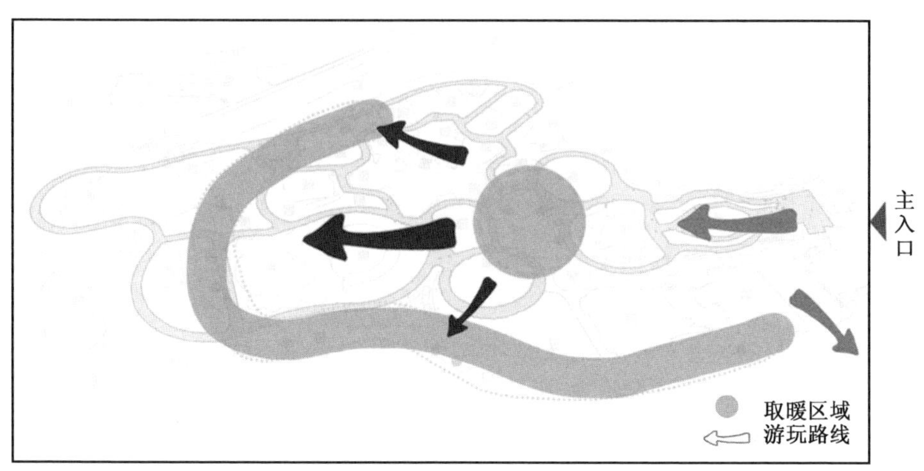

图 6.28　第二十二届哈尔滨冰雪大世界取暖区域、游玩路线示意图

第7章

城市户外空间评价探索性研究

本章基于中文语境对室外热舒适性多维语义评价进行探索性研究，并介绍了机器学习在严寒地区室外热舒适评价中的应用。研究结果表明，当人们的热舒适投票相同时，PET在一个较大的数值范围内波动，在热舒适投票结果相同时，人们在热舒适5个评价维度上选取的词汇差异明显。以上结果均表明采用中文多维语义方法对热舒适性进行评价是有效且必要的。

7.1　中文室外热舒适性多维语义评价的初步研究

7.1.1　室外热舒适性语义评价

随着经济和科学的不断进步，人们对建筑环境舒适度的需求也在逐步增加，人们需要对室外热舒适性进行评价。美国采暖、制冷和空调工程师协会(ASHRAE)将热舒适性(thermal comfort)定义为"人体对热环境满意的一种意识状态"。20 世纪 20 年代第一个热舒适评价指标——有效温度被开发出来，在有效温度之后学者陆续提出了风冷却指数、预测平均投票数、标准有效温度、生理等效温度、通用热气候指数等。传统室外热舒适评价侧重于客观物理指标对热舒适的影响，着重建立评价系统范式，较少考虑情感要素的影响，如热感觉、热愉悦、热期待等情感信息，有关个体因素的考量也有所欠缺，如健康水平、热经验、热适应、代谢率等。另外，热舒适评价与人们的日常生活息息相关，现有的评价方法可能不被非专业人士普遍理解和应用，已有学者发现人们偏好的温度范围通常与热中性温度不同，安纳等在上海高校校园夏季室外环境热舒适性研究中发现，夏季室外偏好温度为 24.47 ℃，比中性 PET 低 1.4 ℃，国外为期一年的实地研究发现更极端的差异，结果表明中性 PET 为 28.6 ℃，但偏好温度为 20.8 ℃。因此，现有评价体系存在不足，第一，在传统热舒适评价中部分影响因素未被考虑；第二，传统热舒适评价结果往往是需要解释的数值，非专业人士难以理解。为弥补上述不足，Richard de Dear 等人引入了心理学术语——室外热影响(outdoor thermal affect，OTA)，对室外热舒适性(outdoor thermal comfort，OTC)这一传统术语进行补充修正。室外热影响(OTA)是指由室外热刺激引起的感觉或情绪，其中既包含室外物理环境对人们的影响，也包含人们自身的情感因素。同时，Richard de Dear 等人综合环境因素和情感因素对室外热舒适评价的影响、室内外热舒适评价的差异和单一维度热舒适评价的不足，构建了一个包含 6 个维度的热舒适性多维语义评价框架，并将室外热影响评价结果回归到人们日常生活中所使用的词语，其研究分为 2 个阶段，通过定义的六维语义评价框架将人们日常使用的描述热舒适的词语与 6 个维度的信息建立多维评价关系(6 个维度参考 ASHRAE 标准中用于评价室外热舒适的“空气温度”“相对湿度”“风速”和“太阳辐射”作为 4 个物理环境维度，选择“热愉悦”“热强度”作为 2 个情感维度)。第一阶段采用在线问卷调查的方式，获得由 76 个英语词语组成的室外热舒适评价词库。第二阶段通过开展现场实验的方式对第一阶段获取的词语进行适用性验证。该研究开启了室外热舒适性研究从粗略的一维描述性热感觉量表向更细致的多维主观热状态描述的转变。Schweiker 等人(2017)也主张用多维方法取代一维热感觉量表，建议对热感觉研究进行深入讨论，以寻找如何将更多维度纳入热舒适评价考虑范围。

汉语作为一个复杂的语言系统，在漫长的历史演变过程中形成了独特的语音、词语、语法，人们习惯用一些词语描述日常语境中的室外环境，例如，《汉语大词典》中对“炎热”一词的解释为气候极热，如“炎热的夏天”“炎热的气息”。

在语言学领域中，以温度词为例，在义系上具有温度义、动作义、心理感觉义和抽象概念义 4 种类型。这 4 种类型的词义内容是“温度现象→生理感觉→心理感觉→抽象概念”的引申过程，因此词语是人们描述客观物理现象、表达主观情感的有力工具。

本书参考 Richard de Dear 等人的研究中使用的多维语义框架和英文多维语义词库，综合中文词语与英文词语的差异，以及传统热舒适评价对情感因素考虑的不足，初步建立以中文词语为基础的室外热舒适评价中文词库，对室外热舒适的中文语义评价展开探索性研究。

7.1.2 研究方法

研究分为 3 个阶段：第一阶段开展数据收集和建立原始词库；第二阶段通过线上问卷调查和线下调研的方式对原始词库进行修正，从而创建中文热舒适评价词库；第三阶段通过设计的现场实验讨论研究的必要性并验证热舒适评价词库的有效性。研究流程如图 7.1 所示。

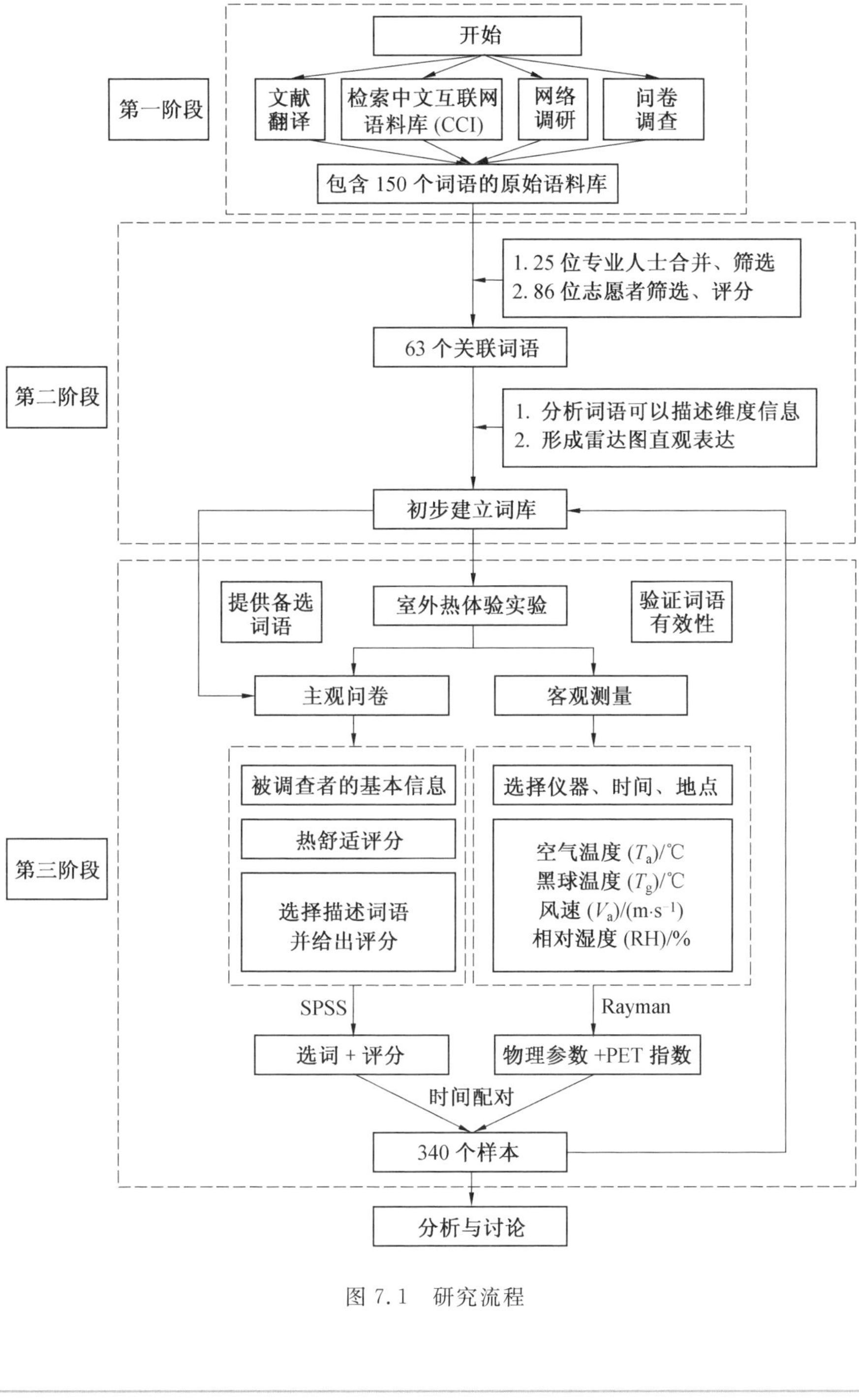

第一阶段

开始

文献翻译 | 检索中文互联网语料库 (CCI) | 网络调研 | 问卷调查

包含 150 个词语的原始语料库

第二阶段

1. 25 位专业人士合并、筛选
2. 86 位志愿者筛选、评分

63 个关联词语

1. 分析词语可以描述维度信息
2. 形成雷达图直观表达

初步建立词库

第三阶段

提供备选词语

室外热体验实验

验证词语有效性

主观问卷

客观测量

被调查者的基本信息

热舒适评分

选择描述词语并给出评分

选择仪器、时间、地点

空气温度 (T_a)/℃
黑球温度 (T_g)/℃
风速 (V_a)/($m\cdot s^{-1}$)
相对湿度 (RH)/%

SPSS

Rayman

选词 + 评分

物理参数 +PET 指数

时间配对

340 个样本

分析与讨论

图 7.1　研究流程

7.1.3 建立热舒适评价中文词库

利用室外热舒适性多维语义评价框架(包含“空气温度”“相对湿度”“风速”“太阳辐射”“热愉悦”5 个维度),采用百分制双极量表的方式将词语与热舒适评价建立关联(图 7.2)。

室外热舒适评价维度				
	热愉悦:	非常不愉悦	愉悦	非常愉悦
	空气温度:	低	适中	高
	相对湿度:	干燥	适中	潮湿
	风速:	无风	适中	强风
	太阳辐射:	弱	适中	强

图 7.2 室外热舒适性多维语义评价框架

1. 建立原始语料库

首先,本研究通过查阅相关的国外文献资料,将英文研究热舒适语义评价的词语翻译、整理成对应的中文词语,并纳入原始语料库;其次,本研究通过检索北京大学 CCL 现代汉语语料库(Center for Chinese Linguistics PKU,简称 CCL 语料库),搜索、筛选与热舒适性相关的中文词语,将这些词语纳入原始语料库进行补充;再次,本研究通过问卷调查征集人们日常生活中使用的与热舒适性相关的词语,从而进一步充实和完善原始语料库;最后,通过合并重复条目,得到包含 150 个词语的原始语料库。

2. 建立热舒适评价中文词库

本研究首先选取 25 位热环境领域相关专业学生并对本次调研问卷做详细说明,包括各名词定义、问卷填写方式及研究目标等,学生分别将 5 个维度的乱序词语进行排序和筛选,最终确定原始语料库中的 76 个相关词语,根据统计学相关案例,选取率高于 70%的词语视为与热舒适评价产生关联。在此基础上,研究组随机招募来自不同专业的 86 位高校学生填写调查问卷(图 7.3)。图 7.4 是双极量表打分制问卷设计的例子,滑动条的最小值为 1,最大值为 100,参与者可拖动光标给出他们对词语在 5 个维度的定位评分,不拖动光标则表示该词语不能用来描述该维度信息。经过筛选,最终初步构建包含 63 个词语的多维语义热舒适评价中文词库。

图 7.3　问卷调查现场

图 7.4　双级量表打分制问卷设计(例)

7.1.4　现场实测与问卷调查

本研究的现场实测地点为沈阳市某高校校园的开阔草地和林荫休息区，如图 7.5 所示。沈阳市地处中国东北地区，根据《民用建筑热工设计规范》(GB 50176—2016)的热工设计分区其属于严寒 B 区。沈阳春季较短，日照充足，气候多变，是一年中多风的季节，日均气温为－4～7 ℃。

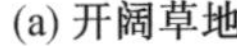
(a) 开阔草地

(b) 林荫休息区

图 7.5　现场实测地点——沈阳市某高校校园

本次研究征集了 20 名高校学生作为研究对象，研究进行了 3 d，分别为 2023 年 4 月 4 日、4 月 16 日、4 月 24 日，从上午 8:00 到下午 18:00，监测日天气情况见表 7.1。学生在早、中、晚分别抵达 2 个调研地点，判断当前环境的室外热影响(OTA)，同时选取最能描述当前室外热环境的词语，并在调研问卷的百分制双极量表中对该词语在不同维度上进行打分。

表 7.1　沈阳市监测日天气情况

日期	天气	室外空气温度/℃			室外相对湿度/%		室外风速/($m \cdot s^{-1}$)	
		最大值	最小值	平均值	最大值	最小值	风速	风向
2023.04.04	多云转小雨	14.5	−1.2	6.5	89	33	3.4～7.9	西北
2023.04.16	晴转多云	18.2	6.1	8.2	50	31	3.4～5.4	南
2023.04.24	多云转晴	20	8.6	11.3	45	22	3.4～7.9	北

物理环境参数均采用相关测量仪器自动记录，从 8:00—18:00 每 5 min 取均值，所有仪器均参照《热环境的人类工效学 物理量测量仪器》(ISO 7726:2001)标准选择、架设的，仪器的技术规格包括型号、量程和精度等，见表 7.2。

表 7.2　仪器的技术规格表

气象参数	仪器型号	量程	精度	采样周期
风速(V_a)	testo 405i 风速仪	0～30 $m \cdot s^{-1}$	±0.1 $m \cdot s^{-1}$	2 s～12 h
空气温度(T_a)	AZ87786 热力指数计	0～50 ℃	±0.6 ℃	10 s～24 h
相对湿度(RH)	AZ87786 热力指数计	0%～99%	±3%	10 s～24 h
黑球温度(T_g)	AZ87786 热力指数计	0～80 ℃	±1.5 ℃	10 s～24 h

7.1.5　分析方法

1. 词语维度关联性分析

本次研究将词语在多维语义定位的评分转换成多维语义雷达图，直观体现词语与各维度的关系。

2. 热舒适评价词库必要性分析

本次研究选取室外热影响（OTA）作为描述热环境的热舒适评价指标，利用雷曼软件进行 PET 计算的同时选取 PET 指数作为热环境评价参考指标。将研究第三阶段获取的 340 条问卷数据和仪器测量的物理参数按照时间进行匹配，得到 340 条包含客观物理参数、室外热影响评分、被调查者选择的词语以及室外热舒适性多维语义评价的 5 个维度的评分。通过对比分析 PET、室外热影响，以及 5 个维度相关词语之间的关系，进而验证热舒适评价词库的必要性。

3. 热舒适评价词库有效性验证

统计第三阶段热舒适评价实验中词语的选取情况，对词语的选取率展开分析讨论，同时与第一和第二阶段建立的热舒适评价词库进行关联性分析，进而验证热舒适评价词库的有效性。

7.1.6　分析与讨论

1. 语义评价词库基本情况

本次研究经由第一阶段对词库词语的修正、筛选和评分，获得人们对词语的定位评分，由于个体之间存在差异，加上心理和生理等因素的影响，因此在同一环境下人们对词语的定位评分也不尽相同，将每个词语对应的 5 个维度的定位评分值取均值，进而得到包含 63 个与多维语义相关的词语的词库，部分词语的评分和来源见表 7.3。

基于词库中词语在多维语义的定位情况，整理得出各维度相关词语的数量及占比（表 7.4）。其中与热愉悦、空气温度、相对湿度、风速相关的词语占比均达到 70%以上，与相对湿度相关的词语为 57 个，占比最高，达到 90.48%；与太阳辐射相关的词语有 38 个，占比最低，为 60.32%。结果表明，人们在描述热愉悦、空气温度、相对湿度、风速时有较多词语选择，而用来描述与太阳辐射相关的词语相对较少。

表 7.3　相关多维语义词语定位表

序号	名称	热愉悦	空气温度	太阳辐射	相对湿度	风速	来源
1	碧空万里	83.9	57.7	54.4	53.6	16.0	CCL 语料库
2	冰冷	30.5	22.2	—	41.0	—	文献翻译(cold)
3	冰爽	58.1	36.0	—	51.1	—	文献翻译(icy)
4	毒热	7.9	93.3	91.1	22.3	—	CCL 语料库
5	干巴巴	—	—	—	22.7	—	问卷调查
…	…	…	…	…	…	…	…
63	烦热	21.0	83.2	76.1	36.5	11.7	问卷调查

表 7.4　相关词语数量及占比表

维度	相关词语数量/个	在词库的占比/%
热愉悦	56	88.89
空气温度	53	84.13
太阳辐射	38	60.32
相对湿度	57	90.48
风速	46	73.02

2. 语义雷达图

将词库中 63 个词语的定位信息以雷达图的形式呈现，可以直观看出一个词语在多维语义定位中的数值分布。例如，当人们使用“碧空万里”一词描述环境时可以描述 5 个维度的信息[图 7.6(a)]，所描述的环境是愉悦度较低(热愉悦＝83.9)，空气温度和太阳辐射比较高(空气温度＝57.7、太阳辐射 54.4)，相对湿度适中(相对湿度＝53.6)，风速较低(风速＝16.0)。

又如，当人们使用“寒冷”一词描述环境时可以描述 3 个维度的信息[图 7.6(b)]，所描述的环境中愉悦度较好(热愉悦＝26.5)，空气温度较低(空气温度＝20.9)，相对湿度适中(相对湿度＝43.8)，该词语一般不用来描述风速、太阳辐射情况。

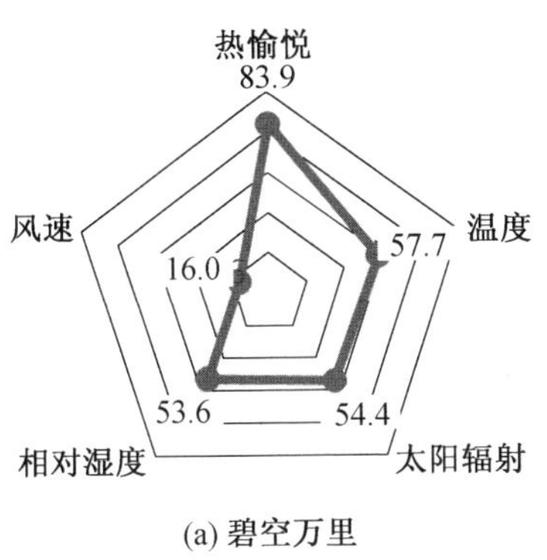

(a) 碧空万里

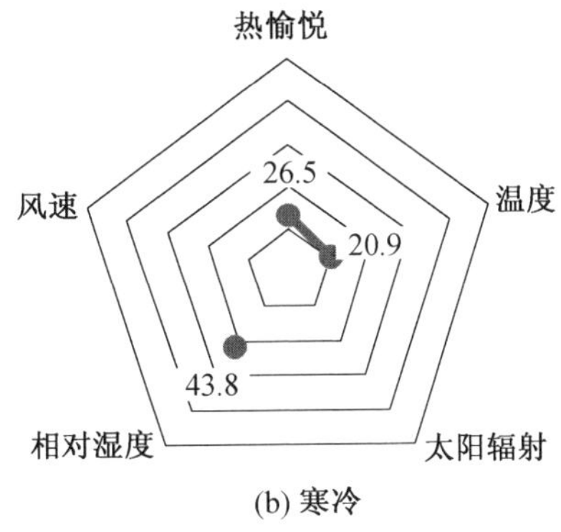

(b) 寒冷

图 7.6　语义雷达图(例)

3. 多维语义热舒适评价的必要性

通过作图得出热舒适投票(TCV)与 PET 的相关性(图 7.7),当 TCV 值相同时,对 PET 值的范围和词语选择进行分类排序,得出热舒适投票、选词和 PET 的关系表(表 7.5),二者共同反映出进行多维语义热舒适评价的必要性。例如,当热舒适投票为 71 时,PET 值在 10.1～20.4 之间波动,并且人们用来描述热环境而选取的词语也有显著差异。结果表明,单一的数值并不能准确地反映人们的真实感受,采用多维语义方法进行热舒适评价是必要的。

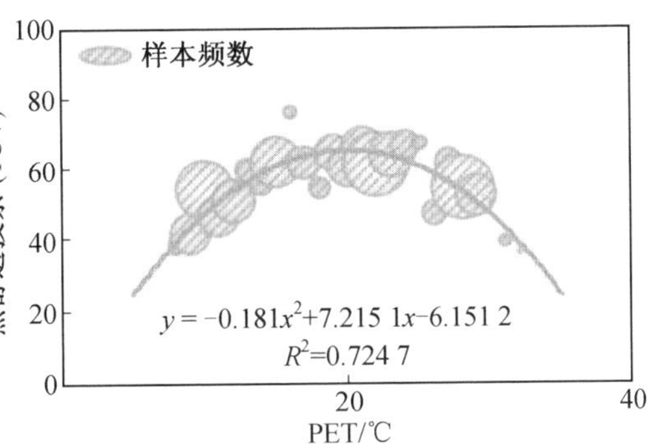

图 7.7　热舒适投票(TCV)与 PET 的相关性

表 7.5　热舒适投票、选词和 PET 的关系表

序号	TCV	PET/℃	主观语义选择					客观因素				
			热愉悦选词	空气温度选词	太阳辐射选词	相对湿度选词	风速选词	T_a/℃	T_g/℃	RH/%	V_a/(m·s^{-1})	I
1	71	10.1	爽朗	爽朗	阳光刺眼	干爽	微风	13.8	31.8	13.3	0.7	0.9
2	71	10.1	阳光明媚	阴凉	舒适	干爽	微风	13.8	31.8	13.3	0.7	0.5
3	71	13.5	温和	舒适	碧空万里	清爽	微风	14.8	28.3	16.0	0.4	0.6

续表

序号	TCV	PET/℃	主观语义选择					客观因素				
			热愉悦选词	空气温度选词	太阳辐射选词	相对湿度选词	风速选词	T_a/℃	T_g/℃	RH/%	V_a/(m·s^{-1})	I
4	71	14.7	爽朗	冰爽	阳光明媚	温润	微风	16.7	23.6	17.6	0.6	0.8
5	71	15.4	清新	清新	舒适	清新	微风	12.3	43.0	19.3	0.9	1.1
6	71	17.0	清新	温和	温和	清新	微风徐徐	21.2	33.7	19.8	0.8	0.5
7	71	18.1	阳光灿烂	舒适	温暖	清爽	天朗气清	15.2	34.4	22.4	0.3	0.8
8	71	19.1	天朗气清	凉飕飕	天朗气清	干爽	微风	20.1	21.0	21.4	0.5	1.1
9	71	19.3	阳光灿烂	惠风和畅	风和日丽	清爽	天朗气清	14.4	30.9	22.7	1.4	1.1
10	71	20.4	温和	爽朗	阳光明媚	爽朗	微风	24.3	19.1	24.0	1.4	0.6

7.1.7 热舒适评价多维语义词库有效性检验

1.基本情况介绍

本次研究选定实测地点 3 d 获取的物理环境参数范围见表 7.6，实验共有来自 22 个不同城市的 22 人参加，男女比例为 1∶1。参与者均为高校学生，平均年龄为 24 岁，最大年龄为 29 岁，最小年龄为 18 岁。参与者的平均体重为 61 kg，平均身高为 170 cm。本次实测共收集了 340 份问卷，选择的各维度相关词语及数量分别为：热愉悦 40 个，空气温度 38 个，太阳辐射 37 个，相对湿度 38 个，风速 24 个。

表 7.6 物理环境参数表

	T_a/℃	T_g/℃	RH/%	V_a/(m·s^{-1})
最大值	31.1	55.3	52.8	7.1
最小值	8.9	11	10.7	0.16
平均值	19.7	24.3	26.0	3.85

由于沈阳市春季天气多变，实测获取样本的 PET 指数表现出分散的分布状态，其范围为 8～32(图 7.8)。

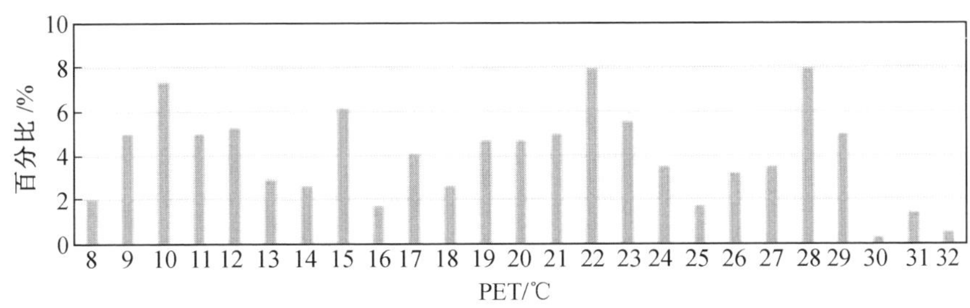

图 7.8　PET 指数分布

2. 多维语义词库有效性验证

多维语义词库与实验结果之间的评分相关性分析如图 7.9 所示。结果表明，所有热舒适评价指标均具有良好的相关性，热愉悦、空气温度、太阳辐射、相对湿度和风速的 R^2 分别为 0.750 6、0.688 1、0.855 1、0.628 4 和 0.639 9。实验结果与多维语义词库吻合较好，验证了多维语义词库的有效性。

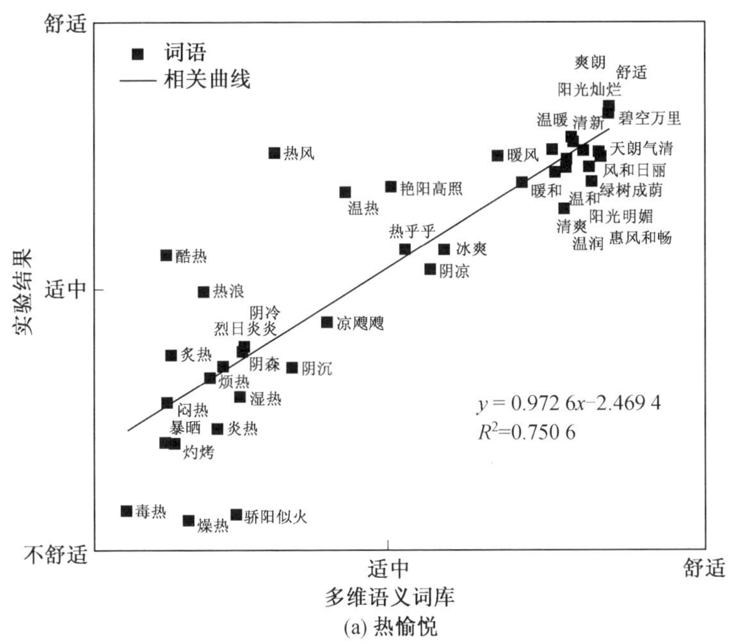

图 7.9　多维语义词库与实验结果之间的评分相关性分析

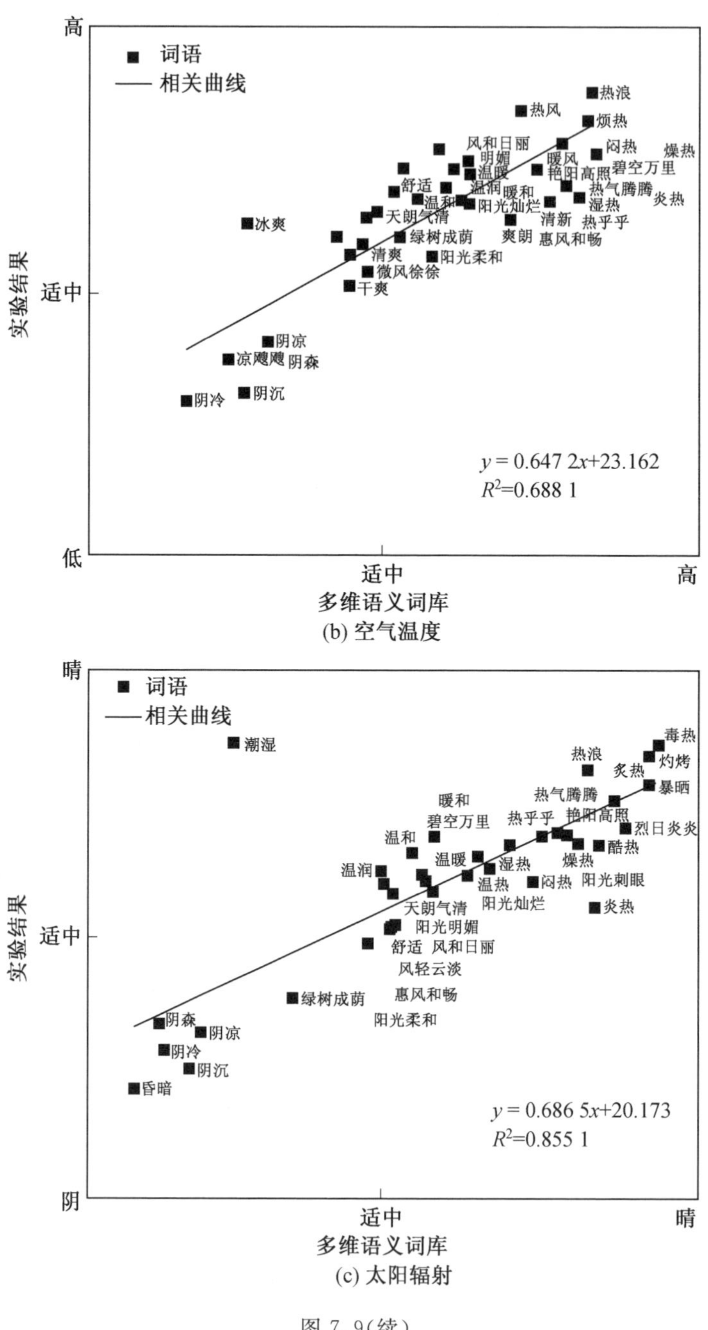

(b) 空气温度

(c) 太阳辐射

图 7.9(续)

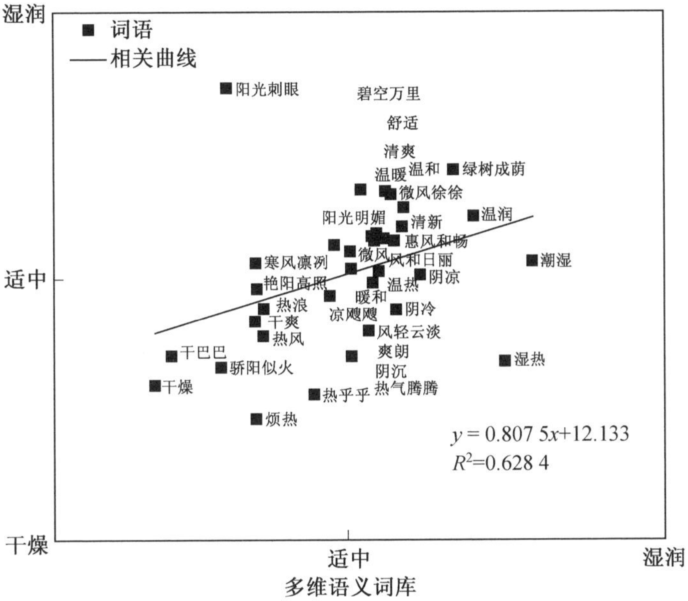

湿润
■ 词语
—— 相关曲线
阳光刺眼
碧空万里
舒适
清爽
温暖 温和 绿树成荫
微风徐徐
阳光明媚 温润
清新
惠风和畅
寒风凛冽 微风 风和日丽 潮湿
适中
艳阳高照 阴凉
温热
热浪 暖和
干爽 凉飕飕 阴冷
热风 风轻云淡
干巴巴 爽朗 湿热
骄阳似火 阴沉
干燥 热乎乎 热气腾腾
烦热
$y = 0.8075x + 12.133$
$R^2 = 0.6284$
实验结果
干燥
适中
湿润
多维语义词库

(d) 相对湿度

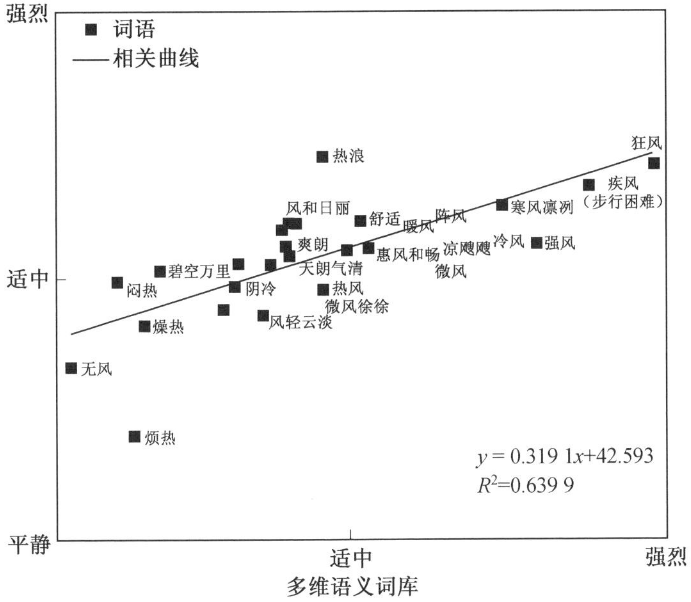

强烈
■ 词语
—— 相关曲线
狂风
热浪
疾风（步行困难）
风和日丽
舒适 阵风 寒风凛冽
暖风
爽朗 凉飕飕 冷风 强风
惠风和畅
碧空万里 天朗气清 微风
适中
闷热 阴冷 热风
微风徐徐
燥热 风轻云淡
无风
烦热
$y = 0.3191x + 42.593$
$R^2 = 0.6399$
实验结果
平静
适中
强烈
多维语义词库

(e) 风速

图 7.9(续)

7.1.8 总结

1. 多维语义热舒适评价中文词库

本研究在第一阶段和第二阶段构建了一个包含63个词语的多维语义热舒适评价中文词库，包含每个词语在5个维度上的得分。在第三阶段，人们选择词语来评价实验现场的热环境，根据他们在问卷调查时的体验给出5个维度的分数。词库中的词语分数和实地选择的词语分数在热愉悦、空气温度、太阳辐射和风速维度均表现出良好的相关性，从而验证了多维语义热舒适评价中文词库的有效性。

2. 多维信息描述

研究中的部分词语可以用来描述全部5个维度的信息，有些词语只能用来描述部分维度的信息。例如，人们使用中文词语“碧空万里”描述5个维度的信息：热愉悦(83.9)、空气温度(57.7)、太阳辐射(54.4)、相对湿度(53.6)、风速(16.0)。对于中文词语“寒冷”，人们只用它描述3个维度：热愉悦(26.5)、空气温度(20.9)和相对湿度(43.8)，由此表明，需要用词语组合的方式对室外热环境进行多维描述。

尽管线上问卷调查在初始阶段覆盖了其他地区，但本书的参与者主要是居住在严寒地区的高校学生，因此两个阶段的样本量和代表性需要进一步扩大和拓宽。

7.2 机器学习在严寒地区室外热舒适评价中的初步研究

7.2.1 机器学习

近年来，机器学习(machine learning, ML)和人工智能(artificial intelligence, AI)发展迅速，其为能够适应地区和个体差异的热舒适建模提供了新的可能性。室外热舒适性与室外环境、个人情绪和其他因素之间存在复杂的关系，一些学者将机器学习应用于个人热舒适性的预测研究中。彭莎等人利用梯度提升决策树研究了拉萨市某公园健身空间的满意度，结果表明，影响拉萨市室外健身空间满意度的因素与中国其他城市存在差异。

影响室外健身空间满意度的主要因素是绿化环境、健身器材和设施等。唐

昊用机器学习模型来解释人们对整体环境和个体环境满意度之间的相关性。根据模型预测满意度降低的准确性、全局稳定性和可解释性对模型进行了评估。采用 SHAP(Shapley additive explanations，用于解释机器学习模型预测的方法)分析，量化了各种自变量对解释变量的贡献。

综上所述，严寒地区的室外热舒适性尚未得到广泛研究，为提供一种直观、快速、易于理解的预测方法，本节对中国严寒地区典型城市(沈阳市)通过实地测量获得的物理环境参数，以及通过现场问卷调查获得的个体因素信息，讨论 4 种机器学习模型在室外热舒适评价中的适用性。本节讨论的影响严寒地区热舒适评价的因素及其影响程度可为我国严寒地区室外热舒适评价的研究和应用提供参考。

7.2.2　研究方法

1. 采用 4 种机器学习模型

本书采用 4 种机器学习模型。在调整相应的参数后，对模型进行训练，训练分为 2 个阶段。测量数据分为 2 个数据集：320 个数据为训练集，20 个数据为验证集。在训练模型阶段，使用 320 个数据建立热舒适性预测模型；在预测模型验证阶段，使用 20 个数据来评估预测模型的预测性能。通过这 2 个阶段，对 4 个机器学习模型的模拟结果进行比较和分析。本书选择预测性能最佳的训练模型作为主要模型，然后对其影响因素进行特征重要性分析和部分依赖性分析。

(1)神经网络。

神经网络(neural network，NN)是一种受生物神经网络启发的新型计算模型，主要用于人工智能和机器学习任务。神经网络由大量神经元节点组成，通过连接权重传递信息，可以执行模式识别、数据分类和预测等多种任务。

(2)随机森林。

随机森林(random forest，RF)是一种集合学习方法，用于解决回归和分类问题，通过组合多个决策树来提高模型的稳定性和准确性。随机森林的核心思想是将多个弱学习器(决策树)组合成一个强学习器，通过分类或回归得到最终的预测结果。随机森林的基本单元是决策树。

(3)梯度提升决策树。

梯度提升决策树(gradient boosting decision trees，GBDT)是一种集合学习方法，用于解决回归和分类问题。梯度提升决策树一步一步地迭代建立多棵决策树，每棵决策树都是在前一棵树的残余误差基础上进行训练的，从而逐步减少模型的误差。

(4)极端梯度提升。

极端梯度提升(extreme gradient boosting, XGBoost)是一种基于梯度提升决策树和集合学习算法的机器学习模型。它通过正则化、特征增强和自定义损失函数进行优化和改进,以提供更高的性能、更快的训练速度和更好的鲁棒性。XGBoost 是最强大的算法之一,目前广泛应用于数据科学和机器学习领域,用于解决各种复杂的回归和分类问题,适用于热舒适评价。

2. 确定模型的最佳拟合状态

为了确定模型的最佳拟合状态并防止过拟合,最佳拟合参数由均方根误差(root mean square error, RMSE)的最小值决定。RMSE 衡量的是模型预测值与实际观测值之间的平均绝对误差,两者的范围都是 1～100。平均绝对误差越小,实验所得的结果与实际情况误差越小。RMSE 的计算方法如下:

$$\text{RMSE}=\sqrt{\frac{1}{N}\left(Y_i^{\text{exp}}-Y_i^{\text{pred}}\right)^2} \tag{7.1}$$

式中　RMSE—— 衡量回归模型预测值与实际值之间平均距离的指标;

N—— 样本数;

Y_i^{exp}、Y_i^{pred}——Y_i^{exp} 的实际值、预测值。

7.2.3　评估模型分析指标

1. 预测准确性分析

为了评估模型的预测准确性,在有效性分析中使用了性能指标判定系数(R^2)。判定系数(R^2)是用来衡量回归模型拟合程度的指标,表示因变量的变化在多大程度上可以由独立变量解释。R^2 的取值范围在 0 ～ 1 之间,数值越大,表示模型与变量的拟合程度越高。判定系数 R^2 的计算公式如下:

$$R^2=1-\frac{\sum_{i=1}^{n}\left(Y_i^{\text{exp}}-Y_i^{\text{pred}}\right)^2}{\sum_{i=1}^{n}\left(Y_i^{\text{exp}}-\overline{Y}_{\text{ave}}^{\text{exp}}\right)^2} \tag{7.2}$$

式中　R^2—— 衡量回归模型拟合程度的指标;

N—— 样本数;

Y_i^{exp}、Y_i^{pred}——Y_i^{exp} 的实际值、预测值;

$\overline{Y}_{\text{ave}}^{\text{exp}}$—— 实验值的平均值。

2. 特征重要性分析

对于具有许多特征的模型,特征重要性分析有助于人们了解模型的决策过程,并确定哪些特征对模型的性能起着关键作用。训练模型完成后,通过模型提供的特征重要性属性得到每个特征的重要性得分。调用 Python 生态系统中的

基本绘图库 Matplotlib 将其可视化，这些分数反映了影响因素特征对预测模型的影响程度。

3. 部分依赖性分析

部分依赖性用于分析机器学习模型特征与预测值之间的关系。通过借助部分依赖性分析工具，分析不同特征对预测值的影响。调用 SHAP 库可将分析结果可视化。它以特征值为横轴，预测值为纵轴，在生成数据点时保持其他特征不变，即固定训练数据中其他特征的值。要确保分析的是特定特征与预测值之间的关系，其他特征不会干扰结果。通过研究部分依赖性的趋势，人们可以确定特征值的变化对预测结果的影响。

7.2.4　4 种机器学习模型的拟合状态结果

1. 4 种机器学习模型的最佳拟合状态

经过 50% 的交叉验证后，选择 RMSE 值最小的参数作为最佳拟合参数，结果如图 7.10 所示。4 种机器学习模型的结果如下：神经网络（NN）的最佳隐藏层神经元数量为 69 个，随机森林（RF）的最佳拟合树的数量为 41 棵，梯度提升决策树（GBDT）的最佳拟合树的数量为 16 棵，极端梯度提升（XGBoost）的最佳拟合树的数量为 10 棵，且不存在过拟合问题。

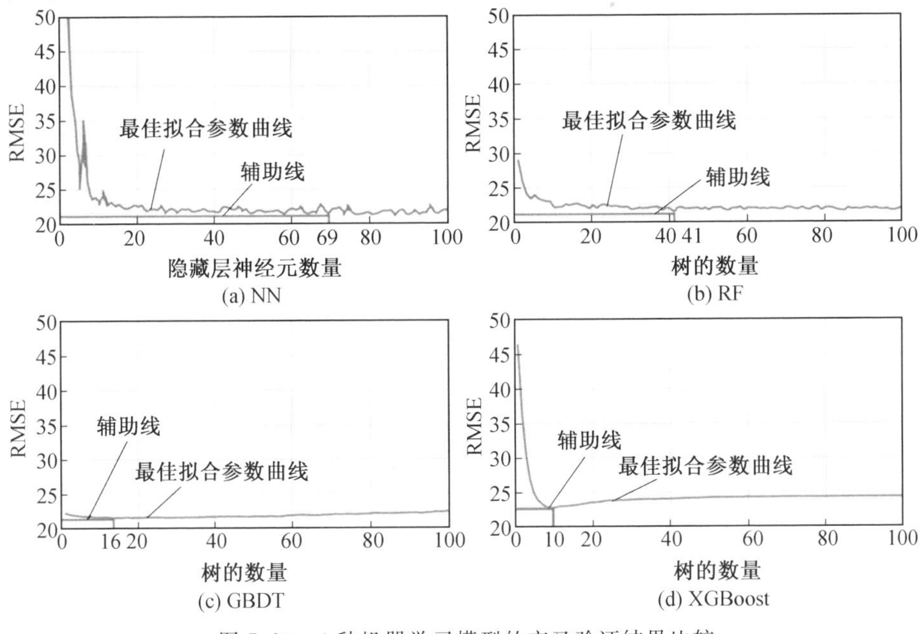

图 7.10　4 种机器学习模型的交叉验证结果比较

2. 4 种机器学习模型的预测结果

从 4 种模型的预测结果来看，XGBoost 在测试集（0.833 2）和训练集（0.931 3）上的 R^2 值都最高，优于 NN、RF 和 GBDT。因此，本书选择 XGBoost 作为主要分析模型。表 7.7 是 4 种机器学习模型的训练结果。

表 7.7　4 种机器学习模型的训练结果

	训练集	测试集
NN	0.532 5	0.468 4
RF	0.911 5	0.804 1
GBDT	0.714 8	0.810 3
XGBoost	0.931 3	0.833 2

4 种机器学习模型的预测结果如图 7.11 所示。

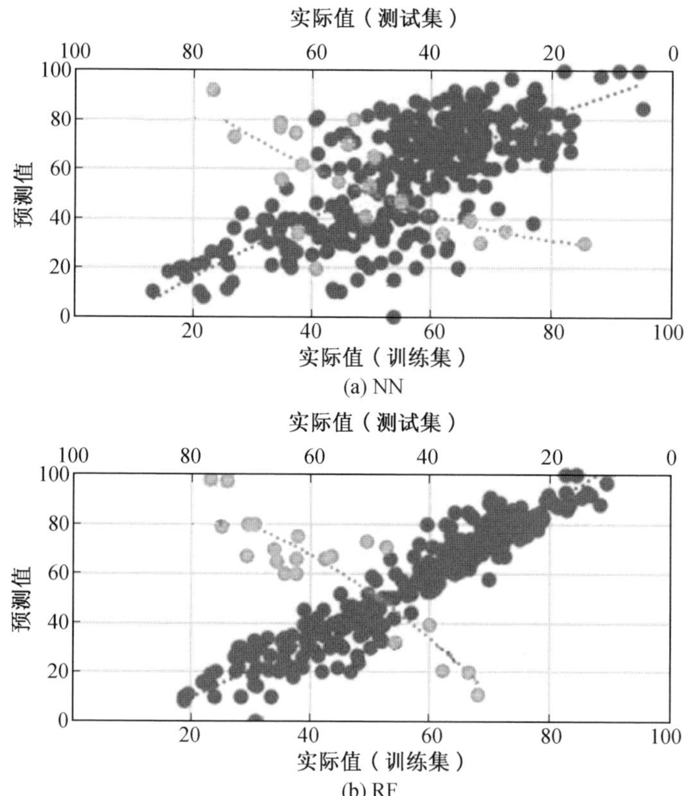

图 7.11　4 种机器学习模型的预测结果

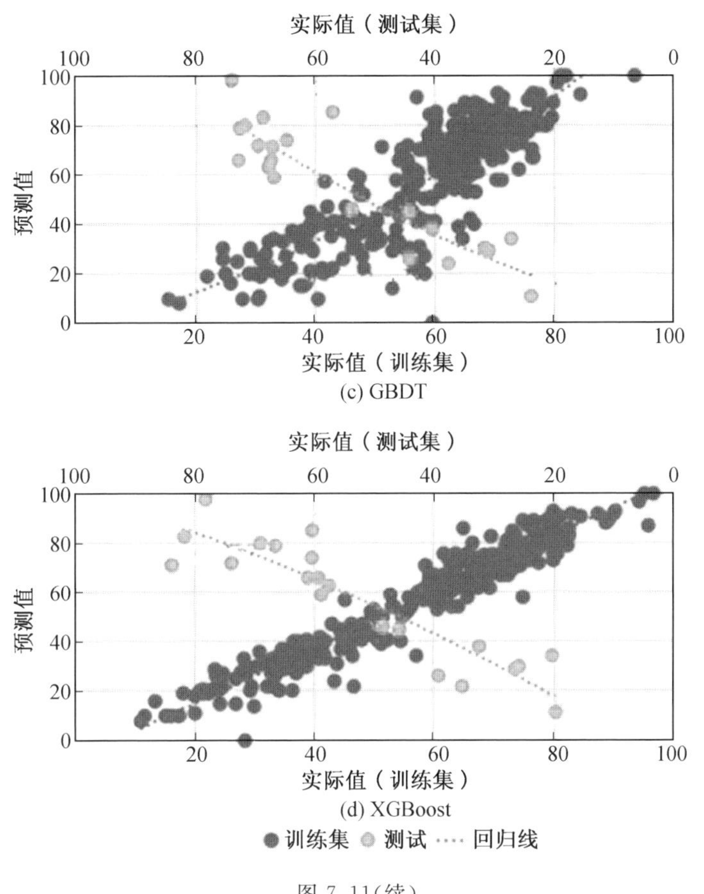

图 7.11(续)

3. XGBoost 模型的特征重要性分析

XGBoost 模型自变量的特征重要性如图 7.12 所示。从图 7.12 可看出，相对湿度(RH)对模型的影响最大，其值为 0.161。这表明相对湿度的变化对环境的热舒适性有重大影响。相对湿度受气温和风速的影响，与沈阳春季温差大、相对湿度变化大有关。热舒适评价受多种因素的影响，在这些因素中，风速、空气温度和黑球温度对热舒适评价模型有显著影响(大于 0.8)，这表明室外环境因素在热舒适评价中起着至关重要的作用。另外，性别对热舒适评价模型的影响可以忽略不计(小于 0.4)。需要注意的是，主观评价应明确标记为主观评价，以保证客观性。

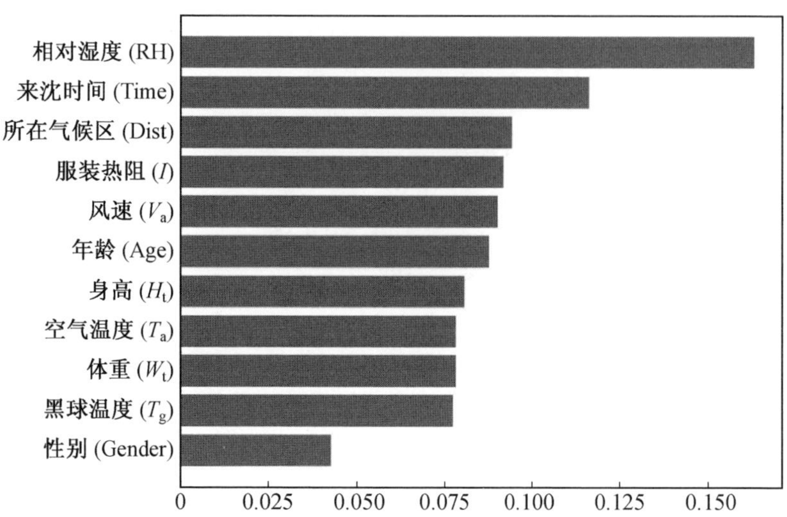

图 7.12　XGBoost 模型自变量的特征重要性

4. XGBoost 模型的部分依赖性分析

XGBoost 模型自变量的部分依赖性如图 7.13 所示。从图 7.13 可看出，当控制自变量仅为相对湿度时预测的热舒适评价趋势表明，在达到极值前得分先升高后降低再升高，达到极值后呈现负相关趋势，热舒适评价受到相对湿度变化的影响显著。当仅考虑所在气候区作为自变量时，随着气候区的变化，得分先从最大值缓慢降低，然后缓慢升高再降低至最低值。

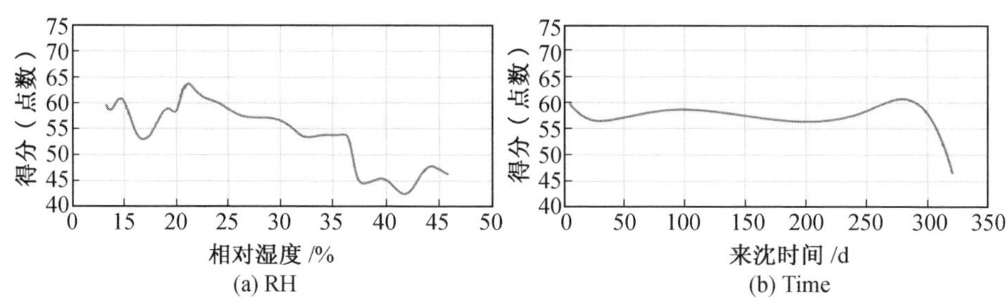

图 7.13　XGBoost 模型自变量的部分依赖性

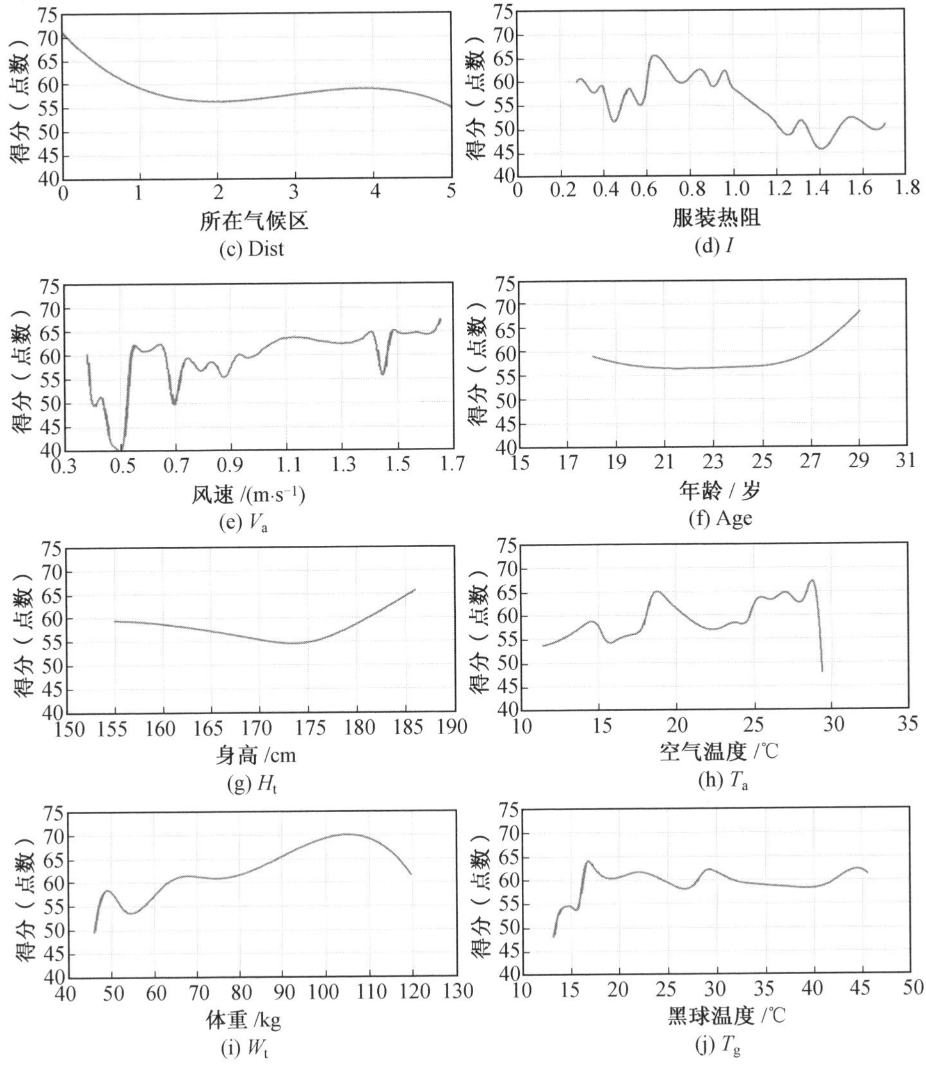

得分（点数）

所在气候区

(c) Dist

得分（点数）

服装热阻

(d) I

得分（点数）

风速 /(m·s^{-1})

(e) V_a

得分（点数）

年龄 / 岁

(f) Age

得分（点数）

身高 /cm

(g) H_t

得分（点数）

空气温度 /℃

(h) T_a

得分（点数）

体重 /kg

(i) W_t

得分（点数）

黑球温度 /℃

(j) T_g

图 7.13(续)

7.2.5　总结

本书通过在严寒地区高校校园的实地测试获得了实验数据，并使用 4 种机器学习模型来预测热舒适评价指标。该研究提供了一种基于机器学习的严寒地区室外热舒适评价模型的构建方法，结果如下。

1. XGBoost 模型有效

基于 XGBoost 模型的室外热舒适评价模型是有效的。XGBoost、GBDT、RF、NN 的预测值与投票值之间的相关系数分别为 0.931 3、0.714 8、0.911 5 和 0.532 5。XGBoost 模型是最有效的。

2. XGBoost 模型受多种因素影响

XGBoost 模型自变量的特征重要性表明，室外热舒适评价受到多种因素的影响，分为个人因素和环境因素，主要包括相对湿度、居住时间、所在气候区、服装热阻、风速、年龄、身高、空气温度、体重和黑球温度。在评价室外热舒适性时，客观地考虑所有因素是很重要的。

3. XGBoost 模型的影响因素对室外热舒适评价有不同的影响

XGBoost 模型自变量的部分依赖性表明，各种影响因素对室外热舒适评价有不同的影响。处于严寒地区的受访者认为，在微冷的热环境中，热舒适评价较高，而服装热阻较大的人往往给出较低的热舒适评价值。

附　录

预测正确率表

春季预测正确率表

$\eta_{PET}=0.881$　$\eta_{SET^*}=0.878$　$\eta_{UTCI}=0.874$

PET		TSV						合计
		3	2	1	0	−1	−2	
PTSV	3	20	0	0	0	0	0	20
	2	6	20	5	15	3	0	49
	1	6	6	342			0	366
	0	2	7				1	
	−1	0	0				2	
	−2	0	0	0	0	0	9	9
合计		34	33	365			12	444

SET*		TSV						合计
		3	2	1	0	−1	−2	
PTSV	3	3	0	0	0	0	0	3
	2	25	22	0	0	0	2	49
	1	0	7	365			0	392
	0	6	4				10	
	−1	0	0				0	
合计		34	33	365			12	444

UTCI		TSV						合计
		3	2	1	0	−1	−2	
PTSV	3	4	0	0	0	0	0	4
	2	15	19	0	0	0	0	34
	1	11	6	365			1	406
	0	4	8				10	
	−1	0	0				1	
合计		34	33	365			12	444

夏季预测正确率表

$\eta_{PET}=0.531$ $\eta_{SET^*}=0.525$ $\eta_{UTCI}=0.623$

PET		TSV						合计
		−1	0	1	2	3	4	
PTSV	0	180			0	2	0	272
	1				10	54	26	
	2	3	47	11	14	45	24	144
	3	0	6	1	1	70	3	81
合计		248			25	171	53	497

SET*		TSV						合计
		−1	0	1	2	3	4	
PTSV	0	169			0	2	0	225
	1				0	42	12	
	2	5	60	4	20	55	31	175
	3	0	10	0	5	72	10	97
合计		248			25	171	53	497

UTCI		TSV						合计
		−1	0	1	2	3	4	
PTSV	−1	178			0	0	0	223
	0				0	3	0	
	1				6	28	8	
	2	3	51	10	16	47	15	142
	3	0	5	0	3	93	7	108
	4	0	1	0	0	0	23	24
合计		248			25	171	53	497

秋季预测正确率表

$\eta_{PET}=0.689$　$\eta_{SET^*}=0.610$　$\eta_{UTCI}=0.591$

<table>
<tr><td colspan="2" rowspan="2">PET</td><td colspan="7">TSV</td><td rowspan="2">合计</td></tr>
<tr><td>2</td><td>1</td><td>0</td><td>−1</td><td>−2</td><td>−3</td><td>−4</td></tr>
<tr><td rowspan="6">PTSV</td><td>2</td><td>13</td><td>0</td><td>0</td><td>0</td><td>0</td><td>0</td><td>0</td><td>13</td></tr>
<tr><td>1</td><td>2</td><td colspan="3" rowspan="3">225</td><td>0</td><td>0</td><td>0</td><td rowspan="3">283</td></tr>
<tr><td>0</td><td>3</td><td>16</td><td>4</td><td>0</td></tr>
<tr><td>−1</td><td>2</td><td>13</td><td>14</td><td>4</td></tr>
<tr><td>−2</td><td>3</td><td>2</td><td>27</td><td>5</td><td>72</td><td>44</td><td>18</td><td>171</td></tr>
<tr><td>−3</td><td>0</td><td>0</td><td>2</td><td>0</td><td>4</td><td>64</td><td>6</td><td>76</td></tr>
<tr><td colspan="2">合计</td><td>23</td><td colspan="3">261</td><td>105</td><td>126</td><td>28</td><td>543</td></tr>
</table>

<table>
<tr><td colspan="2" rowspan="2">SET*</td><td colspan="7">TSV</td><td rowspan="2">合计</td></tr>
<tr><td>2</td><td>1</td><td>0</td><td>−1</td><td>−2</td><td>−3</td><td>−4</td></tr>
<tr><td rowspan="5">PTSV</td><td>1</td><td>0</td><td colspan="3" rowspan="3">230</td><td>0</td><td>0</td><td>0</td><td rowspan="3">352</td></tr>
<tr><td>0</td><td>12</td><td>16</td><td>8</td><td>0</td></tr>
<tr><td>−1</td><td>9</td><td>26</td><td>39</td><td>12</td></tr>
<tr><td>−2</td><td>2</td><td>3</td><td>19</td><td>7</td><td>58</td><td>36</td><td>15</td><td>140</td></tr>
<tr><td>−3</td><td>0</td><td>0</td><td>0</td><td>2</td><td>5</td><td>43</td><td>1</td><td>51</td></tr>
<tr><td colspan="2">合计</td><td>23</td><td colspan="3">261</td><td>105</td><td>126</td><td>28</td><td>543</td></tr>
</table>

<table>
<tr><td colspan="2" rowspan="2">UTCI</td><td colspan="7">TSV</td><td rowspan="2">合计</td></tr>
<tr><td>2</td><td>1</td><td>0</td><td>−1</td><td>−2</td><td>−3</td><td>−4</td></tr>
<tr><td rowspan="4">PTSV</td><td>0</td><td>11</td><td colspan="3" rowspan="2">225</td><td>12</td><td>2</td><td></td><td rowspan="2">336</td></tr>
<tr><td>−1</td><td>8</td><td>31</td><td>30</td><td>17</td></tr>
<tr><td>−2</td><td>4</td><td>2</td><td>28</td><td>2</td><td>56</td><td>54</td><td>10</td><td>156</td></tr>
<tr><td>−3</td><td>0</td><td>0</td><td>4</td><td>0</td><td>6</td><td>40</td><td>1</td><td>51</td></tr>
<tr><td colspan="2">合计</td><td>23</td><td colspan="3">261</td><td>105</td><td>126</td><td>28</td><td>543</td></tr>
</table>

冬季预测正确率表

$\eta_{PET}=0.611$　$\eta_{SET^*}=0.476$　$\eta_{UTCI}=0.483$

<table>
<tr><th colspan="2" rowspan="2">PET</th><th colspan="6">TSV</th><th rowspan="2">合计</th></tr>
<tr><th>1</th><th>0</th><th>−1</th><th>−2</th><th>−3</th><th>−4</th></tr>
<tr><td rowspan="6">PTSV</td><td>1</td><td colspan="3" rowspan="3">85</td><td>0</td><td>0</td><td>0</td><td rowspan="3">102</td></tr>
<tr><td>0</td><td>0</td><td>0</td><td>0</td></tr>
<tr><td>−1</td><td>5</td><td>12</td><td>0</td></tr>
<tr><td>−2</td><td>0</td><td>21</td><td>12</td><td>36</td><td>60</td><td>25</td><td>154</td></tr>
<tr><td>−3</td><td>0</td><td>27</td><td>8</td><td>10</td><td>161</td><td>35</td><td>241</td></tr>
<tr><td>−4</td><td>0</td><td>0</td><td>0</td><td>0</td><td>0</td><td>56</td><td>56</td></tr>
<tr><td colspan="2">合计</td><td colspan="3">153</td><td>51</td><td>233</td><td>116</td><td>553</td></tr>
</table>

<table>
<tr><th colspan="2" rowspan="2">SET*</th><th colspan="6">TSV</th><th rowspan="2">合计</th></tr>
<tr><th>1</th><th>0</th><th>−1</th><th>−2</th><th>−3</th><th>−4</th></tr>
<tr><td rowspan="6">PTSV</td><td>1</td><td colspan="3" rowspan="3">69</td><td>2</td><td>1</td><td>0</td><td rowspan="3">102</td></tr>
<tr><td>0</td><td>5</td><td>6</td><td>7</td></tr>
<tr><td>−1</td><td>2</td><td>7</td><td>3</td></tr>
<tr><td>−2</td><td>0</td><td>36</td><td>31</td><td>33</td><td>103</td><td>35</td><td>238</td></tr>
<tr><td>−3</td><td>0</td><td>14</td><td>3</td><td>9</td><td>116</td><td>26</td><td>168</td></tr>
<tr><td>−4</td><td>0</td><td>0</td><td>0</td><td>0</td><td>0</td><td>45</td><td>45</td></tr>
<tr><td colspan="2">合计</td><td colspan="3">153</td><td>51</td><td>233</td><td>116</td><td>553</td></tr>
</table>

<table>
<tr><th colspan="2" rowspan="2">UTCI</th><th colspan="6">TSV</th><th rowspan="2">合计</th></tr>
<tr><th>1</th><th>0</th><th>−1</th><th>−2</th><th>−3</th><th>−4</th></tr>
<tr><td rowspan="6">PTSV</td><td>1</td><td colspan="3" rowspan="3">74</td><td>0</td><td>0</td><td>0</td><td rowspan="3">101</td></tr>
<tr><td>0</td><td>0</td><td>0</td><td>0</td></tr>
<tr><td>−1</td><td>7</td><td>11</td><td>9</td></tr>
<tr><td>−2</td><td>4</td><td>25</td><td>10</td><td>29</td><td>79</td><td>37</td><td>184</td></tr>
<tr><td>−3</td><td>0</td><td>28</td><td>8</td><td>15</td><td>139</td><td>35</td><td>225</td></tr>
<tr><td>−4</td><td>0</td><td>4</td><td>0</td><td>0</td><td>4</td><td>35</td><td>43</td></tr>
<tr><td colspan="2">合计</td><td colspan="3">153</td><td>51</td><td>233</td><td>116</td><td>553</td></tr>
</table>

参考文献

[1] 安乐. 中国寒冷地区城市公园居民室外热舒适比较研究——以北京、西安和哈密为例[D]. 咸阳:西北农林科技大学,2021.

[2] 蔡强新. 既有居住区室外环境热舒适性研究[D]. 杭州:浙江大学,2010.

[3] 常怀生. 建筑环境心理学[M]. 北京:中国建筑工业出版社,1990.

[4] 陈杰,梁耀昌,黄国庆. 岭南建筑与绿色建筑——基于气候适应性的岭南建筑生态绿色本质[J]. 南方建筑,2013(3):22-25.

[5] 陈睿智,董靓. 湿热气候区风景园林微气候舒适度评价研究[J]. 建筑科学,2013,29(8):28-33.

[6] 陈昕. 哈尔滨室外人群热舒适动态变化规律及预测方法研究[D]. 哈尔滨:哈尔滨工业大学,2017.

[7] 陈永生. 园林艺术的现代性与民族性——对中国现代园林艺术创作走向的思考[J]. 中国园林,2005(6):72-74.

[8] 成实,牛宇琛,王鲁帅. 城市公园缓解热岛效应研究——以深圳为例[J]. 中国园林,2019,35(10):40-45.

[9] 丁勇花. 基于人体热感觉的服装热舒适研究[D]. 西安:西安工程大学,2015.

[10] 冯锡文,何春霞,方赵嵩,等. 室外热舒适的研究现状[J]. 建筑科学,2017,33(12):152-158.

[11] 盖尔. 交往与空间[M]. 何人可,译. 北京:中国建筑工业出版社,1992.

[12] 韩贵锋,梁保平. 地表温度与植被指数相关性的空间尺度特征——以重庆市为例[J]. 中国园林,2011,27(1):68-72.

[13] 侯非. 兰州银滩湿地公园游憩空间景观设计研究[D]. 兰州:西北师范大学,2019.

[14] 胡孝俊. 重庆地区夏季室外人体热适应性研究[D]. 重庆:重庆大学,2013.

[15] 黄建华,张慧. 人与热环境[M]. 北京:科学出版社,2011.

[16] 纪秀玲,李国忠,戴自祝. 室内热环境舒适性的影响因素及预测评价研究进展[J]. 卫生研究,2003(3):295-299.

[17] 江燕涛,杨昌智,李文菁,等. 非空调环境下性别与热舒适的关系[J]. 暖通空调,2006,36(5):17-21.

[18] 蒋志祥,刘京,宋晓程,等. 水体对城市区域热湿气候影响的建模及动态模拟研究[J]. 建筑科学,2013,29(2):85-90.

[19] 金虹,吕环宇,林玉洁. 植被结构对严寒地区城市居住区冬夏微气候的影响研究[J]. 风景园林,2018,25(10):12-15.

[20] 金虹,王博. 城市微气候及热舒适性评价研究综述[J]. 建筑科学,2017,33(8):1-8.

[21] 金雨蒙,康健,金虹. 哈尔滨旧城住区街道冬季热环境实测研究[J]. 建筑科学,2016,32(10):34-38,79.

[22] 拉特利奇. 大众行为与公园设计[M]. 王求是,高峰,译. 北京:中国建筑工业出版社,1990.

[23] 雷永生. 严寒地区城市室外热舒适多维度评价研究[D]. 哈尔滨:哈尔滨工业大学,2019.

[24] 李鹍,余庄. 基于气候调节的城市通风道探析[J]. 自然资源学报,2006(6):991-997.

[25] 李坤明,张宇峰,赵立华,等. 热舒适指标在湿热地区城市室外空间的适用性[J]. 建筑科学,2017,33(2):15-19,166.

[26] 李琼,持田灯,孟庆林,等. 建筑室外风环境数值模拟的湍流模型比较[J]. 华南理工大学学报(自然科学版),2011,39(4):121-127.

[27] 李伟. 株洲湘江风光带滨水公共空间规划策略研究[D]. 长沙:湖南大学,2019.

[28] 李文菁,杨昌智,江燕涛,等. 非空调环境下的热舒适性调查[J]. 暖通空调,2008,38(5):18-21.

[29] 李雪丹. 城市综合公园游憩机会谱研究——以广州珠江公园为例[D]. 广州:华南理工大学,2018.

[30] 林奇. 城市意象[M]. 方益萍,何晓军,译. 北京:华夏出版社,2001.

[31] 刘滨谊. 城市滨水区发展的景观化思路与实践[J]. 建筑学报,2007(7):11-14.

[32] 刘滨谊,林俊. 城市滨水带环境小气候与空间断面关系研究 以上海苏州河滨水带为例[J]. 风景园林,2015(6):46-54.

[33] 刘滨谊,张德顺,张琳,等. 上海城市开敞空间小气候适应性设计基础调查研究[J]. 中国园林,2014,30(12):17-22.

[34] 刘婧.夏季长沙室外热舒适调查及研究[D].长沙:湖南大学,2011.

[35] 刘思琪. 严寒地区步行街热舒适研究[D]. 哈尔滨:哈尔滨工业大学,2016.

[36] 柳孝图. 城市物理环境与可持续发展[M]. 南京:东南大学出版社,1999.

[37] 刘哲铭,赵旭东,金虹. 哈尔滨市滨江居住小区冬季热环境实测分析[J]. 哈尔滨工业大学学报,2017,49 (10):164-171.

[38] 吕鸣杨,金荷仙,王亚男.城市公园小型水体夏季小气候效应实测分析——以杭州太子湾公园为例[J]. 中国城市林业,2019,17(4):18-24.

[39] 马斯洛. 存在心理学探索[M]. 李文湉,译. 昆明:云南人民出版社,1987.

[40] 麦克哈格. 设计结合自然[M]. 芮经纬,译. 天津:天津大学出版社,2006.

[41] 彭莎,周波.拉萨宗角禄康公园健身空间满意度的非线性分析[J].现代城市研究,2022(2):30-36.

[42] 钱炜,唐鸣放.城市户外环境热舒适度评价模型[J].西安建筑科技大学学报(自然科学版),2001,33(3):229-232.

[43] 强健,CHEN J Q. 北京推进集雨型城市绿地建设的研究与实践[J]. 中国园林,2015,31(6):5-10.

[44] 乔文静. 城市滨江亲水性休憩设施设计研究[D]. 长沙:中南林业科技大学,2017.

[45] 秦欢. 基于综合指标考量的北方沿江公园休闲步道设计研究[D]. 哈尔滨:哈尔滨工业大学,2020.

[46] 秦趣,杨琴,冯维波. 重庆都市区两江四岸滨水旅游资源定量评价初探[J]. 国土与自然资源研究,2011(3):59-61.

[47] 沈啸.城市滨水绿地游憩适宜性评价研究——以丽水江滨公园为例[D].杭州:浙江农林大学,2018.

[48] 孙岩. 哈尔滨市开放式公园使用状况评价及优化策略研究[D].哈尔滨:东北林业大学,2015.

[49] 唐薇.用 5 日滑动平均气温作四季划分[J].绵阳经济技术高等专科学校学报,2000(4):19-20,25.

[50] 王浩,谷康,孙兴旺,等. 城市道路绿地景观规划[M]. 南京:东南大学出版社,2005.

[51] 王翘楚.严寒地区城市本地与外地游客热舒适性差异研究[D]. 哈尔滨:哈尔滨工业大学,2019.

[52] 王澍.严寒地区冬季大学校园室外热舒适指标适用性评价研究[D]. 哈尔

滨:哈尔滨工业大学,2019.

[53] 王姝琪.绥滨县沿江公园交往空间营造研究[D].哈尔滨:哈尔滨工业大学,2019.

[54] 王勇.基于热舒适与游玩意愿的哈尔滨冰雪大世界设计策略研究[D].哈尔滨:哈尔滨工业大学,2022.

[55] 魏冬雪,刘滨谊.上海创智天地广场热舒适分析与评价[J].中国园林,2018,34(2):5-12.

[56] 魏润柏,徐文华.热环境[M].上海:同济大学出版社,1994.

[57] 卫渊.基于行为活动特征的哈尔滨公园微气候环境热舒适性研究[D].哈尔滨:哈尔滨工业大学,2016.

[58] 吴琼,梁桂彦,吴玉影,等.黑龙江省四季划分及气候特点分析[J].林业勘查设计,2009(4):95-96.

[59] 颜廷凯,金虹.基于 WRF/UCM 数值模拟的严寒地区城市热岛效应研究[J].建筑科学,2020,36(8):107-113.

[60] 闫业超,岳书平,刘学华,等.国内外气候舒适度评价研究进展[J].地球科学进展,2013,28(10):1119-1125.

[61] 杨赉丽.城市园林绿地规划[M].北京:中国林业出版社,1995.

[62] 杨璐.武汉市滨江公共空间使用状况研究[D].武汉:华中科技大学,2005.

[63] 姚泰.生理学[M].上海:复旦大学出版社,2005.

[64] 叶青.中国古典园林的文化层面与演进——以类型学理论析中国园林发展史[J].南方建筑,1996(4):63-65.

[65] 岳晓蕾,林箐,杨宇翀.城市绿地对热岛效应缓解作用研究——以保定市中心城区为例[J].风景园林,2018,25(10):66-70.

[66] 张楚晗.赣江“S 湾”活水岸公园:自然驱动的河流景观生态修复实践[J].景观设计学,2020,8(3):114-129.

[67] 张磊,孟庆林,赵立华,等.湿热地区城市热环境评价指标的简化计算方法[J].华南理工大学学报(自然科学版),2008,36(11):96-100.

[68] 张欣宇,金虹.基于改善冬季风环境的东北村落形态优化研究[J].建筑学报,2016(10):83-87.

[69] 张宇峰.局部热暴露对人体热反应的影响[D].北京:清华大学,2005.

[70] 赵敬源,刘加平.城市街谷热环境数值模拟及规划设计对策[J].建筑学报,2007(3):37-39.

[71] 赵荣义.关于“热舒适”的讨论[J].暖通空调,2000,30(3):25-26.

[72] 钟保粦.用 5 天滑动平均气温作深圳市的四季划分[J].气象,1995(6):

22-23.
[73] 中国气象局气象信息中心气象资料室,清华大学建筑技术科学系. 中国建筑热环境分析专用气象数据集[M]. 北京:中国建筑工业出版社,2005.
[74] 朱能,吕石磊,刘俊杰,等. 人体热舒适区的实验研究[J]. 暖通空调,2004,34(12):19-23.
[75] 朱正. 基于室外热舒适的寒地商业街区建筑群体形态设计研究[D]. 哈尔滨:哈尔滨工业大学,2020.
[76] AHMED K S. Comfort in urban spaces: defining the boundaries of outdoor thermal comfort for the tropical urban environments[J]. Energy and Buildings, 2003, 35(1):103-110.
[77] AMELUNG B, MORENO A. Costing the impact of climate change on tourism in Europe: results of the PESETA project[J]. Climatic Change, 2012, 112(1):83-100.
[78] AMINELDAR S, HEIDARI S, KHALILI M. The effect of personal and microclimatic variables on outdoor thermal comfort: a field study in Tehran in cold season[J]. Sustainable Cities and Society, 2017, 32: 153-159.
[79] ARENS E, ZHANG H, HUIZENGA C. Partial-and whole-body thermal sensation and comfort—Part II: Non-uniform environmental conditions [J]. Journal of Thermal Biology, 2006, 31(1/2): 60-66.
[80] BŁAŻEJCZYK A, BŁAŻEJCZYK K, BARANOWSKI J, et al. Heat stress mortality and desired adaptation responses of healthcare system in Poland [J]. International Journal of Biometeorology, 2018, 62 (3): 307-318.
[81] BŁAŻEJCZYK A, EPSTEIN Y, JENDRITZKY G, et al. Comparison of UTCI to selected thermal indices [J]. International Journal of Biometeorology, 2012, 56(3): 515-535.
[82] BOSSELMANN P, FLORES J, GRAY W, et al. Sun, wind, and comfort: a study of open spaces and sidewalks in four downtown areas [D]. Berkeley: University of California, Berkeley, 1984.
[83] BRÖDE P, FIALA D, BŁAŻEJCZYK K, et al. Deriving the operational procedure for the Universal Thermal Climate Index (UTCI) [J]. International Journal of Biometeorology, 2012, 56(3): 481-494.
[84] BROWNR D, GILLESPIE T J. Microclimatic landscape design: creating

thermal comfort and energy efficiency[M]. New York: John Wiley & Sons, 1995.

[85] BUSATO F, LAZZARIN R M, NORO M. Three years of study of the urban heat island in Padua: experimental results[J]. Sustainable Cities and Society, 2014, 10: 251-258.

[86] CALIFANO R, NADDEO A, VINK P. The effect of human-mattress interface's temperature on perceived thermal comfort [J]. Applied Ergonomics, 2017, 58: 334-341.

[87] ÇALIŞKAN O, ÇIÇEK I, MATZARAKIS A. The climate and bioclimate of Bursa (Turkey) from the perspective of tourism[J]. Theoretical and Applied Climatology, 2012, 107(3/4): 417-425.

[88] CARLI M D, OLESEN B W, ZARRELLA A, et al. People's clothing behaviour according to external weather and indoor environment [J]. Building and Environment, 2007, 42(12): 3965-3973.

[89] CHAUDHURI T, ZHAI D, SOH Y C, et al. Thermal comfort prediction using normalized skin temperature in a uniform built environment[J]. Energy and Buildings, 2017, 159: 426-440.

[90] CHEN L, WEN Y, ZHANG L, et al. Studies of thermal comfort and space use in an urban park square in cool and cold seasons in Shanghai[J]. Building and Environment, 2015, 94: 644-653.

[91] CHEN X, XUE P, LIU L, et al. Outdoor thermal comfort and adaptation in severe cold area: a longitudinal survey in Harbin, China[J]. Building and Environment, 2018, 143: 548-560.

[92] CHENG V, NG E, CHAN C, et al. Outdoor thermal comfort study in a sub-tropical climate: a longitudinal study based in Hong Kong [J]. International Journal of Biometeorology, 2012, 56: 43-56.

[93] CHINAZZO G, WIENOLD J, ANDERSEN M. Daylight affects human thermal perception[J]. Scientific Reports, 2019, 9(1): 1-15.

[94] CHOI J-H, LOFTNESS V. Investigation of human body skin temperatures as a bio-signal to indicate overall thermal sensations[J]. Building and Environment, 2012, 58: 258-269.

[95] CHOI J-H, YEOM D. Study of data-driven thermal sensation prediction model as a function of local body skin temperatures in a built environment [J]. Building and Environment, 2017, 121: 130-147.

[96] CHOI J K, MIKI K, SAGAWA S, et al. Evaluation of mean skin temperature formulas by infrared thermography[J]. International Journal of Biometeorology, 1997, 41: 68-75.

[97] COOPER R, EVANS G, BOYKO C. Designing sustainable cities[M]. New Jersey: Wiley-Blackwell, 2009.

[98] COSMAA C, SIMHA R. Thermal comfort modeling in transient conditions using real-time local body temperature extraction with a thermographic camera[J]. Building and Environment, 2018, 143: 36-47.

[99] DAI C, ZHANG H, ARENS E, et al. Machine learning approaches to predict thermal demands using skin temperatures: steady-state conditions [J]. Building and Environment, 2017, 114: 1-10.

[100] DE DEAR R, BRAGER G S. Developing an adaptive model of thermal comfort and preference [J]. ASHRAE Transactions, 1998, 104 (1): 145-167.

[101] DE DEAR R J, AULICIEMS A. Validation of the predicted mean vote model of thermal comfort in six Australian field studies[J]. ASHRAE Transactions, 1985, 91(2): 452-468.

[102] DJEKIC J, DJUKIC A, VUKMIROVIC M, et al. Thermal comfort of pedestrian spaces and the influence of pavement materials on warming up during summer[J]. Energy and Buildings, 2018, 159: 474-485.

[103] ELIASSON I, KNEZ I, WESTERBERG U, et al. Climate and behaviour in a Nordic city[J]. Landscape and Urban Planning, 2007, 82 (1): 72-84.

[104] EUGENIO-MARTIN J L, CAMPOS-SORIA J A. Climate in the region of origin and destination choice in outbound tourism demand [J]. Tourism Management, 2010, 31(6): 744-753.

[105] FANG Z, LIU H, LI B, et al. Experimental investigation on thermal comfort model between local thermal sensation and overall thermal sensation[J]. Energy and Buildings, 2018, 158: 1286-1295.

[106] FANGER P O. Thermal comfort [M]. Malabar: Robert E. Krieger Publishing Company, 1982.

[107] FARAJZADEH H, MATZARAKIS A. Evaluation of thermal comfort conditions in Ourmieh Lake, Iran [J]. Theoretical and Applied Climatology, 2012, 107(3/4): 451-459.

[108] FIALA D, HAVENITH G, BRÖDE P, et al. UTCI-Fiala multi-node model of human heat transfer and temperature regulation [J]. International Journal of Biometeorology, 2012, 56(3): 429-441.

[109] GAVHED D, MÄKINEN T, HOLMÉR I, et al. Face cooling by cold wind in walking subjects[J]. International Journal of Biometeorology, 2003, 47: 148-155.

[110] GEHL J. Life between buildings: using public space[M]. New York: Van Nostrand Reinhold, 1987.

[111] GHAHRAMANI A, CASTRO G, BECERIK-GERBER B, et al. Infrared thermography of human face for monitoring thermoregulation performance and estimating personal thermal comfort[J]. Building and Environment, 2016,109: 1-11.

[112] GIVONI B, NOGUCHI M, SAARONI H, et al. Outdoor comfort research issues[J]. Energy and Buildings, 2003, 35(1): 77-86.

[113] GOLD E. The effect of wind, temperature, humidity and sunshine on the loss of heat of a body at temperature 98°F[J]. Quarterly Journal of the Royal Meteorological Society, 1935, 61(261): 316-346.

[114] GONZALEZ R R, NISHI Y, GAGGE A P. Experimental evaluation of standard effective temperature a new biometeorological index of man's thermal discomfort[J]. International Journal of Biometeorology, 1974, 18(1): 1-15.

[115] HAVENITH G, FIALA D, BLAZEJCZYK K, et al. The UTCI-clothing model[J]. International Journal of Biometeorology, 2012, 56 (3): 461-470.

[116] HE Y, LI N, ZHANG W, et al. Overall and local thermal sensation & comfort in air-conditioned dormitory with hot-humid climate [J]. Building and Environment, 2016, 101(5): 102-109.

[117] HENDEL M, AZOS-DIAZ K, TREMEAC B. Behavioral adaptation to heat-related health risks in cities[J]. Energy and Buildings, 2017, 152: 823-829.

[118] HÖPPE P. Different aspects of assessing indoor and outdoor thermal comfort[J]. Energy and Buildings, 2002, 34(6): 661-665.

[119] HÖPPE P. The physiological equivalent temperature—a universal index for the biometeorological assessment of the thermal environment[J].

International Journal of Biometeorology，1999，43(2)：71-75.

[120] HUANG J，ZHOU C，ZHUO Y，et al. Outdoor thermal environments and activities in open space：An experiment study in humid subtropical climates[J]. Building and Environment，2016，103：238-249.

[121] HUANG T，LI J，XIE Y，et al. Simultaneous environmental parameter monitoring and human subject survey regarding outdoor thermal comfort and its modelling[J]. Building and Environment，2017，125：502-514.

[122] HUANG Z，CHENG B，GOU Z，et al. Outdoor thermal comfort and adaptive behaviors in a university campus in China's hot summer-cold winter climate region[J]. Building and Environment，2019，165:1-11.

[123] HWANG R L，CHEN C P. Field study on behaviors and adaptation of elderly people and their thermal comfort requirements in residential environments[J]. Indoor Air，2010，20(3)：235-245.

[124] JAMEI E，RAJAGOPALAN P，SEYEDMAHMOUDIAN M，et al. Review on the impact of urban geometry and pedestrian level greening on outdoor thermal comfort[J]. Renewable and Sustainable Energy Reviews，2016，54(1)：1002-1017.

[125] JI Y，SONG J，SHEN P. A review of studies and modelling of solar radiation on human thermal comfort in outdoor environment[J]. Building and Environment，2022，214：1-18.

[126] JIN H，LIU S，KANG J. Gender differences in thermal comfort on pedestrian streets in cold and transitional seasons in severe cold regions in China[J]. Building and Environment，2020，168：1-12.

[127] JIN H，LIU S，KANG J. Thermal comfort range and influence factor of urban pedestrian streets in severe cold regions[J]. Energy and Buildings，2019，198：197-206.

[128] JIN H，LIU Z，JIN Y，et al. The effects of residential area building layout on outdoor wind environment at the pedestrian level in severe cold regions of China[J]. Sustainability，2017，9(12)：1-18.

[129] JIN Y，JIN H，KANG J，et al. Effects of openings on the wind-sound environment in traditional residential streets in a severe cold city of China[J]. Environment and Planning B-Urban Analytics and City Science，2020，47(5)：808-825.

[130] JOHANSSON E, THORSSON S, EMMANUEL R, et al. Instruments and methods in outdoor thermal comfort studies—the need for standardization[J]. Urban Climate, 2014, 10: 346-366.

[131] JOHANSSON E, YAHIA M W, ARROYO I, et al. Outdoor thermal comfort in public space in warm-humid Guayaquil, Ecuador [J]. International Journal of Biometeorology, 2018, 62(3): 387-399.

[132] KATO M, SUGENOYA J, MATSUMOTOT, et al. The effects of facial fanning on thermal comfort sensation during hyperthermia[J]. Pflügers Archiv-European Journal of Physiology, 2001, 443 (2): 175-179.

[133] KEELER R. Natural playscapes: Creating outdoor play environments for the soul[J]. Children Youth and Environments, 2008, 22(1): 334-337.

[134] KNEZ I, THORSSON S. Influences of culture and environmental attitude on thermal, emotional and perceptual evaluations of a public square[J]. International Journal of Biometeorology, 2006, 50 (5): 258-268.

[135] KNEZ I, THORSSON S. Thermal, emotional and perceptual evaluations of a park: cross-cultural and environmental attitude comparisons[J]. Building and Environment, 2008, 43(9): 1483-1490.

[136] LAI D, GUO D, HOU Y, et al. Studies of outdoor thermal comfort in northern China[J]. Building and Environment, 2014, 77: 110-118.

[137] LAI D, ZHOU C, HUANG J, et al. Outdoor space quality: A field study in an urban residential community in central China[J]. Energy and Buildings, 2014, 68: 713-720.

[138] LAI D, ZHOU X, CHEN Q. Measurements and predictions of the skin temperature of human subjects in outdoor environment[J]. Energy and Buildings, 2017, 151: 476-486.

[139] LAN L, XIA L, TANG J, et al. Mean skin temperature estimated from 3 measuring points can predict sleeping thermal sensation[J]. Building and Environment, 2019, 162: 1-8.

[140] LI J, LIU N. The perception, optimization strategies and prospects of outdoor thermal comfort in China: a review [J]. Building and Environment, 2020, 170:1-17.

[141] LI K, ZHANG Y, ZHAO L. Outdoor thermal comfort and activities in the urban residential community in a humid subtropical area of China[J]. Energy and Buildings, 2016, 133: 498-511.

[142] LI R, CHI X. Thermal comfort and tourism climate changes in the Qinghai-Tibet Plateau in the last 50 years[J]. Theoretical and Applied Climatology, 2014, 117(3/4): 613-624.

[143] LIN T, DE DEAR R, HWANG R. Effect of thermal adaptation on seasonal outdoor thermal comfort [J]. International Journal of Climatology, 2011, 31(2): 302-312.

[144] LIN T P. Thermal perception, adaptation and attendance in a public square in hot and humid regions[J]. Building and Environment, 2009, 44(10): 2017-2026.

[145] LINDNER-CENDROWSKA K, BLAZEJCZYK K. Impact of selected personal factors on seasonal variability of recreationist weather perceptions and preferences in Warsaw (Poland) [J]. International Journal of Biometeorology, 2018, 62: 113-125.

[146] LIU J, NIU J, XIA Q. Combining measured thermal parameters and simulated wind velocity to predict outdoor thermal comfort[J]. Building and Environment, 2016, 105: 185-197.

[147] LIU J, NIU J, ZHANG Y. Delayed detached eddy simulation of pedestrian level microclimate around an elevated building with different elevated heights and approaching wind directions[J]. Building Science, 2017, 12: 117-124.

[148] LIU W, ZHANG Y, DENG Q. The effects of urban microclimate on outdoor thermal sensation and neutral temperature in hot-summer and cold-winter climate[J]. Energy and Buildings, 2016, 128: 190-197.

[149] LIU Z, XU W, HU C, et al. Differences in outdoor thermal comfort between local and non-local tourists in winter in tourist attractions in a city in a severely cold region[J]. Atmosphere, 2023, 14: 1306.

[150] MAKAREMI N, SALLEH E, JAAFAR M Z, et al. Thermal comfort conditions of shaded outdoor spaces in hot and humid climate of Malaysia [J]. Building and Environment, 2012, 48(1): 7-14.

[151] MATZARAKIS A, MAYER H. Heat stress in Greece[J]. International

Journal of Biometeorology, 1997, 41(1): 34-39.

[152] MATZARAKIS A, RAMMELBERG J, JUNK J. Assessment of thermal bioclimate and tourism climate potential for central Europe—the example of Luxembourg[J]. Theoretical and Applied Climatology, 2013, 114 (1/2): 193-202.

[153] MATZARAKIS A, RUTZ F, MAYER H. Modelling radiation fluxes in simple and complex environments: basics of the RayMan model[J]. International Journal of Biometeorology, 2010, 54(2): 131-139.

[154] MA X, FUKUDA H, ZHOU D, et al. Study on outdoor thermal comfort of the commercial pedestrian block in hot-summer and cold-winter region of southern China—a case study of The Taizhou Old Block [J]. Tourism Management, 2019, 75: 186-205.

[155] MEARS M, BRINDLEY P, JORGENSEN A, et al. Greenspace spatial characteristics and human health in an urban environment: An epidemiological study using landscape metrics in Sheffield, UK[J]. Ecological Indicators, 2019, 106: 1-14.

[156] MEILI N, ACERO J A, PELEG N, et al. Vegetation cover and plant-trait effects on outdoor thermal comfort in a tropical city[J]. Building and Environment, 2021, 195: 1-16.

[157] MIDDEL A, SELOVER N, HAGEN B, et al. Impact of shade on outdoor thermal comfort—a seasonal field study in Tempe, Arizona[J]. International Journal of Biometeorology, 2016, 60(12): 1849-1861.

[158] MIECZKOWSKI Z. The tourism climatic index: A method of evaluating world climates for tourism[J]. The Canadian Geographer, 1985, 29(3): 220-233.

[159] MORGAN C,DE DEAR R. Weather,clothing and thermal adaptation to indoor climate[J]. Climate Research,2003,24(3):267-284.

[160] NASIR R A,AHMAD S S,AHMED A Z. Physical activity and human comfort correlation in an urban park in hot and humid conditions[J]. Procedia-Social and Behavioral Sciences, 2013,105: 598-609.

[161] NASROLLAHI N, HATAMI Z, TALEGHANI M. Development of outdoor thermal comfort model for tourists in urban historical areas; A case study in Isfahan[J]. Building and Environment, 2017, 125:

356-372.

[162] NASTOS P T, MATZARAKIS A. The effect of air temperature and human thermal indices on mortality in Athens, Greece[J]. Theoretical and Applied Climatology, 2012, 108(3/4): 591-599.

[163] NG E, CHENG V. Urban human thermal comfort in hot and humid Hong Kong[J]. Energy and Buildings, 2012, 55(10): 51-65.

[164] NIKOLOPOULOU M, BAKER N, STEEMERS K. Thermal comfort in outdoor urban spaces: understanding the human parameter[J]. Solar Energy, 2001, 70(3): 227-235.

[165] NIKOLOPOULOU M, LYKOUDIS S. Thermal comfort in outdoor urban spaces: analysis across different European countries[J]. Building and Environment, 2006, 41(11): 1455-1470.

[166] NIKOLOPOULOU M, LYKOUDIS S. Use of outdoor spaces and microclimate in a Mediterranean urban area [J]. Building and Environment, 2007, 42(10): 3691-3707.

[167] OLIVEIRA S, ANDRADE H. An initial assessment of the bioclimatic comfort in an outdoor public space in Lisbon[J]. International Journal of Biometeorology, 2007, 52(1): 69-84.

[168] OSELAND N A. Acceptable temperature ranges in naturally ventilated and air-conditioned offices [J]. ASHRAE Transactions, 1998, 104: 1018- 1036.

[169] PANTAVOU K, SANTAMOURIS M, ASIMAKOPOULOS D, et al. Empirical calibration of thermal indices in an urban outdoor Mediterranean environment[J]. Building and Environment, 2014, 80: 283-292.

[170] PANTAVOU K, SANTAMOURIS M, ASIMAKOPOULOS D, et al. Evaluating the performance of bioclimatic indices on quantifying thermal sensation for pedestrians[J]. Advances in Building Energy Research, 2013, 7(2): 170-185.

[171] PATZ J A, CAMPBELL-LENDRUM D, HOLLOWAY T, et al. Impact of regional climate change on human health[J]. Nature, 2005, 438: 310-317.

[172] PEARLMUTTER D, BERLINER P, SHAVIV E. Integrated modeling

of pedestrian energy exchange and thermal comfort in urban street canyons[J]. Building and Environment, 2007, 42(6): 2396-2409.

[173] PENWARDEN A D. Acceptable wind speeds in towns[J]. Building Science, 1973, 8(3): 259-267.

[174] QIAN X, FAN J. A quasi-physical model for predicting the thermal insulation and moisture vapour resistance of clothing[J]. Applied Ergonomics, 2009, 40(4): 577-590.

[175] QIN Y. A review on the development of cool pavements to mitigate urban heat island effect [J]. Renewable and Sustainable Energy Reviews, 2015, 52: 445-459.

[176] RIDDERSTAAT J, ODUBER M, CROES R, et al. Impacts of seasonal patterns of climate on recurrent fluctuations in tourism demand:Evidence from Aruba[J]. Tourism Management, 2014, 41: 245-256.

[177] RUIZ M A, CORREA E N. Adaptive model for outdoor thermal comfort assessment in an Oasis city of arid climate [J]. Building and Environment, 2015, 85: 40-51.

[178] SALATA F, GOLASI I, CIANCIO V, et al. Dressed for the season: Clothing and outdoor thermal comfort in the Mediterranean population [J]. Building and Environment, 2018, 146: 50-63.

[179] SCOTT D, JONES B, KONOPEK J. Implications of climate and environmental change for nature-based tourism in the Canadian Rocky Mountains: a case study of Waterton Lakes National Park[J]. Tourism Management, 2007, 28(2): 570-579.

[180] SCOTT D, LEMIEUX C. Weather and climate information for tourism [J]. Procedia Environmental Sciences, 2010, 1: 146-183.

[181] SHI Y. Explore children's outdoor play spaces of community areas in high-density cities in China: Wuhan as an example [J]. Procedia Engineering, 2017, 198: 654-682.

[182] SHIUE I, MATZARAKIS A. Estimation of the tourism climate in the Hunter Region, Australia, in the early twenty-first century [J]. International Journal of Biometeorology, 2011, 55(4): 565-574.

[183] SONG C, LIU Y, ZHOU X, et al. Temperature field of bed climate and thermal comfort assessment based on local thermal sensations [J].

Building and Environment, 2016, 95: 381-390.

[184] SPAGNOLO J C, DE DEAR R. A human thermal climatology of subtropical Sydney[J]. International Journal of Climatology, 2003, 23 (11):1383-1395.

[185] SPAGNOLO J, DE DEAR R. A field study of thermal comfort in outdoor and semi-outdoor environments in subtropical Sydney Australia [J]. Building and Environment, 2003(38):721-738.

[186] STATHOPOULOS T, WU H, ZACHARIAS J. Outdoor human comfort in an urban climate[J]. Building and Environment, 2004, 39 (3): 297-305.

[187] STEADMAN R G. The assessment of sultriness. Part I: a temperature-humidity index based on human physiology and clothing science[J]. Journal of Applied Meteorology, 1979(18):861-873.

[188] TAKADA S, MATSUMOTO S, MATSUSHITA T. Prediction of whole-body thermal sensation in the non-steady state based on skin temperature[J]. Building and Environment, 2013, 68: 123-133.

[189] TAKANO T, NAKAMURA K, WATANABE M. Urban residential environments and senior citizens' longevity in megacity areas: the importance of walkable green spaces[J]. Journal of Epidemiology and Community Health, 2002, 56(12): 913-918.

[190] TAN J, ZHENG Y, SONG G, et al. Heat wave impacts on mortality in Shanghai, 1998 and 2003[J]. International Journal of Biometeorology, 2007, 51: 193-200.

[191] THORSSON S, HONJO T, LINDBERG F, et al. Thermal comfort and outdoor activity in Japanese urban public places[J]. Environment and Behavior, 2007, 39(5): 660-684.

[192] THORSSON S, LINDBERG F, ELIASSON I, et al. Different methods for estimating the mean radiant temperature in an outdoor urban setting [J]. International Journal of Climatology, 2007, 27(14): 1983-1993.

[193] THORSSON S, LINDQVIST M, LINDQVIST S. Thermal bioclimatic conditions and patterns of behaviour in an urban park in Göteborg, Sweden[J]. International Journal of Biometeorology, 2004, 48(3): 149-156.

[194] TOY S, KÁNTOR N. Evaluation of human thermal comfort ranges in urban climate of winter cities on the example of Erzurum city[J]. Environmental Science and Pollution Research, 2017, 24: 1811-1820.

[195] TSELIOU A, TSIROS I X, LYKOUDIS S, et al. An evaluation of three biometeorological indices for human thermal comfort in urban outdoor areas under real climatic conditions [J]. Building and Environment, 2010, 45(5): 1346-1352.

[196] TSITOURA M, TSOUTSOS T, DARAS T. Evaluation of comfort conditions in urban open spaces. Application in the island of Crete[J]. Energy Conversion and Management, 2014, 86: 250-258.

[197] VANOS J, WARLAND J, GILLESPIE T, et al. Improved predictive ability of climate-human-behaviour interactions with modifications to the COMFA outdoor energy budget model[J]. International Journal of Biometeorology, 2012, 56(6):1065-1074.

[198] VARGAS N T, SLYER J, CHAPMAN C L, et al. The motivation to behaviorally thermoregulate during passive heat exposure in humans is dependent on the magnitude of increases in skin temperature [J]. Physiology & Behavior, 2018, 194: 545-551.

[199] VITT R, GULYÁS Á, M A. Temporal differences of urban-rural human biometeorological factors for planning and tourism in Szeged, Hungary[J]. Advances in Meteorology, 2015, 2015: 1-8.

[200] WALTON D, DRAVITZKI V, DONN M. The relative influence of wind, sunlight and temperature on user comfort in urban outdoor spaces [J]. Building and Environment, 2007, 42(9): 3166-3175.

[201] WANG D, ZHANG H, ARENS E, et al. Observations of upper-extremity skin temperature and corresponding overall-body thermal sensations and comfort[J]. Building and Environment, 2007, 42(12): 3933-3943.

[202] WANG S, HE Y, SONG X. Impacts of climate warming on alpine glacier tourism and adaptive measures: a case study of Baishui Glacier No. 1 in Yulong Snow Mountain, Southwestern China[J]. Journal of Earth Science, 2010, 21(2): 166-178.

[203] WANG Z, HE Y, HOU J, et al. Human skin temperature and thermal

responses in asymmetrical cold radiation environments[J]. Building and Environment, 2013, 67: 217-223.

[204] WANG Z, JI Y, REN J. Thermal adaptation in overheated residential buildings in severe cold area in China[J]. Energy and Buildings, 2017, 146: 322-332.

[205] WASSERSTEIN R L, LAZAR N A. The ASA's statement on *p*-values: Context, process, and purpose[J]. The American Statistician, 2016, 70 (2): 129-133.

[206] WOOLLEY H. Urban open spaces [M]. Abingdon: Taylor & Francis, 2003.

[207] WOOLLEY H. Watch this space! Designing for children's play in public open spaces[J]. Geography Compass, 2008, 2: 495-512.

[208] XI T, DING J, JIN H, et al. Study on the influence of piloti ratio on thermal comfort of residential blocks by local thermal comfort adaptation survey and CFD simulations[J]. Energy Procedia, 2017, 134: 712-722.

[209] XI T, LI Q, MOCHIDA A, et al. Study on the outdoor thermal environment and thermal comfort around campus clusters in subtropical urban areas[J]. Building and Environment, 2012, 52: 162-170.

[210] XIAO Y, WANG L, YU M, et al. Effects of source emission and window opening on winter indoor particle concentrations in the severe cold region of China[J]. Building and Environment, 2018, 144(10): 23-33.

[211] XIE L, YANG Z, CAI J, et al. Harbin: a rust belt city revival from its strategic position[J]. Cities, 2016, 58: 26-38.

[212] XIE Y, WANG X, WEN J, et al. Experimental study and theoretical discussion of dynamic outdoor thermal comfort in walking spaces: Effect of short-term thermal history[J]. Building and Environment, 2022, 216: 1-14.

[213] XU M, HONG B, MI J, et al. Outdoor thermal comfort in an urban park during winter in cold regions of China[J]. Sustainable Cities and Society, 2018, 43: 208-220.

[214] YANG B, OLOFSSON T, NAIR G, et al. Outdoor thermal comfort under subarctic climate of north Sweden—a pilot study in Umeå[J].

Sustainable Cities and Society, 2017, 28: 387-397.

[215] YANG J, WENG W, WANG F, et al. Integrating a human thermoregulatory model with a clothing model to predict core and skin temperatures[J]. Applied Ergonomics, 2017, 61: 168-177.

[216] YANG J, YIN P, SUN J, et al. Heatwave and mortality in 31 major Chinese cities: definition, vulnerability and implications[J]. Science of the Total Environment, 2019, 649: 695-702.

[217] YANG Q, HUANG X, TANG Q. The footprint of urban heat island effect in 302 Chinese cities: temporal trends and associated factors[J]. Science of the Total Environment, 2019, 655: 652-662.

[218] YANG W,WONG N H,JUSUF S K. Thermal comfort in outdoor urban spaces in Singapore[J]. Building and Environment,2013,59:426-435.

[219] YEOM D, CHOI J-H, KANG S-H. Investigation of the physiological differences in the immersive virtual reality environment and real indoor environment: Focused on skin temperature and thermal sensation[J]. Building and Environment, 2019, 154: 44-54.

[220] YIN J, ZHENG Y, WU R, et al. An analysis of influential factors on outdoor thermal comfort in summer[J]. International Journal of Biometeorology, 2012, 56(5): 941-948.

[221] ZACHARIAS J, STATHOPOULOS T, WU H. Microclimate and downtown open space activity[J]. Environment and Behavior, 2001, 33: 296-315.

[222] ZHANG F, ZHANG M, Wang S, et al. Evaluation of the tourism climate in the Hexi Corridor of northwest China's Gansu Province during 1980—2012[J]. Theoretical and Applied Climatology, 2017, 129 (3/4): 901-912.

[223] ZHANG H. Human thermal sensation and comfort in transient and non-uniform thermal environments[D]. Berkeley: University of California, 2003.

[224] ZHANG H, ARENS E, HUIZENGA C, et al. Thermal sensation and comfort models for non-uniform and transient environments, part Ⅲ: whole-body sensation and comfort[J]. Building and Environment, 2010, 45(2): 399-410.

[225] ZHANG L, WEI D, HOU Y, et al. Outdoor thermal comfort of urban park—a case study[J]. Sustainability, 2020, 12(5): 1961.

[226] ZHANG Y, CHEN H, WANG J, et al. Thermal comfort of people in the hot and humid area of China-impacts of season, climate, and thermal history[J]. Indoor Air, 2016, 26(5): 820-830.

[227] ZHONG J, LIU J, ZHAO Y, et al. Recent advances in modeling turbulent wind flow at pedestrian-level in the built environment[J]. Architectural Intelligence, 2022, 1(1): 5.

[228] ZHOU P, GRADY S C, CHEN G. How the built environment affects change in older people's physical activity: a mixed-methods approach using longitudinal health survey data in urban China[J]. Social Science & Medicine, 2017, 192: 74-84.

[229] ZHOU Z, CHEN H, DENG Q, et al. A field study of thermal comfort in outdoor and semi-outdoor environments in a humid subtropical climate city[J]. Journal of Asian Architecture and Building Engineering, 2013, 12(1):73-79.

名词索引